输电线路电磁暂态仿真及应用

李云阁　刘　健　曾垂杨　著

中国水利水电出版社
www.waterpub.com.cn
·北京·

内 容 提 要

本书利用ATP和ATPDraw详细介绍线路参数计算、电磁暂态模型建立、电磁暂态仿真，主要内容包括ATP和ATPDraw简介、线路参数及其理论计算、线路模型概述、恒定集中参数线路模型、恒定分布参数线路模型、频变分布参数线路模型、Bergeron模型和PI模型建立、JMarti模型建立、线路频率相关模型的校核、输电线路参数计算高级技巧、输电线路电抗器选择计算、网络的频率相关等效、直击雷过电压计算、电力电缆参数、电力电缆模型及应用等。

本书可供电气工程类研究生、高年级本科生用作教材或教学参考书，也可供从事电力系统运行、设计、科研、管理和产品开发的人员参考。

图书在版编目（CIP）数据

输电线路电磁暂态仿真及应用 / 李云阁，刘健，曾垂杨著. -- 北京 : 中国水利水电出版社，2019.7(2022.10重印)
ISBN 978-7-5170-7829-6

Ⅰ. ①输… Ⅱ. ①李… ②刘… ③曾… Ⅲ. ①输电线路－暂态仿真－研究 Ⅳ. ①TM711

中国版本图书馆CIP数据核字(2019)第148245号

书　　名	输电线路电磁暂态仿真及应用 SHUDIAN XIANLU DIANCI ZANTAI FANGZHEN JI YINGYONG
作　　者	李云阁　刘健　曾垂杨　著
出版发行	中国水利水电出版社 （北京市海淀区玉渊潭南路1号D座　100038） 网址：www. waterpub. com. cn E-mail：sales@ mwr. gov. cn 电话：(010) 68545888（营销中心）
经　　售	北京科水图书销售有限公司 电话：(010) 68545874、63202643 全国各地新华书店和相关出版物销售网点
排　　版	中国水利水电出版社微机排版中心
印　　刷	天津嘉恒印务有限公司
规　　格	184mm×260mm　16开本　17印张　403千字
版　　次	2019年7月第1版　2022年10月第2次印刷
印　　数	1001—2500册
定　　价	**72.00**元

前　言

电力系统发展已有一百多年历史，规模由小到大，其设计、运行、控制越来越复杂，对仿真的依赖程度日益增加。

早期电网的运行电压低、规模小，仅需考虑其稳定工作状态，故仅涉及简单的稳态计算。随着电网规模扩大，其暂态特性对设备的绝缘、重合闸等的影响随之增大。但是，对于稍具规模的系统，难以使用解析法分析其暂态过程。最早使用暂态网络分析仪（TNA）模拟电网内部的暂态过程，它是物理仿真装置，物理概念明确。但是，TNA 占地广，投资大，建立和改变算例复杂，效率低，能够仿真的电网规模小，仿真结果共享、验证困难；而且 TNA 不能用于仿真雷电过电压。

随着计算机技术的发展，从 20 世纪 60 年代末开始，先后涌现出一大批计算输电线路参数及电力系统电磁暂态过程的程序，其中影响较大的有 EMTP、PSCAD、MATLAB、RTDS、ADPSS 等。

1969 年 4 月，H. W. Dommel 在 IEEE PAS 上发表了文章 *Digital Computer Solution of Electromagnetic Transients in Single-and Multiphase Networks*，标志着电力系统电磁暂态仿真软件 EMTP 雏形的建立，开启了电磁暂态的数字仿真时代。EMTP 后来演化为 3 个分支，其中 W. S. Meyer 和 Tsu-huei Liu 两位博士领导开发的 ATP 为免费软件，是目前国际上电磁暂态仿真使用最广泛的程序，颇受大学以及设计、研究机构欢迎。

在远距离输电中，高压直流输电系统有着交流系统不可替代的优越性。20 世纪 70 年代中期，加拿大曼尼托巴直流研究中心（Manitoba HVDC Research Centre）开发了能够仿真直流系统电磁暂态过程的程序 PSCAD。无论交流还是直流系统，其基本元件都是电阻、电感、电容和开关的组合，换流阀也不例外。虽然 ATP 能够通过组合元件搭建换流阀，但是 PSCAD 将换流阀进行了封装，使用更加方便。同时 PSCAD 在 Windows 平台上运行，操作方便。

MATLAB 是 Mathworks 公司开发的大型、综合性数学平台，在世界各地广泛使用，尤其在大学广受欢迎。在 MATLAB 的发展过程中，逐渐集成了一些物理仿真模型，如 Simulink，可以进行电力系统电磁暂态仿真。Simulink 的特点是将仿真数据的预处理、仿真、仿真数据的后处理集成在一个平台上，不需在多个软件之间传输数据，提高了仿真效率。

EMTP、PSCAD、MATLAB 都不是实时仿真系统。电力系统中有大量保护、控制装置，其可靠工作对设备、电网安全的重要性不言而喻，建立电力系统实时仿真系统日益迫切，RTDS 是此类仿真系统之一。这种仿真系统将保护、控制装置连接到虚拟电网中，仿真系统输出电压、电流信号到装置，装置再将信号返回仿真系统，实现了仿真与控制的闭环。

ADPSS 是中国电力科学研究院有限公司开发的实时仿真系统，可以进行机电暂态、电磁暂态的混合仿真。当进行大电网仿真时，对所关心的局部电网进行电磁暂态仿真，其余电网进行机电暂态仿真。

以上不同软件各有特色，虽然它们的用户界面、具体使用方法有所不同，但基础理论相同、模型类似，用户容易做到触类旁通。因为 ATP 使用最为广泛，能够方便仿真电网与控制系统的交互，其输入文件的文本形式适合于大电网的电磁暂态仿真，故书中以 ATP 为例。

本书将详细介绍输电线路的电磁暂态模型，原因有：①输电线路是电网中分布最广泛、数量最庞大的设备，是发电和用电的连接环节。②输电线路参数具有分布特性，其电磁暂态过程是波过程，且参数随频率变化，使得输电线路电磁暂态模型更加复杂。掌握输电线路模型及其电磁暂态特性，是理解电网中电磁暂态的基础和关键。③电磁暂态仿真应用中，与线路模型相关问题较多，这些问题使仿真结果偏离实际。例如，在进行高频电磁暂态仿真时，使用工频参数将使结果偏大，暂态过程衰减比实际情况慢很多。以前电磁暂态仿真技术不成熟、不普遍，使用工频参数进行定性计算，尚在情理之中，如今仍然使用工频参数仿真高频电磁暂态过程，有悖于时代发展；线路的单相重合闸的成功与否取决于潜供电流是否满足要求，传统上仅计算潜供电流的工频稳态分量，而事实上暂态过程中的直流分量比重很大，足以影响电弧的熄灭时间；ATP 中提供了 2 个线路恒定参数模型（Bergeron 模型、PI 模型）和 3 个频变参数模型（JMarti 模型、Semlyen 模型、Noda 模型），它们的准确度、使用范围不尽相同，用户选择的模型往往并不合适。因此，作者撰写了本书，其目的是帮助读者把握线路参数，建立恰当模型，满足应用需求，避免常见错误，提高仿真效率。

首先，本书详细介绍线路参数的理论计算方法，为线路建模、模型应用打下基础。然后，介绍各种线路模型，比较模型的准确性。模型应用是本书的目的，书中通过多个算例示范线路模型的应用，这些算例涉及潜供电流和并联电抗器、操作过电压、雷电过电压、电缆单相接地。对于有志于从事电力系统电磁暂态分析和仿真的各类人员，必须掌握线路参数和线路模型两部分内容；而模型应用内容，可根据实际需要选择学习。

数据验算是进行电磁暂态计算必备的技能，通过验算用户不仅能够判断计算的正确性，也可加深对参数的数学、物理意义的理解，因此书中详细介绍了线路参数的验算方法。

电缆参数基本理论与架空线路相似，但两者的具体计算方法不同。为了内容连贯，将电缆有关章节放在本书最后。

输电线路是电网中的主要联络元件，介绍输电线路必涉及其他设备，因此书中也比较详细介绍了所涉及设备的模型，使读者在整个电网背景中深入了解线路，避免只见树木、不见森林的现象。

书中介绍了 30 多个完整算例，以及详细注解，算例全部来源于电力工程实际，计算结果具有工程参考价值。书中还介绍了大量 ATP 的使用技巧，如第三方绘图软件（如 PlotXY）使用、程序功能的深度挖掘（如在子程序中设置不同参数以输出不同结果）、傅里叶分析、参数变化（可大大提高仿真效率）、电网与控制系统的交互（主要是 TACS 和 MODELS）。

全书共 15 章。第 1~11 章、第 13 章由李云阁编写，第 12 章由李云阁、曾垂杨编写，第 14、15 章由刘健编写。全书由李云阁统稿。西安科技大学研究生张娜娜、甘帆、郑庆浩对全书进行了文字校对。本书由国家自然科学基金“城市智能配电网保护与自愈控制关键技术”资助出版。

电磁暂态的基础理论和数值计算理论博大精深，有关软件非常专业、复杂，软件的容错能力无法比拟大众软件。要熟练、正确进行实际系统的仿真，除掌握理论知识外，还需对软件的使用深入研究，反复练习，长期实践，循序渐进，才能掌握其技巧，领悟其精髓。

由于作者水平有限，加之时间仓促，书中不足之处在所难免，恳请读者批评指正。

作者

2019年3月

目　录

第1章

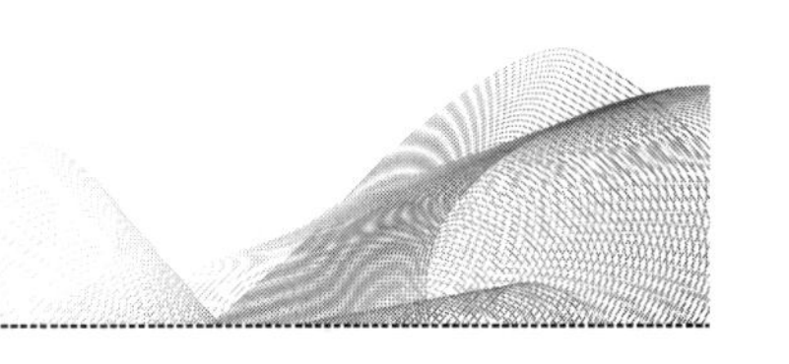

ATP和ATPDraw简介

随着计算机技术的发展，从20世纪60年代末开始，先后涌现出一大批计算输电线路参数及电力系统电磁暂态过程的程序，ATP为其中之一。ATP的输入文件为文本形式，早期采用半辅助、半手工方式建立ATP的输入文件，极其烦琐，也极易出错。为此，另外一个团队开发了ATPDraw，为ATP的使用提供了很大的方便，但ATP仍可单独运行。因此可以认为ATP是核心程序，而ATPDraw只是ATP的辅助支持程序，即外壳程序。目前，ATP有多个外壳程序，而ATPDraw的使用较为广泛。

ATP和ATPDraw均为免费软件，在全球范围内广泛应用于电力系统的科研、设计、教学之中。

1.1 ATP 简 介

1.1.1 发展历史

1969年4月，H. W. Dommel在IEEE PAS上发表文章*Digital Computer Solution of Electromagnetic Transients in Single - and Multiphase Networks*，标志着EMTP雏形的建立。随着一些组织和个人的不断推进，EMTP功能得到不断完善。1975年，W. Scott Meyer将Electro - Magnetic Transient Program简称为EMTP，这一简称沿用至今。

1982年9月，由6家机构成立了EMTP联合开发机构DCG（Development Coordination Group），包括3个美国政府部门（BPA、西部地区电力管理局、美国垦务局）和3家加拿大机构（魁北克水电、渥太华水电以及代表加拿大其他公共事业用户的加拿大电气联合会）。在1984年以前的10多年里，BPA主导EMTP开发工作，即BPA - EMTP。

由于不同意DCG对EMTP商业化的建议，W. Scott Meyer和Tsu - huei Liu利用业余时间开发BPA - EMTP的替代程序ATP（Alternative Transients Program）。1984年秋，ATP正式诞生，也称为ATP版本的EMTP，或ATP - EMTP。在遵守相关规定的前提下，任何人可以免费使用ATP。

1986年，H. W. Dommel向BPA提交了*EMTP Theory Book*一书，后多次重印，这是电力系统电磁暂态数值计算的经典理论著作。

1989年，MODELS被引入电磁暂态分析中，大大扩展了ATP的功能和灵活性。

在Meyer、Liu两位博士的领导和不懈努力下，通过国际间的合作，ATP成为目前国际上电磁暂态分析最广泛使用的程序，源程序代码约21.8万行。

1.1.2 功能

ATP 主要用于电力系统交、直流系统的电磁暂态仿真计算，但是其线路参数计算、潮流和稳态计算功能同样强大，潮流计算的目的是为后续的暂态计算提供初始状态。ATP 的主要功能包括：稳态计算和稳态频率扫描；雷击过电压；操作过电压；谐波分析；绝缘配合；旋转电机仿真，包括轴系；保护、控制系统的仿真；线路、电缆参数计算。

过电压计算是约定俗成的称谓，在任何过电压计算中均可计算输出电流。

ATP 进行电磁暂态计算的基本原理是：将分布参数元件转化为集中参数元件，将储能元件转化为电阻和电流源并联的形式，使用隐式梯形积分法在时域内求解网络的微分方程，应用节点导纳法在每一时间步长求解代数方程组，由此计算支路电压、支路电流、功率或能量，计算结果的输出形式为文本文件和绘图文件。

电磁暂态计算时网络的初始状态必须正确设置。ATP 通过以下几种方式设置网络的初始状态：潮流计算、稳态计算、手动输入。在潮流计算和稳态计算中，非线性元件（如非线性电感、避雷器）被忽略。

ATP 中的基本元件包括：

（1）集中参数电阻 R、电感 L 和电容 C。

（2）多相 π 型等值电路，这种情况下（1）中的 R、L、C 参数变为矩阵 $\boldsymbol{R}$、$\boldsymbol{L}$、$\boldsymbol{C}$。

（3）多相分布参数输电线路，既有恒定参数模型，又有频率相关模型。

（4）非线性电阻，如金属氧化物避雷器（MOA）等。

（5）非线性电感，既可模拟常规的单值特性曲线，也可包括剩磁和磁滞。

（6）时变电阻。

（7）开关，包括二极管和晶闸管，用来模拟断路器、火花间隙、故障通道、直流系统中的晶闸管等。

（8）电压和电流源，有标准数学函数波形，如正（余）弦函数、阶跃函数、斜角波函数，用户还可自定义波形。

（9）旋转电机，包括单相、两相和三相感应电机，以及三相同步电机、直流电机，这些模型与 TACS 控制系统连接，可模拟电压调节器和调速器等的动态特性。

（10）TACS，能够模拟非线性特性和逻辑运算，其输入、输出可与所模拟的网络接口实现综合计算，所有的 TACS 模型都可被用户编辑修改。

（11）MODELS，可以灵活实现电网络与控制系统的交互，大大扩展了 ATP 的功能。

1.1.3 版本

ATP 的版本如下：

（1）Salford ATP。Salford ATP 使用 Salford Software 的 Fortran 编译，程序执行需要 32 位 DOS 扩展器 Salford DBOS（能够对虚拟内存进行管理），不能同时执行多个 ATP 算例。如在 Windows 3. X、Windows 95 下运行，需在系统文件 SYSTEM. INI 中增加 WDBOS. 386。避免使用长文件名或长目录名。

（2）Watcom ATP。Watcom ATP 使用 Watcom Fortran 编译，支持长文件名，程序变量

维数可增加。Watcom ATP 的功能不及 Salford ATP，最大的区别是 Watcom ATP 在绘图时不支持 SPY。它可执行长达 150000 行的数据文件，便于进行大型网络的模拟。Watcom ATP 可在同一工作目录下同时执行多个任务。

（3）GNU - Mingw32 ATP，即 ATP/MinGW。GNU - Mingw32 ATP 使用本地 GNU/Mingw32 Fortran 进行编译，开发者、使用者无需购买昂贵的 Watcom Fortran 或者 Salford Fortran 编译器，对于使用编译 TACS 或者 FOREIGN MODELS 的用户，其优势更加明显。GNU - Mingw32 ATP 支持长文件名，启动快，需要的实际内存少，运行性能与 Watcom ATP 相当。但是如果使用绘图支持程序 DISLIN，其运行速度降低。

（4）GNU - Djgpp ATP。该版本使用 GNU/Djgpp Fortran（g77）编译和链接。其运行系统为 MS - DOS、Windows 3. X/95/98/NT，它必须有 go32 - v2. exe 才能使用。该版本目前使用较少。

（5）GNU - Linux ATP。这是利用 GNU 编译的 ATP 版本，在 Linux 下运行。

尽管有不同 ATP 版本，但它们之间功能区别很小，见表 1 - 1。需注意，ATP 的主执行文件不是 ATP. exe。本书将以 GNU - Mingw32 ATP 为例介绍 ATP 的使用。

表 1 - 1　　不同 ATP 版本之间的区别

版本	Salford ATP	Watcom ATP	GNU - Mingw32 ATP	GNU - Djgpp ATP	GNU - Linux ATP
主执行文件	Tpbig. exe	Atpwnt. exe	Tpbig. exe	Tpbig. exe	Tpbig
操作系统	MS - DOS、Windows	Windows	Windows	MS - DOS、Windows	Linux
编译器	Salford Fortran	Watcom Fortran	GNU - Mingw32 Fortran	GNU - Djgpp Fortran	GNU Fortran

1.1.4　安装

只要同意有关条款，即可免费注册、使用 ATP。在欧洲 ATP - EMTP 网站 http：//www. eeug. org 注册成功后，用户可在指定网站下载安装程序，中国用户常在日本或欧洲的 EMTP 用户网站进行下载。由于几十年的不断优化，以及以 DOS 为核心，ATP 安装包以及安装后只有几十兆。

1.1.4.1　安装来自日本 ATP 网站的文件

从日本 ATP 网站下载的是 ATP/MinGW 版本。程序包含 InstATPxxx. exe、InstATPxxx _ add. exe、InstATPxxx _ lib. exe 3 个主要安装程序（压缩包）以及其他几个辅助程序，安装方便，适合于没有安装经验的用户。

1. InstATPxxx. exe

所有用户需要。该程序包含基本内容，如主执行程序、绘图程序以及辅助综合平台，xxx 为日本 ATP 用户分委会对程序版本的编号。执行 InstATPxxx. exe 时，程序界面如图 1 - 1 所示，各选项说明如下：

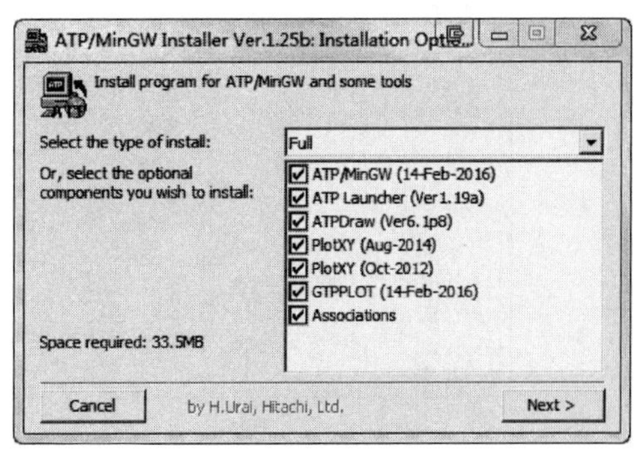

图 1 - 1　InstATPxxx. exe 界面

（1）ATP/MinGW，安装 ATP 的主执行

程序，括号中为程序更新时间或版本。

（2）ATP Launcher，安装 ATPLnch。类似于 ATPDraw，ATPLnch 是一个独立的、简易的、ATP 辅助综合平台，可以使用该程序改变 ATP 变量的维数。

（3）ATPDraw，安装独立的辅助综合平台 ATPDraw。用户可不安装该项，之后单独安装最新版本的 ATPDraw。

（4）PlotXY，安装绘图程序 PlotXY。意大利比萨大学的 Massimo Ceraolo 于 1998 年开发了该软件，并一直进行维护和升级。注意，如果使用新版 PlotXY 绘图时出现问题，可尝试将文件 STARTUP 中参数 NEWPL4 设置为 2 来解决。

（5）GTPPLOT，安装另一绘图程序 GTPPLOT。

（6）Associations，程序关联。选择该项，后缀为 atp、adp、pl4 的文件分别关联到 ATPLnch、ATPDraw、PlotXY，aft 文件关联到记事本或 ATPDraw 内部的编辑器。adp 是早期 ATPDraw 文件的后缀，目前使用的后缀为 acp。

2. InstATPxxx_add. exe

所有用户需要。该程序包含手册、算例以及其他一些工具。执行 InstATPxxx_add. exe 时，程序界面如图 1－2（a）所示，展开各选项后如图 1－2（b）所示。各选项说明如下：

（1）GTPPLOT Manual，安装 GTPPLOT 用户手册。

（2）ATPDraw Manual，安装 ATPDraw 用户手册。

（3）Benchmarks，安装 ATP 算例。

（4）ATPDraw Examples，安装 ATPDraw 算例。

（5）MODELS Samples，安装 MODELS 算例。

（6）ARMAFIT Samples，安装 ARMAFIT 算例。ARMAFIT. exe 是一个独立程序，用以计算 NODA 频率相关线路模型参数。

（7）Gnuplot，安装绘图程序 Gnuplot。

（8）hp2xx，安装 gcc 编译过的 hp2xx. exe。ATP 早期的绘图命令专门针对惠普公司制造的绘图仪，hp2xx 是一个通用图形转换软件，它可将 TP－GL 绘图仪矢量图转换为很多

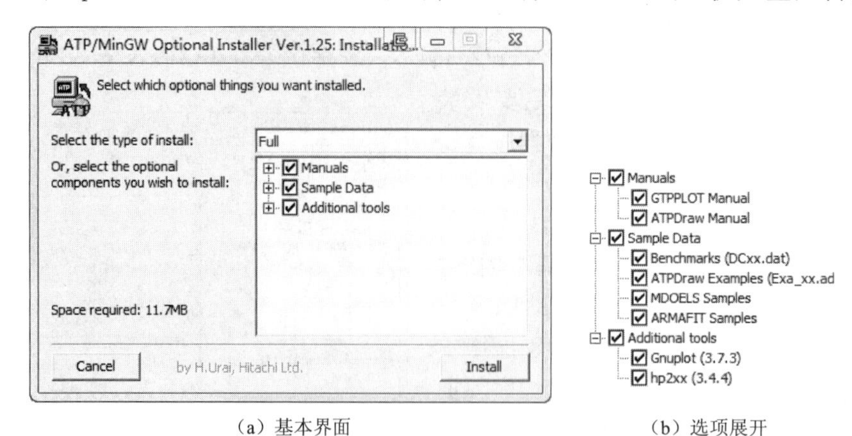

（a）基本界面　　（b）选项展开

图 1－2　InstATPxxx _ add. exe 界面

格式的矢量图或光栅图。

3. InstATPxxx_lib. exe

熟练用户使用。该程序包含库文件和编译器，用于编译 TACS、连接用户自定义的 MODELS 代码、与 ATPLnch 配合改变变量的维数。执行 InstATPxxx_lib. exe 时，程序界面如图 1－3 所示，各选项说明如下：

（1）Library of ATP/MinGW，安装库文件。

（2）MinGW，安装 MinGW，用于程序变维时编译生成用户自己的主执行文件。

（3）Samples，安装算例。

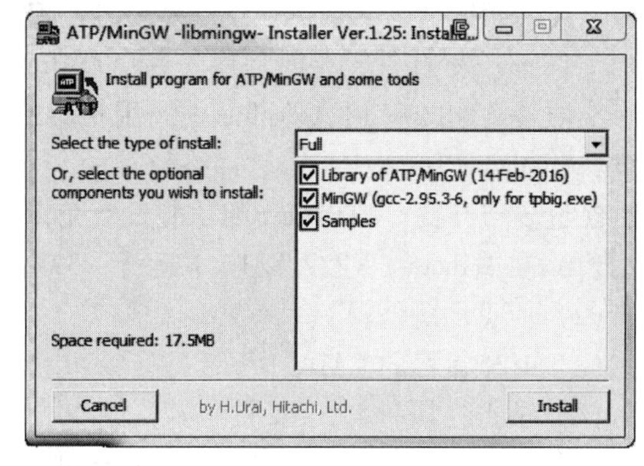

图 1－3　InstATPxxx_lib. exe 界面

1.1.4.2　安装来自欧洲 ATP 网站的文件

欧洲 ATP 网站的资料多，但文件目录逻辑性较差，内容重复，适合于有经验的用户寻找自己需要的文件。一般而言，主要子目录有：ATP_Linux、ATP_MingW32、ATP_Salford、ATP_Watcom，其下有对应版本的 ATP 主执行文件以及必要的支持文件。其他主要子目录还有 ATP RuleBook、EMTP TheoryBook、PlotXY、Tools 等，子目录名即为其中内容。

GNU－Mingw32 ATP 的主执行程序（计算程序）是 tpbig. exe，要正确运行 tpbig. exe，需首先建立批处理文件。

1.2　ATPDraw　简　介

1.2.1　基本情况

ATP 功能强大，使用广泛，但其输入文件必须严格遵守规定格式，而且规定很多。虽然 ATP 程序本身有一定的错误提示功能，但对初学者远远不够，因此 ATP 的入门比较困难。为此有学者开发了辅助软件，以便通过交互式人机图形界面方式建立 ATP 输入文件，其中免费软件 ATPDraw 广受欢迎，本书以 ATPDraw 为平台介绍 ATP 的功能和算例。目前，挪威 Hans Kristian Hϕidalen 博士负责 ATPDraw 的完善和升级。

每个 ATP 元件有一个或多个 ATPDraw 元件与其对应，ATP 的很多功能在 ATPDraw 中实现了元件化、直观化，大大方便了初学者使用 ATPDraw 和 ATP，也使中高级用户仿真更加高效。在图形界面上，这些元件就是一个个图标。点击图标，打开参数界面，可输入、修改有关参数。大部分元件图标都有在线帮助，便于查阅每个参数的含义以及与 ATP 参数的对应情况。利用 ATPDraw 绘制的电路图与日常使用的电路图相仿，所见即所得，大大方便了数据准备，ATPDraw 是用户自学 ATP 的有力工具。ATPDraw 支持多重窗口，可以同时操作几个电路并能在电路之间进行参数复制。电路文件（项目文件）建立之后，ATPDraw 生成 ATP 的输入文件，用户省去了逐行建立数据文件的烦琐过程，节省了大量时间。

ATP 及其绘图软件、文本编辑软件等都可集成在 ATPDraw 中执行，ATPDraw 已成为 ATP 模拟电力系统电磁暂态现象的综合平台。

需要说明的是，ATPDraw 仅仅是为方便建立 ATP 的数据输入文件、观察 ATP 计算的输出结果而开发的图形界面程序。在 ATPDraw 中执行 ATP 仿真计算、绘图、文本编辑等，实质是 ATPDraw 通过外部命令调用相应的软件，用户需要事先在计算机中安装这些软件，并在 ATPDraw 中指定软件路径。

经过多年开发，ATPDraw 的功能日益完善，其功能特点汇总如下：

（1）在 Windows XP/7/8/10 下运行，32 位或 64 位程序。

（2）所见即所得。

（3）基于鼠标的 CAD。

（4）节点自动命名。

（5）约 300 个库元件（见算例 All. acp）包括：①线性支路；②非线性支路；③线路和电缆；④变压器；⑤开关；⑥电源；⑦同步机、感应电动机、通用电机；⑧TACS；⑨MODELS；⑩稳态分析元件；⑪电力系统工具。

（6）动态 MODELS 处理。

（7）多任务。

（8）Windows 剪贴板粘贴。

（9）编辑功能丰富：复制/粘贴、输入/输出、撤销/重复、旋转/翻转。

（10）大容量。大容量包括：①30000 个节点；②20000 个元件；③20000 条连线；④1000行注释语句；⑤矢量绘图。

（11）每个元件有多达 64 个数据和 32 个节点。

（12）每个节点 26 相。

（13）线路/电缆 28 相。

（14）多信息帮助文件系统。

（15）用户手册 269 页。

（16）随软件有 20 多个算例。

ATPDraw 库中所有元件集成在算例文件 All. acp 中，如图 1－4 所示。用户可将其中任何一个元件拷贝到自己的文件中。

1.2.2 安装

在网站 http：//www. atpdraw. net/下载 ATPDraw 安装包，然后运行 setup. exe，或解压压缩包到指定目录，本书中使用的目录为 F：\ATPDraw\ 。

安装之后，在指定目录下有运行 ATPDraw 所需的 3 个基本文件：①ATPDraw. exe，执行文件；②ATPDraw. chm，帮助文件；③ATPDraw. scl，标准元件库文件。

其他文件主要有：runATP_G. bat、runATP_S. bat、runATP_W. bat，这是安装程序自动生成的执行 ATP 程序的批处理文件。

首次执行 ATPDraw. exe 时，程序要求用户确认建立工作子目录，按屏幕提示确认即可。

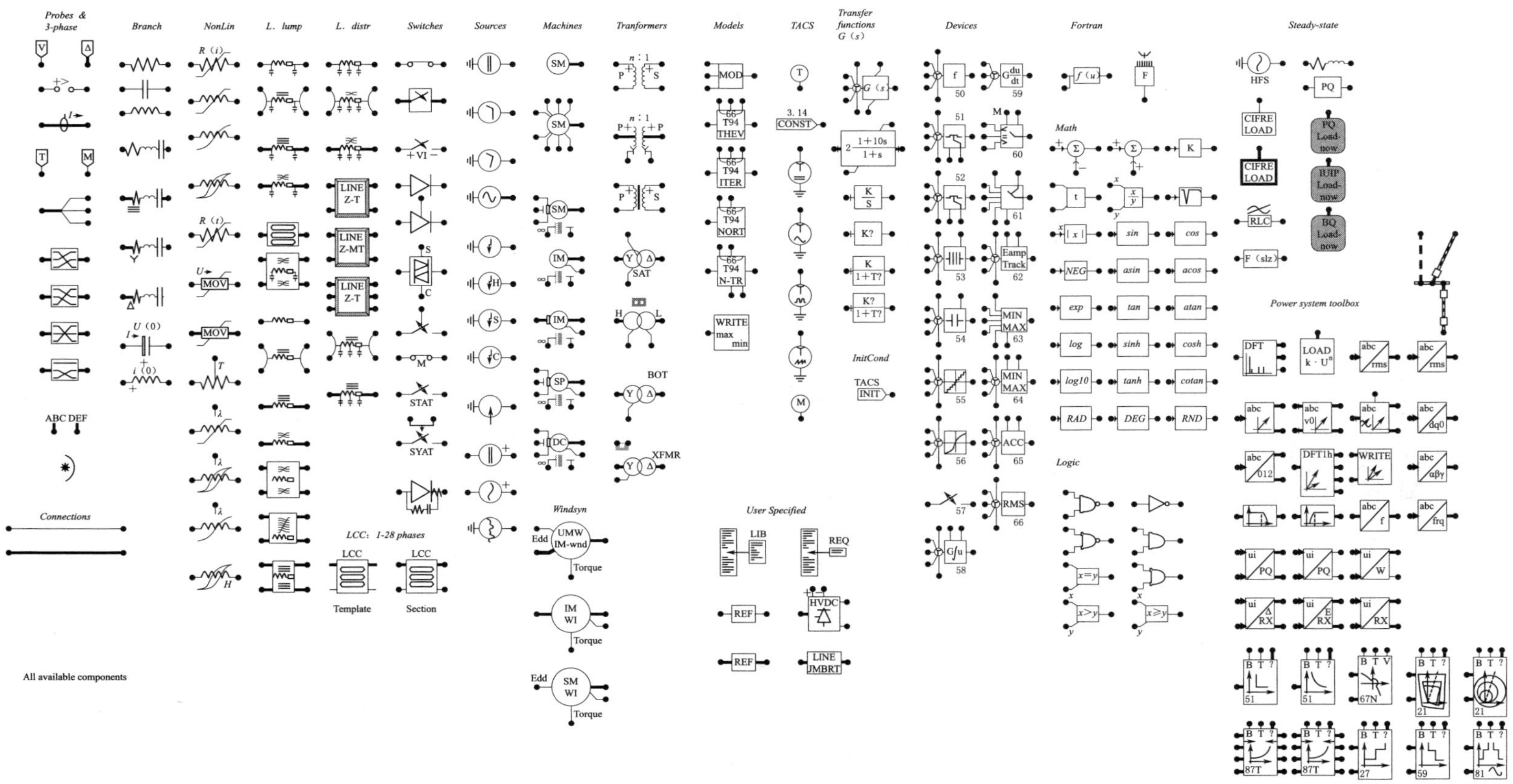

Probes & 3-phase | Branch | NonLin | L. lump | L. distr | Switches | Sources | Machines | Tranformers | Models | TACS | Transfer functions G (s) | Devices | Fortran | Steady-state

V Δ T M ABC DEF Connections All available components

U (0) i (0)

R (i) R (t) MOV T λ H

LINE Z-T LINE Z-MT LINE Z-T

LCC: 1-28 phases LCC Template LCC Section

+VI− S C M STAT SYAT

SM IM SP DC Windsyn UMW IM-wnd Edd Torque IM WI Torque SM WI Torque

n : 1 P S SAT H L BOT XFMR

MOD 66 T94 THEV 66 T94 ITER 66 T94 NORT 66 T94 N-TR WRITE max min

T 3. 14 CONST M

G (s) 1+10s 1+s K S K? K 1+T? K? 1+T? InitCond TACS INIT

User Specified LIB REQ REF HVDC REF LINE JMBRT

f 50 G du dt 59 51 M 60 52 61 53 Eamp Track 62 54 MIN MAX 63 55 MIN MAX 64 56 ACC 65 57 RMS 66 G∫u 58

f (u) F Math Σ K t x y |x| sin cos NEG asin acos exp tan atan log sinh cosh log10 tanh cotan RAD DEG RND Logic x=y x>y x≥y

HFS PQ CIFRE LOAD CIFRE LOAD PQ Load-now IUIP Load-now BQ Load-now RLC F (s/z)

Power system toolbox DFT LOAD k · U^n abc rms abc rms abc abc v0 abc abc dq0 abc 012 DFT1h WRITE abc αβγ abc f abc frq ui PQ ui PQ ui W ui Δ RX ui E RX ui RX

B T ? 51 B T ? 51 B T V 67N B T ? 21 B T ? 21 B T ? 87T B T ? 87T B T ? 27 B T ? 59 B T ? 81

图1－4　ATPDraw库中所有元件

1.2.3　建立批处理文件

ATP 的主执行文件为 tpbig. exe。虽然安装程序自动建立了执行 tpbig. exe 的批处理文件，但其中的内容必须根据 ATP 的安装路径进行修改。用户可以任意命名批处理文件。

假如 tpbig. exe 的安装路径为 I：\Atp\atpmingw\，执行 tpbig. exe 的批处理文件名称保留为 runATP_G. bat，则修改 runATP_G. bat 的内容为：

```
SET PATH=I:\Atp\atpmingw\;%PATH%
SET gnudir=I:\Atp\atpmingw\
%gnudir%tpbig both %1 s -r
del dum*.bin
del *.tmp
pause
```

（1）第一行在原有路径变量中增加新路径 I:\Atp\atpmingw\，该路径中包含文件 tpbig. exe 和 STARTUP，这两个文件是仿真必需的文件，通常安装在同一路径。

（2）第二行定义环境变量 gnudir 为一路径，变量名称可任意确定，注意行尾的“\”。

（3）第三行执行 tpbig. exe，其中各参数含义为：

1）“both”，程序将信息输出至屏幕和文件，如果只输出至文件，将“both”改为“disk”。

2）“%1”，输入文件为目前 ATPDraw 中的活动数据文件。

3）“s”，建立与输入文件名相同的输出文件。

4）“-r”，如果同名输出文件已经存在，覆盖已有文件。

（4）主程序运行结束后，删去中间文件 dum*. bin，这不是必需的，但删除这类文件能够使工作目录整洁。

（5）删去中间文件*. tmp，同样这不是必需的。

（6）pause 命令冻结 DOS 窗口，从键盘敲任何字符后窗口关闭。这行命令不是必需的。使用 pause 命令冻结 DOS 窗口，当程序执行异常且信息没有包含在输出文件时，用户可以从 DOS 窗口阅读这些信息，有助于发现问题。

1.2.4　在 ATP Options 中设置

首次运行 ATPDraw 时，必须对其正确设置，才能建立电路、调用 ATP 以及绘图。ATP 的功能已经基本稳定，但 ATPDraw 不断有新版本出现，不同版本的用户界面不同，本书以 6.3 版介绍 ATPDraw 的设置。ATPDraw 的设置在菜单 Tools→Options 项下，内容较多。需用户完成的主要设置包括指定执行文件的路径和指定输出文件的路径。在 ATPDraw 中完成设置后，内容将被保存在%APPDATA%\atpdraw\目录下文件 ATPDraw. ini 中，有经验的用户可直接编辑 ATPDraw. ini。环境变量%APPDATA%与操作系统有关，如使用 Win7 操作系统，通常%APPDATA% = C:\Users\Administrator\AppData\Roaming\atpdraw。

1.2.4.1　设置主执行文件

运行 ATPDraw. exe，点击菜单 Tools→Options，屏幕上弹出 ATPDraw Options 窗口，如图 1-5 所示。点击窗口上方的选项卡 Preferences，在其中的 Programs 区域的 ATP 一栏中，

输入 ATP 批处理文件及路径，本书中为 runATP_G. bat。这是设置主执行文件的第 1 类方式。

1.2.4.2 设置其他执行文件

在 Preferences 界面的 Programs 区域，除了 ATP 主执行程序的设置，还有一些其他执行程序需要设置，如图 1-5 所示。

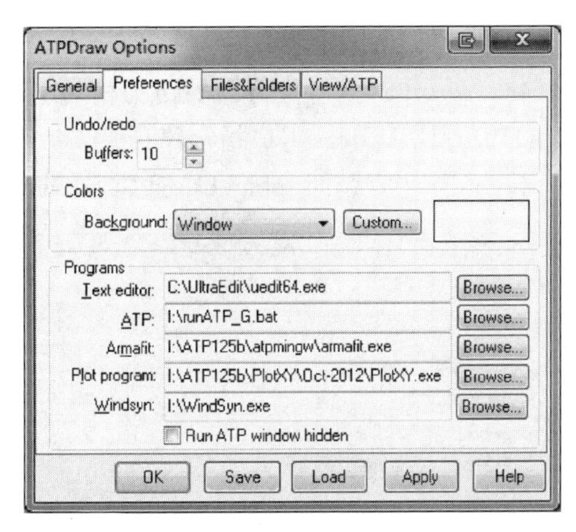

图 1-5 在 ATPDraw Options 中设置执行文件路径

（1）Text editor：文本编辑程序及路径。ATPDraw 将利用该程序打开 ATP 的输入文件（atp）、输出文件（lis）。如保留空白，ATPDraw 将使用自带的文本编辑程序，其功能不及专业文本编辑程序。图 1-5 中使用 Uedit. exe。

（2）Plot program：绘图文件名及路径。本书中使用的绘图文件为 ATP 软件包中的 PlotXY. exe，通常 PlotXY. exe 用于在屏幕上观察 ATP 模拟所得暂态波形，如需要更加美观的屏幕显示或打印波形，可使用其他专业软件。

（3）Armafit：NODA 频率相关线路模型参数计算程序 Armafit. exe 的路径，这是一个独立程序，是 ATP 完整功能的一部分。

（4）Windsyn：电动机、发电机参数计算程序 Windsyn. exe 的路径，这同样是一个独立程序，也是 ATP 完整功能的一部分。

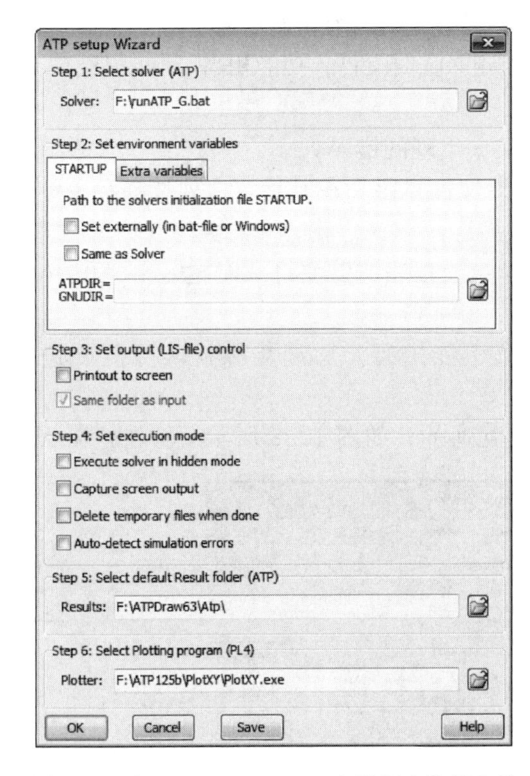

图 1-6 在 ATP setup Wizard 中设置主执行文件

1.2.5 在 ATP setup Wizard 中设置

点击菜单 ATP→Setup ATP connection，出现 ATP setup Wizard 窗口，如图 1-6 所示，设置步骤罗列其中。ATP set Wizard 与 ATP Options 的设置有交叉重叠。

Step 1：Select solver（ATP），选择执行器。执行器为主执行程序 tpbig. exe，或者包含主执行程序的批处理文件，如前述批处理文件 runATP_G. bat。本步骤等同于在 ATP Options 中设置主执行文件。

Step 2：Set environment variables，设置环境变量，指定初始化文件 STARTUP（无此文件，ATP 不能运行）的存储路径。共有 3 个选项。

Set externally（in bat-files or Windows），即在前述 bat 文件中或 Windows 的环境变量

中指定，这是缺省设置。

Same as solver，与执行器的路径相同。

ATPDir/GNUDir，用户指定路径。

需注意，在安装时 tpbig. exe 通常与 STARTUP 的存储路径相同。

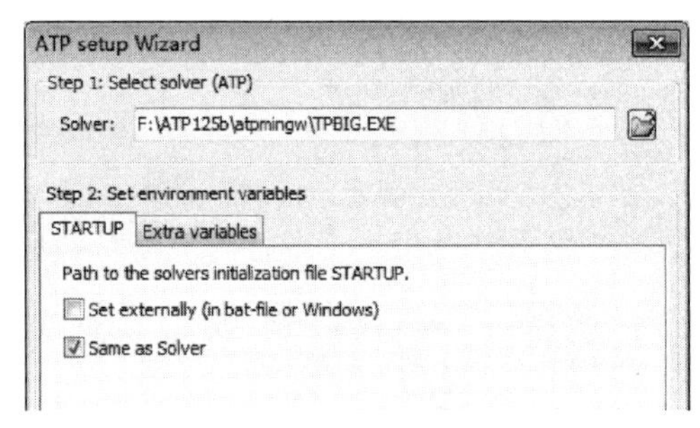

图 1-7 在 ATP setup Wizard 中设置主执行文件 tpbig. exe

以上设置中，如在 Step 1 选择了批处理文件 runATP_G. bat，则在 Step 2 中选择 Set externally（in bat-files or Windows）。如在 Step 1 中直接选择主执行文件 tpbig. exe，如图 1-7 所示，则在 Step 2 中选择环境变量为 Same as solver。

Step 3：Set output file（LIS-file）control，控制 lis 文件的输出。ATP 的仿真计算结果输出在几个文件中，lis 文件是其中一种。

Printout to screen，相当于 runATP_G. bat 中第 3 行中的 both；否则，相当于 disk。

Same folder as input，缺省选择该项，表明输出的 lis 文件存放在与输入文件相同的目录中。

Step 4：Set execution mode，设置执行方式。

Execution in hidden mode，隐藏运行 ATP 的 DOS 窗口。

Capture screen output，捕捉运行 ATP 的 DOS 窗口中的内容，显示在另外一个窗口中。

Delete temporary files when done，仿真结束时删除临时文件，功能相当于 runATP_G. bat 中的第 4、5 行。

Auto-detect simulation errors，自动检测仿真中出现的错误。

Step 5：Select default Result folder，选择结果文件目录。在其后空白处选择存放结果文件的路径，结果文件主要是 lis、pl4 等，后文详述。

Step 6：Select Plotting program（pl4），选择绘图程序，以便将 ATP 暂态计算输出的 pl4 绘图文件绘制为波形，图中选择的绘图程序为 PlotXY. exe。

Step 1 和 Step 2 必须正确设置，否则仿真不能进行。后续步骤视实际需要进行选择。

以上介绍的两类设置主执行文件的方法是互通的，如图 1-8 所示。例如，在 ATP

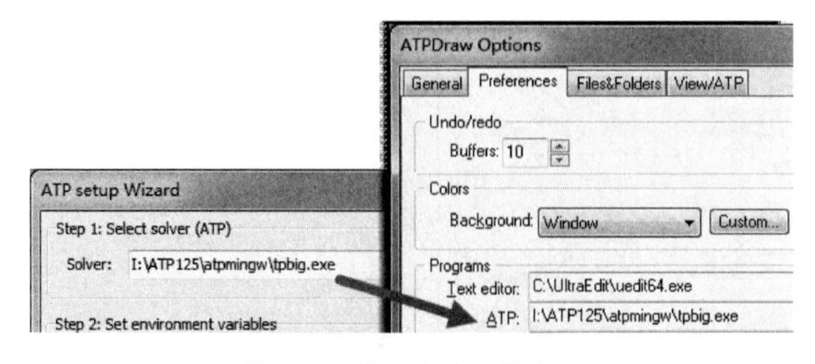

图 1-8 设置方式互通示意

setup Wizard 中设置主执行文件为 tpbig. exe，存储后 ATPDraw Options 窗口中 ATP 栏后的内容也自动更新为同样的路径和文件。反之亦然。

1.2.6 设置输出文件的存放路径

继续点击图 1－5 中的选项卡 Files&Folders，屏幕出现输出文件路径编辑窗口，如图 1－9 所示。安装或首次执行 ATPDraw. exe 时，程序要求用户确认工作路径，如 \ ATP、\ BCT、\ HLP、\ LCC、\ MOD、\ Project 等，此窗口中显示缺省路径。用户可修改输出文件的路径，如将项目文件路径修改为 I: \ MyProjects \ 。

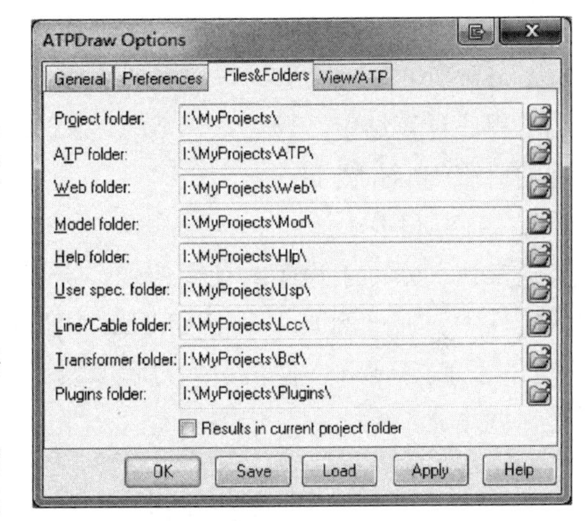

图 1－9 在 ATPDraw 中设置输出文件路径

（1） Project folder：项目文件夹，项目文件 acp 存储目录，项目文件也称为电路文件。

（2） ATP folder：ATP 文件夹，ATP 输入文件 atp 的存储目录，通常也是计算结果的存储目录。

（3） Model folder：Model 文件夹，MODELS 文件存储目录，包括 sup 和 mod 文件。

（4） Help folder：帮助文件夹，存储用户编写的帮助文件。帮助文件的后缀为 txt，必须与对应的支持文件 sup 有相同的文件名称，如 resistor. txt。

（5） User spec. folder：用户自定义文件夹，用户自定义元件存储目录，包括支持文件 sup 和库文件 lib。

（6） Line/Cable folder：线路/电缆文件夹，存储 ATPDraw 的线缆数据文件 alc 以及相关文件。

（7） Transformer folder：变压器文件夹，存储变压器 BCTRAN 模型数据文件 bct 和 XFMR 模型数据文件 xfm。

（8） Plugins folder：插件文件夹，添加在元件选择菜单上（右击鼠标出现的菜单）的项目文件。

1.3 ATP 输入文件中有关命令

在 ATPDraw 中计算输电线路参数时，ATPDraw 调用 ATP 的相应子程序进行计算，将计算结果存储在文件中，文件中数据格式符合 ATP 继续进行电磁暂态计算所要求的格式。这个过程由 ATPDraw 一气呵成，因此一般用户不关心子程序的输入、输出文件。但是，ATP 高级用户必须要深入了解输入、输出文件的结构，在查找、处理计算过程中出现的问题时这一技能尤显可贵。

在 ATPDraw 生成的计算输电线路参数的输入文件（有时这类文件称之为子程序输入文件，以区别对一个完整电路进行计算所使用的主程序输入文件，它们统称为输入文件）

中，会出现 $ ERASE、$ PUNCH 等特殊请求命令；在主程序输入文件中，有时需要使用 $ INCLUDE 特殊请求命令。另外，在输入文件中，经常使用以“C ”或“c ”开头的注释语句。在此仅对部分此类语句进行说明。

1. $ ERASE

ATP 子程序在执行过程中，将计算结果首先存放在内存中某个区域。因此在计算前需通过 $ ERASE 命令清空这部分内存，以免内存中原有数据与新计算数据混杂。

2. $ PUNCH

子程序计算结束，通过 $ PUNCH 命令将计算结果存入磁盘文件（如 Myline. lib）中，文件的后缀为 pch 或 lib。

3. $ INCLUDE

通常情况下，子程序的计算结果会被主程序使用，用于稳态或暂态计算。在主程序的输入文件中，通过例如“ $ INCLUDE Myline. lib”，将子程序的输出文件引入主程序的输入文件中。对于 pch 文件，引入过程其实是完全拷贝；而对于 lib 文件，引入过程类似于子程序调用，节点名称是传递变量。

4. “C ”或“c ”

ATP 的输入文件，以及子程序的输出文件中，如果数据行首出现“C ”或“c ”，即 C+空格、或 c+空格，表示该行为注释行，在该行用户可以加入任意内容，以帮助用户输入、理解数据。ATPDraw 为 ATP 建立输入文件时使用最多的注释形式为

```
C --------------------------------------------------------
C  dT  >< Tmax >< Xopt >< Copt ><Epsiln>
C        1         2         3         4         5         6         7         8
C 345678901234567890123456789012345678901234567890123456789012345678901234567890
```

上面第 1 行用于分隔，第 2 行用于说明变量的列位置。第 3、4 行通常联合使用，标明了文本文件的列数，从第 1 列（被注释行标识 C 占用）直到第 80 列。ATP 的输入文件只使用每行的第 1~80 列。

在本书中，作者在输入、输出文件中也使用这种方法加入更多的解释内容，以便于读者理解。

5. “{”

在 ATP 输入文件中，有多种注释方法可供使用。例如，在一个有效的数据行尾输入符号{，则本行该符号后的所有内容为注释内容。本书写作中作者也采用这种注释方法。

ATP 中还有大量的其他命令，请读者参阅用户手册。

1.4 文 件 类 型

ATPDraw、ATP 的文件分为输入文件和输出文件两大类，表 1－2 中汇总了主要文件类型。对于 txt 格式的文件，可使用很多软件打开、编辑。

表 1-2　　主 要 文 件 类 型

项　　目	后缀	用　　途	编码
ATPDraw 的输出文件	acp	ATPDraw 的项目文件	专用
ATPDraw 的输出文件 ATP 输入文件	atp	主程序输入文件	txt
	dat	子程序输入文件	txt
ATP 输出文件	pch	子程序输出文件,常引入主程序输入文件	txt
	lib	模块化子程序输出文件,引入主程序输入文件	txt
	lis	主、子程序输出文件,包含详细信息	txt
	pl4	主程序输出文件,供后续绘图	专用

1.4.1　ATPDraw 输出文件

用户使用 ATPDraw 建立电路，存为项目文件或电路文件，后缀为 acp，这是 ATPDraw 的输出文件。在计算时，ATPDraw 首先由项目文件生成 atp（用于稳态或暂态计算）或 dat（用于子程序计算有关参数）文件，它们也是 ATPDraw 的输出文件，同时也是 ATP 的输入文件。

ATP 中各种文件类型的缺省后缀在文件 STARTUP 中规定，通常如下：

```
DATTYP  LISTYP  PCHTYP  PL4TYP  EFIELD  FMTPL4  PSCTYP  DBGTYP  BINTYP  EXTTYP
.dat    .lis    .pch    .pl4                    .ps     .dbg    .bin    .ext
```

一般情况下，用户不需修改文件 STARTUP 中的内容。最早 ATP 主、子程序输入文件的缺省后缀均为 dat，而 ATPDraw 将 dat 用于子程序输入文件的后缀，将 atp 用于主程序输入文件的后缀。

1.4.2　ATP 输出文件

1. pch 和 lib 文件

无论进行电网的稳态、暂态计算，还是将原始数据转换为所需数据，一般均执行 tpbig. exe，但转换数据时 tpbig. exe 实际上仅调用相应的子程序。

如果子程序输入文件中包含 $ PUNCH 特殊请求命令，子程序将计算结果存入 pch 或 lib 文件中，用于后续电网稳态或暂态计算。有的子程序仅输出 pch 文件，有的则同时输出两种文件，而且两者的数据格式均完全符合后续计算要求。如果子程序输入文件中没有 $ PUNCH 命令，则子程序不产生 pch 或 lib 文件。无论有无 $ PUNCH 命令，子程序都输出 lis 文件，lis 文件中的信息比 pch 或 lib 文件的信息多。

在 ATPDraw 出现之前，ATP 通过两种方式使用 pch 文件：①将文件内容拷贝到主输入文件中，拷贝前可能需要修改 pch 文件的节点名称；②使用 $ INCLUDE 命令将文件内容引入主输入文件中，可能也需事先修改 pch 文件的节点名称。但在 ATPDraw 出现之后，ATPDraw 为节点自动命名、并使用 $ INCLUDE 将 pch 文件的内容引入主输入文件中，大大方便了 ATP 的使用。

pch 和 lib 文件略有区别。lib 文件除包含 pch 文件的全部内容外，还有一个文件头部。

lib 文件可通过 $ INCLUDE 命令被一次或多次调用，如将一条输电线路分为长度相等的多段且每段的参数完全相同时，可多次调用同一个 lib 文件，这种方式类似于其他计算语言调用子程序。

2. lis 文件

无论计算电路的稳态或暂态过程，还是调用子程序计算参数，ATP 计算结束后均产生 lis 文件，供用户了解详细计算情况。lis 文件前部内容是输入文件的重复和解释，之后是计算结果。

对于电网稳态计算，计算结果是稳态相量。对于电网暂态计算，计算结果是规定时间步长下的暂态数据，可以用此数据绘制电压、电流、转速等变量的曲线。计算结果中还包括其他重要信息，如开关动作时刻、弱连接网络的忽略等。

对于调用子程序的计算，计算结果是元件的参数，如线路的序阻抗、非线性电感的励磁特性等。如果子程序产生 pch 文件，其所有内容被拷贝至 lis 文件的最后面。

3. pl4 文件

通常 pl4 文件是电网暂态计算结果的绘图文件。如前所述，虽然电网暂态计算数据也保存在 lis 文件中，但 lis 文件为 txt 格式，其中包含大量文本信息，不便于绘图。pl4 文件仅包含计算数据，格式紧凑，体积小，方便其他软件如 PlotXY 的直接调用绘图。

第2章

线路参数及其理论计算

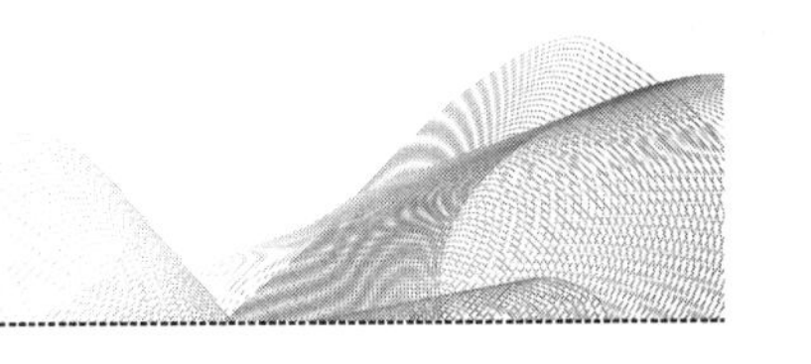

电力系统中的电磁、机电暂态过程是由于能量在电感、电容中的转换所引起。输电线路是发电和用电的连接环节，分布广泛，其参数对暂态过程影响巨大。因此，线路参数计算是电力系统最基本的计算，是线路各种模型的基础。

由于电流的趋肤效应，输电线路的参数随着频率而发生变化。以前电磁暂态仿真技术不成熟、不普遍，通常使用工频参数进行定性计算，在仿真高频电磁暂态过程，如计算快速暂态过电压时结果偏大，暂态过程衰减比实际情况慢很多。此时必须使用线路频率相关参数方可得到正确结果。

目前，用户通常在进行电磁暂态计算前无需利用线路原始的几何、材料参数单独进行烦琐的线路参数计算，程序会自动进行这些计算。但在有些场合，通常仅需要计算线路参数。而且，通过线路参数计算，有助于深层次了解线路的性能，这是高级研究人员必备技能。因此，线路参数计算是重要基础工作。

虽然已有大量关于线路参数理论计算的文献，但为了与本书后续内容保持紧密联系，本章仍将简要介绍线路参数计算理论。

2.1 线路电容

根据电磁场理论，导电媒质中自由电荷的体密度随时间按指数规律衰减，衰减时间常数$\tau=\varepsilon/\gamma$，其中ε是媒质介电常数，γ是其电导率。电力工程中计算线路参数时，将线路和大地视为导电体，τ值很小（小于10^{-8}s），因此在电力系统电磁暂态过程的实际频率范围内，可以认为电荷集中在导线和大地表面，线路电容按照静电场来计算，不受频率影响。但是，如果频率很高，需考虑线路电容的频率特性。

设n条平行架设的导线与地面平行，导线对地电位与导线上的线电荷密度之间存在下列关系

$$\begin{bmatrix} u_1 \\ u_2 \\ \vdots \\ u_n \end{bmatrix} = \begin{bmatrix} P_{11} & P_{12} & \cdots & P_{1n} \\ P_{21} & P_{22} & \cdots & P_{2n} \\ & \vdots & & \\ P_{n1} & P_{n2} & \cdots & P_{nn} \end{bmatrix} \times \begin{bmatrix} q_1 \\ q_2 \\ \vdots \\ q_n \end{bmatrix} \tag{2-1}$$

式中　u_i——导线i的对地电位，$i=1$，…，n；

q_i——导线i的线电荷密度；

P_{ii}——导线i的自电位系数；

P_{ij}——导线 i 与导线 j 之间的互电位系数，$j=1$，…，n，$i \neq j$。

$$P_{ii} = \frac{1}{2\pi\varepsilon_0} \ln \frac{2h_i}{r_i} \tag{2-2}$$

$$P_{ij} = \frac{1}{2\pi\varepsilon_0} \ln \frac{D_{ij}}{d_{ij}} \tag{2-3}$$

式中 h_i——导线 i 距离地面的高度；

r_i——导线 i 的半径；

D_{ij}——导线 i 与导线 j 的镜像之间的距离；

d_{ij}——导线 i 与导线 j 之间的距离；

ε_0——空气介电常数，工程上常取 $\varepsilon_0 = \frac{1}{36\pi \times 10^6}$F/km。

导线布置如图 2-1 所示。

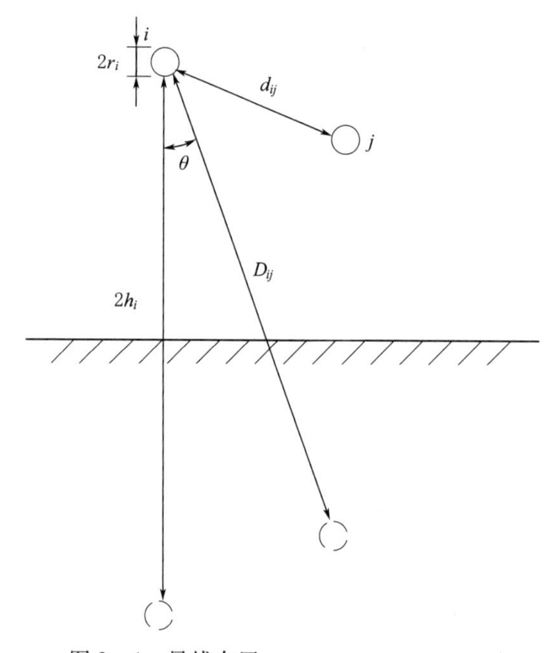

图 2-1　导线布置

令

$$\boldsymbol{U} = [u_1 \quad u_2 \quad \cdots \quad u_n]^{\mathrm{T}} \tag{2-4}$$

$$\boldsymbol{Q} = [q_1 \quad q_2 \quad \cdots \quad q_n]^{\mathrm{T}} \tag{2-5}$$

$$\boldsymbol{P} = \begin{bmatrix} p_{11} & p_{12} & \cdots & p_{1n} \\ p_{21} & p_{22} & \cdots & p_{2n} \\ & \vdots & & \\ p_{n1} & p_{n2} & \cdots & p_{nn} \end{bmatrix} \tag{2-6}$$

式（2-1）的矩阵形式为

$$\boldsymbol{U} = \boldsymbol{PQ} \tag{2-7}$$

将式（2－6）变形为

$$\boldsymbol{Q}=\boldsymbol{P}^{-1}\boldsymbol{U}=\boldsymbol{BU} \tag{2-8}$$

其中

$$\boldsymbol{B}=\boldsymbol{P}^{-1}=\begin{bmatrix} B_{11} & B_{12} & \cdots & B_{1n} \\ B_{i1} & B_{22} & \cdots & B_{2n} \\ & \vdots & & \\ B_{n1} & B_{n2} & \cdots & B_{nn} \end{bmatrix} \tag{2-9}$$

式中 $\boldsymbol{P}$、$\boldsymbol{B}$——电位系数矩阵、电容系数矩阵。

$\boldsymbol{P}$ 是实对称矩阵，所有元素均大于0。$\boldsymbol{B}$ 是 $\boldsymbol{P}$ 的逆矩阵，也是对称矩阵，其对角线元素均为正值，而非对角线元素均为负值。

习惯上将电容系数矩阵 $\boldsymbol{B}$ 简称为电容矩阵，用 $\boldsymbol{C}$ 表示，其元素 B_{ij} 也用 C_{ij} 表示。需注意，C_{ij} 不是等效电路中的部分电容（部分电容为正值）。

2.1.1 消去架空地线

对于110kV及以上交流高压输电线路，一般全线装有架空地线以防止雷直接击中导线，架空地线也称地线或避雷线。我国330kV及以上交流输电线路以及高压直流输电线路，全线装设两条避雷线。为了方便工程应用，需消去式（2－6）、式（2－9）中地线。通常地线在正常运行时接地，在频率250kHz以下，认为地线电压为0，因此式（2－7）的分块矩阵形式为

$$\left[\frac{\boldsymbol{U}_{\mathrm{p}}}{0}\right]=\left[\begin{array}{c|c} \boldsymbol{P}_{\mathrm{p}} & \boldsymbol{P}_{\mathrm{pg}} \\ \hline \boldsymbol{P}_{\mathrm{pg}} & \boldsymbol{P}_{\mathrm{g}} \end{array}\right]\left[\frac{\boldsymbol{Q}_{\mathrm{p}}}{\boldsymbol{Q}_{\mathrm{g}}}\right] \tag{2-10}$$

式中 $\boldsymbol{U}_{\mathrm{p}}$——相导线上的电压；

$\boldsymbol{Q}_{\mathrm{p}}$——相导线上的线电荷密度；

$\boldsymbol{Q}_{\mathrm{g}}$——地线上的线电荷密度；

$\boldsymbol{P}_{\mathrm{p}}$——相导线电位系数；

$\boldsymbol{P}_{\mathrm{g}}$——地线电位系数；

$\boldsymbol{P}_{\mathrm{pg}}$——相导线、地线之间互电位系数。

解式（2－10），得

$$\boldsymbol{U}_{\mathrm{p}}=(\boldsymbol{P}_{\mathrm{p}}-\boldsymbol{P}_{\mathrm{pg}}\boldsymbol{P}_{\mathrm{g}}^{-1}\boldsymbol{P}_{\mathrm{pg}})\boldsymbol{Q}_{\mathrm{p}} \tag{2-11}$$

则消去地线后的电位系数矩阵为

$$\boldsymbol{P}=\boldsymbol{P}_{\mathrm{p}}-\boldsymbol{P}_{\mathrm{pg}}\boldsymbol{P}_{\mathrm{g}}^{-1}\boldsymbol{P}_{\mathrm{pg}} \tag{2-12}$$

地线无论是分段一点接地，还是逐基杆塔接地，或两者兼而有之，式（2－12）总是正确的。同样，消去地线后的电容系数矩阵是电位系数矩阵的逆矩阵。

2.1.2 合并子导线

高压导体表面存在很多毛刺，导致局部放电，局部放电增加到一定程度发展为电晕，导致更多电能损失，并产生无线电干扰和噪声。因此220kV及以上线路每相均采用多条

并联的子导线（也称分裂导线），以降低导线表面场强，减弱电晕。每相子导线数也称为分裂数，通常 220kV、330kV 为 2 分裂，500kV 为 4 分裂，750kV 为 6 分裂，1000kV 为 8 分裂。

子导线的存在使得电位系数矩阵或电容系数矩阵维数增大，计算量将呈几何倍数增加。如 8 分裂单回 1000kV 线路，相导线、地线共有 26 条，对应的 $\boldsymbol{P}$ 或 $\boldsymbol{B}$ 为 26×26 阶矩阵。因此，通常需要将每相的子导线进行合并。合并可采用两种方式，一种是直接利用矩阵运算将 $\boldsymbol{P}$ 中每相的所有子导线逐一合并，得到一个等效的相参数矩阵，对应的方法为矩阵运算法；另一种是将每相的所有子导线等效为一条导线，对应的方法为等值半径法。

2.1.2.1　矩阵运算法

假设地线已经消去，每相有 4 条子导线，a 相的子导线编号为 i、l、m、n，则有

a 相电荷等于各子导线电荷之和为

$$q_a = q_i + q_l + q_m + q_n \tag{2-13}$$

a 相各子导线对地电位相同，即

$$u_a = u_i = u_l = u_m = u_n \tag{2-14}$$

子导线电位、电荷以及电位系数之间的关系如式（2－1）。子导线 i、l、m、n 合并为一条导线的过程如下：

（1）用 q_a 替换式（2－1）中的 q_i，则展开后对应矩阵 $\boldsymbol{P}$ 的第 i 列均多出一项 ΔP，即

$$\Delta P = P_{xi}(q_l + q_m + q_n),(x=1,2,3,\cdots,n) \tag{2-15}$$

电位系数矩阵第 l、m、n 列必须分别减去第 i 列，如图 2－2（a）所示。

（2）电位系数矩阵的第 l、m、n 行减去第 i 行，则矩阵 $\boldsymbol{U}$ 中的 u_l、u_m、u_n 均为 0，如图 2－2（b）所示。

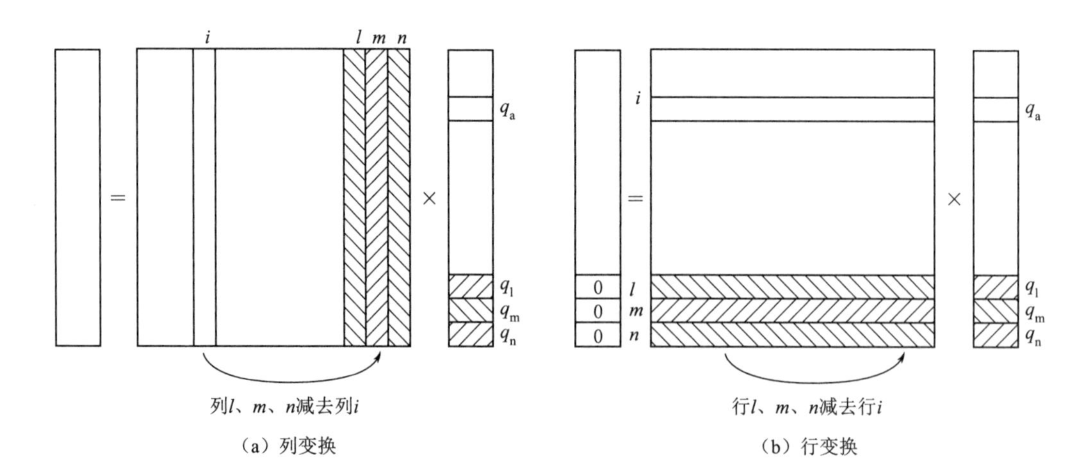

图 2－2　通过矩阵运算消去子导线的过程

（3）采用与消去地线相同的方法，消去 q_l、q_m、q_n。

至此，将 i、l、m、n 四条子导线合并为 a 相导线。用同样方法合并 b、c 两相的子导线，得到合并子导线后的电位系数矩阵。

求合并子导线后的电位系数矩阵的逆矩阵，得到合并子导线后的电容系数矩阵。

2.1.2.2 等值半径法

对于上述 a 相的 4 条子导线 i、l、m、n，忽略各导线之间的邻近效应，认为 a 相的电荷平均分布在每条子导线上，即

$$q_{\mathrm{i}} = q_{\mathrm{l}} = q_{\mathrm{m}} = q_{\mathrm{n}} = \frac{1}{4} q_{\mathrm{a}} \tag{2-16}$$

同时式（2－14）仍然成立，即

$$u_{\mathrm{a}} = u_{\mathrm{i}} = u_{\mathrm{l}} = u_{\mathrm{m}} = u_{\mathrm{n}} \tag{2-17}$$

1. 自电位系数

假设 $q_{\mathrm{b}}=q_{\mathrm{c}}=0$，对于子导线 i，由式（2－1）得

$$u_{\mathrm{a}} = \frac{1}{4}\left[\frac{1}{2\pi\varepsilon_0}\ln\frac{2h_{\mathrm{i}}\cdot 2h_{\mathrm{l}}\cdot 2h_{\mathrm{m}}\cdot 2h_{\mathrm{n}}}{r_{\mathrm{i}}d_{\mathrm{il}}d_{\mathrm{im}}d_{\mathrm{in}}}\right] q_{\mathrm{a}} = P_{\mathrm{aa}}q_{\mathrm{a}} \tag{2-18}$$

其中

$$P_{\mathrm{aa}} = \frac{1}{4}\left[\frac{1}{2\pi\varepsilon_0}\ln\frac{2h_{\mathrm{i}}\cdot 2h_{\mathrm{l}}\cdot 2h_{\mathrm{m}}\cdot 2h_{\mathrm{n}}}{r_{\mathrm{i}}d_{\mathrm{il}}d_{\mathrm{im}}d_{\mathrm{in}}}\right] \tag{2-19}$$

P_{aa}是 a 相的自电位系数。

因为子导线对地高度远大于子导线半径，故近似认为各子导线的高度均等于子导线构成的正多边形外接圆心的对地高度 h_{a}，则上式化简为

$$P_{\mathrm{aa}} = \frac{1}{2\pi\varepsilon_0}\ln\frac{2h_{\mathrm{a}}}{\sqrt[4]{r_{\mathrm{i}}d_{\mathrm{il}}d_{\mathrm{im}}d_{\mathrm{in}}}} = \frac{1}{2\pi\varepsilon_0}\ln\frac{2h_{\mathrm{a}}}{r_{\mathrm{e}}} \tag{2-20}$$

其中

$$r_{\mathrm{e}} = \sqrt[4]{r_{\mathrm{i}}d_{\mathrm{il}}d_{\mathrm{im}}d_{\mathrm{in}}} \tag{2-21}$$

r_{e} 称为导线 a 的等值半径。

进一步将式（2－21）推广到有 N 条均匀分布子导线的情况，设子导线半径为 r，子导线中心所构成圆的直径为 D，线路子导线布置如图 2－3 所示。

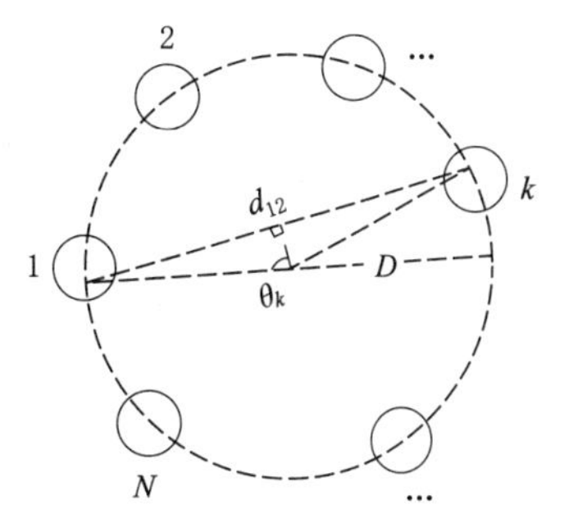

图 2－3　线路子导线布置

子导线 1 与子导线 k 之间的夹角

$$2\theta_k = \frac{2(k-1)\pi}{N} \quad (k = 2,3,\cdots,N) \tag{2-22}$$

两者之间距离

$$d_{1k} = D\sin\theta_k \tag{2-23}$$

因此

$$\begin{aligned} r_{\mathrm{e}} &= \sqrt[N]{rd_{12}d_{13}\cdots d_{1k}\cdots d_{1N}} \\ &= \sqrt[N]{rD^{N-1}\sin\theta_1\sin\theta_2\cdots\sin\theta_{N-1}} \end{aligned} \tag{2-24}$$

可以证明

$$D^{N-1}\sin\theta_1\sin\theta_2\cdots\sin\theta_{N-1} = D^{N-1}\prod_{k=2}^{N}\sin\frac{(k-1)\pi}{N} = N\left(\frac{D}{2}\right)^{N-1} = NA^{N-1} \tag{2-25}$$

其中 $A=D/2$。

则 N 根子导线的等值半径为

$$r_e = \sqrt[N]{rNA^{N-1}} \tag{2-26}$$

2. 互电位系数

继续假设 $q_b=q_c=0$，b 相4条子导线电位均为 u_b，子导线中心用 b 表示。则对于其中任何一条子导线，有

$$u_b = \frac{1}{4}\left[\frac{1}{2\pi\varepsilon_0}\ln\frac{D_{bi}D_{bl}D_{bm}D_{bn}}{d_{bi}d_{bl}d_{bm}d_{bn}}\right]q_a = P_{ab}q_a \tag{2-27}$$

其中

$$P_{ab} = \frac{1}{4}\left[\frac{1}{2\pi\varepsilon_0}\ln\frac{D_{bi}D_{bl}D_{bm}D_{bn}}{d_{bi}d_{bl}d_{bm}d_{bn}}\right] \tag{2-28}$$

P_{ab}称为合并子导线后 a、b 相之间的互电位系数。

由于子导线之间的距离远小于相间以及镜像间的距离，近似均以子导线外接圆圆心为子导线之间的起止点计算相互距离，则式（2-28）简化为

$$P_{ab} = \frac{1}{2\pi\varepsilon_0}\ln\frac{D_{ba}}{d_{ba}} \tag{2-29}$$

如果相导线有 N 条子导线，互电位系数计算公式同式（2-29）。

合并子导线的矩阵运算法通常需要编程来实现，而等值半径法可手工计算。这两种方法的计算结果相差甚微。但矩阵运算法不受子导线按正多边形排列的限制，也没有假定相电荷在子导线上平均分布，故其应用更广，计算结果更为精确。

2.2 线路阻抗

不同于线路电容，线路的电阻和电感随频率明显发生变化，这一特征对电磁暂态计算的复杂程度、结果的准确性有很大的影响。正确计算线路不同频率下的阻抗，是电磁暂态计算的重要基础工作之一。

对于一个含有 n 根导线的系统，在某一频率 f 下，沿单位长度线路的电压降落为

$$-\frac{d}{dx}\begin{bmatrix}\dot{U}_1\\ \dot{U}_2\\ \vdots\\ \dot{U}_n\end{bmatrix} = \begin{bmatrix}Z_{11} & Z_{12} & \cdots & Z_{1n}\\ Z_{21} & Z_{22} & \cdots & Z_{2n}\\ & \vdots & & \\ Z_{n1} & Z_{n2} & \cdots & Z_{nn}\end{bmatrix}\begin{bmatrix}\dot{I}_1\\ \dot{I}_2\\ \vdots\\ \dot{I}_n\end{bmatrix} \tag{2-30}$$

其中

$$Z_{ii} = R_{ii} + j\omega L_{ii}$$

$$\omega = 2\pi f$$

$$Z_{ij} = R_{ij} + j\omega L_{ij}$$

式中 U_i——导线 i 对地电位；

I_i——导线 i 中的电流；

Z_{ii}——导线 i 的单位长度自阻抗；

Z_{ij}——导线 i 与 j 之间的单位长度互阻抗；

R_{ii}——导线 i 的单位长度自电阻；

R_{ij}——导线 i 与 j 之间的单位长度互电阻；

L_{ii}——导线 i 的单位长度自电感；

L_{ij}——导线 i 与 j 之间的单位长度互电感。

式（2－30）改为

$$-\frac{\mathrm{d}}{\mathrm{d}x}\boldsymbol{U}=\boldsymbol{Z}\boldsymbol{I}=(\boldsymbol{R}+\mathrm{j}\omega\boldsymbol{L})\boldsymbol{I} \tag{2-31}$$

式中 $\boldsymbol{U}$、$\boldsymbol{I}$——导线电压、电流矩阵；

$\boldsymbol{R}$、$\boldsymbol{L}$、$\boldsymbol{Z}$——线路单位长度电阻、电感、阻抗的矩阵。

在20世纪20年代，Carson 和 Pollaczek 为电话线路研究了导线自阻抗和互阻抗计算公式，这些公式也可用于计算输电线路的自阻抗和互阻抗。两位学者给出的公式计算结果相同，Pollaczek 的公式还可计算地埋导体；但 Carson 公式易于编程，故用于 ATP 的支持子程序 LINE CONSTANTS、CABLE CONSTANTS 和 CABLE PARAMETERS 中。

Carson 公式基于以下假设：

（1）线路位于空气中，平行于大地，无限长。实际线路有弧垂，故计算中使用其平均高度。通常线路弧垂为抛物线，线路的平均高度为

$$H=V_{\mathrm{mid}}+\frac{V_{\mathrm{tower}}-V_{\mathrm{mid}}}{3}=\frac{2}{3}V_{\mathrm{mid}}+\frac{1}{3}V_{\mathrm{tower}} \tag{2-32}$$

式中 H——线路平均高度；

V_{tower}——在杆塔处导线中心距地面高度；

V_{mid}——在档距中间导线中心距地面高度。

式（2－32）中，（$V_{\mathrm{tower}}-V_{\mathrm{mid}}$）为导线弧垂。

（2）空气各向同性，无损耗，磁导率 $\mu_0=4\pi\times10^{-4}\mathrm{H/km}$、介电常数 $\varepsilon_0=\frac{1}{36\pi\times10^6}\mathrm{F/km}$。

（3）大地为一导体，具有无限大平面，各向同性。其电阻率、介电常数、磁导率分别为 ρ、μ_0、ε_0，且 $\frac{1}{\rho}\gg\omega\varepsilon_0$，因此位移电流可忽略。当频率超过临界频率 f_c 时（$f_c=\frac{1}{2\pi\varepsilon_0\rho}$，如当 $\rho=10000\Omega\cdot\mathrm{m}$ 时，$f_c=1.8\mathrm{MHz}$），Carson 公式不再适用。计算线路参数时，通常大地电阻率取 $20\sim200\Omega\cdot\mathrm{m}$。

（4）导线之间的距离至少大于导线半径一个数量级，邻近效应可忽略。

从计算线路参数角度考虑，电力工程中使用的钢芯铝绞线可看作是管状的空心导线，如图2－4所示，q、r 分别为导线的内外半径。其横截面积等于多股绞线的总面积，中间钢芯通过电流很小，可忽略。实心导线是空心导线的特例，$q=0$。

2.2.1 导线自阻抗 Z_{ii}

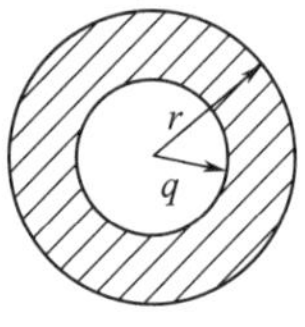

导线自阻抗表示单相导线——大地回路的电磁耦合，包含三个分量

$$Z_{ii} = j\omega L_{ii} + Z_c + \Delta Z_{ii} \tag{2-33}$$

图2-4 钢芯铝绞线等效为管状导线

式中 L_{ii}——导线和大地均为理想导体时的回路电感；

Z_c——导线内阻抗；

ΔZ_{ii}——大地内阻抗，通常使用 Carson 公式计算。

1. 导线和大地均为理想导体时的回路电感 L_{ii}

$$L_{ii} = \frac{\mu_0}{2\pi}\ln\frac{2h_i}{r_i} \tag{2-34}$$

式中 h_i——导线中心对地高度；

r_i——导线半径。

2. 导线内阻抗 Z_c

由于导线的趋肤效应，导线内阻抗与频率密切相关，它包含两个分量

$$Z_c = R_c + j\omega L_c \tag{2-35}$$

其中 R_c、L_c 分别为导线的内电阻和内电感，与导线直流电阻 R_d、直流内电感 L_d 的关系为

$$R_c = \alpha_R R_d \tag{2-36}$$

$$L_c = \alpha_L L_d \tag{2-37}$$

实心导线的单位长度直流电阻为

$$R_d = \frac{\rho_d}{\pi r^2} \tag{2-38}$$

管状导线的单位长度直流电阻为

$$R_d = \frac{\rho_d}{\pi(r^2 - q^2)} \tag{2-39}$$

式中 ρ_d——导线电阻率。

实心导线的单位长度直流内电感为一常数，即

$$L_d = \frac{\mu_0}{8\pi} = 0.5 \times 10^{-4}\text{H/km} \tag{2-40}$$

管状导线单位长度直流内电感不是常数，计算公式为

$$L_d = \frac{\mu_0}{2\pi}\left[\frac{q^4}{(r^2 - q^2)^2}\ln\frac{r}{q} - \frac{3q^2 - r^2}{4(r^2 - q^2)}\right] \tag{2-41}$$

如果导线使用导磁材料，则式（2-40）、式（2-41）中 μ_0 被实际磁导率 μ 代替。内电阻系数 α_R、内电感系数 α_L 均由贝塞尔函数表示，由 Kelvin 在 1888 年首次给出，分别为

$$\alpha_R = \frac{mr}{2}\frac{\mathrm{ber}(mr)\mathrm{bei}'(mr) - \mathrm{bei}(mr)\mathrm{ber}'(mr)}{[\mathrm{ber}'(mr)]^2 + [\mathrm{bei}'(mr)]^2} \tag{2-42}$$

$$\alpha_L = \frac{4}{mr}\frac{\mathrm{ber}(mr)\mathrm{ber}'(mr) + \mathrm{bei}(mr)\mathrm{bei}'(mr)}{[\mathrm{ber}'(mr)]^2 + [\mathrm{bei}'(mr)]^2} \tag{2-43}$$

其中

$$m = \sqrt{\frac{\omega\mu_0}{\rho_d}}$$

对于管状导线，Z_c 也可以使用基于 Kelvin 函数的表达式，即

$$Z_c = \frac{\mathrm{j}m\rho_d}{2\pi r}\frac{\mathrm{ber}(mr) + \mathrm{jbei}(mr) - \phi[\mathrm{ker}(mr) + \mathrm{jkei}(mr)]}{\mathrm{ber}'(mr) + \mathrm{jbei}'(mr) - \phi[\mathrm{ker}'(mr) + \mathrm{jkei}'(mr)]} \tag{2-44}$$

$$\phi = \frac{\mathrm{ber}'(mq) + \mathrm{jbei}'(mq)}{\mathrm{ker}'(mq) + \mathrm{jkei}'(mq)} \tag{2-45}$$

当 $q=0$ 时，式（2－44）与式（2－36）和式（2－37）完全一致。

举例说明 Z_c 与频率的关系。某导线 $\rho_d = 0.0247\Omega/\mathrm{km}$，$\frac{q}{r} = 0.2258$，按式（2－41）计算得其直流内电感 $L_d = 0.4549\times10^{-4}\mathrm{H/km}$。该导线的内电阻系数、内电感系数见表 2－1 和图 2－5（a），内电阻、内电感如图 2－5（b）所示。在 $f = 60\mathrm{Hz}$ 时，$\alpha_R = 1.1$，$\alpha_L = 0.94$。直流换流站产生的谐波可达 2000Hz，对应 $\alpha_R = 5.2$，$\alpha_L = 0.21$。此时如果仍然使用工频参数计算谐波的传播，误差较大。

表 2－1　导线内电阻系数 α_R、内电感系数 α_L 随频率的变化

f/Hz	α_R	α_L	f/Hz	α_R	α_L	f/Hz	α_R	α_L
2	1.0002	0.99992	400	2.4554	0.47004	60000	27.1337	0.03879
4	1.0007	0.9997	600	2.9421	0.38503	80000	31.2942	0.03359
6	1.0015	0.99932	800	3.3559	0.33418	100000	34.9597	0.03004
8	1.0026	0.99879	1000	3.7213	0.29924	200000	49.3413	0.02124
10	1.0041	0.99812	2000	5.1561	0.21204	400000	69.6802	0.01502
20	1.0164	0.99254	4000	7.1876	0.15008	600000	85.287	0.01227
40	1.0632	0.97125	6000	8.7471	0.12258	800000	98.4441	0.01062
60	1.1347	0.93898	8000	10.0622	0.10617	1000000	110.0357	0.0095
80	1.2233	0.89946	10000	11.2209	0.09497	2000000	155.5154	0.00672
100	1.3213	0.85639	20000	15.7678	0.06717	4000000	219.8336	0.00475
200	1.7983	0.66232	40000	22.1988	0.0475			

当频率较高时，R_c、ωL_c 均与 $\sqrt{\omega}$ 成正比，且 $R_c \approx \omega L_c$。当 $f = 10\mathrm{kHz}$、100kHz、1MHz 时，两者相差仅为 2.2%、0.7%、0.2%。

3. 大地内阻抗 ΔZ_{ii}

对于导线自阻抗 Z_{ii} 中的大地内阻抗 ΔZ_{ii} 以及导线互阻抗 Z_{ij} 中的大地互阻抗 ΔZ_{ij}，两者的计算公式形式相同。

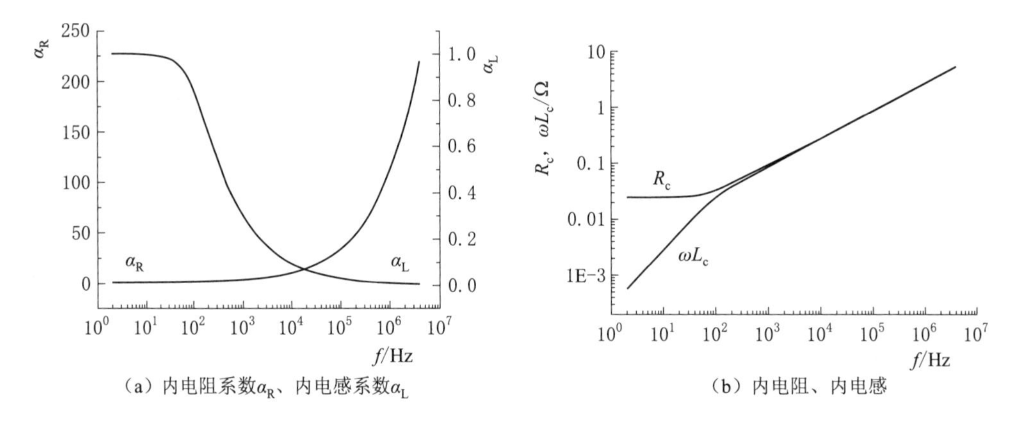

图 2-5 导线内电阻、内电感随频率的变化趋势

2.2.2 导线间互阻抗 Z_{ij}

导线 i 与 j 之间的互阻抗 Z_{ij} 表示两导线之间的电磁耦合关系，包含两个分量

$$Z_{ij} = j\omega L_{ij} + \Delta Z_{ij} \tag{2-46}$$

式中 L_{ij}——导线和大地均为理想导体时两导线间的互感；

ΔZ_{ij}——导线 i 与 j 的电流均以大地为返回回路而对应的大地互阻抗，通常使用卡松公式计算。

1. 导线和大地均为理想导体时导线 i 与 j 之间的互感 L_{ij}

$$L_{ij} = \frac{\mu_0}{2\pi}\ln\frac{D_{ij}}{d_{ij}} \tag{2-47}$$

式中 D_{ij}——导线 i 与导线 j 镜像之间的距离；

r_i——导线 i 与导线 j 之间的距离。

2. 大地互阻抗 ΔZ_{ij}

导线自阻抗 Z_{ii} 中的大地内阻抗为 ΔZ_{ii}，导线互阻抗 Z_{ij} 中的大地互阻抗为 ΔZ_{ij}，用 ΔZ 统一表示 ΔZ_{ii} 和 ΔZ_{ij}，且

$$\Delta Z = \Delta R + j\Delta X \tag{2-48}$$

式中 ΔR、ΔX——ΔZ 的电阻和电抗分量。

J. R. 卡松在 1926 年发表了卡松积分公式，具体为

$$\Delta Z_{ii} = 4\omega \times 10^{-4} \times \int_0^\infty (\sqrt{a^2 + j} - a)e^{-2h_i'a}da \tag{2-49}$$

$$\Delta Z_{ij} = 4\omega \times 10^{-4} \times \int_0^\infty (\sqrt{a^2 + j} - a)e^{-(h_i'+h_j')a}\cos x'ada \tag{2-50}$$

其中

$$h_i' = h_i\sqrt{k} \tag{2-51}$$

$$h_j' = h_j\sqrt{k} \tag{2-52}$$

$$x' = x\sqrt{k} \tag{2-53}$$

$$k = 4\pi\sqrt{5} \times 10^{-4} D\sqrt{\frac{f}{\rho}} \tag{2-54}$$

式中 h_i——导线 i 距离地面高度，m；

h_j——导线 j 距离地面高度，m；

x——导线 i 与 j 之间的水平距离，m；

ρ——大地土壤电阻率，Ω·m；

ΔR——卡松修正项电阻部分，Ω/km；

ΔX——卡松修正项电抗部分，Ω/km。

计算 ΔZ_{ii}时使用 $D=2h_i$，计算 ΔZ_{ij}时使用 $D=D_{ij}$，单位为 m。

设导线 i 与导线 j 镜像之间的夹角为 θ，如图 2-1 所示。计算 ΔZ_{ii}时，$\theta=0$。

为了便于计算，卡松将式（2-49）和式（2-50）展开为级数形式为

$$\Delta R = 4\omega \times 10^{-4} \times \left[\frac{\pi}{8}(1 - s_4) + \frac{1}{2}s_2 \lg\frac{2}{\gamma k} + \frac{1}{2}s'_2\theta - \frac{1}{\sqrt{2}}\sigma_1 + \frac{1}{2}\sigma_2 + \frac{1}{\sqrt{2}}\sigma_3\right] \tag{2-55}$$

$$\Delta X = 4\omega \times 10^{-4} \times \left[\frac{1}{4} + \frac{1}{2}(1 - s_4)\lg\frac{2}{\gamma k} - \frac{1}{2}s'_4\theta + \frac{1}{\sqrt{2}}\sigma_1 - \frac{\pi}{8}s_2 + \frac{1}{\sqrt{2}}\sigma_3 - \frac{1}{2}\sigma_4\right] \tag{2-56}$$

其中 $\gamma=1.7811$，是欧拉常数。其他中间变量为

$$s_2 = \frac{1}{1!2!}\left(\frac{k}{2}\right)^2\cos2\theta - \frac{1}{3!4!}\left(\frac{k}{2}\right)^6\cos6\theta + \cdots \tag{2-57}$$

$$s'_2 = \frac{1}{1!2!}\left(\frac{k}{2}\right)^2\sin2\theta - \frac{1}{3!4!}\left(\frac{k}{2}\right)^6\sin6\theta + \cdots \tag{2-58}$$

$$s_4 = \frac{1}{2!3!}\left(\frac{k}{2}\right)^4\cos4\theta - \frac{1}{4!5!}\left(\frac{k}{2}\right)^8\cos8\theta + \cdots \tag{2-59}$$

$$s'_4 = \frac{1}{2!3!}\left(\frac{k}{2}\right)^4\sin4\theta - \frac{1}{4!5!}\left(\frac{k}{2}\right)^8\sin8\theta + \cdots \tag{2-60}$$

$$\sigma_1 = \frac{k\cos\theta}{3} - \frac{k^5\cos5\theta}{3^2 \times 5^2 \times 7} + \frac{k^9\cos9\theta}{3^2 \times 5^2 \times 7^2 \times 9^2 \times 11} - \cdots \tag{2-61}$$

$$\sigma_3 = \frac{k^3\cos3\theta}{3^2 \times 5} - \frac{k^7\cos7\theta}{3^2 \times 5^2 \times 7^2 \times 9} + \frac{k^{11}\cos11\theta}{3^2 \times 5^2 \times 7^2 \times 9^2 \times 11^2 \times 13} - \cdots \tag{2-62}$$

$$\sigma_2 = \left(1 + \frac{1}{2} - \frac{1}{4}\right)\frac{1}{1!2!}\left(\frac{k}{2}\right)^2\cos2\theta - \left(1 + \frac{1}{2} + \frac{1}{3} + \frac{1}{4} - \frac{1}{8}\right)\frac{1}{3!4!}\left(\frac{k}{2}\right)^6\cos6\theta + \cdots \approx \frac{5}{4}s_2 \tag{2-63}$$

$$\sigma_4 = \left(1 + \frac{1}{2} + \frac{1}{3} - \frac{1}{6}\right)\frac{1}{2!3!}\left(\frac{k}{2}\right)^4\cos4\theta - \left(1 + \frac{1}{2} + \frac{1}{3} + \frac{1}{4} + \frac{1}{5} - \frac{1}{10}\right)\frac{1}{4!5!}\left(\frac{k}{2}\right)^8\cos8\theta + \cdots \approx \frac{5}{3}s_4 \tag{2-64}$$

为了方便使用，将式（2-55）和式（2-56）整理为

$$\Delta R = 4\omega \times 10^{-4}\left\{\frac{\pi}{8} - b_1 k\cos\theta \right.$$
$$+ b_2[(c_2 - \ln k)k^2\cos 2\theta + \theta k^2\sin 2\theta]$$
$$+ b_3 k^3\cos 3\theta$$
$$- d_4 k^4\cos 4\theta$$
$$- b_5 k^5\cos 5\theta$$
$$+ b_6[(c_6 - \ln k)k^6\cos 6\theta + \theta k^6\sin 6\theta]$$
$$+ b_7 k^7\cos 7\theta$$
$$- d_8 k_8\cos 8\theta$$
$$\left. - \cdots \right\} \tag{2-65}$$

$$\Delta X = 4\omega \times 10^{-4}\left\{\frac{1}{2}(0.6159315 - \ln k) \right.$$
$$+ b_1 k\cos\theta$$
$$- d_2 k^2\cos 2\theta$$
$$+ b_3 k^3\cos 3\theta$$
$$- b_4[(c_4 - \ln k)k^4\cos 4\theta + \theta k^4\sin 4\theta]$$
$$+ b_5 k^5\cos 5\theta$$
$$- d_6 k^6\cos 6\theta$$
$$+ b_7 k^7\cos 7\theta$$
$$- b_8[(c_8 - \ln k)k^8\cos 8\theta + \theta k^8\sin 8\theta]$$
$$\left. + \cdots \right\} \tag{2-66}$$

式（2－65）和式（2－66）中含 θ 项每四项按一定规律重复。以上 ΔR 和 ΔX 的单位均为 Ω/km。

系数 b_i、c_i、d_i 均为常数，用递推公式计算。系数 b_i 的递推公式为

$$\left.\begin{aligned} b_1 &= \frac{\sqrt{2}}{6} \\ b_2 &= \frac{1}{16} \\ b_i &= b_{i-2}\frac{sign}{i(i+2)} \end{aligned}\right\} \tag{2-67}$$

当 i=1、2、3、4 时，$sign$=1；当 i=5、6、7、8 时，$sign$=－1；当 i=9、10、11、12 时，$sign$=1；以此类推。

系数 c_i 只含有下标为偶数的项，即 c_2、c_4、c_6，…，其递推公式为

$$\left.\begin{aligned} c_2 &= 1.3659315 \\ c_i &= c_{i-2} + \frac{1}{i} + \frac{1}{i+2} \end{aligned}\right\} \tag{2-68}$$

系数 d_i 也仅含有下标为偶数的项，即 d_2、d_4、d_6，…，其递推公式为

$$d_i = \frac{\pi}{4} b_i \tag{2-69}$$

当 $k \leqslant 1/4$ 时，近似计算公式为

$$\Delta R = 4\omega \times 10^{-4} \times \left[\frac{\pi}{8} - \frac{k}{3\sqrt{2}}\cos\theta + \frac{k^2}{16}\left(0.6728 + \lg\frac{2}{k}\right)\cos 2\theta + \frac{\theta k^2}{16}\sin 2\theta \right] \tag{2-70}$$

$$\Delta X = 4\omega \times 10^{-4} \times \left[-0.0386 + \frac{1}{2}\lg\frac{2}{k} + \frac{1}{3\sqrt{2}}k\cos\theta \right] \tag{2-71}$$

当 $k>5$ 时，近似计算公式为

$$\Delta R = \frac{4\omega \times 10^{-4}}{\sqrt{2}}\left(\frac{\cos\theta}{k} - \frac{\sqrt{2}\cos 2\theta}{k^2} + \frac{\cos 3\theta}{k^3} + \frac{3\cos 5\theta}{k^5} - \frac{45\cos 7\theta}{k^7} \right) \tag{2-72}$$

$$\Delta X = \frac{4\omega \times 10^{-4}}{\sqrt{2}}\left(\frac{\cos\theta}{k} - \frac{\cos 3\theta}{k^3} + \frac{3\cos 5\theta}{k^5} + \frac{45\cos 7\theta}{k^7} \right) \tag{2-73}$$

设 $\rho = 100\Omega \cdot \mathrm{m}$，表 2－2 为不同频率、不同线路高度时的 k 值。当 $f=50\mathrm{Hz}$ 时，k 值很小，取式（2－65）和式（2－66）前几项甚至第一项 ΔZ_{ii} 就能满足工程需要。如果 f、h_i 都比较大，需要取比较多的项才能得到准确值，否则结果误差较大。例如，当 $k=4$ 时，取第 1、2、3、…、15 项时，ΔR_{ii} 误差百分数分别为+312，－748，－16，+798，－416，+365，－121，－93，+28，－15，+5.2，+1.7，－0.35，+0.14，－0.04。

表 2－2　　不同频率、线路高度对应的 k 值（$\rho = 100\Omega \cdot \mathrm{m}$）

h_i/m	f/Hz	k	f/Hz	k	f/kHz	k
18	50	0.07153	2000	0.4524	244.3	5
72	50	0.2861	2000	1.8096	15.27	5

2.2.3　工频下的简化计算

从表 2－2 可以看出，在工频下，即 $f=50\mathrm{Hz}$ 时，k 值很小，大地回路阻抗 ΔR、ΔX 仅取式（2－65）和式（2－66）的第一项已经可满足工程需要，即

$$\Delta R \approx 10^{-4}\pi^2 f = 0.05(\Omega/\mathrm{km}) \tag{2-74}$$

$$\Delta X = 2 \times 10^{-4}\omega \times (0.616 - \ln k) = \frac{\omega\mu_0}{2\pi}\ln\frac{e^{0.616}}{k} \tag{2-75}$$

导线的内电感只占总自感很小一部分。为方便计算，假设导线为实心，使用非导磁材料，即导线的内电感 $L_c = \dfrac{\alpha_L \mu_0}{8\pi}$，则导线的自阻抗为

$$\begin{aligned} Z_{ii} &= j\omega L_{ii} + Z_c + \Delta Z_{ii} \\ &= 0.05 + \alpha_R R_d + j\omega L_{ii} + j\omega L_c + j\omega\frac{\mu_0}{2\pi}\ln\frac{e^{0.616}}{k} \end{aligned}$$

$$= 0.05 + \alpha_R R_d + j\omega \frac{\mu_0}{2\pi}\ln\frac{2h_i}{r_i} + j\omega\frac{\alpha_L\mu_0}{8\pi} + j\omega\frac{\mu_0}{2\pi}\ln\frac{e^{0.616}}{k}$$

$$= 0.05 + \alpha_R R_d + j\omega \frac{\mu_0}{2\pi}\left(\ln\frac{2h_i}{r_i} + \frac{\alpha_L}{4} + \ln\frac{e^{0.616}}{k}\right) \tag{2-76}$$

式（2－76）中电感的第一、第二项分别为导线和大地均为理想导体时的导线回路电感、导线的内电感，将其合并，得

$$\ln\frac{2h_i}{r_i} + \frac{\alpha_L}{4} = \ln\frac{2h_i}{GMR} \tag{2-77}$$

其中

$$GMR = r_i e^{-\alpha_L/4} \tag{2-78}$$

GMR 称为计算阻抗时导线的等值半径。

对于钢芯铝绞线，GMR 可适当增大。而对于架空地线使用的钢绞线，GMR 还应更大一点。

将式（2－54）中 k 以及式（2－77）代入式（2－76），得

$$Z_{ii} = 0.05 + \alpha_R R_d + j\omega\frac{\mu_0}{2\pi}\ln\left(\frac{2h_i}{GMR}\times\frac{e^{0.616}}{4\pi\sqrt{5}\times 10^{-4}D\sqrt{\frac{f}{\rho}}}\right) \tag{2-79}$$

因为 $2h_i = D$，则工频下导线自阻抗的简化计算公式为

$$Z_{ii} = 0.05 + \alpha_R R_d + j\omega\frac{\mu_0}{2\pi}\ln\frac{D_g}{GMR} \tag{2-80}$$

其中

$$D_g \approx 660\sqrt{\frac{\rho}{f}} \tag{2-81}$$

为计入大地影响时导线与大地镜像之间的距离。

同理可得工频下导线互阻抗的简化计算公式，即

$$Z_{ij} = 0.05 + j\omega\frac{\mu_0}{2\pi}\ln\frac{D_g}{d_{ij}} \tag{2-82}$$

2.2.4 消去架空地线

架空地线有两种接地方式，一是在每基杆塔上地线均与杆塔连接，因为所有杆塔接地，所以地线在每基杆塔处接地，这是地线逐基杆塔接地方式，如图 2－6（a）所示，光纤复合地线（OPGW）通常采用这种方法；二是将地线分段，段长约为 4km，每段仅与一个杆塔连接，即每段只有一个接地点，这是地线分段接地方式，如图 2－6（b）所示，普通地线采用这种接地方法，其优点是线路运行时地线上电流为 0，因此地线上没有电能损失。不同接地方式线路的电容相同，但阻抗不同。

消去阻抗矩阵中地线的方法与消去电容矩阵中地线的方法类似。

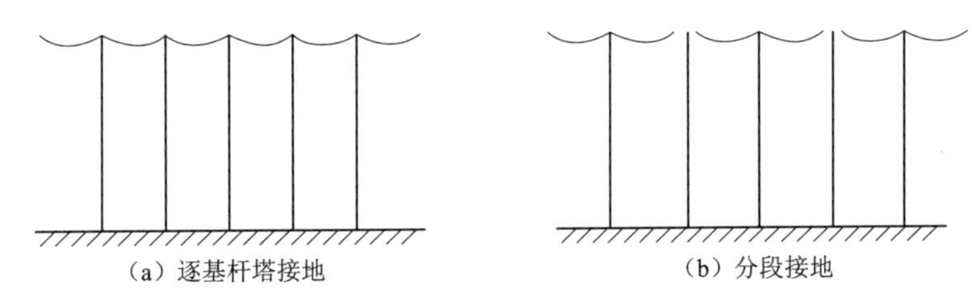

(a) 逐基杆塔接地　　　　(b) 分段接地

图 2-6　地线的接地方式示意图

1. 地线逐基杆塔接地

正常运行时沿地线的压降为 0，因此式（2-31）的分块矩阵形式为

$$-\frac{\mathrm{d}}{\mathrm{d}x}\left[\frac{\boldsymbol{U}_{\mathrm{p}}}{0}\right]=\left[\begin{array}{c|c}\boldsymbol{Z}_{\mathrm{p}} & \boldsymbol{Z}_{\mathrm{pg}} \\ \hline \boldsymbol{Z}_{\mathrm{pg}} & \boldsymbol{Z}_{\mathrm{g}}\end{array}\right]\left[\frac{\boldsymbol{I}_{\mathrm{p}}}{\boldsymbol{I}_{\mathrm{g}}}\right] \tag{2-83}$$

式中　$\boldsymbol{U}_{\mathrm{p}}$——相导线上的电压；

$\boldsymbol{I}_{\mathrm{p}}$——相导线中的电流；

$\boldsymbol{I}_{\mathrm{g}}$——地线中的电流；

$\boldsymbol{Z}_{\mathrm{p}}$——相导线阻抗；

$\boldsymbol{P}_{\mathrm{g}}$——地线阻抗；

$\boldsymbol{P}_{\mathrm{pg}}$——相导线、地线之间的互阻抗。

解式（2-83），得

$$-\frac{\mathrm{d}}{\mathrm{d}x}\boldsymbol{U}_{\mathrm{p}}=(\boldsymbol{Z}_{\mathrm{p}}-\boldsymbol{Z}_{\mathrm{pg}}\boldsymbol{Z}_{\mathrm{g}}^{-1}\boldsymbol{Z}_{\mathrm{pg}})\boldsymbol{I}_{\mathrm{p}} \tag{2-84}$$

因此，消去地线后的线路阻抗矩阵为

$$\boldsymbol{Z}=\boldsymbol{Z}_{\mathrm{p}}-\boldsymbol{Z}_{\mathrm{pg}}\boldsymbol{Z}_{\mathrm{g}}^{-1}\boldsymbol{Z}_{\mathrm{pg}} \tag{2-85}$$

2. 地线分段接地

此时 $\boldsymbol{I}_{\mathrm{g}}=0$，故

$$\boldsymbol{Z}=\boldsymbol{Z}_{\mathrm{p}} \tag{2-86}$$

地线接地方式不同，消去地线后的线路阻抗差异很大。

3. 一条地线逐基杆塔接地，另一条地线分段接地

这是前两种接地方式的组合，也是目前有两条架空地线的线路普遍采用的接地方式：光纤复合地线逐基杆塔接地，而普通地线分段接地。消去地线方法也是前两种方法的组合，由于目前一般采用计算机进行计算，因此不再介绍相关公式。

2.2.5　合并子导线

与电容计算时合并子导线比较，阻抗计算时合并子导线的条件有所不同，但合并过程类似。合并方法同样有矩阵运算法和等值半径法。

1. 矩阵运算法

假设线路地线已经合并，每相有 4 条子导线，a 相的子导线编号为 i、l、m、n。

（1）a 相电流等于各子导线电流之和。

$$i_a = i_i + i_l + i_m + i_n \tag{2-87}$$

（2）a 相各子导线沿线路单位长度压降相同。

$$\frac{u_a}{dx} = \frac{u_i}{dx} = \frac{u_l}{dx} = \frac{u_m}{dx} = \frac{u_n}{dx} \tag{2-88}$$

阻抗矩阵中子导线的具体合并过程与电容计算中合并子导线的过程完全相同。

2. 等值半径法

忽略各导线之间的邻近效应，认为 a 相的电流平均分布在每条子导线上，即

$$i_i = i_l = i_m = i_n = \frac{1}{4} i_a \tag{2-89}$$

同时式（2－88）仍然成立。

通过类似于计算电容系数时的等值半径法，可合并阻抗矩阵中的子导线。但是，线路的电容不随频率变化，故只需进行一次计算；而线路阻抗随频率变化，在不同频率下线路的等值半径不同，况且，阻抗包括电阻和电抗两部分，因此利用等值半径法计算阻抗的合并过程要复杂得多。

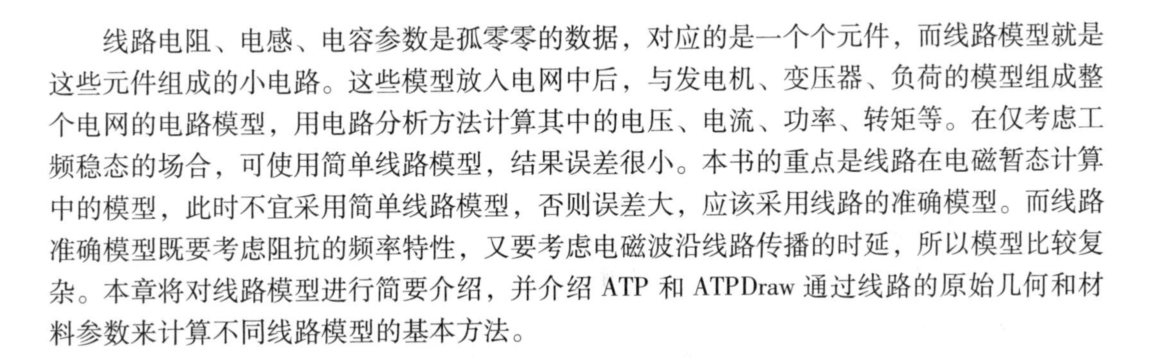

第3章 线路模型概述

线路电阻、电感、电容参数是孤零零的数据，对应的是一个个元件，而线路模型就是这些元件组成的小电路。这些模型放入电网中后，与发电机、变压器、负荷的模型组成整个电网的电路模型，用电路分析方法计算其中的电压、电流、功率、转矩等。在仅考虑工频稳态的场合，可使用简单线路模型，结果误差很小。本书的重点是线路在电磁暂态计算中的模型，此时不宜采用简单线路模型，否则误差大，应该采用线路的准确模型。而线路准确模型既要考虑阻抗的频率特性，又要考虑电磁波沿线路传播的时延，所以模型比较复杂。本章将对线路模型进行简要介绍，并介绍ATP和ATPDraw通过线路的原始几何和材料参数来计算不同线路模型的基本方法。

3.1 发展历史

最早采用暂态网络分析仪（TNA）模拟电力系统内部电磁暂态过程。其原理是将电力系统中的设备按比例缩小（即将元件的电阻、电感或电容按比例缩放），然后连接成网，这个缩小电网中的电压、电流波形与原系统中的相同，只是存在尺度上的差异。TNA的物理意义清晰，单次仿真速度快。仿真结果为模拟量，用波形记录仪器直接记录。但TNA的缺点也很明显，它占地广，投资大，难以考虑参数的频率相关特性，建立、改变算例复杂，效率低下，仿真结果共享、验证困难。

TNA中的线路模型为线路解耦后的集中参数元件模型，称为TNA的π模型。随着计算机技术的发展，逐步用计算机仿真代替了TNA仿真。计算机仿真中早期使用的输电线路模型为恒定参数π模型和Bergeron模型，前者为多相耦合模型，而后者为解耦后的模域模型。

事实上，电力系统电磁暂态过程中频率范围可达几十千赫兹甚至更高，而输电线路参数，尤其零序参数随频率变化。研究人员逐步意识到，若要得到更加准确的模拟结果，必须使用频率相关线路模型。许多学者如Budner、Snelson、Semlyen、Meyer、Dommel、Marti、Gustavsen等都对线路参数随频率变化模型进行了研究。

1970年Budner提出了线路导纳权函数法，该方法通过卷积运算求解频变参数线路的暂态过程。导纳权函数法概念简明但不实用，主要原因是导纳权函数具有持续时间很长的多次脉冲，进行卷积数值运算时必须在某一时刻截断，因而导致计算误差。Snelson提出了前、反行波权函数法，其主要思路是将线路特性阻抗看作常数，然后加权处理前行波和反行波，但其在低频段仿真误差较大。Meyer和Dommel进一步加强了前、反行波权函数的概念，然而，该方法运算时间长，而且用卷积积分计算加权函数的尾部值很困难。

1975 年 Semlyen 和 Dabuleanu 用指数函数对线路阶跃响应及脉冲导纳响应进行了拟合，并利用插值法将卷积运算简化为由当前输入值及其历史值推导获得的递归公式，这是 ATP 中 Semlyen 模型的基础。Semlyen 模型大大节省了计算时间，是在 JMarti 模型问世之前应用最广泛的频率相关模型，其缺点是计算稳定性较差，需要调整有关收敛设定值以提高计算精度。

随着计算机技术的不断发展，简捷、精确的数字仿真技术得到发展。1977—1982 年，J. R. Marti 研究了一种简单的输电线路频率相关模型，即 JMarti 模型。JMarti 模型发展了 Semlyen 的思想，其实质是用滤波网络（RC 网络）模拟频变参数线路，模型仍具备 Bergeron 线路模型的基本形式，但精度更高，计算速度也大大加快。

Semlyen 模型和 JMarti 模型都没有考虑变换矩阵的频率特性，这在一定程度上影响了计算暂态过电压时的精度。

海底电缆的变换矩阵具有强烈的频率相关特性，难以使用类似于 JMarti 模型中的拟合方法。1988 年 L. Marti 为计算海底电缆的电磁暂态过程引进了 LMarti 模型。LMarti 模型借助时域卷积来考虑变换矩阵频率特性，在相域求解。但是该模型对特性阻抗或导纳函数的拟合精度不高，变换矩阵的频率特性呈现振荡性，在低频范围内更是如此，计算不稳定，因此应用很少。

1995 年 Taku Noda 开发了 Noda 模型，这是 ATP 中最新的线路模型。Noda 模型也在相域考虑线路参数的频率相关特性，理论上是最严密的线路模型。Noda 方法的缺点是需要内存大，计算时间长，计算稳定性差，往往无法收敛。

1993 年 Wedepohl 将幂等分析用于线路频率相关建模。1995 年 J. Marti 和 Castellanos 将基于幂等的线路模型引入 EMTP，其中的幂等频率相关系数函数能被精确拟合。后来，研究人员继续不断完善该模型，1997 年 J. Marti 和 Marcano 使用了实数零点和极点。1999 年 Morched、Gustavsen 和 Tartibi 在相域引入了复数零点和极点，以及对非对角元素应用非最小相移拟合。同年，Gustavsen 和 Semlyen 提出了矢量拟合方法。

2018 年，J. Marti 又提出了将架空线路电阻矩阵的非对角元素——大地回路电阻进行平均，以获得实数变换矩阵的思想。

3.2 ATPDraw 中的模型及参数

本书介绍在 ATPDraw 中计算线路参数所需原始参数以及各种选项。主要以两条架空交流输电线路为例，其中一条为 500kV 单回线路，另一条为 750kV 同塔双回线路。

3.2.1 杆塔几何尺寸和材料参数

1. 线路 1：500kV 单回线路

（1）杆塔。杆塔几何尺寸如图 3 - 1 所示。杆塔几何尺寸的参数名称，如 V_{tower}，都与 ATPDraw 中的相同。

（2）相导线。直流电阻为 0. 108Ω/km；导体外直径为 2. 37cm；导体内直径为

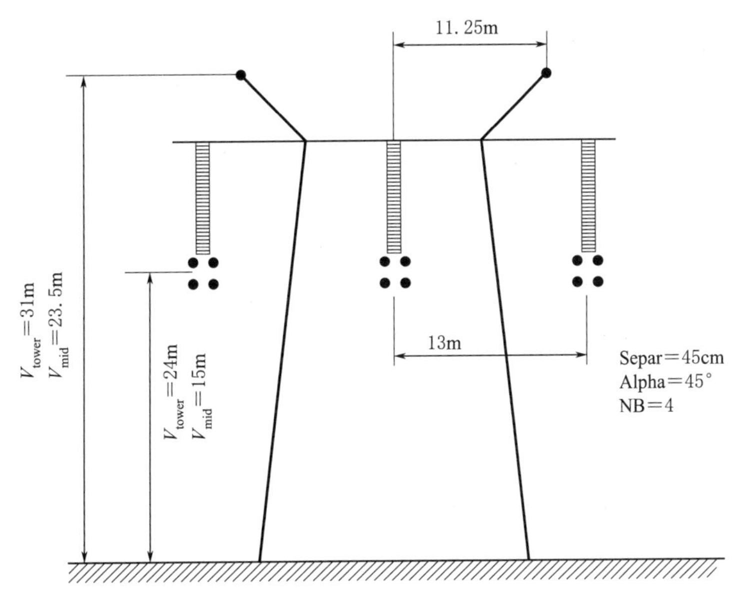

图 3-1　典型 500kV 线路几何尺寸

1.34cm；分裂导体数（NB）为 4；分裂导体间距（Separ）为 45cm。

（3）地线。直流电阻为 0.374Ω/km；导体外直径为 1.484cm；导体内直径为 0cm。

（4）其他。土壤电阻率为 100Ω·m；线路长度为 170km，事实上单位长度线路参数的计算与线路长度无关。

2. 线路 2：750kV 同塔双回线路

（1）杆塔。杆塔几何尺寸如图 3-2 所示。

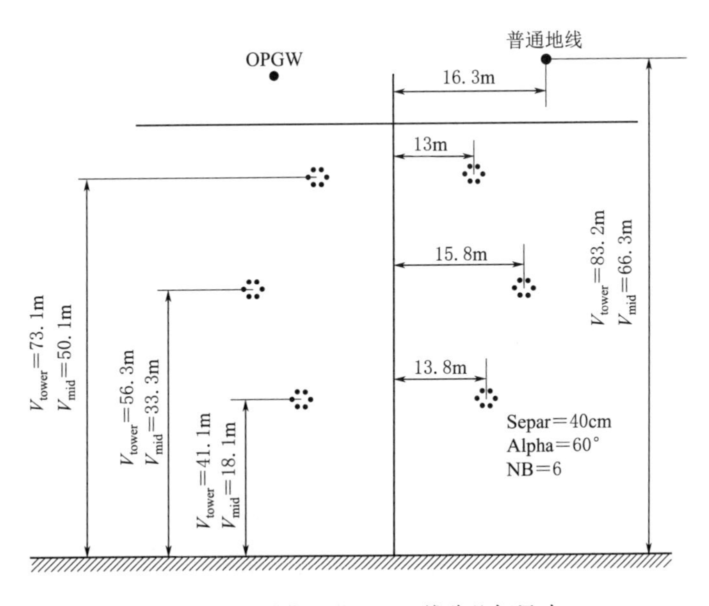

图 3-2　同塔双回 750kV 线路几何尺寸

（2）相导线。直流电阻为0.07232Ω/km；导体外直径为2.763cm；导体内直径为0.8cm；分裂导体数为6；分裂导体间距为40cm。

（3）地线。①地线1：OPGW，直径为1.26cm，直流电阻为0.682Ω/km；②地线2：普通地线，直径为1.15cm，直流电阻为2.13Ω/km。

（4）其他。土壤电阻率为50Ω·m；线路长度为130km。

3.2.2 Model和Data页面

以前述500kV单回线路为例进行说明，双回线路情况类似，不同之处将特别强调。在ATPDraw中建立新的项目文件，在文件窗口空白处右击鼠标，在弹出的悬浮菜单中点击Lines/Cables→LCC template，如图3-3（a）所示，屏幕出现LCC template元件的初始图标，如图3-3（b）所示。

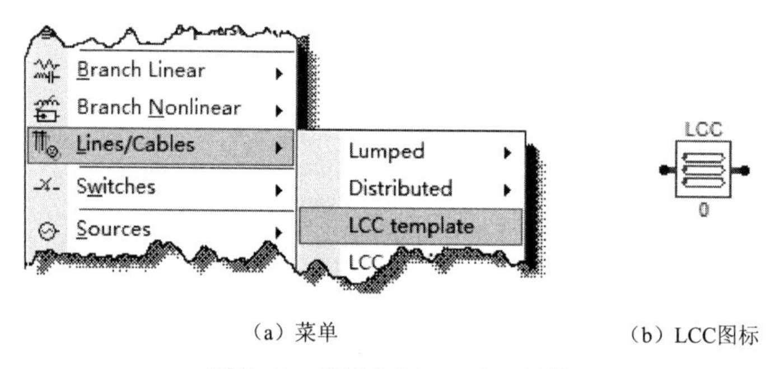

（a）菜单　　（b）LCC图标

图3-3　选择LCC template元件

打开图标，屏幕显示如图3-4所示，上方有3个标签页，分别为Model（模型）、Data（线路的几何和材料参数数据）、Nodes（节点）。图3-4中箭头尾部为作者标注的对应的ATP参数名称。注意，ATPDraw中选项名称与ATP中的参数名称基本不对应，如关

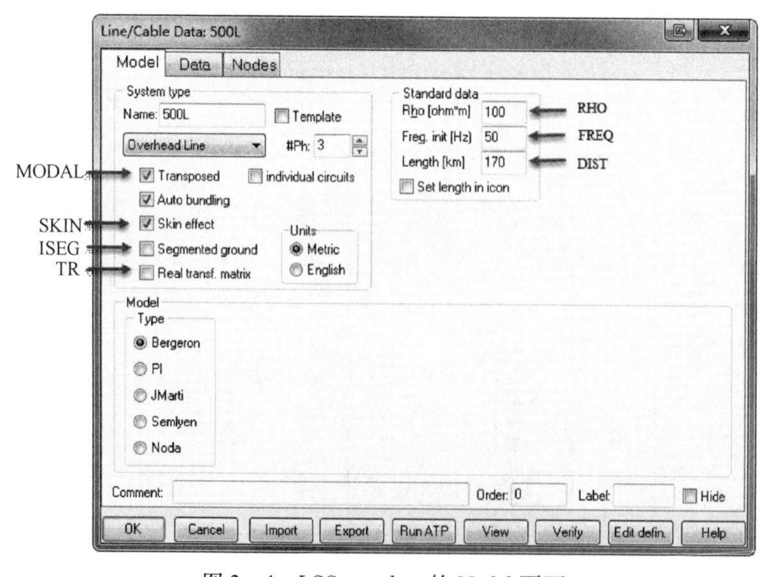

图3-4　LCC template的Model页面

于地线分段，ATP 中参数名称为 ISEG，而 ATPDraw 中的选项名称为 Segmented ground，前者为程序中的变量名称，而后者为变量的含义。

Model 和 Data 这两个页面的参数联动，故将其合并说明。对于多回线路，Nodes 页面中有相导线归属回路划分信息，但建议不要轻易改动其中参数。

3.2.2.1 Model（模型选择）

输电线路模型可按不同方法进行分类，见表 3－1。按照是否使用集中参数元件，有集中参数模型和分布参数模型；按照参数是否随频率变化，分为恒定参数模型和频变参数模型。除了 TNA π 模型，其他模型的参数均可由 ATP 的支持子程序提供。TNA π 模型其实是多相电路解耦后的，由单相电阻、电感、电容组合的电路。如果在 ATPDraw 中使用 TNA π 模型，只需逐个建立元件并连接即可。

表 3－1　　输电线路模型

模型			ATP 使用模型	ATPDraw 中模型选项	ATPDraw 生成模型	ATP 支持子程序
恒定集中参数模型						
	ATP π 模型	简化 π 模型	✓	PI(π)	✓	①②③
		准确 π 模型				①②③
	TNA π 模型*					
分布参数模型	恒定参数模型	RZv 模型	✓	Bergeron	✓	①②③
		RLC 模型**	✓			
		RZτ 模型**	✓			
	频率相关模型	JMarti 模型	✓	JMarti	✓	JMARTI SETUP
		Semlyen 模型	✓	Semlyen	✓	SEMLYEN SETUP
		Noda 模型	✓	Noda	✓	NODA SETUP

① LINE CONSTANTS，计算架空线路参数。
② CABLE PARAMETERS，计算架空线路或电缆参数。
③ CABLE CONSTANTS，计算架空线路或电缆参数。
* TNA 模型其实是单相元件的组合。
** 支持子程序不直接给出 RLC 和 RZτ 模型参数，部分参数需用户计算。

注意，ATPDraw 中将 π 书写为 PI，因此后文中的 PI 模型就是 π 模型。

在 ATPDraw 中，计算线路参数元件 LCC 的 Model 页面中有 Model 子项，供选择线路模型，如图 3－5 所示。

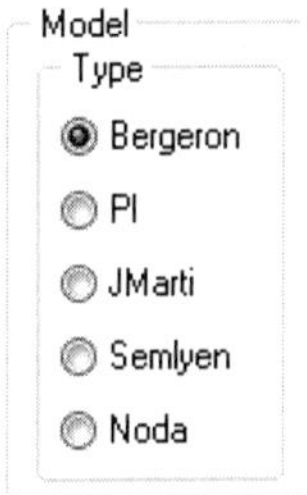

在 ATP 中，输电线路包括架空线路和电缆。当计算架空线路参数时，调用子程序 LINE CONSTANTS、CABLE PARAMETERS 或 CABLE CONSTANTS，子程序名称也是输入文件中的特殊请求命令；当计算电缆参数时，调用子程序 CABLE PARAMETERS 或 CABLE CONSTANTS。对于架空线路参数计算，这 3 个子程序的功能基本相同，所以书中以 LINE CONSTANTS 为例介绍架空线路参数计算。

图 3－5　LCC 中线路模型选项

对于 JMarti、Semlyen、Noda 模型，ATP 首先调用 LINE CONSTANTS

计算离散频率下的线路参数，然后分别调用支持子程序 JMARTI SETUP、SEMLYEN SETUP、ARMAFIT（NODA SETUP）进行拟合。

LINE CONSTANTS、JMARTI SETUP、SEMLYEN SETUP 开发较早，完全集成在 ATP 的主程序 tpbig. exe 之中。而 ARMAFIT 直到 1995 年才由 Taku Noda 等完成，是一个单独的程序，故需在 ATPDraw 主菜单的 Tools \ Options \ Preferences 页面指定 armafit. exe 的路径，如图 3-6 所示。

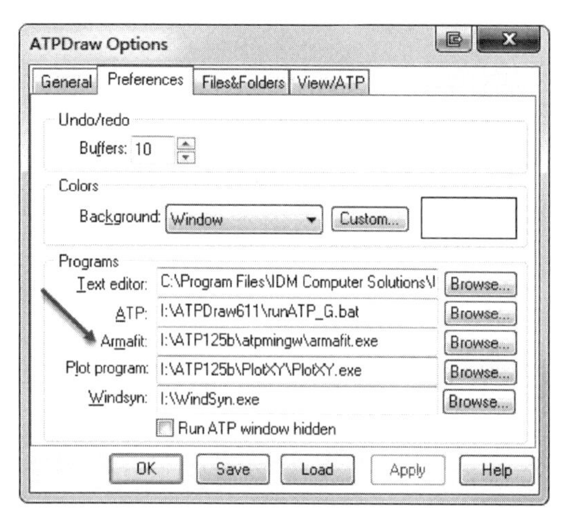

图 3-6　在 ATPDraw 中设置 armafit. exe 的路径

ATPDraw 没有单独计算输电线路参数的菜单入口，而是将该功能融入线路元件 LCC 中。在 LCC 的参数窗口中，对线路、杆塔的原始数据进行了分组。与以前的数据输入方式比较，LCC 的数据输入方式有很大不同，更加人性化、更加方便。但是，ATPDraw 内部仍然首先将这些数据转换为 ATP 规定的输入文件，然后调用 ATP（其实为调用相关子程序）进行计算、输出线路参数。

在 ATPDraw 中，有两种方式使用 LCC：

（1）仅需计算线路参数。用户无须建立完整电路，而是仅需建立包含一个 LCC 元件的 ATPDraw 项目文件即可，在 LCC 元件窗口中执行“Run ATP”，ATPDraw 自动生成 ATP 输入文件，调用 ATP 进行计算，输出计算结果到 lis、pch、lib 文件中。

（2）输电线路是一个电路的一部分，该电路用于稳态或暂态计算。在此情况下，用户可以完全不用关心线路参数计算过程。ATPDraw 首先自动按方式（1）计算线路参数，然后生成用于后续计算的 ATP 输入文件，在该输入文件中通过 $INCLUDE 调用刚刚生成的 lib 文件。

3.2.2.2　System Type（系统类型）

1. Name（线路名称）

注意，Name 之后的名称不是项目名称（即不是电路名称），而是将要计算参数的线路的名称，以后形成的线路 dat、pch、lib 文件等均使用该名称。在图 3-4 中 Name 后输入 500L，点击 Run ATP 后生成的文件名称为 500L. dat、500L. pch、500L. lib 等。

2. Template（模板）

其前打钩，表示将该线路元件作为模板，之后通过 Lines/Cables→LCC section 引用该模板，并修改其中的线路长度为目的值。如果将线路分为多段，使用该选项可以减少重复输入工作。

3. Overhead Line（线路类型）

在其下拉菜单中有三个选项，如图 3-7 所示。

（1）Overhead Line，即架空线路，调用参数计算子程序 LINE CONSTANTS。

（2）Single Core Cable，即单芯电缆，调用参数计算子程序 CABLE PARAMETERS 或 CABLE CONSTANTS。

（3）Enclosing Pipe，即多芯电缆（带金属铠甲），调用参数计算子程序 CABLE PARAMETERS 或 CABLE CONSTANTS。

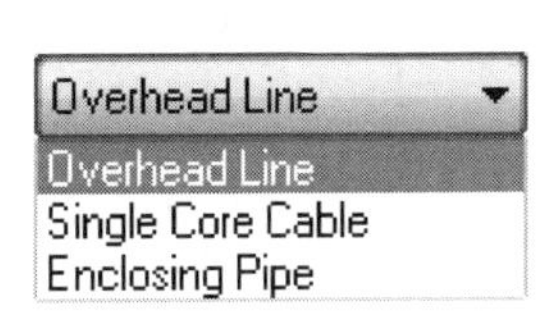

图 3－7　LCC template 中三种线路类型

本例中进行架空线路参数计算，选 Overhead Line。

实际上，CABLE PARAMETERS、CABLE CONSTANTS 均可进行架空线路参数计算，其基本功能与 LINE CONSTANTS 相同，且能够输出更多内容，但 ATPDraw 缺省选择后者计算架空线路参数。

4. Ph. no.（*线路的相数*）

此处填入线路的总相数。对于常用的 3 相线路（地线接地），此处输入 3。对于双回路线路（地线接地），此处输入 6。接地的地线不计入总相数中，但不接地的地线需计入总相数。

5. Transposed（*换位*）

其前打钩，表示线路换位；否则为不换位线路。

6. Individual circuits，*考虑回路之间耦合的平行回路，对单回线路没有意义*

对于平行的双回线路，当线路不换位（☐ Transposed），不出现☐ individual circuits，表示按 6 相线路进行计算，计算后输出 6 个模量。

当选择为换位线路（☑ Transposed）时，才出现该复选框。对于完全相同的双回路换位线路（包括不同塔架设的平行线路、同塔双回线路），如不选择该项（☐ individual circuits），程序计算每个回路的零序和正序参数（两个回路的参数相同）。如选择该项（☑ individual circuits），ATPDraw 将在 ATP 输入文件中增加特殊请求命令 SPECIAL DOUBLE CIRCUIT TRANSPOSED，计算后输出线路的 6 个模量参数，包括 1 个地模、1 个路模和 4 个相同的线模。如果线路选择 π 模型，则不输出前述模量参数，而是输出互相耦合的相参数。双回路线路参数的输出方式总结于表 3－2 中。

表 3－2　　有关双回路线路的选项与输出（不包括 ATP π 模型）

选　项	输　出　参　数
☐ Transposed 线路不换位	6 个不同的模量参数
☑ Transposed　☐ individual circuits 线路换位，不考虑回路间耦合	零序、正序参数
☑ Transposed　☑ individual circuits 线路换位，考虑回路间耦合	地模、路模、4 个相同的线模参数

7. Auto bundling（*子导线自动合并为单根相线*）

（1）架空输电线路的每根地线一般具有一根子导线，而 220kV 及以上线路的每相导线通常由多根子导线并联组成。如在 Auto bundling 前打钩，在 Data 页面中每相的全部子导线用一行数据表示，其中包含每相子导线数、分裂间距、第一根子导线的角度，用户不需对所有子导线逐一描述。这是通常的用法，适用于每相子导线均匀分布在一个圆周上的情况。如果子导线不均匀分布，使用下列第二种方法。注意本书中子导线和相导线的区别，必要时将它们统称为导线。

（2）如不在 Auto bundling 前打钩，则在 Data 页面中，每一根子导线用一行数据表示，且对所有相（包括地线）的子导线逐一描述。对于第 3.2 节中的 500kV 线路，共需输入 14 行数据，包括 12 行相子导线数据和 2 行地线数据；而对于 750kV 同塔双回线路，共需输入 38 行数据，包括 36 行相子导线数据和 2 行地线数据。

（3）在 Auto bundling、Skin effect 前打钩，将前面两个例子中的数据输入 Data 页面，如图 3－8 所示。考虑（☑ Skin effect）或不考虑（☐ Skin effect）趋肤效应时，Data 页面的内容略有变化。图 3－8 中的参数名称与 ATP 中的参数名称不完全对应。

Model | Data | Nodes

#	Ph.no.	Rin [cm]	Rout [cm]	Resis [ohm/km DC]	Horiz [m]	Vtower [m]	Vmid [m]	Separ [cm]	Alpha [deg]	NB
1	1	0.67	1.185	0.108	-13	24	15	45	0	4
2	2	0.67	1.185	0.108	0	24	15	45	0	4
3	3	0.67	1.185	0.108	13	24	15	45	0	4
4	0	0	0.742	0.374	-11.25	31	23.5	0	0	0
5	0	0	0.742	0.374	11.25	31	23.5	0	0	0

（a）500kV单回线路，地线接地

Model | Data | Nodes

#	Ph.no.	Rin [cm]	Rout [cm]	Resis [ohm/km DC]	Horiz [m]	Vtower [m]	Vmid [m]	Separ [cm]	Alpha [deg]	NB
1	1	0.4	1.3815	0.07232	-13	73.1	50.1	40	0	6
2	2	0.4	1.3815	0.07232	-15.8	56.3	33.3	40	0	6
3	3	0.4	1.3815	0.07232	-13.8	41.1	18.1	40	0	6
4	4	0.4	1.3815	0.07232	13	73.1	50.1	40	0	6
5	5	0.4	1.3815	0.07232	15.8	56.3	33.3	40	0	6
6	6	0.4	1.3815	0.07232	13.8	41.1	18.1	40	0	6
7	0	0	0.575	2.13	16.3	83.2	66.3	0	0	0
8	0	0	0.63	0.682	-16.3	83.2	66.3	0	0	0

（b）750kV同塔双回线路，地线接地

图 3－8　LCC template 的 Data 页面

1）Ph. no.，相序号，分别输入相序号 0、1、2、3、…。对应于不同回路的 A、B、C 相。编号原则为：①地线接地，其相序号为 0。②如不接地，按顺序继续编号。对于双回线路，编号为 1、2、3 的相线自动属于回路 1 的 A、B、C 相，编号为 4、5、6 的相线自动属于回路 2 的 A、B、C 相，以此类推。导线所属回路的自动分配见 Nodes，如图 3－9 所示，有经验的用户可以修改相导线所归属的回路以及相序。

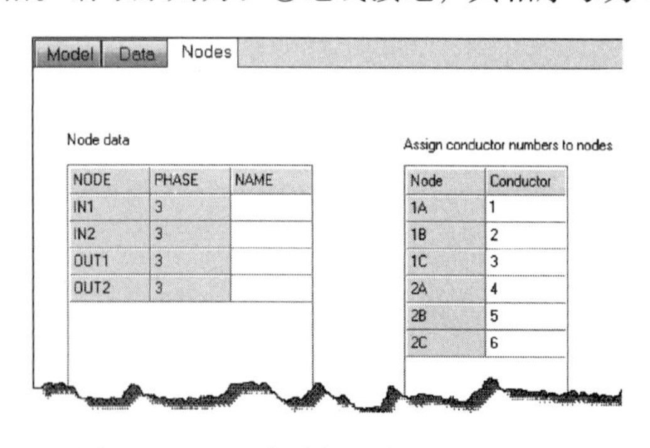

图 3－9　双回线路相导线归属回路划分

2）Rin，当 Skin effect 前面打钩（☑ Skin effect），即考虑趋肤效应时，该栏参数名称为 Rin，为每根子导线内半径。当

Skin effect 前面不打钩（☐ Skin effect），参数名称变为 React，为每根子导线内电抗。

3）Rout，子导线外半径。

4）Resis，当 Skin effect 前面打钩时，为子导线单位长度直流电阻。当 Skin effect 前面不打钩时，为子导线单位长度交流电阻。

5）Horiz，导线中心（子导线或相导线中心，Auto bundling 前不打钩时指单根子导线的中心；Auto bundling 前打钩时为某相所有子导线束的中心，即相导线中心，下同）距参考线的水平距离。用户必须任意指定一个参考线，实际存在的或人为假设的均可。在参考线左侧导线的 Horiz 值为负值，在右侧的为正值，刚好位于参考线处的为 0。图 3-8 中，参考线选在线路中相中心。参考线的位置不会影响计算结果。

6）Vtower，在杆塔处导线中心距地面的高度。

7）Vmid，在档距中间导线中心距地面的高度，线路平均高度见式（2-32）。

（4）当在 Auto bundling 前打钩时，在 Data 页面还会有下面三个重要参数，与子导线束有关的参数如图 3-10 所示。

1）Separ，某相导线中相邻子导线的中心距离。

2）Alpha，某相子导线中，以导线中心为原点、从水平线开始按逆时针方向旋转，任意一根子导线的角度。

3）NB，某相中所有子导线根数。

8. Skin effect（趋肤效应）

在 Skin effect 前不打钩（☐ Skin effect），表示程序在计算中不考虑趋肤效应，Data 页面如图 3-11（a）所示，用户此时输入的数据应已计入趋肤效应。如打钩（☑ Skin effect），这是通常的选择，表示 ATP 在计算中将考虑趋肤效应，Data 页面部分参数名称发生变化，如图 3-11（b）所示。考虑趋肤效应时 Data 页面参数变化汇总在表 3-3 中。当用户仅计算某一频率下的线路参数，且已经考虑了趋肤效应，此时可选择☐ Skin effect；如果用户计算一系列频率下的线路参数，此时应选择☑ Skin effect。

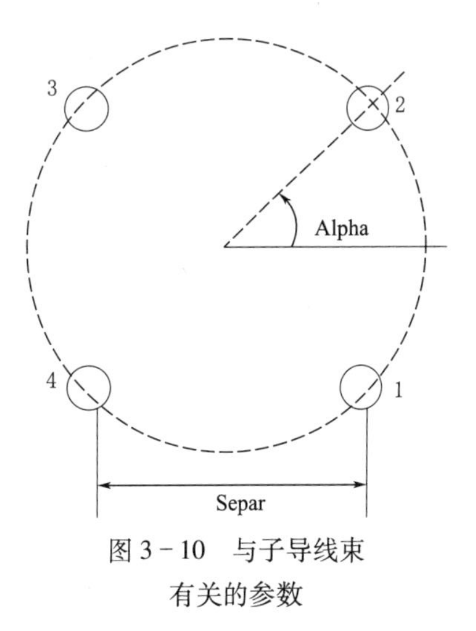

图 3-10　与子导线束有关的参数

Model | Data | Nodes

	Ph.no.	React	Rout	Resis	Horiz	Vtower	Vmid	Separ	Alpha	NB
#		[ohm/km AC]	[cm]	[ohm/km AC]	[m]	[m]	[m]	[cm]	[deg]	

（a）不考虑趋肤效应

Model | Data | Nodes

	Ph.no.	Rin	Rout	Resis	Horiz	Vtower	Vmid	Separ	Alpha	NB
#		[cm]	[cm]	[ohm/km DC]	[m]	[m]	[m]	[cm]	[deg]	

（b）考虑趋肤效应

图 3-11　考虑趋肤效应时 Data 页面相关参数变化

表 3-3　　考虑趋肤效应时 Data 页面的参数变化

不考虑趋肤效应(☐ Skin effect)		考虑趋肤效应(☑ Skin effect)	
参数名称	含　义	参数名称	含　义
React	子导线单位长度交流电抗	Rin	子导线内半径
Resis	子导线单位长度交流电阻	Resis	子导线单位长度直流电阻

9. Segmented ground（地线接地方式）

在 Segmented ground 前打钩，地线分段接地；如不打钩，地线逐基杆塔接地。

10. Real transf. matrix（实数变换矩阵）

该项仅对非平衡换位线路有效。这一项指定线路由相参数变换为序参数时使用的变换矩阵。在其前打钩，取实数变换矩阵，用于暂态计算；如不打钩，则采用复数变换矩阵，用于稳态计算。

11. Units（单位）

Metric 为米制单位，被普遍使用；English 指英制单位。

3.2.2.3　Standard Data（标准数据）

（1）Rho，大地平均电阻率。大地平均电阻率实际随着地质情况、季节、降雨等因素变化，计算时通常取 20~200Ω·m。

（2）Freq. init，对于 Bergeron、PI 模型线路，在该频率下计算线路参数；对于 JMarti、Noda、Semlyen 模型，是频率区间的下限频率。

（3）Length，线路长度。

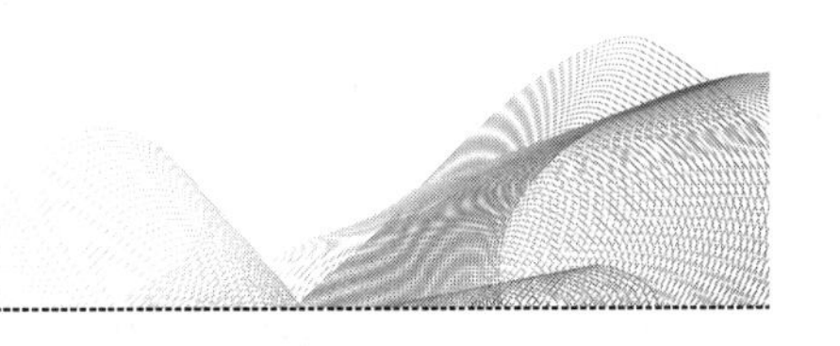

第4章

恒定集中参数线路模型

恒定集中参数线路模型包括ATP的π模型和TNA的π模型。前者用于ATP中，后者用于TNA（暂态网络分析仪）中；前者的元件之间存在电、磁耦合，而后者则将元件解耦。ATP的π模型使用某一固定频率下的参数，即恒定参数。TNA的π模型使用物理元件，具有一定的频率特性，但这种特性一般不同于其所仿真元件的实际频率特性，因此不能认为TNA的π模型就是频率相关模型。

4.1 ATP 中的 π 模型

在进行理论分析或数值仿真计算时，常常会使用输电线路的π模型。ATP中的π模型分为准确π模型和标称π模型，在EMTP理论中将它们分别称之为exact π - circuit 和nominal π - circuit。准确π模型基于严格的电路理论分析，因而是精确模型；而标称π模型是一种近似模型，也称为简化π模型。ATP内部使用准确π模型进行稳态计算，但该模型不用于暂态计算。

ATP能够输出线路的准确模型。但是，ATPDraw界面上没有提供准确π模型选项，无法直接输出该模型；然而，在ATPDraw中选择某一线路模型后，可将所选择的模型与准确π模型进行比较。

4.1.1 单相线路的准确π模型

设单相输电线路的单位长度电阻、电感、电导、电容分别为R、L、G、C，长度为l，系统角频率为ω。输电线路的首末端交流稳态电压相量为$\dot{U}_1$、$\dot{U}_2$，电流相量为$\dot{I}_1$、$\dot{I}_2$，如图4-1所示。

图4-1　输电线路电压、电流

根据电路理论，有

$$\begin{bmatrix}\dot{U}_1\\ \dot{I}_1\end{bmatrix}=\begin{bmatrix}\mathrm{ch}\gamma l & Z_c\mathrm{sh}\gamma l\\ \dfrac{\mathrm{sh}\gamma l}{Z_c} & \mathrm{ch}\gamma l\end{bmatrix}\begin{bmatrix}\dot{U}_2\\ \dot{I}_2\end{bmatrix} \tag{4-1}$$

式中　Z_c——线路特征阻抗；

γ——线路传播系数。

$$Z_c=\sqrt{\frac{R+\mathrm{j}\omega L}{G+\mathrm{j}\omega C}} \tag{4-2}$$

$$\gamma = \sqrt{(R + j\omega L)(G + j\omega C)} = \alpha + j\beta \tag{4-3}$$

式中　α——衰减系数；

　　　β——相位系数。

为了与节点导纳分析法使用的参考方向一致，取电流 I_2 的方向与图 4－1 中相反，并变形式（4－1）为节点导纳矩阵形式

$$\begin{bmatrix} \dot{I}_1 \\ \dot{I}_2 \end{bmatrix} = \begin{bmatrix} \dfrac{\mathrm{ch}\gamma l}{Z_c \mathrm{sh}\gamma l} & -\dfrac{1}{Z_c \mathrm{sh}\gamma l} \\ -\dfrac{1}{Z_c \mathrm{sh}\gamma l} & \dfrac{\mathrm{ch}\gamma l}{Z_c \mathrm{sh}\gamma l} \end{bmatrix} \begin{bmatrix} \dot{U}_1 \\ \dot{U}_2 \end{bmatrix} = \begin{bmatrix} Y_a + Y_b & -Y_a \\ -Y_a & Y_a + Y_b \end{bmatrix} \begin{bmatrix} \dot{U}_1 \\ \dot{U}_2 \end{bmatrix} \tag{4-4}$$

其中

$$Y_a + Y_b = \frac{\mathrm{ch}\gamma l}{Z_c \mathrm{sh}\gamma l} \tag{4-5}$$

$$Y_a = \frac{1}{Z_c \mathrm{sh}\gamma l} \tag{4-6}$$

由式（4－5）和式（4－6）可解得

$$Y_b = \frac{\mathrm{th}\dfrac{\gamma l}{2}}{Z_c} \tag{4-7}$$

式（4－6）和式（4－7）为输电线路准确 π 模型的串联、（对地）并联元件的导纳，等效电路如图 4－2（a）所示。将该等效电路表示为阻抗元件形式，如图 4－2（b）所示，其中

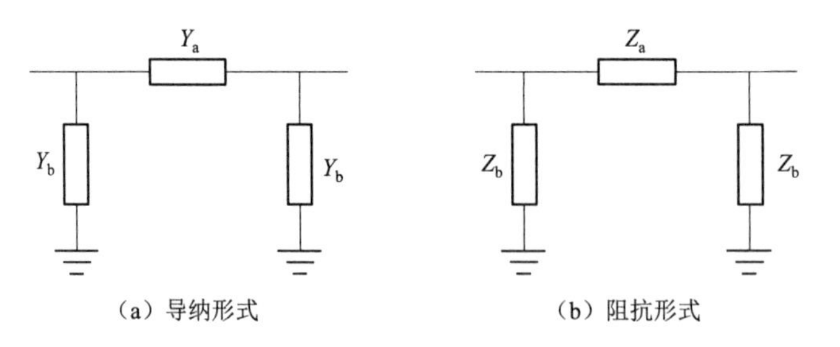

图 4－2　单相输电线路的准确 π 模型

$$Z_a = Z_c \mathrm{sh}\gamma l \tag{4-8}$$

$$Z_b = \frac{Z_c}{\mathrm{th}\dfrac{\gamma l}{2}} \tag{4-9}$$

4.1.2　单相线路的简化 π 模型

尽管准确 π 模型能够精确描述线路特性，但因涉及复数运算，不便用于暂态分析。因此，线路较短时，常使用准确 π 模型的简化形式，即简化 π 模型。

假设 $R \ll \omega L$，$G \ll \omega C$，则

$$Z_{c} = \sqrt{\frac{R + j\omega L}{G + j\omega C}} = \sqrt{\frac{L}{C}} \tag{4-10}$$

$$\gamma = \sqrt{(R + j\omega L)(G + j\omega C)} = j\omega\sqrt{LC} = j\phi \tag{4-11}$$

其中

$$\phi = \omega\sqrt{LC}$$

准确 π 模型中的阻抗可简化为

$$Z_{a} = Z_{c}\mathrm{sh}\gamma l = j\sqrt{\frac{L}{C}}\sin\phi l \tag{4-12}$$

$$Z_{b} = \frac{Z_{c}}{\mathrm{th}\dfrac{\gamma l}{2}} = \frac{1}{j\tan\dfrac{\phi l}{2}}\sqrt{\frac{L}{C}} \tag{4-13}$$

将 $\sin x$ 展开为泰勒级数，即

$$\sin x = x - \frac{x^{3}}{3!} + \frac{x^{5}}{5!} - \cdots$$

当 x 很小时，近似有

$$\sin x = x \tag{4-14}$$

同理有

$$\tan x = x \tag{4-15}$$

式（4-12）、式（4-13）可简化为

$$Z_{a} = j\omega lL \tag{4-16}$$

$$Z_{b} = \frac{1}{\dfrac{j\omega lC}{2}} \tag{4-17}$$

再计入电阻 R 的影响，则

$$Z_{a} = l(R + j\omega L) \tag{4-18}$$

式（4-17）、式（4-18）对应电路如图 4-3 所示。图4-3 中，线路的串联阻抗为单位长度阻抗乘以线路长度；对地总电容也为单位长度电容乘以线路长度，但在串联阻抗两端对地各挂一半。可以看出，单相输电线路的简化 π 模型是一种集中参数模型。

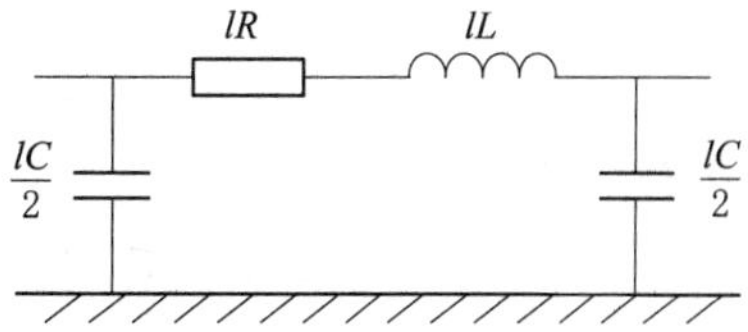

图 4-3　单相输电线路的简化 π 模型

简化 π 模型不可避免地存在误差，以某 500kV 线路为例进行说明。该线路单位长度正序参数为：$R_0 = 0.02708\Omega$，$G_0 = 0$，$\omega L_0 = 0.2797\Omega$，$\omega C_0 = 4.146\times10^{-6}\mathrm{S}$，其中 $\omega = 2\pi f$，$f = 50\mathrm{Hz}$；单位长度零序参数为：$R_1 = 0.1692\Omega$，$G_1 = 0$，$\omega L_1 = 1.048\Omega$，$\omega C_1 = 2.853\times10^{-6}\mathrm{S}$。用 E_{rr}表示线路简化 π 模型的误差，它与线路长度关系如图 4-4 所示。总体而言，Z_a 的误差大于 Z_b 的误差，零序参数误差大于正序参数误差，误差随线路长度的增加而增加。

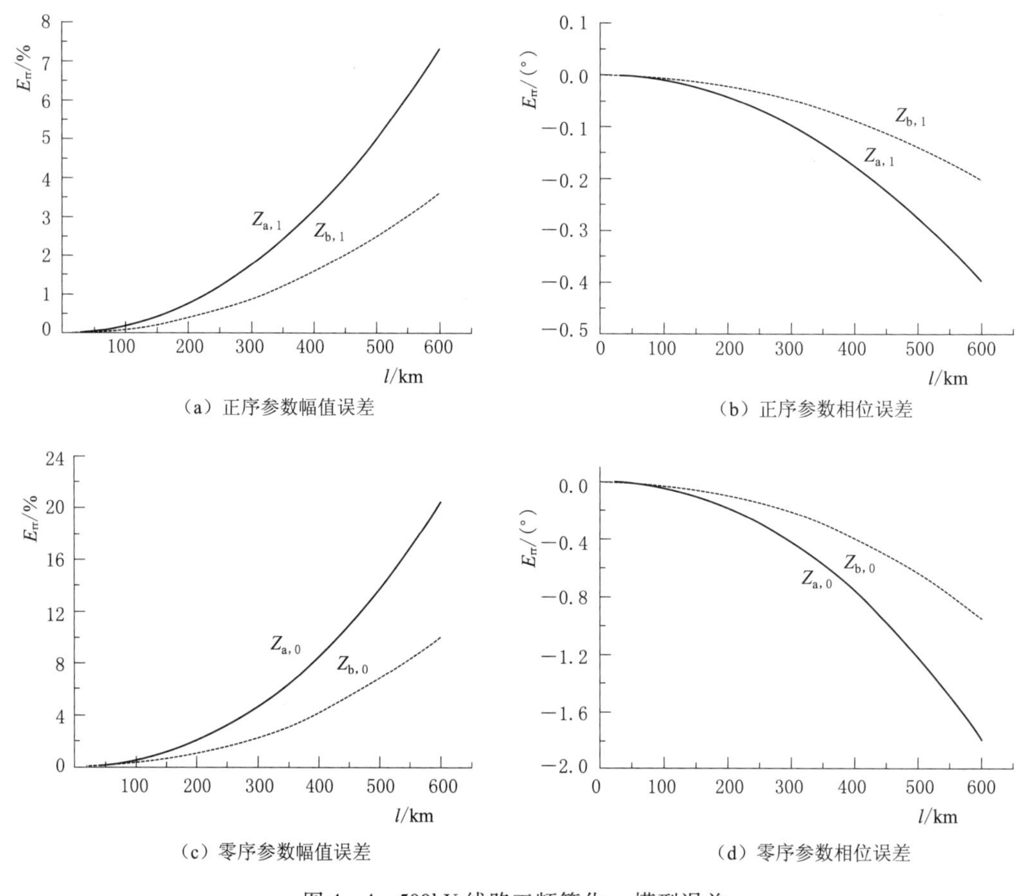

（a）正序参数幅值误差　　（b）正序参数相位误差

（c）零序参数幅值误差　　（d）零序参数相位误差

图 4－4　500kV 线路工频简化 π 模型误差

下标 0—零序；下标 1—正序

4.1.3　三相线路的简化 π 模型

工程上大量使用三相线路，在进行线路的电磁暂态仿真时，如果线路使用行波模型，则仿真步长 Δt 与波在最短线路上的传播时间 τ 必须满足关系 $\Delta t<\tau$。倘若仿真系统中仅有一条短线路，如发电厂到附近变电站的连接线，而其他线路均比较长，为了满足这一关系而不得不采用很小的 Δt，导致仿真计算时间长。而且，并不是在任何情况下 Δt 越小计算精度越高。因此，对于短线路，推荐使用三相电路的简化 π 模型。

将图 4－3 中单相电路简化 π 模型中的 R、L、C 更换为单位长度参数的矩阵形式，就得到多相电路的简化 π 模型，如图 4－5（a）所示，其中电阻矩阵 $\boldsymbol{R}$、电感矩阵 $\boldsymbol{L}$、电容矩阵 $\boldsymbol{C}$ 都是耦合矩阵，即非对角元素不为 0。需注意，$\boldsymbol{C}$ 不是等效支路电容，而是电容系数矩阵，$\boldsymbol{C}$ 的非对角元素为负值。对于三相输电线路，也使用图 4－5（b）所示等效电路。三相线路是多相线路的特殊形式，多相线路可类似处理。

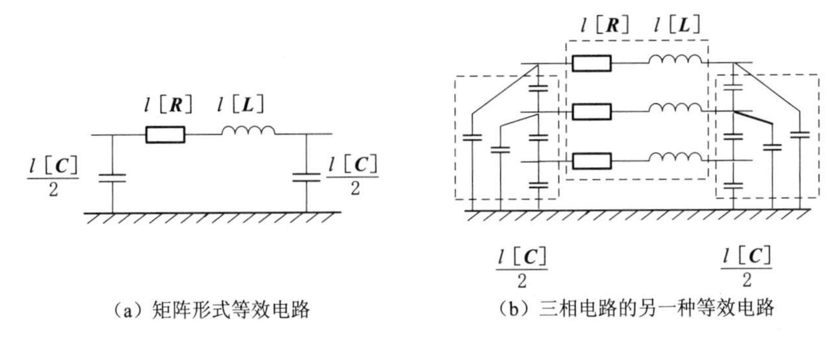

（a）矩阵形式等效电路　（b）三相电路的另一种等效电路

图 4-5　多相输电线路的简化 π 模型

4.2　三相线路的 TNA π 模型

TNA 使用物理模型，难以准确重现元件之间的耦合，因此 TNA π 模型为解耦后的单相集中参数元件的组合，这种元件称为等效支路元件。TNA π 模型适用于三相平衡换位线路。设线路单位长度电阻 $\boldsymbol{R}$、电感 $\boldsymbol{L}$、电容 $\boldsymbol{C}$ 为

$$\boldsymbol{R}=\begin{bmatrix} R_s & R_m & R_m \\ R_m & R_s & R_s \\ R_m & R_m & R_s \end{bmatrix} \tag{4-19}$$

$$\boldsymbol{L}=\begin{bmatrix} L_s & L_m & L_m \\ L_m & L_s & L_m \\ L_m & L_m & L_s \end{bmatrix} \tag{4-20}$$

$$\boldsymbol{C}=\begin{bmatrix} C_s & C_m & C_m \\ C_m & C_s & C_m \\ C_m & C_m & C_s \end{bmatrix} \tag{4-21}$$

式中　下标 s——自参数（自电阻、自电抗、自电容）；

　　下标 m——互参数。

则对应的单位长度零序、正序参数为

$$\left.\begin{aligned} R_0 &= R_s + 2R_m \\ R_1 &= R_s - R_m \end{aligned}\right\} \tag{4-22}$$

$$\left.\begin{aligned} L_0 &= L_s + 2L_m \\ L_1 &= L_s - L_m \end{aligned}\right\} \tag{4-23}$$

$$\left.\begin{aligned} C_0 &= C_s + 2C_m \\ C_1 &= C_s - C_m \end{aligned}\right\} \tag{4-24}$$

式中　下标 0——零序；

　　下标 1——正序。

需注意，虽然 C_m 为负值，但 C_0、C_1 总为正值。

TNA π 模型通常有两种形式，如图 4-6 所示，其中 l 为线路长度。两种形式中对应电阻、电感元件的参数、连接完全相同，但电容不同。图 4-6（a）中相间电容采用星形连接，而图 4-6（b）中采用三角形连接。

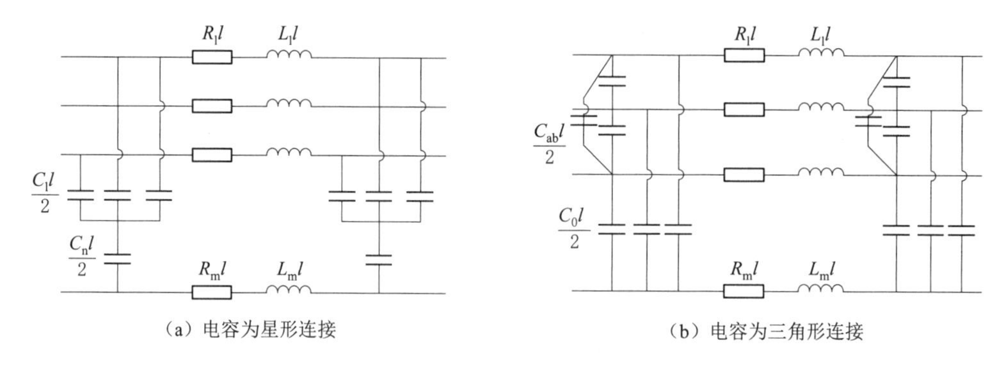

图 4-6　三相输电线路的 TNA π 模型

不论电容采用哪种连接形式，图 4-6 中单位长度零序、正序电容应分别等于 C_0、C_1。图 4-6（a）中零序电容为

$$\frac{1}{C_0}=\frac{1}{C_1}+\frac{3}{C_n} \tag{4-25}$$

所以

$$C_n=\frac{3C_1C_0}{C_1-C_0} \tag{4-26}$$

图 4-6（b）中正序序电容为

$$C_1=3C_{ab}+C_0 \tag{4-27}$$

故

$$C_{ab}=\frac{1}{3}(C_1-C_0)=-C_m \tag{4-28}$$

虽然在 ATP 中很容易搭建 TNA 中的 π 模型，但就仿真而言，使用 ATP 中的 π 模型更为方便，因为 ATP 中线路子程序直接提供的不是 TNA 中的 π 模型，而是 ATP 中的 π 模型。

第 5 章

恒定分布参数线路模型

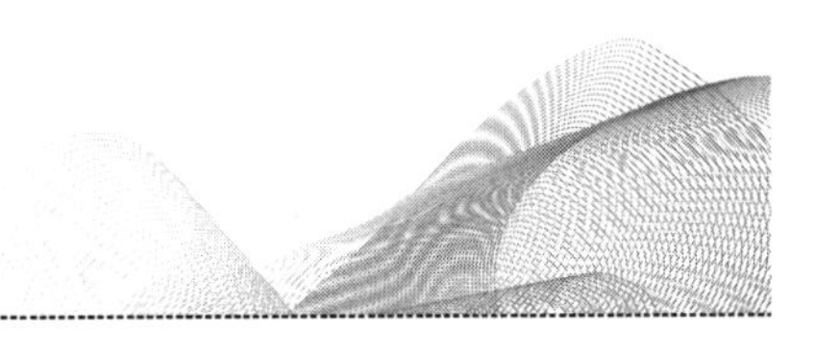

尽管线路参数随频率变化，当仅分析交流稳态过程、或所关注的暂态过程的频率变化范围比较小时，可不必使用参数随频率变化的线路模型。这种近似完全能够满足工程需要，可大大减少计算时间。如果线路较短，可使用前一章介绍的恒定集中参数模型。如果线路较长，为了考虑波的传播时间，恒定分布参数模型比恒定集中参数模型更为准确。本章将首先介绍单导线上的波过程，再介绍多导线上的波过程。

5.1 单导线上的波过程

电磁暂态过程实质上是波的传播过程（折射和反射），分布参数模型反应的就是这一过程。本书将从介绍单导线的波过程开始，首先让读者建立波过程的基本概念，再逐步深入，扩展到电力系统常用的三相系统以及更多相系统。

设单导线单位长度电阻、电感、电容、电导分别为 R、L、C、G。线路的对地电压和流过的电流为 u、i，两者均为时间 t 和距线路首端距离 x 的函数。则在长度 ∂x 的线路上，对应的电阻、电感、电容、电导分别为 $R\partial x$、$L\partial x$、$C\partial x$、$G\partial x$，等效电路如图 5－1，图中 ∂u、∂i分别为在∂x 上电压和电流的增量。

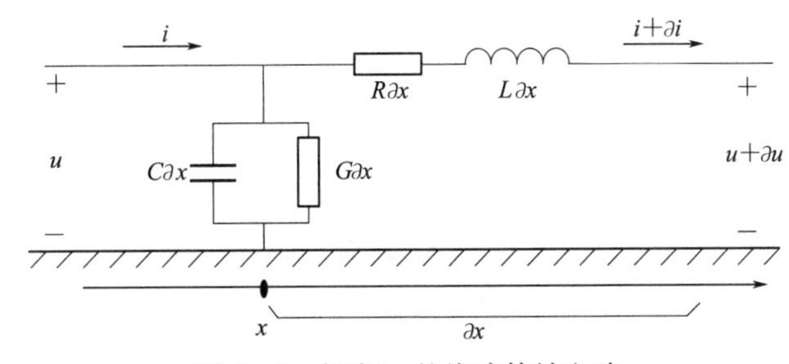

图 5－1　长度∂x 的线路等效电路

5.1.1 波动方程

由电路定理得线路的微分方程为

$$-\partial u = \left(Ri + L\frac{\partial i}{\partial t}\right)\partial x$$

$$-\partial i = \left(Gu + C\frac{\partial u}{\partial t}\right)\partial x$$

变形为

$$-\frac{\partial u}{\partial x} = Ri + L\frac{\partial i}{\partial t} \tag{5-1}$$

$$-\frac{\partial i}{\partial x} = Gu + C\frac{\partial u}{\partial t} \tag{5-2}$$

假设线路无损，即忽略电阻和电导，则有

$$-\frac{\partial u}{\partial x} = L\frac{\partial i}{\partial t} \tag{5-3}$$

$$-\frac{\partial i}{\partial x} = C\frac{\partial u}{\partial t} \tag{5-4}$$

将式（5－3）两端对 x 求导，式（5－4）两端对 t 求导

$$-\frac{\partial^2 u}{\partial x^2} = L\frac{\partial^2 i}{\partial x \partial t} \tag{5-5}$$

$$-\frac{\partial^2 i}{\partial x \partial t} = C\frac{\partial^2 u}{\partial t^2} \tag{5-6}$$

由式（5－5）、式（5－6）得

$$\frac{\partial^2 u}{\partial x^2} = LC\frac{\partial^2 u}{\partial t^2} \tag{5-7}$$

同理可得

$$\frac{\partial^2 i}{\partial x^2} = CL\frac{\partial^2 i}{\partial t^2} \tag{5-8}$$

式（5－3）和式（5－4）为单相无损线路一阶波动微分方程，而式（5－7）和式（5－8）为二阶波动微分方程。

求解式（5－7）和式（5－8）得

$$u(x,t) = \overrightarrow{u}(x - vt) + \overleftarrow{u}(x + vt) \tag{5-9}$$

$$i(x,t) = \overrightarrow{i}(x - vt) + \overleftarrow{i}(x + vt) \tag{5-10}$$

其中

$$v = \frac{1}{\sqrt{LC}} \tag{5-11}$$

为电压、电流波的传播速度，其数值等于光速。

式（5－9）、式（5－10）表明线路上的电压和电流以波的形式向两个方向传播，前行波沿 x 的正方向流动，反行波则相反。前、反行电压波分别为 $\overrightarrow{u}(x-vt)$、$\overleftarrow{u}(x+vt)$，前、反行电流波分别为 $\overrightarrow{i}(x-vt)$、$\overleftarrow{i}(x+vt)$。前行电压和电流波、反行电压和电流波之间的关系分别为

$$\overrightarrow{u}(x - vt) = Z_c\overrightarrow{i}(x - vt) \tag{5-12}$$

$$\overleftarrow{u}(x + vt) = -Z_c\overleftarrow{i}(x + vt) \tag{5-13}$$

其中，$Z_c = \sqrt{\frac{L}{C}}$ 是线路的波阻抗或特征阻抗。

由式（5－9）、式（5－10）得

$$u(x,t)+Z_ci(x,t)=\overrightarrow{u}(x-vt)+\overleftarrow{u}(x+vt)+Z_c\overrightarrow{i}(x-vt)+Z_c\overleftarrow{i}(x+vt) \quad (5-14)$$

将式（5－12）、式（5－13）代入式（5－14）得前行特征方程

$$u(x,t)+Z_ci(x,t)=2\overrightarrow{u}(x-vt) \quad (5-15)$$

同理可得反行特征方程

$$u(x,t)-Z_ci(x,t)=2\overleftarrow{u}(x+vt) \quad (5-16)$$

从式（5－15）和式（5－16）看出，$u+Z_ci$ 和 $u-Z_ci$ 都具有电压的量纲。它们也具有波的性质，分别为前行、反行波，这一推理具有重要意义。

设线路长度为 l，首、末端分别为点 k、m，对应电压为 $u_k(t)$、$u_m(t)$，电流为 $i_k(t)$、$i_m(t)$，如图 5－2（a）所示。注意，$i_k(t)$ 的正方向与前面规定的相同，而 $i_m(t)$ 则相反。前行电压、电流、混合电压波从 k 到 m 的传播时间为 $\tau=l/v$，对应的三个从 m 到 k 的反行波传播时间亦为 τ。

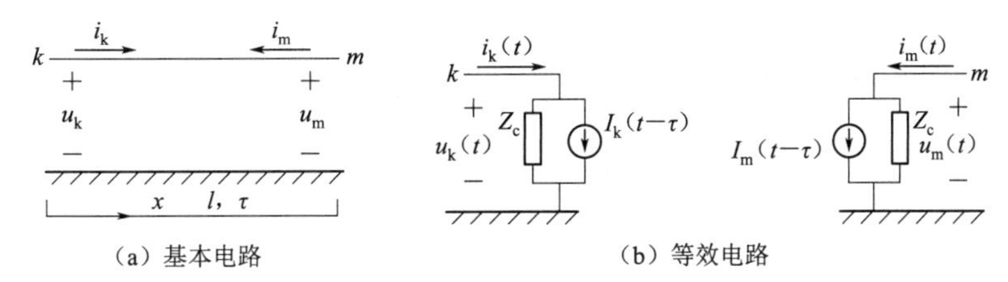

（a）基本电路　　（b）等效电路

图 5－2　单相无损线路及等效电路

根据波的传播特性，点 k 在 t 在 τ 时刻的混合前行电压波向点 m 传播，在 t 时刻到达 m，即

$$u_k(t-\tau)+Z_ci_k(t-\tau)=u_m(t)+[-Z_ci_m(t)] \quad (5-17)$$

则

$$i_m(t)=\frac{u_m(t)}{Z_c}+\left[-\frac{u_k(t-\tau)}{Z_c}-i_k(t-\tau)\right]=\frac{u_m(t)}{Z_c}+I_m(t-\tau) \quad (5-18)$$

其中

$$I_m(t-\tau)=-\frac{u_k(t-\tau)}{Z_c}-i_k(t-\tau) \quad (5-19)$$

I_m 称为点 m 的历史电流源。式（5－18）对应电路如图 5－2（b）右端所示。

类似的，点 m 在 $t-\tau$ 时刻的混合反行电压波等于点 k 在 t 时刻的混合反行电压波，即

$$u_k(t)-Z_ci_k(t)=u_m(t-\tau)-[-Z_ci_m(t-\tau)] \quad (5-20)$$

变形为

$$i_k(t)=\frac{u_k(t)}{Z_c}+\left[-\frac{u_m(t-\tau)}{Z_c}-i_m(t-\tau)\right]=\frac{u_k(t)}{Z_c}+I_k(t-\tau) \quad (5-21)$$

其中

$$I_k(t-\tau)=-\frac{u_m(t-\tau)}{Z_c}-i_m(t-\tau) \quad (5-22)$$

称为点 k 的历史电流源。式（5－21）对应电路如图 5－2（b）左端所示。

由于 $t-\tau$ 时刻线路两端电压、电流为已知量，利用式（5－18）和式（5－21），或图 5－2（b）中电路可计算 t 时刻的电压和电流。

以上方法称为特性线法，初现于 20 世纪二三十年代，1949 年 L. Bergeron 在其著作中进行了详细阐述，因此特性线法也称为 Bergeron 法，对应的线路模型称为 Bergeron 模型，属于行波模型之一。

5.1.2 线路损耗的近似处理

线路的 R、L、G、C 均是分布参数，L 和 C 的分布性决定了线路电压和电流的波动性，而 R 和 G 反映波的衰减程度。前面讨论中忽略了线路的电导 G 和电阻 R，其实 G 本来非常小，完全可忽略，但在进行电磁暂态计算中，R 一般不应忽略，否则计算结果偏大。

可将 R 近似视为集中参数元件处理。线路被分为等长度的两段，每段长 $l/2$，没有损耗，电感、电容仍为 L、C。将三个集中参数电阻串入线路的左中右端，阻值分别为 $Rl/4$、$Rl/2$、$Rl/4$，即将线路的总电阻集中放置在 3 处，如图 5－3（a）所示。

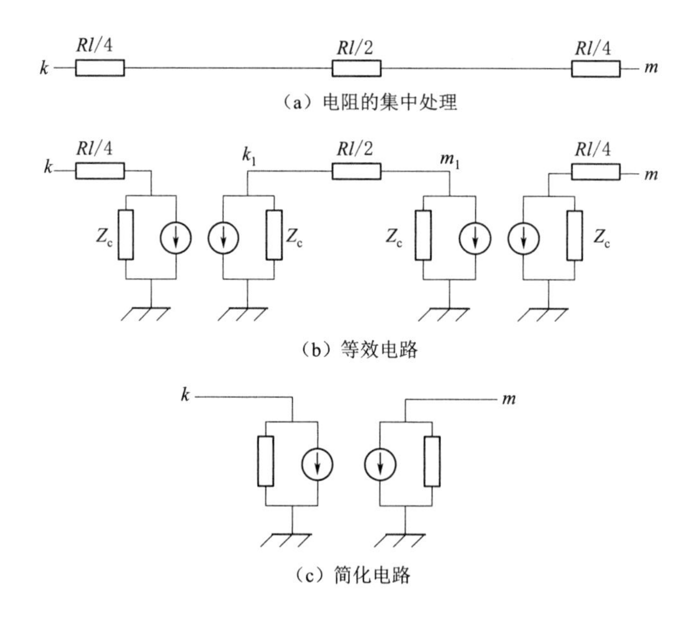

图 5－3 线路电阻的近似处理

对每段线路进行按图 5－2（b）方式等效，结果如图 5－3（b）所示，如此则在线路中间增加了两个节点 k_1、m_1。通过进一步等效简化，消除新增节点，简化后电路如图 5－3（c）所示，其形式与无损线路等效电路完全相同，但其中的阻抗、历史电流源完全不同。

理论上，线路分段越多，越近似于分布参数线路，结果越精确。但实际计算表明，将线路分为 3 段、4 段甚至更多段，并不会明显提高计算结果质量，但增加了计算量。因此，ATP 将线路分为两段。

对 Bergeron 模型总结如下：

（1）线路由波阻抗 Z_c 和波的传播时间 τ 来描述。

（2）如不考虑线路损耗，线路每端的等效电路为 Z_c 与历史电流源 i 的并联。

（3）如果考虑线路电阻 R，线路每端的等效电路为一个电阻（阻值不等于 Z_c）与一个历史电流源（不等于 i）的并联。

由（1）衍生出其他两种线路描述方式：L、C、l；Z_c、v。

5.2 多导线上的波过程

电力系统中实际线路为多导线系统，如包含两极导线和两根地线的直流线路是 4 导线系统，包含两根地线的三相交流输电线路为 5 导线系统。对于平行架设的多回线路，导线数更多。类似于单导线，多导线系统中同样存在波过程，但不同之处是多导线系统中的波过程存在耦合。有多种处理多导线波过程的方法，本节将介绍解耦法，其基本思路是将互相耦合的多相电路解除电磁耦合，形成导线之间没有联系的多根单导线系统，则可应用前述分析单导线波过程的方法来分析多导线的波过程。

5.2.1 波动方程

将式（5-3）和式（5-4）、式（5-7）和式（5-8）中的电压 u、电流 i、电感 L、电容 C 改为矩阵形式 $\boldsymbol{U}$、$\boldsymbol{I}$、$\boldsymbol{L}$、$\boldsymbol{C}$，则得到无损多导线一阶、二阶波动微分方程

$$-\frac{\partial \boldsymbol{U}}{\partial x}=\boldsymbol{L}\frac{\partial \boldsymbol{I}}{\partial t} \tag{5-23}$$

$$-\frac{\partial \boldsymbol{I}}{\partial x}=\boldsymbol{C}\frac{\partial \boldsymbol{U}}{\partial t} \tag{5-24}$$

$$\frac{\partial^2 \boldsymbol{U}}{\partial x^2}=\boldsymbol{LC}\frac{\partial^2 \boldsymbol{U}}{\partial t^2} \tag{5-25}$$

$$\frac{\partial^2 \boldsymbol{I}}{\partial x^2}=\boldsymbol{CL}\frac{\partial^2 \boldsymbol{I}}{\partial t^2} \tag{5-26}$$

由于导线之间存在电磁耦合，$\boldsymbol{L}$、$\boldsymbol{C}$、$\boldsymbol{LC}$、$\boldsymbol{CL}$ 非对角元素不等于 0，因此不能像求解单导线波动微分方程一样求解式（5-23）~式（5-26）。解决思路之一是利用矩阵的相似变换，将它们变换为对角阵，变换后的波动微分方程为多个独立的模量方程，即多个单导线方程。然后采用 Bergeron 法求解模量方程，再将模量变换回相量。这种方法称为相模变换法。

令

$$\boldsymbol{U}=\boldsymbol{T}_{\mathrm{v}}\boldsymbol{U}_{\mathrm{m}} \tag{5-27}$$

$$\boldsymbol{I}=\boldsymbol{T}_{\mathrm{i}}\boldsymbol{I}_{\mathrm{m}} \tag{5-28}$$

式中 $\boldsymbol{T}_{\mathrm{v}}$、$\boldsymbol{T}_{\mathrm{i}}$——电压、电流变换矩阵，统称相似变换矩阵，矩阵中元素为常数；

$\boldsymbol{U}_{\mathrm{m}}$、$\boldsymbol{I}_{\mathrm{m}}$——对应变换后的模量电压、电流。

将式（5-27）、式（5-28）分别代入式（5-25）、式（5-26），得

$$\frac{\partial^2 \boldsymbol{U}_{\mathrm{m}}}{\partial x^2}=\boldsymbol{T}_{\mathrm{v}}^{-1}\boldsymbol{LCT}_{\mathrm{v}}\frac{\partial^2 \boldsymbol{U}_{\mathrm{m}}}{\partial t^2} \tag{5-29}$$

$$\frac{\partial^2 \boldsymbol{I}_{\mathrm{m}}}{\partial x^2}=\boldsymbol{T}_{\mathrm{i}}^{-1}\boldsymbol{CLT}_{\mathrm{i}}\frac{\partial^2 \boldsymbol{I}_{\mathrm{m}}}{\partial t^2} \tag{5-30}$$

显然，$\boldsymbol{T}_{\mathrm{v}}^{-1}\boldsymbol{LCT}_{\mathrm{v}}$、$\boldsymbol{T}_{\mathrm{i}}^{-1}\boldsymbol{CLT}_{\mathrm{i}}$就是对 $\boldsymbol{LC}$、$\boldsymbol{CL}$ 进行相似变换，通过选择合适的 $\boldsymbol{T}_{\mathrm{v}}$、$\boldsymbol{T}_{\mathrm{i}}$，将 $\boldsymbol{LC}$、$\boldsymbol{CL}$ 变换为对角阵 $\boldsymbol{\Lambda}_{\mathrm{v}}$、$\boldsymbol{\Lambda}_{\mathrm{i}}$，即

$$\boldsymbol{\Lambda}_{\mathrm{v}}=\boldsymbol{T}_{\mathrm{v}}^{-1}\boldsymbol{LCT}_{\mathrm{v}} \tag{5-31}$$

$$\boldsymbol{\Lambda}_{\mathrm{i}}=\boldsymbol{T}_{\mathrm{i}}^{-1}\boldsymbol{CLT}_{\mathrm{i}} \tag{5-32}$$

如此，则相域中互相耦合的多导线波动微分方程被转换到模域中，成为互相独立的模量方程。

将式（5－27）、式（5－28）分别代入式（5－23）、式（5－24），得

$$-\frac{\partial \boldsymbol{U}_{\mathrm{m}}}{\partial x}=\boldsymbol{T}_{\mathrm{v}}^{-1}\boldsymbol{LT}_{\mathrm{i}}\frac{\partial \boldsymbol{I}_{\mathrm{m}}}{\partial t} \tag{5-33}$$

$$-\frac{\partial \boldsymbol{I}_{\mathrm{m}}}{\partial x}=\boldsymbol{T}_{\mathrm{i}}^{-1}\boldsymbol{CT}_{\mathrm{v}}\frac{\partial \boldsymbol{U}_{\mathrm{m}}}{\partial t} \tag{5-34}$$

同样，通过选择恰当的 $\boldsymbol{T}_{\mathrm{v}}$、$\boldsymbol{T}_{\mathrm{i}}$，可使 $\boldsymbol{T}_{\mathrm{v}}^{-1}\boldsymbol{LT}_{\mathrm{i}}$、$\boldsymbol{T}_{\mathrm{i}}^{-1}\boldsymbol{CT}_{\mathrm{v}}$为对角矩阵。

5.2.2 平衡换位线路的相模变换

5.2.2.1 相模变换矩阵

如果线路没有平衡换位，$\boldsymbol{L}$、$\boldsymbol{C}$ 为实对称矩阵，即上三角和下三角矩阵对称。但对角元素不相等，非对角元素也不相等，且 $\boldsymbol{LC}\neq\boldsymbol{CL}$。

对于平衡换位线路，$\boldsymbol{L}$、$\boldsymbol{C}$ 各自的对角元素相等，各自的非对角元素也相等，即 $\boldsymbol{L}$、$\boldsymbol{C}$、$\boldsymbol{LC}$、$\boldsymbol{CL}$ 为平衡矩阵，且 $\boldsymbol{LC}=\boldsymbol{CL}$，$\boldsymbol{T}_{\mathrm{v}}=\boldsymbol{T}_{\mathrm{i}}=\boldsymbol{S}$，$\boldsymbol{\Lambda}_{\mathrm{v}}=\boldsymbol{\Lambda}_{\mathrm{i}}=\boldsymbol{\Lambda}$。

首先简单回顾平衡矩阵变换的通用知识。设 $\boldsymbol{P}$ 为 n 阶平衡矩阵，即

$$\boldsymbol{P}=\begin{bmatrix} P_{\mathrm{s}} & P_{\mathrm{m}} & \cdots & P_{\mathrm{m}} \\ P_{\mathrm{m}} & P_{\mathrm{s}} & \cdots & P_{\mathrm{m}} \\ & & \vdots & \\ P_{\mathrm{m}} & P_{\mathrm{m}} & \cdots & P_{\mathrm{s}} \end{bmatrix} \tag{5-35}$$

式中　P_{s}、P_{m}——$\boldsymbol{P}$ 的对角元素和非对角元素。

设 $\boldsymbol{L}$、$\boldsymbol{C}$ 的对角元素为 L_{s}、C_{s}，非对角元素为 L_{m}、C_{m}，则 $\boldsymbol{P}=\boldsymbol{LC}$ 的对角元素和非对角元素为

$$P_{\mathrm{s}}=L_{\mathrm{s}}C_{\mathrm{s}}+(n-1)L_{\mathrm{m}}C_{\mathrm{m}} \tag{5-36}$$

$$P_{\mathrm{m}}=L_{\mathrm{s}}C_{\mathrm{m}}+L_{\mathrm{m}}C_{\mathrm{s}}+(n-2)L_{\mathrm{m}}C_{\mathrm{m}} \tag{5-37}$$

用 n 阶相似变换矩阵 $\boldsymbol{S}$ 将 $\boldsymbol{P}$ 变换为对角阵 $\boldsymbol{\Lambda}$，即

$$\boldsymbol{\Lambda}=\boldsymbol{S}^{-1}\boldsymbol{PS} \tag{5-38}$$

$$\boldsymbol{S}=[\boldsymbol{S}_1,\boldsymbol{S}_2,\cdots,\boldsymbol{S}_i,\cdots,\boldsymbol{S}_n]=\begin{bmatrix} S_{11} & S_{12} & \cdots & S_{1n} \\ S_{21} & S_{22} & \cdots & S_{2n} \\ & & \vdots & \\ S_{n1} & S_{n2} & \cdots & S_{nn} \end{bmatrix} \tag{5-39}$$

式中　$\boldsymbol{S}_i$——$\boldsymbol{S}$ 的第 i 个列向量，即 $\boldsymbol{P}$ 的第 i 个特征向量；

$\boldsymbol{S}_{ij}$——$\boldsymbol{S}$ 的一个元素，$i=1$，2，…，n；$j=1$，2，…，n。

设 $\boldsymbol{S}_i$ 对应的特征根为 λ，即

$$\boldsymbol{P}\boldsymbol{S}_i=\lambda\boldsymbol{S}_i \tag{5-40}$$

$$(\boldsymbol{P}-\lambda\boldsymbol{I})\boldsymbol{S}_i=0 \tag{5-41}$$

其中 $\boldsymbol{I}$ 为 n 阶单位矩阵。由于 $\boldsymbol{S}_i\neq 0$，则 $\boldsymbol{P}$ 的特征多项式

$$\det(\boldsymbol{P}-\lambda\boldsymbol{I})=|\boldsymbol{P}-\lambda\boldsymbol{I}|=0 \tag{5-42}$$

$$\begin{vmatrix} P_s-\lambda & P_m & \cdots & P_m \\ P_m & P_s-\lambda & \cdots & P_m \\ & & \vdots & \\ P_m & P_m & \cdots & P_s-\lambda \end{vmatrix}=0 \tag{5-43}$$

展开并整理得

$$[P_s+(n-1)P_m-\lambda](P_s-P_m-\lambda)^{n-1}=0 \tag{5-44}$$

则 λ 的 n 个值，也就是 $\boldsymbol{P}$ 的 n 个特征根为

$$\lambda_1=P_s+(n-1)P_m \tag{5-45}$$

$$\lambda_2=\lambda_3=\cdots=\lambda_n=P_s-P_m \tag{5-46}$$

即平衡矩阵实际具有两个不同的特征根。

当 $\lambda=\lambda_1$ 时，将 λ_1 代入式（5－42），约去等式左边的 P_m，有

$$\begin{bmatrix} 1-n & 1 & \cdots & 1 \\ 1 & 1-n & \cdots & 1 \\ & & \vdots & \\ 1 & 1 & \cdots & 1-n \end{bmatrix}\begin{bmatrix} S_{11} \\ S_{21} \\ \vdots \\ S_{n1} \end{bmatrix}=0 \tag{5-47}$$

因为 $\boldsymbol{S}_1\neq 0$，要满足式（5－47），必须满足

$$S_{11}=S_{21}=\cdots=S_{n1} \tag{5-48}$$

即列向量所有元素相等。

当 $\lambda=\lambda_i$（$i=2$、3、…、n）时，将 λ_i 代入式（5－41），同样约去等式左边的 P_m，得

$$\begin{bmatrix} 1 & 1 & \cdots & 1 \\ 1 & 1 & \cdots & 1 \\ & & \vdots & \\ 1 & 1 & \cdots & 1 \end{bmatrix}\begin{bmatrix} S_{1i} \\ S_{2i} \\ \vdots \\ S_{ni} \end{bmatrix}=0 \tag{5-49}$$

由于 $\boldsymbol{S}_i\neq 0$，必须有

$$S_{1i}+S_{2i}+\cdots+S_{ni}=0 \tag{5-50}$$

即列向量中所有元素之和为 0。

从以上内容可知：①平衡矩阵的特征根是确定值；②平衡矩阵的相似变换矩阵与平衡矩阵中的元素没有关系；③平衡矩阵的相似变换矩阵不唯一，凡是元素满足式（5－48）和式（5－50）的矩阵，均可作为变换矩阵，且可用于变换任何一个平衡矩阵。

对于平衡换位、且消去地线的三相输电线路，$\boldsymbol{L}$、$\boldsymbol{C}$、$\boldsymbol{LC}$、$\boldsymbol{CL}$ 均为平衡矩阵。其中任意一个矩阵的特征根为

$$\lambda_1 = P_s + 2P_m \tag{5-51}$$

$$\lambda_2 = \lambda_3 = P_s - P_m \tag{5-52}$$

相似变换矩阵中各元素间的关系为

$$S_{11} = S_{21} = S_{31} \tag{5-53}$$

$$S_{1i} + S_{2i} + S_{3i} = 0 \ (i = 2, 3) \tag{5-54}$$

根据线性代数理论，对于对称矩阵 $\boldsymbol{P}$，必存在正交矩阵 $\boldsymbol{S}$，即 $\boldsymbol{S}^{-1} = \boldsymbol{S}^{\mathrm{T}}$，能够使 $\boldsymbol{S}^{-1}\boldsymbol{PS}$ 为对角矩阵。计算功率时采用正交变换矩阵比较方便。

以下为对称矩阵常用的变换矩阵，部分进行了正交化。

1. 对称分量变换

$$\boldsymbol{S} = \begin{bmatrix} 1 & 1 & 1 \\ 1 & a^2 & a \\ 1 & a & a^2 \end{bmatrix} \qquad \boldsymbol{S}^{-1} = \frac{1}{3}\begin{bmatrix} 1 & 1 & 1 \\ 1 & a & a^2 \\ 1 & a^2 & a \end{bmatrix} \tag{5-55}$$

其中 $a = \mathrm{e}^{\mathrm{j}120°}$。对称分量变换常用于交流三相稳态计算中，由于涉及复数，在暂态计算中不使用。

2. Clark 变换

$$\boldsymbol{S} = \begin{bmatrix} 1 & 1 & 1 \\ 1 & -2 & 0 \\ 1 & 1 & -1 \end{bmatrix} \tag{5-56}$$

Clark 变换也称为 $0\alpha\beta$ 变换。将 $\boldsymbol{S}$ 归一化，即每个列向量除以该列向量的模，得

$$\boldsymbol{S} = \begin{bmatrix} \frac{1}{\sqrt{3}} & \frac{1}{\sqrt{6}} & \frac{1}{\sqrt{2}} \\ \frac{1}{\sqrt{3}} & -\frac{2}{\sqrt{6}} & 0 \\ \frac{1}{\sqrt{3}} & \frac{1}{\sqrt{6}} & -\frac{1}{\sqrt{2}} \end{bmatrix} = \begin{bmatrix} 0.57735 & 0.40825 & 0.70711 \\ 0.57735 & -0.8165 & 0 \\ 0.57735 & 0.40825 & -0.70711 \end{bmatrix} \tag{5-57}$$

$$\boldsymbol{S}^{-1} = \begin{bmatrix} \frac{1}{\sqrt{3}} & \frac{1}{\sqrt{3}} & \frac{1}{\sqrt{3}} \\ \frac{1}{\sqrt{6}} & -\frac{2}{\sqrt{6}} & \frac{1}{\sqrt{6}} \\ \frac{1}{\sqrt{2}} & 0 & -\frac{1}{\sqrt{2}} \end{bmatrix} = \begin{bmatrix} 0.57735 & 0.57735 & 0.57735 \\ 0.40825 & -0.81650 & 0.40825 \\ 0.70711 & 0 & -0.70711 \end{bmatrix} \tag{5-58}$$

归一化的 Clark 变换矩阵为正交矩阵。

对于非平衡换位线路，其变换矩阵不仅与导线的布置方式有关，还与频率有关，不再是恒定参数矩阵。但在很大频率范围内非平衡换位线路的变换矩阵与 $0\alpha\beta$ 变换接近。

3. $0\gamma\delta$ 变换

$$\boldsymbol{S}=\begin{bmatrix}1 & 1 & 0\\ 1 & 0 & 1\\ 1 & -1 & -1\end{bmatrix}\qquad \boldsymbol{S}^{-1}=\frac{1}{3}\begin{bmatrix}1 & 1 & 1\\ 2 & -1 & -1\\ -1 & 2 & -1\end{bmatrix} \tag{5-59}$$

以上 3 种变换适用于三相系统。

4. Karenbauer 变换

$$\boldsymbol{S}=\begin{bmatrix}1 & 1 & \cdots & 1\\ 1 & 1-n & \cdots & 1\\ & & \vdots & \\ 1 & 1 & \cdots & 1-n\end{bmatrix}\qquad \boldsymbol{S}^{-1}=\frac{1}{n}\begin{bmatrix}1 & 1 & \cdots & 1\\ 1 & -1 & \cdots & 0\\ & & \vdots & \\ 1 & 0 & \cdots & -1\end{bmatrix} \tag{5-60}$$

Karenbauer 变换矩阵结构简单，使用方便，但显然不是正交矩阵。早期 EMTP 使用 Karrenbauer 变换矩阵。

5. 通用变换

不论线路是否均匀换位，EMTP 均采用通用正交变换矩阵

$$\boldsymbol{S}=\begin{bmatrix}
\frac{1}{\sqrt{n}} & \frac{1}{\sqrt{2}} & \frac{1}{\sqrt{6}} & \cdots & \frac{1}{\sqrt{i(i-1)}} & \cdots & \frac{1}{\sqrt{n(n-1)}}\\
\frac{1}{\sqrt{n}} & -\frac{1}{\sqrt{2}} & \frac{1}{\sqrt{6}} & \cdots & \frac{1}{\sqrt{i(i-1)}} & \cdots & \frac{1}{\sqrt{n(n-1)}}\\
\frac{1}{\sqrt{n}} & 0 & -\frac{2}{\sqrt{6}} & \cdots & \frac{1}{\sqrt{i(i-1)}} & \cdots & \frac{1}{\sqrt{n(n-1)}}\\
\frac{1}{\sqrt{n}} & 0 & 0 & \cdots & \frac{1}{\sqrt{i(i-1)}} & \cdots & \frac{1}{\sqrt{n(n-1)}}\\
\vdots & \vdots & \vdots & \vdots & \vdots & \vdots & \vdots\\
\frac{1}{\sqrt{n}} & 0 & 0 & \cdots & -\frac{i-1}{\sqrt{i(i-1)}} & \cdots & \frac{1}{\sqrt{n(n-1)}}\\
\frac{1}{\sqrt{n}} & 0 & 0 & \cdots & 0 & \cdots & \frac{1}{\sqrt{n(n-1)}}\\
\vdots & \vdots & \vdots & \vdots & \vdots & \vdots & \vdots\\
\frac{1}{\sqrt{n}} & 0 & 0 & 0 & 0 & \cdots & -\frac{n-1}{\sqrt{n(n-1)}}
\end{bmatrix} \tag{5-61}$$

当 $n=3$ 时，通用变换就是 Clark 变换。

模量具有明确的物理含义。例如，对于三相平衡交流稳态系统，式（5-55）的对称分量变换的结果就是将相量分解为我们熟悉的正序、负序和零序。

再以 Karenbauer 变换为例，将三相电流 i_a、i_b、i_c 变换为模量电流 i_{m1}、i_{m2}、i_{m3}，即

$$\begin{bmatrix} i_{m1} \\ i_{m2} \\ i_{m3} \end{bmatrix} = \frac{1}{3}\begin{bmatrix} 1 & 1 & 1 \\ 1 & -1 & 0 \\ 1 & 0 & -1 \end{bmatrix}\begin{bmatrix} i_a \\ i_b \\ i_c \end{bmatrix}$$

将矩阵形式展开为代数式

$$i_{m1} = \frac{1}{3}(i_a + i_b + i_c)$$

$$i_{m2} = \frac{1}{3}(i_a - i_b)$$

$$i_{m3} = \frac{1}{3}(i_a - i_c)$$

式中 i_{m1}——地模或者模 1，以大地为回路；

i_{m2}——模 2，以 a、b 相组成回路；

i_{m3}——模 3，以 a、c 相组成回路。

模 2、模 3 为空间模量，其传播与大地无关。图 5－4 为各模量传播示意图。

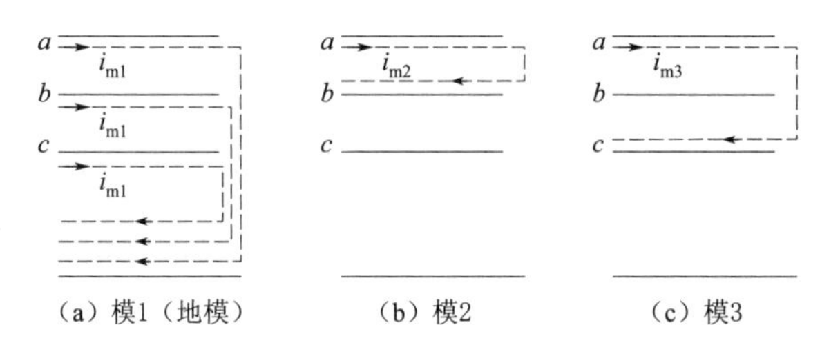

图 5－4　三相系统 Karenbauer 变换的模量传播示意图

5.2.2.2　模量参数

经过相模变换后得到一系列模量参数，由此可推导出其他模量参数。本小节介绍模量电阻、电感、电容、波阻抗以及模量的传播速度，并将模量参数和三相序参数对应。

1. 模量基本参数

首先对一阶微分波动方程进行变换，讨论模量上的电感、电容和电阻参数。

将 $\boldsymbol{S}=\boldsymbol{T}_v=\boldsymbol{T}_i$ 代入一阶模量微分波动方程式（5－33）、式（5－34），有

$$-\frac{\partial \boldsymbol{U}_m}{\partial x} = \boldsymbol{S}^{-1}\boldsymbol{LS}\frac{\partial \boldsymbol{I}_m}{\partial t} = \boldsymbol{\Lambda}_L \frac{\partial \boldsymbol{I}_m}{\partial t} \tag{5-62}$$

$$-\frac{\partial \boldsymbol{I}_m}{\partial x} = \boldsymbol{S}^{-1}\boldsymbol{CS}\frac{\partial \boldsymbol{U}_m}{\partial t} = \boldsymbol{\Lambda}_C \frac{\partial \boldsymbol{U}_m}{\partial t} \tag{5-63}$$

其中

$$\boldsymbol{\Lambda}_L = \boldsymbol{S}^{-1}\boldsymbol{LS}$$

$$\boldsymbol{\Lambda}_C = \boldsymbol{S}^{-1}\boldsymbol{CS}$$

$\boldsymbol{L}$、$\boldsymbol{C}$ 为平衡矩阵，根据前面的分析，$\boldsymbol{\Lambda}_L$、$\boldsymbol{\Lambda}_C$ 是对角阵，其对角元素按式（5－45）、式（5－46）求出，非对角元素为0。所以，式（5－62）、式（5－63）均为 n 个没有耦合的模量方程。

矩阵 $\boldsymbol{\Lambda}_{\mathrm{L}}$ 仅有两个数值不同的对角元素，习惯称为地模电感（1 个地模）和线模电感（n-1 个线模）。同样，$\boldsymbol{\Lambda}_{\mathrm{C}}$ 的对角元素为 1 个地模电容和（n-1）个线模电容。

对于平衡换位交流三相线路，通常地模也称为零序，而两个线模中一个被称为正序，另一个被称为负序。由于正序和负序参数相等，所以通常只提零序、正序参数，统称为序参数。平衡换位交流三相线路的 $\boldsymbol{\Lambda}_{\mathrm{L}}$、$\boldsymbol{\Lambda}_{\mathrm{C}}$ 常常写为

$$\boldsymbol{\Lambda}_{\mathrm{L}}=\begin{bmatrix} L_{\mathrm{s}}+2L_{\mathrm{m}} & 0 & 0 \\ 0 & L_{\mathrm{s}}-L_{\mathrm{m}} & 0 \\ 0 & 0 & L_{\mathrm{s}}-L_{\mathrm{m}} \end{bmatrix}=\begin{bmatrix} L_1 & 0 & 0 \\ 0 & L_2 & 0 \\ 0 & 0 & L_2 \end{bmatrix} \tag{5-64}$$

$$\boldsymbol{\Lambda}_{\mathrm{C}}=\begin{bmatrix} C_{\mathrm{s}}+2C_{\mathrm{m}} & 0 & 0 \\ 0 & C_{\mathrm{s}}-C_{\mathrm{m}} & 0 \\ 0 & 0 & C_{\mathrm{s}}-C_{\mathrm{m}} \end{bmatrix}=\begin{bmatrix} C_1 & 0 & 0 \\ 0 & C_2 & 0 \\ 0 & 0 & C_2 \end{bmatrix} \tag{5-65}$$

式中　L_1、L_2——零序电感、正序电感；

C_1、C_2——零序电容、正序电容。

以上讨论中忽略了线路电阻 $\boldsymbol{R}$。由于 $\boldsymbol{R}$ 与 $\boldsymbol{L}$ 串联，形成线路阻抗，因此对 $\boldsymbol{R}$、$\boldsymbol{L}$ 的对角变换方法相同，即通过 $\boldsymbol{S}^{-1}\boldsymbol{RS}$ 将 $\boldsymbol{R}$ 变换为对角阵，则三导线系统的零序电阻 R_1、正序电阻 R_2 分别为

$$\left.\begin{aligned} R_1&=R_{\mathrm{s}}+2R_{\mathrm{m}} \\ R_2&=R_{\mathrm{s}}-R_{\mathrm{m}} \end{aligned}\right\} \tag{5-66}$$

式中　R_{s}、R_{m}——$\boldsymbol{R}$ 的对角元素和非对角元素。

每个线路模量电阻按单导线方式处理。

2. 模量传播速度

对于平衡换位线路，模量电压波动方程（5－30）为

$$\frac{\partial^2 \boldsymbol{U}_{\mathrm{m}}}{\partial x^2}=\boldsymbol{S}^{-1}\boldsymbol{LCS}\frac{\partial^2 \boldsymbol{U}_{\mathrm{m}}}{\partial t^2}=\boldsymbol{\Lambda}\frac{\partial^2 \boldsymbol{U}_{\mathrm{m}}}{\partial t^2} \tag{5-67}$$

其中 $\boldsymbol{\Lambda}=\boldsymbol{S}^{-1}\boldsymbol{LCS}$，为对角阵。式（5－67）也可以写为

$$\begin{aligned} \frac{\partial^2 \boldsymbol{U}_{\mathrm{m}}}{\partial x^2}&=\boldsymbol{S}^{-1}\boldsymbol{LCS}\frac{\partial^2 \boldsymbol{U}_{\mathrm{m}}}{\partial t^2} \\ &=(\boldsymbol{S}^{-1}\boldsymbol{LS})(\boldsymbol{S}^{-1}\boldsymbol{CS})\frac{\partial^2 \boldsymbol{U}_{\mathrm{m}}}{\partial t^2} \\ &=\boldsymbol{\Lambda}_{\mathrm{L}}\boldsymbol{\Lambda}_{\mathrm{C}}\frac{\partial^2 \boldsymbol{U}_{\mathrm{m}}}{\partial t^2} \\ &=\boldsymbol{\Lambda}\frac{\partial^2 \boldsymbol{U}_{\mathrm{m}}}{\partial t^2} \end{aligned} \tag{5-68}$$

式（5－68）表明，对 $\boldsymbol{LC}$ 的相似变换相当于对 $\boldsymbol{L}$、$\boldsymbol{C}$ 各自进行相似变换后再相乘。

$\boldsymbol{\Lambda}$、$\boldsymbol{\Lambda}_{\mathrm{L}}$、$\boldsymbol{\Lambda}_{\mathrm{C}}$ 均为对角阵，且有

$$\lambda_i = L_i C_i \tag{5-69}$$

式中　λ_i、L_i、C_i——对应矩阵的第 i 个对角元素。

式（5－67）为 n 个独立的单相模量波动方程，根据式（5－11），第 i 个模量的波速为

$$v_i = \frac{1}{\sqrt{\lambda_i}} = \frac{1}{\sqrt{L_i C_i}} \tag{5-70}$$

平衡换位线路模 1（地模）的速度最小，而其他模的传播速度相同且较大。

对于三相输电线路，零序、正序波速分别为

$$\left.\begin{aligned} v_1 &= \frac{1}{\sqrt{L_1 C_1}} \\ v_2 &= \frac{1}{\sqrt{L_2 C_2}} \end{aligned}\right\} \tag{5-71}$$

3. 模量波阻抗

忽略电阻，第 i 个模量波阻抗 Z_{mi} 为

$$Z_{mi} = \sqrt{\frac{L_i}{C_i}} \tag{5-72}$$

对于平衡换位交流三相线路，零序、正序波阻抗为

$$\left.\begin{aligned} Z_{m1} &= \sqrt{\frac{L_1}{C_1}} \\ Z_{m2} &= \sqrt{\frac{L_2}{C_2}} \end{aligned}\right\} \tag{5-73}$$

以第 3.2 节 500kV 平衡换位线路为例说明序参数的计算，该线路参数为

$$\boldsymbol{L} = \begin{bmatrix} 1.2792 & 0.39918 & 0.39918 \\ 0.39918 & 1.2792 & 0.39918 \\ 0.39918 & 0.39918 & 1.2792 \end{bmatrix} \times 10^{-3}(\mathrm{H/km})$$

$$\boldsymbol{C} = \begin{bmatrix} 11.826 & -1.3722 & -1.3722 \\ -1.3722 & 11.826 & -1.3722 \\ -1.3722 & -1.3722 & 11.826 \end{bmatrix} \times 10^{-9}(\mathrm{F/km})$$

$$\boldsymbol{R} = \begin{bmatrix} 0.087784 & 0.058375 & 0.058375 \\ 0.058375 & 0.087784 & 0.058375 \\ 0.058375 & 0.058375 & 0.087784 \end{bmatrix} (\Omega/\mathrm{km})$$

根据上述讨论，计算得出的序参数见表 5－1。

表 5-1　　典型 500kV 平衡换位线路的序参数

参数	零序	正序	参数	零序	正序
$L_i/(10^{-3}\mathrm{H}\cdot\mathrm{km}^{-1})$	2.0776	0.88005	$v_i/(\mathrm{km}\cdot\mathrm{s}^{-1})$	230216	293419
$C_i/(10^{-9}\mathrm{F}\cdot\mathrm{km}^{-1})$	9.0816	13.198	Z_{mi}/Ω	478.30	258.22
$R_i/(\Omega\cdot\mathrm{km}^{-1})$	0.20453	0.029409			

线路的正序电流以导线互为回路，波速接近光速；零序以大地为回路，其波速小于正序波速。由于零序和正序波速不同，导致波在传播过程中发生畸变。

5.2.3 非平衡换位线路的相模变换

非平衡换位线路的 $\boldsymbol{L}$、$\boldsymbol{C}$、$\boldsymbol{LC}$、$\boldsymbol{CL}$ 均为对称但非平衡矩阵，因此它们的相模变换矩阵不再是通用变换矩阵，而是与具体线路布置有关。非平衡换位线路的相模变换可在实数域或复数域进行。

5.2.3.1 在实数域变换

1. 直接求解变换矩阵

忽略电阻，求得电流变换矩阵 $\boldsymbol{T}_{\mathrm{i}}$ 后，再用 $\boldsymbol{T}_{\mathrm{i}}$ 将相量电阻矩阵 $\boldsymbol{R}$ 变换为模量电阻。

对于非平衡换位线路，电流变换矩阵 $\boldsymbol{T}_{\mathrm{i}}$ 不再等于电压变换矩阵 $\boldsymbol{T}_{\mathrm{v}}$。但是，若令 $\boldsymbol{T}_{\mathrm{i}}$ 与 $\boldsymbol{T}_{\mathrm{v}}$ 满足以下关系

$$\boldsymbol{T}_{\mathrm{v}}=\boldsymbol{T}_{\mathrm{i}}^{-\mathrm{T}} \tag{5-74}$$

仍然可将 $\boldsymbol{LC}$ 和 $\boldsymbol{CL}$ 变换为相同的对角矩阵。

设用 $\boldsymbol{T}_{\mathrm{i}}$ 对 $\boldsymbol{CL}$ 进行相似变换后的对角阵为 $\boldsymbol{\Lambda}_{\mathrm{i}}$，即

$$\boldsymbol{\Lambda}_{\mathrm{i}}=\boldsymbol{T}_{\mathrm{i}}^{-1}\boldsymbol{CLT}_{\mathrm{i}} \tag{5-75}$$

用 $\boldsymbol{T}_{\mathrm{v}}$ 对 $\boldsymbol{LC}$ 进行相似变换后的对角阵为 $\boldsymbol{\Lambda}_{\mathrm{v}}$，即

$$\boldsymbol{\Lambda}_{\mathrm{v}}=\boldsymbol{T}_{\mathrm{v}}^{-1}\boldsymbol{LCT}_{\mathrm{v}}=\boldsymbol{T}_{\mathrm{i}}^{\mathrm{T}}\boldsymbol{LCT}_{\mathrm{i}}^{-\mathrm{T}}=(\boldsymbol{T}_{\mathrm{i}}^{-1}\boldsymbol{CLT}_{\mathrm{i}})^{\mathrm{T}}=\boldsymbol{\Lambda}_{\mathrm{i}} \tag{5-76}$$

即如果 $\boldsymbol{T}_{\mathrm{i}}$ 与 $\boldsymbol{T}_{\mathrm{v}}$ 满足式（5-74），$\boldsymbol{LC}$ 和 $\boldsymbol{CL}$ 可被变换为相同的对角阵。

令

$$\boldsymbol{\Lambda}=\boldsymbol{\Lambda}_{\mathrm{v}}=\boldsymbol{\Lambda}_{\mathrm{i}} \tag{5-77}$$

则二阶模量波动方程式（5-29）和式（5-30）变为

$$\frac{\partial^2\boldsymbol{U}_{\mathrm{m}}}{\partial x^2}=\boldsymbol{\Lambda}\frac{\partial^2\boldsymbol{U}_{\mathrm{m}}}{\partial t^2} \tag{5-78}$$

$$\frac{\partial^2\boldsymbol{I}_{\mathrm{m}}}{\partial x^2}=\boldsymbol{\Lambda}\frac{\partial^2\boldsymbol{I}_{\mathrm{m}}}{\partial t^2} \tag{5-79}$$

与平衡换位线路的二阶模量波动方程的形式完全相同，式（5-78）、式（5-79）分别是 n 个互相独立的单导线方程。

线路不同，$\boldsymbol{CL}$ 则不同，对应的 $\boldsymbol{T}_{\mathrm{i}}$ 也不同；即使同一输电线路，$\boldsymbol{L}$ 随频率 f 变化，$\boldsymbol{CL}$ 随之变化，$\boldsymbol{T}_{\mathrm{i}}$ 也随 f 变化。实际上，对于架空线路，当 $f\geqslant 50\mathrm{Hz}$ 时，$\boldsymbol{T}_{\mathrm{i}}$ 中各元素基本与 f 无关，采用固定参数的 $\boldsymbol{T}_{\mathrm{i}}$ 能够满足一般计算需要。但对于电缆，则另当别论。

第 3.2 节 500kV 未平衡换位线路的参数为

$$\boldsymbol{L}=\begin{bmatrix}1.2787 & 0.44047 & 0.31662\\0.44047 & 1.28020 & 0.44047\\0.31662 & 0.44047 & 1.2787\end{bmatrix}\times10^{-3}(\mathrm{H/km}) \tag{5-80}$$

$$\boldsymbol{C}=\begin{bmatrix}11.784 & -1.8254 & -0.46577\\-1.8254 & 11.91 & -1.8254\\-0.46577 & -1.8254 & 11.784\end{bmatrix}\times10^{-9}(\mathrm{F/km}) \tag{5-81}$$

$$\boldsymbol{R}=\begin{bmatrix}0.088313 & 0.059288 & 0.056551\\0.059288 & 0.086726 & 0.059288\\0.056551 & 0.059288 & 0.088313\end{bmatrix}(\Omega/\mathrm{km}) \tag{5-82}$$

则有

$$\boldsymbol{CL}=\begin{bmatrix}14.118 & 2.6485 & 2.3315\\2.3337 & 13.639 & 2.3337\\2.3315 & 2.6485 & 14.118\end{bmatrix}\times10^{-12}$$

利用 MATLAB 的 eig 函数直接求 $\boldsymbol{CL}$ 的 3 个特征根（$\boldsymbol{\Lambda}$ 的 3 个对角元素）和变换矩阵 $\boldsymbol{T}_\mathrm{i}$，分别为 $\lambda_1=1.883\times10^{-11}$，$\lambda_2=1.1786\times10^{-11}$，$\lambda_3=1.1258\times10^{-11}$。

$$\boldsymbol{T}_\mathrm{i}=\begin{bmatrix}-0.59673 & -0.70711 & 0.41374\\-0.53650 & 0 & -0.81095\\-0.59673 & 0.70711 & 0.41374\end{bmatrix} \tag{5-83}$$

因为特征矩阵的一个列向量乘以一个非零常数，所得结果仍然为特征矩阵，故有的参考书中的 $\boldsymbol{T}_\mathrm{i}$ 可能不同于上述结果。

2. 间接求解变换矩阵

由前文可知，矩阵 $\boldsymbol{T}_\mathrm{i}$ 将 $\boldsymbol{CL}$ 相似变换为对角阵 $\boldsymbol{\Lambda}$，即

$$\boldsymbol{T}_\mathrm{i}^{-1}\boldsymbol{CLT}_\mathrm{i}=\boldsymbol{\Lambda} \tag{5-84}$$

式（5-84）的另一种形式为

$$\boldsymbol{CLT}_\mathrm{i}=\boldsymbol{T}_\mathrm{i}\boldsymbol{\Lambda} \tag{5-85}$$

因为 $\boldsymbol{L}$ 为正定矩阵，根据线性代数理论，通过平方根法可将 $\boldsymbol{L}$ 分解为

$$\boldsymbol{L}=\boldsymbol{H}^\mathrm{T}\boldsymbol{H} \tag{5-86}$$

式中 $\boldsymbol{H}$——上三角阵。

将式（5-86）代入式（5-85），得

$$\boldsymbol{CH}^\mathrm{T}\boldsymbol{HT}_\mathrm{i}=\boldsymbol{T}_\mathrm{i}\boldsymbol{\Lambda} \tag{5-87}$$

两边同乘以 $\boldsymbol{H}$

$$\boldsymbol{HCH}^\mathrm{T}(\boldsymbol{HT}_\mathrm{i})=(\boldsymbol{HT}_\mathrm{i})\boldsymbol{\Lambda} \tag{5-88}$$

式（5-88）说明 $\boldsymbol{HT}_\mathrm{i}$ 可以将 $\boldsymbol{HCH}^\mathrm{T}$ 相似变换为对角阵 $\boldsymbol{\Lambda}$。

令

$$\boldsymbol{X}=\boldsymbol{HT}_\mathrm{i} \tag{5-89}$$

则有

$$T_i = H^{-1}X \tag{5-90}$$

以 500kV 未平衡换位线路参数为例，借助 MATLAB 说明间接求解变换矩阵的过程。

（1）利用 MATLAB 的 chol 函数，对 $\boldsymbol{L}$ 进行平方根分解，得

$$\boldsymbol{H}=\begin{bmatrix} 0.03576 & 0.012317 & 0.0088541 \\ 0 & 0.033593 & 0.0098653 \\ 0 & 0 & 0.033212 \end{bmatrix}$$

（2）计算 $\boldsymbol{HCH}^{\mathrm{T}}$ 为

$$\boldsymbol{HCH}^{\mathrm{T}}=\begin{bmatrix} 15.499 & 2.8355 & 2.1654 \\ 2.8355 & 13.377 & 1.8245 \\ 2.1654 & 1.8245 & 12.998 \end{bmatrix}\times 10^{-12}$$

（3）利用 eig 函数求 $\boldsymbol{HCH}^{\mathrm{T}}$ 的相似变换矩阵 $\boldsymbol{X}$ 和特征根

$$\boldsymbol{X}=\begin{bmatrix} 0.73061 & 0.61335 & 0.30001 \\ 0.52568 & -0.22490 & -0.82042 \\ 0.43573 & -0.75711 & 0.48674 \end{bmatrix}$$

3 个特征根为 $\lambda_1 = 1.883\times 10^{-11}$，$\lambda_2 = 1.1786\times 10^{-11}$，$\lambda_3 = 1.1258\times 10^{-11}$。

（4）求 $\boldsymbol{T}_{\mathrm{i}}$ 为

$$\boldsymbol{T}_{\mathrm{i}}=\boldsymbol{H}^{-1}\boldsymbol{X}=\begin{bmatrix} 13.120 & 22.797 & 14.656 \\ 11.796 & 0 & -28.726 \\ 13.120 & -22.797 & 14.656 \end{bmatrix}$$

（5）将 $\boldsymbol{T}_{\mathrm{i}}$ 归一化，每个列向量除以其模值（长度），即

$$\boldsymbol{T}_{\mathrm{i}}=\begin{bmatrix} 0.59673 & 0.70711 & 0.41374 \\ 0.53650 & 0 & -0.81095 \\ 0.59673 & -0.70711 & 0.41374 \end{bmatrix}$$

间接求解和直接求解相比，两种方法得到的特征根完全相等。但间接法所得特征矩阵的第 1、第 2 列向量（特征向量）与直接法求得的符号刚好相反。特征矩阵的一个列向量乘以一个非零常数，所得结果仍然为特征向量，因此两种方法计算所得特征矩阵是一致的。

3. 模量参数

前面介绍了使用矩阵 $\boldsymbol{T}_{\mathrm{i}}$ 将 $\boldsymbol{LC}$ 和 $\boldsymbol{CL}$ 变换为对角阵的过程，即将二阶波动方程解耦；本部分说明 $\boldsymbol{T}_{\mathrm{i}}$ 也可以将 $\boldsymbol{L}$、$\boldsymbol{C}$ 变换为对角矩阵，将一阶波动方程解耦。

电压、电流变换公式以及其变换矩阵关系式为

$$\boldsymbol{U} = \boldsymbol{T}_{\mathrm{v}}\boldsymbol{U}_{\mathrm{m}} \tag{5-91}$$

$$\boldsymbol{I} = \boldsymbol{T}_{\mathrm{i}}\boldsymbol{I}_{\mathrm{m}} \tag{5-92}$$

$$\boldsymbol{T}_{\mathrm{v}} = \boldsymbol{T}_{\mathrm{i}}^{-\mathrm{T}} \tag{5-93}$$

将式（5-91）~式（5-93）代入无损线一阶偏微分方程

$$-\frac{\partial \boldsymbol{U}}{\partial x} = \boldsymbol{L}\frac{\partial \boldsymbol{I}}{\partial t} \tag{5-94}$$

$$-\frac{\partial \boldsymbol{I}}{\partial x} = \boldsymbol{C}\frac{\partial \boldsymbol{U}}{\partial t} \tag{5-95}$$

得

$$-\frac{\partial \boldsymbol{U}_{\mathrm{m}}}{\partial x}=\boldsymbol{T}_{\mathrm{v}}^{-1}\boldsymbol{L}\boldsymbol{T}_{\mathrm{i}}\frac{\partial \boldsymbol{I}_{\mathrm{m}}}{\partial t}=\boldsymbol{T}_{\mathrm{i}}^{\mathrm{T}}\boldsymbol{L}\boldsymbol{T}_{\mathrm{i}}\frac{\partial \boldsymbol{I}_{\mathrm{m}}}{\partial t}=\boldsymbol{\Lambda}_{\mathrm{L}}\frac{\partial \boldsymbol{I}_{\mathrm{m}}}{\partial t} \tag{5-96}$$

$$-\frac{\partial \boldsymbol{I}_{\mathrm{m}}}{\partial x}=\boldsymbol{T}_{\mathrm{i}}^{-1}\boldsymbol{C}\boldsymbol{T}_{\mathrm{v}}\frac{\partial \boldsymbol{U}_{\mathrm{m}}}{\partial t}=\boldsymbol{T}_{\mathrm{i}}^{-1}\boldsymbol{C}\boldsymbol{T}_{\mathrm{i}}^{-\mathrm{T}}\frac{\partial \boldsymbol{U}_{\mathrm{m}}}{\partial t}=\boldsymbol{\Lambda}_{\mathrm{C}}\frac{\partial \boldsymbol{U}_{\mathrm{m}}}{\partial t} \tag{5-97}$$

其中

$$\boldsymbol{\Lambda}_{\mathrm{L}}=\boldsymbol{T}_{\mathrm{i}}^{\mathrm{T}}\boldsymbol{L}\boldsymbol{T}_{\mathrm{i}} \tag{5-98}$$

$$\boldsymbol{\Lambda}_{\mathrm{C}}=\boldsymbol{T}_{\mathrm{i}}^{-1}\boldsymbol{C}\boldsymbol{T}_{\mathrm{i}}^{-\mathrm{T}} \tag{5-99}$$

因为 $\boldsymbol{HCH}^{\mathrm{T}}$ 为实对称矩阵，所以可选择变换矩阵 $\boldsymbol{X}$ 为正交矩阵（线性代数定理：如 $\boldsymbol{A}$ 为实对称矩阵，则必存在一个正交矩阵 $\boldsymbol{X}$，使得 $\boldsymbol{X}^{-1}\boldsymbol{AX}=\boldsymbol{X}^{\mathrm{T}}\boldsymbol{AX}$ 为对角阵），即

$$\boldsymbol{XX}^{\mathrm{T}}=\boldsymbol{I} \tag{5-100}$$

式中　$\boldsymbol{I}$——单位矩阵。

但由于习惯上将变换矩阵的列向量取为单位长度，此时通常不满足式（5－100），但 $\boldsymbol{XX}^{\mathrm{T}}$ 仍为对角阵，用 $\boldsymbol{D}$ 表示，即

$$\boldsymbol{XX}^{\mathrm{T}}=\boldsymbol{D} \tag{5-101}$$

将式（5－86）、式（5－90）代入式（5－98），得

$$\boldsymbol{\Lambda}_{\mathrm{L}}=(\boldsymbol{H}^{-1}\boldsymbol{X})^{\mathrm{T}}\boldsymbol{H}^{\mathrm{T}}\boldsymbol{H}\boldsymbol{H}^{-1}\boldsymbol{X}=\boldsymbol{D} \tag{5-102}$$

显然 $\boldsymbol{\Lambda}_{\mathrm{L}}$ 为对角阵。

将式（5－85）变形为

$$\boldsymbol{C}=\boldsymbol{T}_{\mathrm{i}}\boldsymbol{\Lambda}\boldsymbol{T}_{\mathrm{i}}^{-1}\boldsymbol{L}^{-1} \tag{5-103}$$

然后代入式（5－99），有

$$\begin{aligned}\boldsymbol{\Lambda}_{\mathrm{C}}&=\boldsymbol{T}_{\mathrm{i}}^{-1}\boldsymbol{C}\boldsymbol{T}_{\mathrm{i}}^{-\mathrm{T}}\\&=\boldsymbol{T}_{\mathrm{i}}^{-1}\boldsymbol{T}_{\mathrm{i}}\boldsymbol{\Lambda}_{\mathrm{i}}\boldsymbol{T}_{\mathrm{i}}^{-1}\boldsymbol{L}^{-1}\boldsymbol{T}_{\mathrm{i}}^{-\mathrm{T}}\\&=\boldsymbol{\Lambda}_{\mathrm{i}}\boldsymbol{T}_{\mathrm{i}}^{-1}\boldsymbol{L}^{-1}\boldsymbol{T}_{\mathrm{i}}^{-\mathrm{T}}\\&=\boldsymbol{\Lambda}_{\mathrm{i}}(\boldsymbol{T}_{\mathrm{i}}^{\mathrm{T}}\boldsymbol{L}\boldsymbol{T}_{\mathrm{i}})^{-1}\\&=\boldsymbol{\Lambda}(\boldsymbol{\Lambda}_{\mathrm{L}})^{-1}\end{aligned} \tag{5-104}$$

显然 $\boldsymbol{\Lambda}_{\mathrm{C}}$ 为对角阵。

由于 $\boldsymbol{\Lambda}_{\mathrm{L}}$ 和 $\boldsymbol{\Lambda}_{\mathrm{C}}$ 是对角阵，则非平衡换位线路的一阶模量波动方程式（5－96）、式（5－97）分别为 n 个没有耦合的模量方程。$\boldsymbol{\Lambda}_{\mathrm{L}}$、$\boldsymbol{\Lambda}_{\mathrm{C}}$ 的对角元素分别为模量电感、模量电容，由式（5－98）、式（5－99）计算。

式（5－104）可变形为

$$\boldsymbol{\Lambda}_{\mathrm{C}}\boldsymbol{\Lambda}_{\mathrm{L}}=\boldsymbol{\Lambda} \tag{5-105}$$

则式（5－78）变形为

$$\frac{\partial^2 \boldsymbol{U}_{\mathrm{m}}}{\partial x^2}=\boldsymbol{\Lambda}\frac{\partial^2 \boldsymbol{U}_{\mathrm{m}}}{\partial t^2}=\boldsymbol{\Lambda}_{\mathrm{L}}\boldsymbol{\Lambda}_{\mathrm{C}}\frac{\partial^2 \boldsymbol{U}_{\mathrm{m}}}{\partial t^2} \tag{5-106}$$

其形式与平衡换位线路的二阶模量波动方程完全相同。因此，不平衡换位线路第 i 个模量

的无损波速、波阻抗计算公式与平衡换位线路的对应式（5－70）、式（5－72）完全相同，即

$$v_i=\frac{1}{\sqrt{\lambda_i}}=\frac{1}{\sqrt{L_iC_i}} \tag{5-107}$$

$$Z_{mi}=\sqrt{\frac{L_i}{C_i}} \tag{5-108}$$

式中　λ_i、L_i、C_i——$\boldsymbol{\Lambda}$、$\boldsymbol{\Lambda}_L$、$\boldsymbol{\Lambda}_C$ 的第 i 个对角元素。

为了简化分析，以上讨论中忽略了线路电阻 $\boldsymbol{R}$。由于 $\boldsymbol{R}$ 与 $\boldsymbol{L}$ 串联，类似于平衡线路中对 $\boldsymbol{R}$ 的处理，$\boldsymbol{R}$、$\boldsymbol{L}$ 用相同的变换方法，即

$$\boldsymbol{\Lambda}_R=\boldsymbol{T}_i^T\boldsymbol{R}\boldsymbol{T}_i \tag{5-109}$$

式中　$\boldsymbol{\Lambda}_R$——对 $\boldsymbol{R}$ 相似变换后的矩阵。

一般情况下，$\boldsymbol{\Lambda}_R$ 并不是对角阵，但非对角元素比对角元素小一个数量级，工程上可以忽略。

每个模量上的电阻可按单导线方式下的电阻来处理。

对于 500kV 非平衡换位线路，50Hz 时参数见式（5－80）、式（5－81）、式（5－82），已得 $\boldsymbol{T}_i$ 如式（5－83）所示，按照以上讨论方法，计算得各模量参数见表 5－2。

表 5－2　在实数域计算 500kV 非平衡换位线路模量参数

参　数	模 1	模 2	模 3
$L_i/(10^{-3}\text{H}\cdot\text{km}^{-1})$	2.0687	0.96213	0.79697
$C_i/(10^{-9}\text{F}\cdot\text{km}^{-1})$	9.1024	12.25	14.126
$R_i/(\Omega\cdot\text{km}^{-1})$	0.20405	0.031762	0.027061
$v_i/(\text{km}\cdot\text{s}^{-1})$	230448	291284	298040
Z_{mi}/Ω	476.73	280.25	237.53

从表 5－2 中看出，非平衡换位线路的模 1（地模）的电感、电阻、波阻抗大于模 2、模 3 的对应参数，而电容、波速小于模 2、模 3 的对应参数，这一规律与平衡换位线路的零序、正序之间的关系相同。模 2 和模 3 参数接近，因为它们都是线模。

表 5－1 和表 5－2 中各参数数值与后文 ATP 计算的结果一致。

5.2.3.2　在复数域变换

在某一频率下，n 相线路频域微分方程为

$$-\frac{\partial \boldsymbol{U}}{\partial x}=\boldsymbol{Z}\boldsymbol{I} \tag{5-110}$$

$$-\frac{\partial \boldsymbol{I}}{\partial x}=\boldsymbol{Y}\boldsymbol{U} \tag{5-111}$$

其中

$$\boldsymbol{Z}=\boldsymbol{R}+\mathrm{j}\omega\boldsymbol{L}$$

$$\boldsymbol{Y}=\boldsymbol{G}+\mathrm{j}\omega\boldsymbol{C}$$

式中　$\boldsymbol{U}$——线路对地电压；

$\boldsymbol{I}$——线路中电流；

$\boldsymbol{Z}$——线路单位长度阻抗；

$\boldsymbol{R}$、$\boldsymbol{L}$——线路的单位长度电阻、电感；

ω——电压和电流的角频率；

$\boldsymbol{Y}$——线路单位长度导纳；

$\boldsymbol{G}$、$\boldsymbol{C}$——线路的单位长度对地电导、电容。

对式（5-110）和式（5-111）二次求导、代换，得

$$-\frac{\partial^2 \boldsymbol{U}}{\partial x^2}=\boldsymbol{ZYU} \tag{5-112}$$

$$-\frac{\partial^2 \boldsymbol{I}}{\partial x^2}=\boldsymbol{YZI} \tag{5-113}$$

类似于单导线，多导线系统的波阻抗矩阵 $\boldsymbol{Z}_{\mathrm{C}}$ 为

$$\boldsymbol{Z}_{\mathrm{C}}=\sqrt{\boldsymbol{L}.\times\boldsymbol{C}^{-1}} \tag{5-114}$$

式（5-114）中“.×”表示两个矩阵的对应元素相乘，再逐个求每个乘积元素的平方根。

将 $\boldsymbol{U}$、$\boldsymbol{I}$ 分别变换为模量 $\boldsymbol{U}_{\mathrm{m}}$、$\boldsymbol{I}_{\mathrm{m}}$，变换公式为

$$\boldsymbol{U}=\boldsymbol{T}_{\mathrm{v}}\boldsymbol{U}_{\mathrm{m}} \tag{5-115}$$

$$\boldsymbol{I}=\boldsymbol{T}_{\mathrm{i}}\boldsymbol{I}_{\mathrm{m}} \tag{5-116}$$

式中　$\boldsymbol{T}_{\mathrm{v}}$、$\boldsymbol{T}_{\mathrm{i}}$——电压、电流变换矩阵，均为 n 阶方阵，且

$$\boldsymbol{T}_{\mathrm{v}}=\boldsymbol{T}_{\mathrm{i}}^{-\mathrm{T}} \tag{5-117}$$

将式（5-115）代入式（5-112），得

$$-\frac{\partial^2 \boldsymbol{U}_{\mathrm{m}}}{\partial x^2}=\boldsymbol{T}_{\mathrm{v}}^{-1}\boldsymbol{ZYT}_{\mathrm{v}}\boldsymbol{U}_{\mathrm{m}}=\boldsymbol{\Lambda U}_{\mathrm{m}} \tag{5-118}$$

其中

$$\boldsymbol{\Lambda}=\boldsymbol{T}_{\mathrm{v}}^{-1}\boldsymbol{ZYT}_{\mathrm{v}}$$

选择适当的 $\boldsymbol{T}_{\mathrm{v}}$，$\boldsymbol{\Lambda}$ 可为对角阵，其对角元素 λ_{i} 为 $\boldsymbol{ZY}$ 的特征根。

将式（5-116）代入式（5-113），得

$$\begin{aligned}-\frac{\partial^2 \boldsymbol{I}_{\mathrm{m}}}{\partial x^2}&=\boldsymbol{T}_{\mathrm{i}}^{-1}\boldsymbol{YZT}_{\mathrm{i}}\boldsymbol{I}_{\mathrm{m}}\\&=\boldsymbol{T}_{\mathrm{v}}^{\mathrm{T}}\boldsymbol{YZT}_{\mathrm{v}}^{-\mathrm{T}}\boldsymbol{I}_{\mathrm{m}}\\&=(\boldsymbol{T}_{\mathrm{v}}^{-1}\boldsymbol{ZYT}_{\mathrm{v}})^{\mathrm{T}}\boldsymbol{I}_{\mathrm{m}}\\&=\boldsymbol{\Lambda I}_{\mathrm{m}}\end{aligned} \tag{5-119}$$

矩阵 $\boldsymbol{YZ}$ 经 $\boldsymbol{T}_{\mathrm{i}}$ 相似变换后也得到对角阵 $\boldsymbol{\Lambda}$。

通过以上过程，式（5-112）、式（5-113）被变换为模量方程，即式（5-118）、式（5-119）。

类似于在实数域中，可以证明 $\boldsymbol{T}_{\mathrm{i}}$ 也能将 $\boldsymbol{Z}$、$\boldsymbol{Y}$ 矩阵变换为对角矩阵，即

$$\boldsymbol{\Lambda}_{\mathrm{Z}}=\boldsymbol{T}_{\mathrm{i}}^{\mathrm{T}}\boldsymbol{ZT}_{\mathrm{i}} \tag{5-120}$$

$$\boldsymbol{\Lambda}_{Y}=\boldsymbol{T}_{i}^{-1}\boldsymbol{Y}\boldsymbol{T}_{i}^{-T} \tag{5-121}$$

其中 $\boldsymbol{\Lambda}_Z$、$\boldsymbol{\Lambda}_Y$ 分别为 $\boldsymbol{Z}$、$\boldsymbol{Y}$ 变换后的对角阵，第 i 个对角元素分别为 Z_i、Y_i，称为模量阻抗、导纳，且

$$Z_i = R_i + j\omega L_i \tag{5-122}$$

$$Y_i = G_i + j\omega C_i \tag{5-123}$$

式中 R_i、L_i、G_i、C_i——第 i 个模量的电阻、电感、电导、电容。

同样也有

$$\boldsymbol{\Lambda}=\boldsymbol{\Lambda}_{Z}\boldsymbol{\Lambda}_{Y} \tag{5-124}$$

即

$$\lambda_i = Z_i Y_i \tag{5-125}$$

模量传播系数为

$$\gamma_i = \sqrt{\lambda_i} = \sqrt{(R_i + j\omega L_i)(G_i + j\omega C_i)} = \alpha_i + j\beta_i \tag{5-126}$$

式中 α_i——衰减系数；

β_i——相位系数。

模量波速为

$$v_i = \frac{\omega}{\beta_i} = \frac{2\pi f}{\beta_i} \tag{5-127}$$

模量波阻抗为

$$Z_{mi} = \sqrt{\frac{Z_i}{Y_i}} = \sqrt{\frac{R_i + j\omega L_i}{G_i + j\omega C_i}} \tag{5-128}$$

这同样是一个复数。

仍以第 3.2 节 500kV 非平衡换位线路为例说明变换过程。频率 $f=50$Hz，忽略线路对地电导，单位长度阻抗、导纳为

$$\boldsymbol{Z}=\begin{bmatrix} 0.088313+0.40173i & 0.059288+0.13838i & 0.056551+0.09947i \\ 0.059288+0.13838i & 0.086726+0.40219i & 0.059288+0.13838i \\ 0.056551+0.09947i & 0.059288+0.13838i & 0.088313+0.40173i \end{bmatrix}(\Omega/\text{km})$$

$$\boldsymbol{Y}=\begin{bmatrix} 37.021i & -5.7346i & -1.4633i \\ -5.7346i & 37.415i & -5.7346i \\ -1.4633i & -5.7346i & 37.021i \end{bmatrix}\times 10^{-7}(\text{s/km})$$

则有

$$\boldsymbol{YZ}=\begin{bmatrix} -13.933+2.8467i & -2.6140+1.6108i & -2.3011+1.6244i \\ -2.3032+1.3875i & -13.461+2.5649i & -2.3032+1.3875i \\ -2.3011+1.6244i & -2.6140+1.6108i & -13.933+2.8467i \end{bmatrix}\times 10^{-7}$$

利用 MATLAB 的 eig 函数直接求 $\boldsymbol{YZ}$ 的三个特征根和变换矩阵 $\boldsymbol{T}_i$，分别为

$$\lambda_1=(-18.584+5.8357i)\times 10^{-7}$$

$$\lambda_2=(-11.632+1.2223i)\times 10^{-7}$$

$$\lambda_3=(-11.112+1.2003i)\times 10^{-7}$$

$$
\boldsymbol{T}_{\mathrm{i}} = \begin{bmatrix} 0.59945 & -0.70711 + 2.0994 \times 10^{-15}\mathrm{i} & -0.41101 - 0.0065658\mathrm{i} \\ 0.53022 + 0.01381\mathrm{i} & -5.5325 \times 10^{-15} - 1.396 \times 10^{-15}\mathrm{i} & 0.81367 \\ 0.59945 - 3.5927 \times 10^{-16}\mathrm{i} & 0.70711 & -0.41101 - 0.0065658\mathrm{i} \end{bmatrix} \tag{5-129}
$$

忽略式（5－130）中数量级很小的实部和虚部，可得

$$
\boldsymbol{T}_{\mathrm{i}} = \begin{bmatrix} 0.59945 & -0.70711 & -0.41101 \\ 0.53022 & 0 & 0.81367 \\ 0.59945 & 0.70711 & -0.41101 \end{bmatrix}
$$

这与在实数域计算的变换矩阵式（5－83）的结果相近，且矩阵对应元素的前两位有效数字完全相同。注意，两个变换矩阵的第1、第3列符号相反。由于特征矩阵的一个列向量乘以一个非零常数，其结果仍为特征矩阵，所以这两个矩阵是一致的。

按照上述讨论过程计算50Hz时各模量参数，见表5－3。与表5－2中在实数域计算结果比较，两者差别很小，但在复数域的计算结果更为准确。

表5－3　　在复数域计算500kV非平衡换位线路模量参数

参　　数	模1	模2	模3
$Z_i/(\Omega\cdot\mathrm{km}^{-1})$	0.19338+0.65235i	0.031762 +0.30226i	0.024586+0.25075i
$R_i/(\Omega\cdot\mathrm{km}^{-1})$	0.19338	0.031762	0.024586
$L_i/(10^{-3}\mathrm{H}\cdot\mathrm{km}^{-1})$	2.0765	0.96213	0.79818
$Y_i/(10^{-6}\mathrm{S}\cdot\mathrm{km}^{-1})$	0.04605+2.8624i	3.8484i	0.043772+4.4357i
C_i(忽略Y_i实部)$/(10^{-9}\mathrm{F}\cdot\mathrm{km}^{-1})$	9.1112	12.25	14.119
γ_i	2.1151×10^{-4}+0.0013795i	5.6589×10^{-5}+0.00108i	5.6852×10^{-5}+ 0.0010557i
$v_i/(\mathrm{km}\cdot\mathrm{s}^{-1})$	227729	290884	297595
$Z_{\mathrm{m}i}/\Omega$	483.02−66.122i	280.64−14.704i	238.1−10.467i

5.3　多回线路的相模变换

由于线路走廊日趋紧张等原因，同塔双回甚至多回输电线路广泛使用，如在下层为两回110kV线路，上层为两回500kV线路。而且，在同一线路走廊，相同或不同电压等级线路虽然不同塔架设，但仍然互相平行。这些互相平行的线路之间存在电磁耦合，本节讨论互相平行线路参数的相模转换。

1. 特殊双回线路

平行架设的两回输电线路之间的电磁关系与同塔双回线路类似，这种类型的线路总体上是6相。如果两回线路完全相同，而且经均匀换位，称为特殊双回线路，其在工程上大量采用，如西北的750kV输电线路。对于特殊双回线路，有两种处理方式：①忽略回路之间的耦合，将其视为两回3相线路，计算所得参数适用于潮流等计算；②将其视为6相

线路，则共有 6 个模量。

工程上双回线路不进行跨回路换位，而在同回路 3 相之间换位，对应的线路阻抗矩阵为

$$\boldsymbol{Z}=\boldsymbol{R}+\mathrm{j}\boldsymbol{X}=\begin{bmatrix} Z_s & Z_m & Z_m & Z_p & Z_p & Z_p \\ Z_m & Z_s & Z_m & Z_p & Z_p & Z_p \\ Z_m & Z_m & Z_s & Z_p & Z_p & Z_p \\ Z_p & Z_p & Z_p & Z_s & Z_m & Z_m \\ Z_p & Z_p & Z_p & Z_m & Z_s & Z_m \\ Z_p & Z_p & Z_p & Z_m & Z_m & Z_s \end{bmatrix} \tag{5-130}$$

式中 Z_s——每相自阻抗；

Z_m——同一回路内部两相间互阻抗；

Z_p——不同回路两相间互阻抗。

Dommel 给出了一种对上述矩阵解耦的正交变换矩阵 $\boldsymbol{T}_i$，即

$$\boldsymbol{T}_i=\frac{1}{\sqrt{6}}\begin{bmatrix} 1 & 1 & \sqrt{3} & 1 & 0 & 0 \\ 1 & 1 & -\sqrt{3} & 1 & 0 & 0 \\ 1 & 1 & 0 & -2 & 0 & 0 \\ 1 & -1 & 0 & 0 & \sqrt{3} & 1 \\ 1 & -1 & 0 & 0 & -\sqrt{3} & 1 \\ 1 & -1 & 0 & 0 & 0 & -2 \end{bmatrix} \tag{5-131}$$

通过相似变换 $\boldsymbol{T}_i^{-1}\boldsymbol{Z}\boldsymbol{T}_i$，将 $\boldsymbol{Z}$ 转换为含有 6 个模量的对角矩阵，即

$$\boldsymbol{T}_i^{-1}\boldsymbol{Z}\boldsymbol{T}_i=\begin{bmatrix} Z_g & 0 & 0 & 0 & 0 & 0 \\ 0 & Z_{il} & 0 & 0 & 0 & 0 \\ 0 & 0 & Z_l & 0 & 0 & 0 \\ 0 & 0 & 0 & Z_l & 0 & 0 \\ 0 & 0 & 0 & 0 & Z_l & 0 \\ 0 & 0 & 0 & 0 & 0 & Z_l \end{bmatrix} \tag{5-132}$$

这 6 个模量为

$$Z_g=Z_s+2Z_m+3Z_p \tag{5-133}$$

$$Z_l=Z_s-Z_m \tag{5-134}$$

$$Z_{il}=Z_s+2Z_m-3Z_p \tag{5-135}$$

式中 Z_g——地模阻抗；

Z_l——线模阻抗，共有 4 个相同的线模；

Z_{il}——路模阻抗，一个全新的模量阻抗，反映两个回路之间的零序耦合。

类似阻抗的相模变换，可将电容变换为地模、线模和路模电容。

2. 不相同双回线路

这种情况在工程上也不少见。不相同双回线路的阻抗矩阵为

$$
\boldsymbol{Z}=\boldsymbol{R}+\mathrm{j}\boldsymbol{X}=\left[\begin{array}{ccc|ccc}
Z_{\mathrm{I s}} & Z_{\mathrm{I m}} & Z_{\mathrm{I m}} & Z_{\mathrm{p}} & Z_{\mathrm{p}} & Z_{\mathrm{p}} \\
Z_{\mathrm{I m}} & Z_{\mathrm{I s}} & Z_{\mathrm{I m}} & Z_{\mathrm{p}} & Z_{\mathrm{p}} & Z_{\mathrm{p}} \\
Z_{\mathrm{I m}} & Z_{\mathrm{I m}} & Z_{\mathrm{I s}} & Z_{\mathrm{p}} & Z_{\mathrm{p}} & Z_{\mathrm{p}} \\
\hline
Z_{\mathrm{p}} & Z_{\mathrm{p}} & Z_{\mathrm{p}} & Z_{\mathrm{II s}} & Z_{\mathrm{II m}} & Z_{\mathrm{II m}} \\
Z_{\mathrm{p}} & Z_{\mathrm{p}} & Z_{\mathrm{p}} & Z_{\mathrm{II m}} & Z_{\mathrm{II s}} & Z_{\mathrm{II m}} \\
Z_{\mathrm{p}} & Z_{\mathrm{p}} & Z_{\mathrm{p}} & Z_{\mathrm{II m}} & Z_{\mathrm{II m}} & Z_{\mathrm{II s}}
\end{array}\right] \tag{5-136}
$$

式中　下标Ⅰ、Ⅱ——回路Ⅰ、Ⅱ。

式（5－136）矩阵可以变换为

$$
\boldsymbol{\Lambda}=\left[\begin{array}{ccc|ccc}
Z_{\mathrm{I 0}} & 0 & 0 & Z_{0} & 0 & 0 \\
0 & Z_{\mathrm{I 1}} & 0 & 0 & 0 & 0 \\
0 & 0 & Z_{\mathrm{I 1}} & 0 & 0 & 0 \\
\hline
Z_{0} & 0 & 0 & Z_{\mathrm{II 0}} & 0 & 0 \\
0 & 0 & 0 & 0 & Z_{\mathrm{II 1}} & 0 \\
0 & 0 & 0 & 0 & 0 & Z_{\mathrm{II 1}}
\end{array}\right] \tag{5-137}
$$

不同于特殊双回线路，不相同双回线路阻抗矩阵的变换矩阵不再是恒定参数矩阵，而是随着回路布置不同而变化。

3. 多回线路

多回线路布置形式多样且多变，如考虑线路之间的耦合，比较简单的处理方式是将它们视为 1 回多相线路。如一线路走廊中某一塔上架设两回 110kV、两回 500kV 线路，另一平行塔上有 4 回 110kV 线路，则可将所有线路看做是 1 回 12 相线路。

第 6 章

频变分布参数线路模型

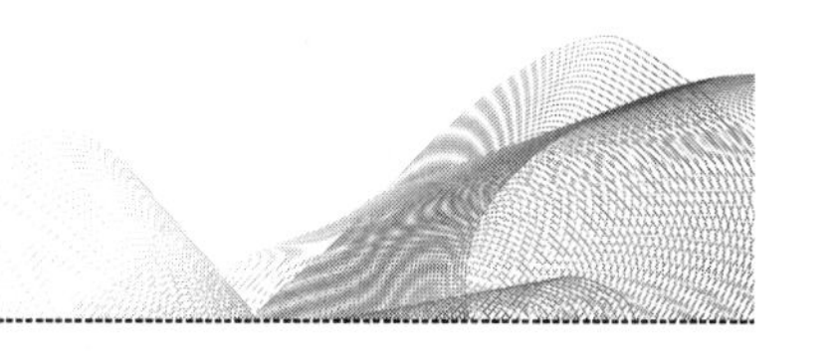

第 5 章分析了恒定参数输电线路的波过程。在电磁暂态过程涉及的频率范围内，可认为线路电容不随频率变化，但线路的电阻和电感随频率发生变化。例如，某 500kV 线路在 50Hz 时零序电阻、电感分别为 0.18Ω/km、3.31mH/km；而在 1000Hz 时分别为 2.55Ω/km、2.5mH/km。如果所研究的电磁暂态过程的主要频率范围较小，可使用恒定参数输电线路模型。但当电磁暂态频率较高时，如当关心操作过电压的峰值时，或考虑高频下的谐振时，必须使用随频率变化的线路参数模型。

网络的频率相关等效方法有：利用频率响应零极点的等效方法和利用有理式的等效方法。本章将要介绍的 JMarti 频率相关线路模型属于前者。

6.1 导线的频域波动方程

如果电磁暂态过程中的频率含量丰富，那么实数域导线波动方程式（5－3）、式（5－4）、式（5－7）、式（5－8）不能继续使用，但可以使用复数域导线波动方程式（5－112）、式（5－113）。讨论在复数域的单导线波动过程中，多导线系统可通过相模变换转换为互相独立的单导线系统。

在某一频率下，线路频域一阶微分方程为

$$-\frac{\partial \dot{U}}{\partial x}=Z\dot{I} \tag{6-1}$$

$$-\frac{\partial \dot{I}}{\partial x}=Y\dot{U} \tag{6-2}$$

其中

$$Z=R+\mathrm{j}\omega L$$

$$Y=G+\mathrm{j}\omega C$$

式中 $\dot{U}$——线路对地电压相量；

$\dot{I}$——线路中电流相量；

Z——线路单位长度阻抗；

R、L——线路的单位长度电阻、电感；

ω——电压和电流的角频率；

Y——线路单位长度导纳；

G、C——线路单位长度对地电导、电容；

x——线路的两个端点为 k、m，x 表示线路上任意一点距首端 k 的距离，在端点 k，

$x=0$；在端点 m，$x=l$。

式（6－1）、式（6－2）两边分别对 x 进行求导，合并变形得线路频域二阶微分方程

$$-\frac{\partial^2 \dot{U}}{\partial x^2}=ZY\dot{U} \tag{6-3}$$

$$-\frac{\partial^2 \dot{I}}{\partial x^2}=YZ\dot{I} \tag{6-4}$$

式（6－3）、式（6－4）的通解为

$$\dot{U}=P_1\mathrm{e}^{-\gamma x}+P_2\mathrm{e}^{\gamma x} \tag{6-5}$$

$$\dot{I}=D_1\mathrm{e}^{-\gamma x}+D_2\mathrm{e}^{\gamma x} \tag{6-6}$$

其中

$$\gamma=\sqrt{ZY}=\alpha+\mathrm{j}\beta$$

式中 γ——线路传播系数；

α——衰减系数；

β——相位系数。

由式（6－1）得

$$\begin{aligned}\dot{I}&=-\frac{1}{Z}\frac{\partial\dot{U}}{\partial x}=\frac{P_1\gamma}{Z}\mathrm{e}^{-\gamma x}-\frac{P_2\gamma}{Z}\mathrm{e}^{\gamma x}\\&=\frac{P_1}{\sqrt{\frac{Z}{Y}}}\mathrm{e}^{-\gamma x}-\frac{P_2}{\sqrt{\frac{Z}{Y}}}\mathrm{e}^{\gamma x}=\frac{P_1}{Z_\mathrm{c}}\mathrm{e}^{-\gamma x}-\frac{P_2}{Z_\mathrm{c}}\mathrm{e}^{\gamma x}\\&=D_1\mathrm{e}^{-\gamma x}+D_2\mathrm{e}^{\gamma x}\end{aligned} \tag{6-7}$$

其中

$$Z_\mathrm{c}=\sqrt{\frac{Z}{Y}} \tag{6-8}$$

Z_c 是线路波阻抗，或特性阻抗。

显然有

$$\left.\begin{aligned}D_1&=\frac{P_1}{Z_\mathrm{c}}\\D_2&=-\frac{P_2}{Z_\mathrm{c}}\end{aligned}\right\} \tag{6-9}$$

线路两端电压、电流为

$$\dot{U}_\mathrm{k}=P_1+P_2 \tag{6-10}$$

$$\dot{I}_\mathrm{k}=\frac{1}{Z_\mathrm{c}}(P_1-P_2) \tag{6-11}$$

$$\dot{U}_\mathrm{m}=P_1\mathrm{e}^{-\gamma l}+P_2\mathrm{e}^{\gamma l} \tag{6-12}$$

$$\dot{I}_\mathrm{m}=\frac{1}{Z_\mathrm{c}}(P_1\mathrm{e}^{-\gamma l}-P_2\mathrm{e}^{\gamma l}) \tag{6-13}$$

由于 $e^{-\gamma l}=e^{-\alpha l}e^{-j\beta l}$，在时域中 $e^{-\alpha l}$ 表示衰减，$e^{-j\beta l}$ 表示相移，则 U_m 第一项比 U_k 第一项相位滞后 βl，幅值衰减 $e^{-\alpha l}$，实质上反映一个从 k 到 m 的电压波的传播过程，这个电压波是前行电压波。同样，U_k、U_m 的第二项是一个反行电压波。通过类似推理可知电流亦具有波的性质。

也可以在时域方程中观察到电压、电流具有波的性质。式（6－5）、式（6－6）在时域的方程为

$$u(x,t)=\overrightarrow{b_1}(x-vt)+\overleftarrow{b_2}(x+vt) \tag{6-14}$$

$$i(x,t)=\overrightarrow{d_1}(x-vt)+\overleftarrow{d_2}(x+vt) \tag{6-15}$$

其中

$$v=\frac{\omega}{\beta} \tag{6-16}$$

显然，式（6－14）和式（6－15）为波动方程，v 表示波的传播速度。

从式（6－10）和式（6－11），可得

$$P_1=\frac{1}{2}(\dot{U}_k+Z_c\dot{I}_k) \tag{6-17}$$

$$P_2=\frac{1}{2}(\dot{U}_k-Z_c\dot{I}_k) \tag{6-18}$$

将它们代入式（6－5）、式（6－7），得线路上任意一点 x 处的电压、电流为

$$\dot{U}=\frac{1}{2}(\dot{U}_k+Z_c\dot{I}_k)e^{-\gamma x}+\frac{1}{2}(\dot{U}_k-Z_c\dot{I}_k)e^{\gamma x} \tag{6-19}$$

$$\dot{I}=\frac{1}{2}\left(\frac{\dot{U}_k}{Z_c}+\dot{I}_k\right)e^{-\gamma x}-\frac{1}{2}\left(\frac{\dot{U}_k}{Z_c}-\dot{I}_k\right)e^{\gamma x} \tag{6-20}$$

其中第一项表示前行波，第二项表示反行波。

因为

$$\sinh(\gamma x)=\frac{1}{2}(e^{\gamma x}-e^{-\gamma x}) \tag{6-21}$$

$$\cosh(\gamma x)=\frac{1}{2}(e^{\gamma x}+e^{-\gamma x}) \tag{6-22}$$

所以

$$\dot{U}=\dot{U}_k\cosh(\gamma x)-Z_c\dot{I}_k\sinh(\gamma x) \tag{6-23}$$

$$\dot{I}=\dot{I}_k\cosh(\gamma x)-\frac{\dot{U}_k}{Z_c}\sinh(\gamma x) \tag{6-24}$$

类似可得用末端电压 $\dot{U}_m$、$\dot{I}_m$ 表示的线路上任意一点的电压、电流为

$$\dot{U}=\dot{U}_m\cosh(\gamma x')+Z_c\dot{I}_m\sinh(\gamma x') \tag{6-25}$$

$$\dot{I}=\dot{I}_m\cosh(\gamma x')+\frac{\dot{U}_m}{Z_c}\sinh(\gamma x') \tag{6-26}$$

其中 $$x'=l-x$$

虽然式（6-23）~式（6-26）便于记忆，但从中不易直接观察到电压、电流具有波的性质。

第3.2节500kV输电线路参数为：$Z_c=258.95\angle-2.91°\Omega$，$\gamma=5.6864\times10^{-5}+j1.0722\times10^{-3}$，$f=50Hz$。$\dot{U}_k=\frac{550}{\sqrt{3}}\angle0°kV$，$\dot{I}_k=400\angle-25.84°A$。则有

$$P_1=\frac{1}{2}(\dot{U}_k+Z_c\dot{I}_k)=205.69\angle-6.96° \tag{6-27}$$

$$P_2=\frac{1}{2}(\dot{U}_k-Z_c\dot{I}_k)=116.07\angle12.39° \tag{6-28}$$

线路上任意一点 x 处的电压为

$$\begin{aligned}\dot{U}&=P_1e^{-\gamma x}+P_2e^{\gamma x}\\&=205.69e^{-5.6864\times10^{-5}x}e^{-j(1.0722\times10^{-3}x+6.96\pi/180)}+116.07e^{5.6864\times10^{-5}x}e^{j(1.0722\times10^{-3}x+12.39\pi/180)}\\&=F_x+B_x\end{aligned}$$

式中 F_x、B_x——电压前行波和反行波。

将 F_x、B_x 变换到时域，有

$$F(x,t)=205.69e^{-5.6864\times10^{-5}x}\cos[\omega t-(1.0722\times10^{-3}x+6.96\pi/180)]$$
$$B(x,t)=116.07e^{5.6864\times10^{-5}x}\cos[\omega t+(1.0722\times10^{-3}x+12.39\pi/180)]$$

现代电网中，长度超过300km的500kV线路不多见。但为了便于说明波的概念，假定线路足够长。$F(x,t)$、$B(x,t)$ 在 $t=0$ms、2.61ms、5.48ms时沿线路分布如图6-1所示，其波动性显而易见，波速为

$$v=\frac{\omega}{\beta}=293004\ (km/s)$$

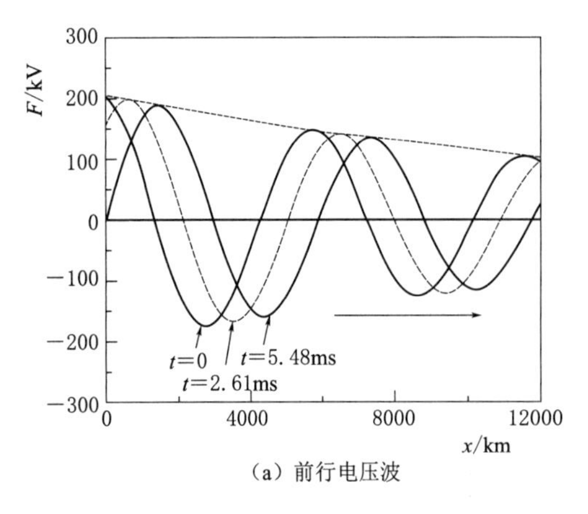

（a）前行电压波

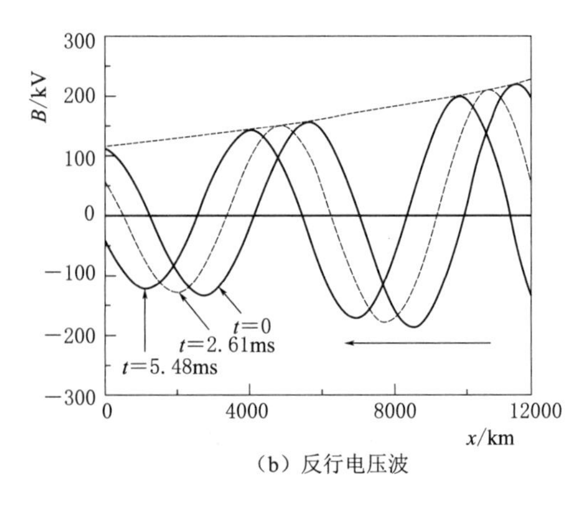

（b）反行电压波

图6-1 输电线路上的电压波

6.2 导线的频域等效电路

前面讨论中线路首末端电流的参考方向统一为从首端指向末端。为了求解线路的等效电路，现假设线路两端的电流参考方向均从端点指向线路，即 $\dot{I}_k$的参考方向为 $k\rightarrow m$，$\dot{I}_m$的参考方向为 $m\rightarrow k$，它们的参考方向刚好相反，如图 6-2（a）所示。

令

$$\left.\begin{aligned}F_k&=P_1\\B_k&=P_2\end{aligned}\right\}\tag{6-29}$$

$$\left.\begin{aligned}F_m&=P_2e^{\gamma l}\\B_m&=P_1e^{-\gamma l}\end{aligned}\right\}\tag{6-30}$$

则由式（6-10）~式（6-13）得到类似于时域中的混合电压波，即

$$U_k-Z_cI_k=2B_k=2F_me^{-\gamma l}\tag{6-31}$$

$$U_m-Z_cI_m=2B_m=2F_ke^{-\gamma l}\tag{6-32}$$

式（6-31）、式（6-32）的等效电路如图 6-2（b）所示，它与图 5-2 中单相无损线路及等效电路的形式一致，不过后者使用的是诺顿等效电路。

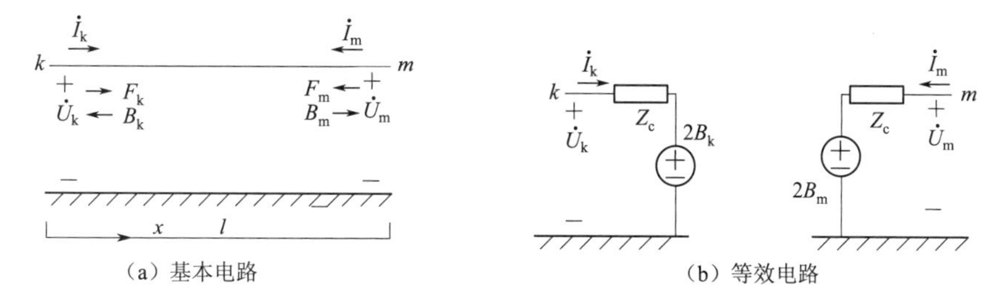

图 6-2 线路及其频域等效电路

6.3 JMarti 频率相关模型

在 ATP 中，提供了 3 种输电线路频率相关模型：JMarti 模型、Semlyen 模型、Noda 模型。JMarti 模型运行最为稳定，准确性也高；Semlyen 模型准确性比 JMarti 模型差；而 Noda 模型在建模时常无法收敛，后续仿真计算无法开展。因此本节仅详细介绍 JMarti 模型。

6.3.1 网络函数的频率特性

对于网络函数，如阻抗、导纳，为了直观起见，一般在直角坐标系中将其模、相角

随频率变化的关系绘制为曲线，分别称为幅频特性和相频特性。模的单位为分贝，相角的单位为度或弧度，横轴为频率的对数值。H. W. Boda 最先使用这种图，波特图因此得名。在 MATLAB 中绘制的波特图为准确曲线，称为准确波特图。通常使用折线波特图，它是准确波特图的折线近似。以下通过举例说明已知函数波特图的绘制过程。

一网络函数为

$$F(s)=\frac{200(s+1)(s+5)}{(s+2)(s+20)}$$

利用 MATLAB 很容易绘制 $F(s)$ 的准确波特图，如图 6-3 中的光滑曲线。

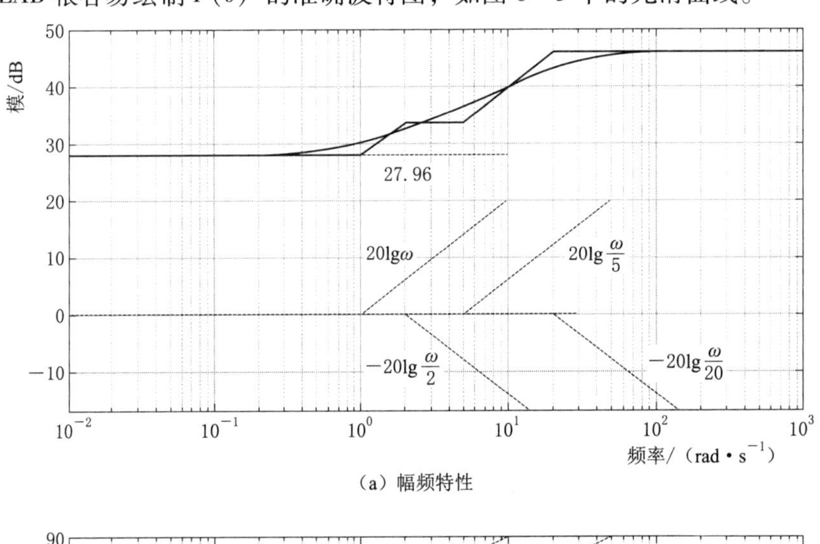

（a）幅频特性

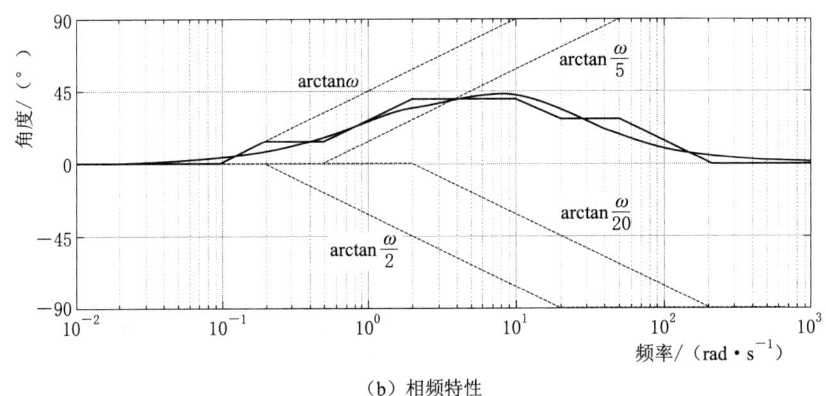

（b）相频特性

图 6-3　波特图

为了绘制折线波特图，将 $F(s)$ 中的 s 更换为 $\mathrm{j}\omega$，并变形为

$$F(\mathrm{j}\omega)=\frac{25(1+\mathrm{j}\omega)\left(1+\dfrac{\mathrm{j}\omega}{5}\right)}{\left(1+\dfrac{\mathrm{j}\omega}{2}\right)\left(1+\dfrac{\mathrm{j}\omega}{20}\right)} \tag{6-33}$$

则其对数模为

$$A(\omega)=20\lg|F(\omega)|$$

$$=20\lg\left|\frac{25(1+j\omega)\left(1+\frac{j\omega}{5}\right)}{\left(1+\frac{j\omega}{2}\right)\left(1+\frac{j\omega}{20}\right)}\right|$$

$$=27.96+20\lg|1+j\omega|-20\lg\left|1+\frac{j\omega}{2}\right|+20\lg\left|1+\frac{j\omega}{5}\right|-20\left|1+\frac{j\omega}{20}\right| \quad (6-34)$$

相角为

$$\phi(\omega)=\arctan\omega-\arctan\frac{\omega}{2}+\arctan\frac{\omega}{5}-\arctan\frac{\omega}{20} \quad (6-35)$$

1. 幅频特性 $A(\omega)$ 折线波特图的绘制方法

在式（6－34）中，各项含义如下：

（1）27.96 项。为常数项，在图 6－3（a）中为一直线，无需进行任何近似。

（2）$20\lg|1+j\omega|$ 项。当 $\omega<1$ 时，近似为 $20\lg1=0$，即为横轴；当 $\omega>1$ 时，近似为 $20\lg\omega$，是一条斜率为 20dB/10 倍频的直线，与横轴的交点为 $\lg\omega=0$，即 $\omega=1$。

（3）$-20\lg\left|1+\frac{j\omega}{2}\right|$ 项。当 $\frac{\omega}{2}<1$ 时，近似为 $-20\lg1=0$，即横轴；当 $\frac{\omega}{2}>1$ 时，近似为 $-20\lg\frac{\omega}{2}=-20(\lg\omega-\lg2)$，表示斜率为－20dB/10 倍频的直线，与横轴的交点为 $\lg\omega=\lg2$，即 $\omega=2$。

（4）$20\lg\left|1+\frac{j\omega}{5}\right|$ 项。当 $\frac{\omega}{5}<1$ 时，近似为 $20\lg1=0$，即横轴；当 $\frac{\omega}{5}>1$ 时，近似为 $20\lg\frac{\omega}{5}=20(\lg\omega-\lg5)$，表示斜率为 20dB/10 倍频的直线，与横轴的交点为 $\lg\omega=\lg5$，即 $\omega=5$。

（5）类似可将 $-20\lg\left|1+\frac{j\omega}{20}\right|$ 用两段折线近似。

在幅频特性图中，将式（6－34）中每一个包含 ω 的项近似为两段直线，其中第一段是横轴，第二段是斜率为±20dB/10 倍频的一条直线。常数项为一条水平直线。再将这些直线相加，就得到幅频特性的折线波特图，如图 6－3（a）中实线折线。

2. 相频特性 $\phi(\omega)$ 折线波特图的绘制方法

在幅频特性波特图中，将每一个包含 ω 的项近似为两段直线，而在相频特性波特图中，将每一个包含 ω 的项近似为三段直线。

（1）$\arctan\omega$ 的几个关键点如下：

$$\omega=0,\quad 0.1,\quad 1,\quad 10,\quad \infty$$

则有 $$\arctan\omega=0,\quad 5.71°,\quad 45°,\quad 84.3°,\quad 90°$$

当 $\omega=0.1$ 时，$\arctan\omega\approx0$；$\omega=10$，$\arctan\omega\approx90°$，因此 $\arctan\omega$ 可用三段直线近似，即 $\omega\leqslant0.1$ 时，0°直线（横轴）；$0.1<\omega\leqslant10$ 时，斜率为 45°/10 倍频的直线，经过点（$\omega=1$，$\phi=45°$）；$\omega>10$ 时，90°直线。

（2）$-\arctan\dfrac{\omega}{2}$的几个关键点如下：

$$\omega=0,\quad 0.2,\quad 2,\quad 20,\quad \infty$$

$$-\arctan\frac{\omega}{2}=0,\quad -5.71°,\ -45°,\ -84.3°,-90°$$

同理，$-\arctan\frac{\omega}{2}$可用三段直线近似，即 $\omega\leqslant0.2$ 时，0°直线（横轴）；$0.2<\omega\leqslant20$ 时，斜率为-45°/10 倍频的直线，经过点（$\omega=2$，$\phi=-45°$）；$\omega>20$ 时，-90°直线。

（3）按以上方法，继续将 $\arctan\frac{\omega}{5}$、$-\arctan\frac{\omega}{20}$分别用三段直线近似。

在相频特性图中，将式（6-36）中每一个包含 ω 的项近似为三段直线，其中第一段是横轴，第三段为 $\phi=90°$或-90°直线，中间一段是斜率为±45°/10 倍频的一条直线。如果有常数项，其相角为 0°，不需单独绘制相应直线。再将这些直线相加，就得到相频特性的折线波特图，如图 6-3（b）中的折线。

电力网络中，如果已知网络函数的准确波特图，并用折线波特图近似，则幅频特性折线中每两段直线交点对应的横轴处为网络函数的极点或零点。据此可写出近似网络函数。

6.3.2 波阻抗 Z_c 的 JMarti 模型

频率不同，线路的波阻抗 Z_c 不同，传播系统 γ 也不同。JMarti 模型的基本思路是：对于 Z_c，寻找一种近似电路，两者频率特性相同；而对于 $e^{-\gamma l}$，将其近似为有理函数。

单相输电线路的波阻抗 Z_c 计算式（4-2）中 G 值很小，不易获取，通常可令 $G=0$。但在某些计算中 G 必须不能为 0，通常取 $G=10^{-7}\sim10^{-9}$ S/km，ATP 中缺省值为 3×10^{-8}S/km。需注意的是，不同 G 值对阻抗波特图左侧部分（超低频频率）的形状影响很大，因为超低频率下 $Y\approx G$。

第 2 章中详细介绍了线路参数 R、L 与 ω 的严格理论表达式，利用这些公式计算第 3 章中 500kV 线路参数，图 6-4 为线路阻抗 Z_c 的准确波特图，其中 Z_0、Z_1 分别为零序和正序波阻抗，ϕ_0、ϕ_1 分别为对应的相角。

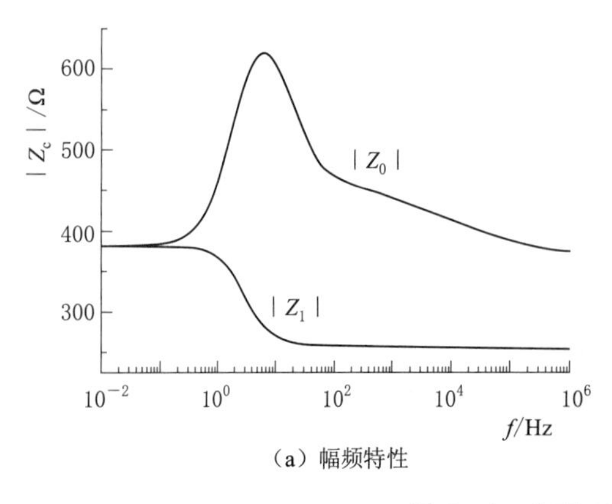

（a）幅频特性

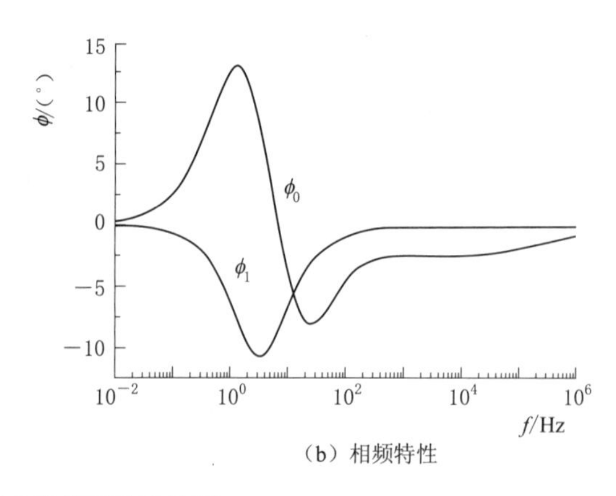

（b）相频特性

图 6-4　典型 500kV 线路阻抗波特图

虽然 R、L 有严格理论表达式，但这些表达式非常复杂，难以直接用于建立电磁暂态仿真模型。JMarti 模型的解决方法是将 Z_c 的准确波特图用折线波特图近似。如前所述，幅频特性的折线段或是水平线，或是斜率为±20dB/10 倍频的斜线，有时还有斜率为±40dB/10 倍频的斜线，更大斜率的斜线很少使用。图 6－4 中 Z_1 的幅频特性近似为如图6－5中所示的虚线折线图，基于此折线图可将 Z_1 近似为一个有理网络函数，折线段的交点为网络函数的极点或零点的绝对值。

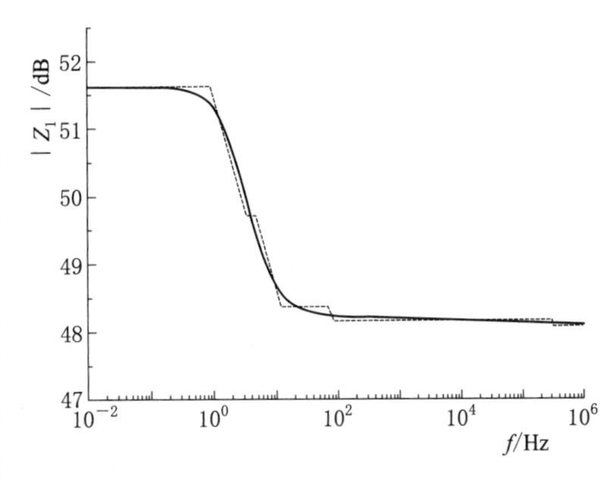

图 6－5　将准确幅频特性近似为折线波特图

设用 Z_{eq} 近似波阻抗 Z_c，且

$$Z_{eq}(s)=\frac{H(s+z_1)(s+z_2)\cdots(s+z_n)}{(s+p_1)(s+p_2)\cdots(s+p_n)} \tag{6-36}$$

要满足：①极点和零点均为负实数，即 z_i、p_i 均大于 0，$i=1$、2、…、n。②H 为正实数。当 $s=0$ 时，$Z_{eq}=\dfrac{Hz_1z_2\cdots z_n}{p_1p_2\cdots p_n}>0$，这是直流波阻抗。③极点和零点数相等，均为 n。当 s 趋近于∞时，Z_{eq} 趋近于 H，即 H 为频率无限大时的波阻抗。

在 ATP 的 JMarti 模型中，Z_{eq} 的 z_i、p_i、H 为必需参数。

按照 6.3 节中所述原理可求得 Z_c 的近似网络函数 Z_{eq}。

下面讨论 Z_{eq} 的等效电路，将式（6－36）变形为部分分式的和，即

$$Z_{eq}(s)=k_0+\frac{k_1}{s+p_1}+\frac{k_2}{s+p_2}+\cdots+\frac{k_n}{s+p_n} \tag{6-37}$$

其中

$$k_0=H \tag{6-38}$$

$$k_i=(s+p_i)Z_{eq}(s)\big|_{s=-p_i}\quad(i=1,2,\cdots,n) \tag{6-39}$$

式（6－37）表示的网络可用一系列串联的电路元件或元件的组合来实现。

用电阻 R_0 来实现的，即

$$R_0=k_0 \tag{6-40}$$

将式（6－39）变形为

$$\frac{k_i}{s+p_i}=\frac{1}{\dfrac{p_i}{k_i}+\dfrac{1}{k_i}s} \tag{6-41}$$

可用电阻 R_i 和电容 C_i 并联来实现，其中

$$R_i=\frac{k_i}{p_i} \tag{6-42}$$

$$C_i = \frac{1}{k_i} \tag{6-43}$$

因此，式（6－37）的等效电路如图6－6所示，图中元件都是恒定参数元件，大大简化了数值计算过程。

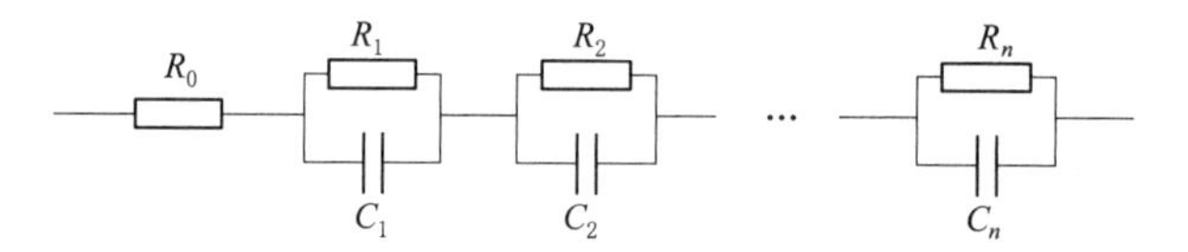

图6－6　Z_{eq}的等值电路

在Z_c拟合过程中，拟合的仅仅是幅频特性，没有提及相角拟合，因为Z_c是最小相移函数，可由其幅值函数确定相位函数。

6.3.3　权函数$e^{-\gamma l}$的等值

现在讨论图6－2中的戴维南等效电路中电压源$2B_k$、$2B_m$的近似计算方法，以$2B_k$为例进行说明。

$e^{-\gamma l}$被称为权函数，也称为传播函数。设$A_1 = e^{-\gamma l}$，其在时域的函数为$a_1(t)$。

将$B_k = F_m e^{-\gamma l}$变换到时域为

$$b_k(t) = \int_{\tau}^{\infty} f_m(t-y)a_1(y)\mathrm{d}y \tag{6-44}$$

式中　τ——电压从k到m的传播时间。

因为$t<\tau$时，m的反行电压波没有到达k，即$a_1(t)=0$，故式（6－44）的积分下限为τ。

式（6－44）中f_m为m反行电压波的历史数据，是已知量。a_1也是已知的，但用于数值计算过于复杂，需进行近似，以下详细说明。

假设$F_m=1$，则$B_k = e^{-\gamma l}$，这表明如果在m施加一个单位冲击电压$\delta(t)$，k的电压响应为$e^{-\gamma l}$。如果线路无损，即$\gamma = \alpha + j\beta$中的衰减系数$\alpha = 0$，将$e^{-\gamma l}$变换到时域为$a_1(t)=\delta(t-\tau)$，$a_1(t)$仅仅是单位冲击函数的延迟函数，如图6－7（a）所示。延迟时间为τ，τ为冲击电压从m到k的传播时间。倘若线路有损耗，因为$\delta(t)$包含丰富谐波，且不同谐波传播速度不同，导致$a_1(t)$如图6－7（b）所示。

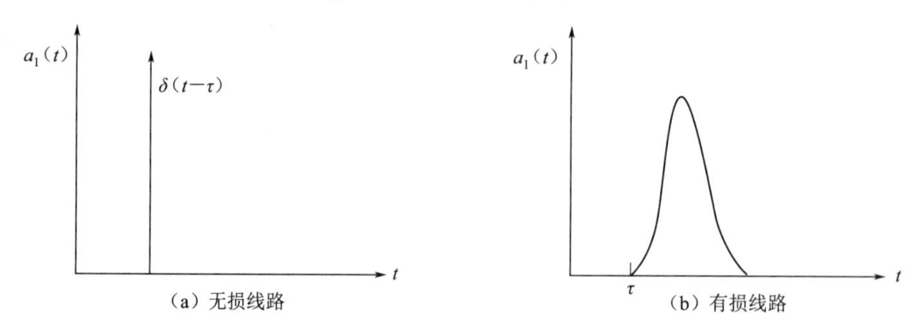

图6－7　$a_1(t)$的波形

第 3.2 节中 500kV 输电线路长 170km，其零序、正序 A_1 的幅值、相角 ϕ_{a1} 随频率 f 的变化关系如图 6-8 所示。由于难以用简单形式表示 $a_1(t)$ 的理论表达式，因此 JMarti 模型在频域对 a_1 近似，即对 $A_1=e^{-\gamma l}$ 进行近似。

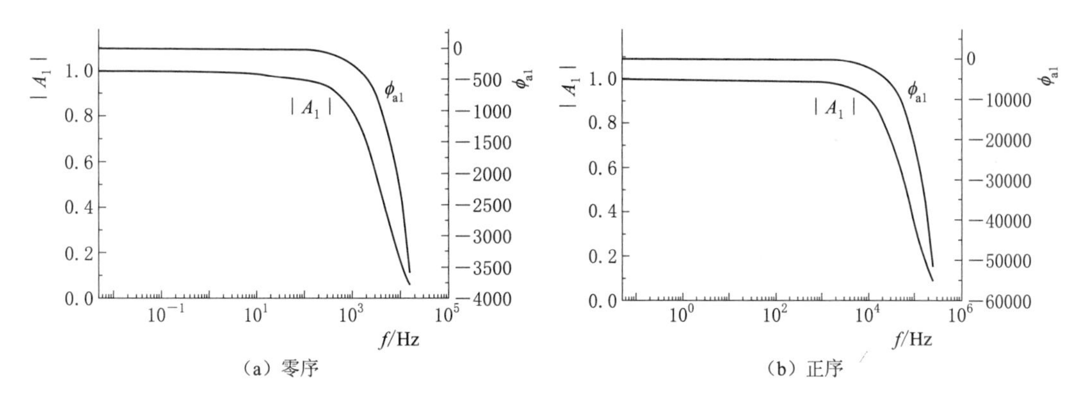

图 6-8　典型 500kV 线路 A_1 幅值、相角波特图

设在频域中 $A_1(s)$ 被近似为 $P_1(s)$

$$P_1(s)=H\frac{(s+z_1)(s+z_2)\cdots(s+z_n)}{(s+p_1)(s+p_2)\cdots(s+p_m)} \tag{6-45}$$

满足：①极点和零点均为负实数，即 z_i、p_i 均大于 0。②$n<m$。当 s 趋近于∞时，P_1 趋近于 0，这与图 6-8 一致。

求 $P_1(s)$ 的过程与求 $Z_{eq}(s)$ 的过程相同，不再赘述。

上述 500kV 线路 A_1 的幅频特性拟合效果较好，但是 $P_1(s)$、$A_1(s)$ 的相角 ϕ_{p1}、ϕ_{a1} 相差较大，如图 6-9 所示，显然 $P_1(s)$ 不是所求近似函数。

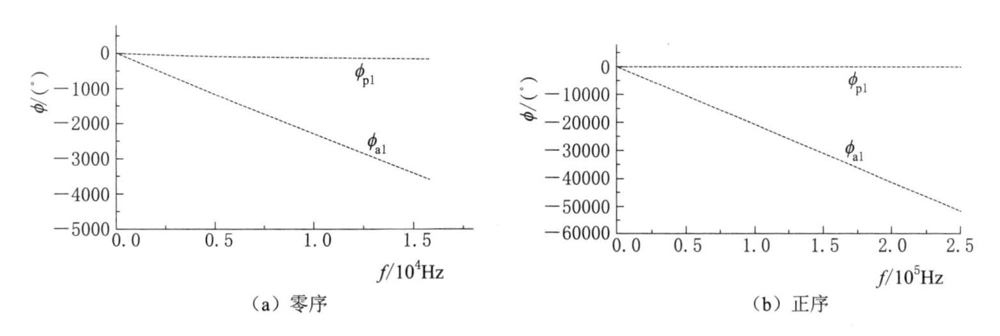

图 6-9　典型 500kV 线路 A_1、P_1 相角

研究表明，尽管 ϕ_{p1} 与 ϕ_{a1} 相差较大，但它们满足

$$\phi_{p1}-\phi_{a1}\approx\omega\tau_1 \tag{6-46}$$

在不同的 ω 下，τ_1 变化很小，接近于频率无穷大时电压波从线路一端传播到另一端的时间。例如，图 6-9 中，零序、正序的 τ_1 分别为 5.996ms、5.699ms。

因此有

$$A_1(\omega)=P_1(\omega)\mathrm{e}^{-\mathrm{j}\omega\tau_1} \tag{6-47}$$

在时域有

$$a_1(t)=p_1(t-\tau_1) \tag{6-48}$$

将 $P_1(s)$ 展开为部分分式，即

$$P_1(s)=\frac{k_1}{s+p_1}+\frac{k_2}{s+p_2}+\cdots+\frac{k_m}{s+p_m} \tag{6-49}$$

变换到时域，即

$$p_1(t)=(k_1\mathrm{e}^{-p_1t}+k_2\mathrm{e}^{-p_2t}+\cdots+k_m\mathrm{e}^{-p_mt})u(t) \tag{6-50}$$

式中　$u(t)$——单位阶跃函数。

则

$$a_1(t)=[k_1\mathrm{e}^{-p_1(t-\tau_1)}+k_2\mathrm{e}^{-p_2(t-\tau_1)}+\cdots+k_m\mathrm{e}^{-p_m(t-\tau_1)}]u(t-\tau_1) \tag{6-51}$$

在 JMarti 模型中，P_1 的 z_i、p_i 以及 τ_1 为必需参数；前文已经说明，Z 的 z_i、p_i、H 为必需参数。JMarti 模型不需要 P_1 的参数 H，因为当 $s\to0$ 时，$P_1=A_1\to1$，故 P_1 的 H 可由下式计算

$$H=\frac{\prod_{i=1}^{m}p_i}{\prod_{i=1}^{n}z_i} \tag{6-52}$$

求得 $a_1(t)$ 的近似表达式之后，将式（6－51）代入式（6－44），得

$$\begin{aligned}b_{\mathrm{k}}(t)&=\int_{\tau}^{\infty}f_{\mathrm{m}}(t-y)a_1(y)\mathrm{d}y\\&=\int_{\tau}^{\infty}f_{\mathrm{m}}(t-y)[k_1\mathrm{e}^{-p_1(y-\tau)}+k_2\mathrm{e}^{-p_2(y-\tau)}+\cdots+k_m\mathrm{e}^{-p_m(y-\tau)}]\mathrm{d}y\end{aligned} \tag{6-53}$$

式（6－53）中第 i 个指数项的通用形式（不包含 k）为

$$s(t)=\int_{\tau}^{\infty}f(t-y)\mathrm{e}^{-p(y-\tau)}\mathrm{d}y \tag{6-54}$$

对式（6－54）积分进行数值计算，有递推公式为

$$s(t)=c_1s(t-\Delta t)+c_2f(t-\tau)+c_3f(t-\tau-\Delta t) \tag{6-55}$$

其中

$$c_1=\mathrm{e}^{-p\Delta t} \tag{6-56}$$

$$c_2=\frac{1}{p}-\frac{1-c_1}{\Delta tp^2} \tag{6-57}$$

$$c_3=-\frac{1}{p}\mathrm{e}^{-p\Delta t}+\frac{1-c_1}{\Delta tp^2} \tag{6-58}$$

综上所述，$b_{\mathrm{k}}(t)$ 的计算过程为：①求 $a_1(t)$ 的近似表达式，其形式为指数项和；②用递推公式求每一指数项对应的积分；③对所有指数项积分求和。

第7章

Bergeron模型和PI模型建立

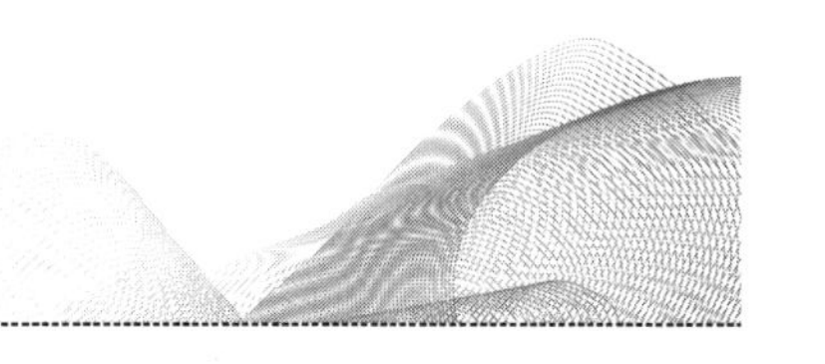

ATP 中的 Bergeron 模型和 PI 模型（即 π 模型，ATPDraw 界面显示为 PI 模型，从本章开始用 PI 模型）都是恒定参数模型。Bergeron 模型仅用于线路（包括电缆）；PI 模型也称为 π 模型，除用于线路之外，还用于其他多相耦合的元件。Bergeron 模型考虑线路的传播特性，包括衰减和时延；而 PI 模型不具备这一特性。因此，Bergeron 模型比 PI 模型精确，但线路很短且考虑频率不很高时，两者区别并不显著。

ATP 在计算这两个模型参数时调用支持子程序 LINE CONSTANTS、CABLE CONSTANTS 或 CABLE PARAMETERS，其中前者仅用于计算架空线路参数，而后面两个子程序既用于架空线路也用于电缆，但主要用于后者。Bergeron 模型、PI 模型是相同计算结果的不同输出方式，对应的输入文件局部地方略有不同，以控制不同的输出，故本章将其统一介绍。在计算架空线路参数及建立线路的恒定集中参数模型时，大多数用户在 ATPDraw 中选择 Overhead Line，ATPDraw 默认调用 LINE CONSTANTS 进行计算。因此本章以 LINE CONSTANTS 为例进行讨论。

不论选择 Bergeron 模型或 PI 模型，LINE CONSTANTS 向 pch 或 lib 文件中只输出用户指定的某个频率下的参数，通常为工频参数，用于后续的稳态或暂态计算，“恒定”含义由此而来。其实 LINE CONSTANTS 也能够计算离散频率下的参数（如从 0.01 ~ 10^7Hz），存于输出文件 lis 中，可供了解线路的整体频率特性。

选择 Bergeron 模型或 PI 模型时，用户在 ATPDraw 中能很方便填写输入数据，省去了对齐数据列的麻烦。对于计算结果的输出，ATP 原本有很多选项，组合非常灵活。但在 ATPDraw 中，选择比较单一，而且很多情况下 ATPDraw 内定输出内容。ATPDraw 的这种简化处理方式，方便其建立后续的稳态或暂态计算所需的输入文件。但是，如要全方位了解线路参数，用户还需深入了解 ATP 的输入/输出格式，手动（或拷贝）修改频率数据行。

本章将介绍 ATP 中的 Bergeron 模型和 PI 模型，包括计算参数时各种选项和数据输入、参数的手动修改。除此之外，本章还介绍参数之间的验证。

7.1 基本选项和参数

以第 3.2 节 500kV 三相输电线路为例说明 Bergeron 模型和 PI 模型的基本选项和参数输入。在 ATPDraw 的 LCC 元件中，在 Data 页面填写导线的几何和材料参数，在 Model 页面选择基本选项、填写大地电阻率等参数，如图 7-1 所示。

线路类型选择 Overhead Line。

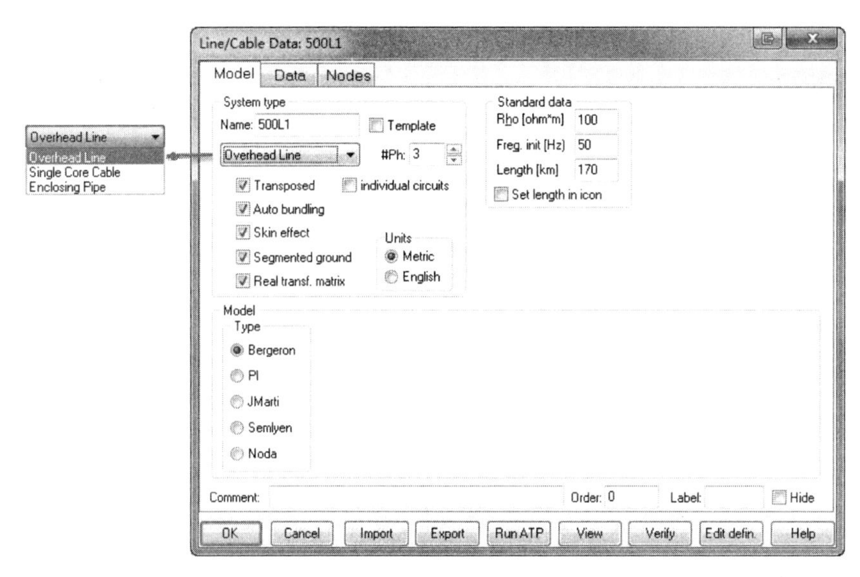

图 7-1　Bergeron 模型 Model 页面参数选择和输入

在 Model 子项中选择 Bergeron 或 PI 模型，图 7-1 中选择了前者。

选择 Bergeron 模型后，根据实际情况选择线路是否换位、地线为连续接地或分段接地。对于变换矩阵，如仅计算线路参数，可选实数或复数变换矩阵，计算结果相差很小；如果进行后续电磁暂态计算，选择实数变换矩阵。

如果线路换位，ATP 使用内部统一、固定的变换矩阵，变换矩阵 Real transf. matrix 无意义。

选择 PI 模型时，地线可选连续接地或分段接地。此时 ATP 不进行从相参数到序参数的转换，而是直接使用互相耦合的相参数，变换矩阵 Real transf. matrix 无意义。

7.2　频率数据行

下面是计算第 3.2 节中 500kV 线路参数的输入文件，由 ATPDraw 生成。

```
C Bergeron 模型，线路换位，地线连续接地。
BEGIN NEW DATA CASE
LINE CONSTANTS          {调用子程序
$ERASE                  {清空缓冲区
BRANCH  IN___AOUT__AIN___BOUT__BIN___COUT__C   {节点名称
METRIC          {使用公制单位
  1.2173    .108 4              2.37    -13.    24.     15.     45.     0.0     4  {导线几何、材料参数
  2.2173    .108 4              2.37     0.0    24.     15.     45.     0.0     4
  3.2173    .108 4              2.37     13.    24.     15.     45.     0.0     4
  0    .5    .374 4            1.484  -11.25    31.     23.5    0.0     0.0     0  {地线
  0    .5    .374 4            1.484   11.25    31.     23.5    0.0     0.0     0  {地线
BLANK CARD ENDING CONDUCTOR CARDS
    100.        50.                         170.      {频率数据行
BLANK CARD ENDING FREQUENCY CARDS
$PUNCH                                                {将模型输出到 lib 和 pch 文件
BLANK CARD ENDING LINE CONSTANT
BEGIN NEW DATA CASE
BLANK CARD
```

下面简要说明频率数据行参数。频率数据行除频率、大地电阻率、线路长度外，还有线路换位、地线接地、变换矩阵等的标志数据，以及线路参数输出方式的标志数据。频率数据行参数不仅用于 Bergeron 模型和 PI 模型，也用于 JMarti 模型。对照 ATP 中参数名称及所在的位置（列编号），频率参数见表 7－1。

表 7－1　　　　架空输电线路计算子程序 LINE CONSTANTS 的频率参数

列位置 1		1	2		3		4			5					6			7				8
列位置 2	12345678	9012345678	9012345678	9	012345	6	789012	3	4	56789012	3	4567	8	9	012	345	6789	0	12	345	678	90
频率参数	RHO	FREQ	FCAR		ICPR		IZPR		ICAP	DIST		IPIPR	ISEG	MUTUAL	DEC	PNT		MODAL	TR		PUN	

表 7－1 中，10×列位置 1+列位置 2＝参数的实际列位置。例如，参数 FREQ 的位于第 9～18 列，参数 ICAP 位于第 44 列。这是 ATP 注释中通常使用的方法，后文继续使用此类表示法。

表 7－1 中频率参数说明如下：

（1）RHO：大地电阻率。

（2）FREQ：在此频率下计算线路参数。

（3）FCAR：计算线路频率相关参数时有效。控制 Carson 公式修正项。FCAR＝0，无修正项；FCAR＝1 或空白，修正到最高精度。注意，区别于其他地方，此处 0 和空白的含义不同。

（4）ICPR：与 ICAP 联合使用，控制电容参数矩阵的输出。

1）ICAP＝0，ICPR＝100000：$\omega \boldsymbol{C}^{-1}$

ICPR＝010000：$\omega \boldsymbol{C}_{e}^{-1}$

ICPR＝001000：$\omega \boldsymbol{C}_{s}^{-1}$

ICPR＝000100：$\omega \boldsymbol{C}$

ICPR＝000010：$\omega \boldsymbol{C}_{e}$

ICPR＝000001：$\omega \boldsymbol{C}_{s}$

2）ICAP＝1，ICPR＝100000：$\boldsymbol{C}^{-1}$

ICPR＝010000：$\boldsymbol{C}_{e}^{-1}$

ICPR＝001000：$\boldsymbol{C}_{s}^{-1}$

ICPR＝000100：$\boldsymbol{C}$

ICPR＝000010：$\boldsymbol{C}_{e}$

ICPR＝000001：$\boldsymbol{C}_{s}$

上述 ICPR 中 0 可省略不填。参数变量 $\boldsymbol{C}$ 无下标表示导线不合并，输出所有的子导线和地线电容参数；下标为 e 表示消除地线、合并子导线后的相导线；下标为 s 表示相导线的对称分量。

（5）IZPR：控制阻抗参数矩阵的输出。

IZPR=100000，$\boldsymbol{Z}$

IZPR=010000，$\boldsymbol{Z}_e$

IZPR=001000，$\boldsymbol{Z}_s$

IZPR=000100，$\boldsymbol{Z}^{-1}$

IZPR=000010，$\boldsymbol{Z}_e^{-1}$

IZPR=000001，$\boldsymbol{Z}_s^{-1}$

在 ATPDraw 的版本中，仅在使用 PI 线路模型时可以选择 ICPR 和 IZPR，如图 7－2 所示；当选择 Bergeron 模型时，界面无 ICPR 和 IZPR，如确有需要，用户需手工修改输入文件。

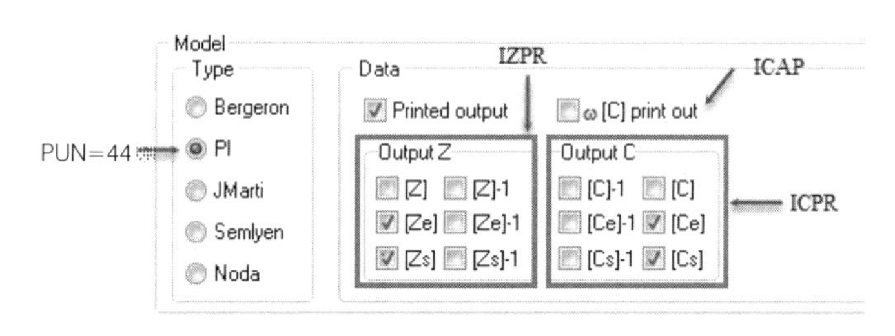

图 7－2　在 PI 模型下选择电容和阻抗的输出方式

（6）DIST：线路长度。

（7）ISEG：控制地线的接地方式。

ISEG=0，地线连续接地。

ISEG=1，地线分段，每段单点接地。

（8）MUTUAL：控制三相输电线路与第 4 根平行导线（如通信线路）之间的耦合阻抗输出。

MUTUAL=1，有该项输出。

（9）IPIPR：控制等效 PI 模型（准确 PI 模型）输出。

IPIPR=1000，输出子导线未合并时的并联导纳矩阵、串联阻抗矩阵的逆矩阵。

IPIPR=0100，输出子导线合并后对称分量系统的并联导纳矩阵、串联阻抗矩阵的逆矩阵。

IPIPR=0010，输出子导线未合并时的并联阻抗矩阵、串联阻抗矩阵。

IPIPR=0001，输出子导线合并后对称分量系统的并联阻抗矩阵、串联阻抗矩阵。

简化 PI 模型中，每侧电容=0.5×单位长度电容×线路长度，阻抗=单位长度阻抗×线路长度；但等效 PI 电路（或准确 PI 模型）的电容和阻抗计算并不使用这两个公式，而是按照电路理论准确计算。等效 PI 模型能够准确描述稳态电路，但不能用于暂态计算。因此等效 PI 模型仅输出到 lis 文件，但不通过 $PUNCH 命令输出到 pch 文件中。在 ATPDraw 目前的版本中，无论选择 Bergeron 模型还是 PI 模型，均无法输入 IPIPR，即没有准确 PI 模型输出。如确有需要，用户需手工输入。

（10）PUN=44：输出 π 型电路模型到 pch 文件。

（11）MODAL：控制线路是否换位。

MODAL=0，完全换位（Clark 模型）。

MODAL=1，不换位（K. C. Lee 模型）。

（12）TR：选择从相电流到模电流的电流变换矩阵。当 MODAL=0 时，线路参数为平衡矩阵，TR 无意义，ATP 使用内部固定的变换矩阵。MODAL=1 时，变换矩阵随线路参数不同而变化。对于每个算例，ATP 首先计算原始变换矩阵，通常为复数。

1）TR=空格、0、或-2，选择实数变换矩阵。特征向量（原始复数基本变换矩阵的列）被旋转到接近实轴，特征向量的虚部被忽略。对于暂态计算，选择实数变换矩阵。

2）TR=-9，选择原始复数变换矩阵。对于稳态计算，选择复数变换矩阵。

如果要计算在一定范围内离散频率下的线路参数，即扫频计算，需定义两个参数：DEC 和 PNT。同时也用到频率 FREQ，但含义与前述不同，见（13）。

（13）FREQ：下限频率 f_a。

（14）DEC：以 10 倍为单位的频率范围。设上限频率为 f_b，则 $DEC=\lg f_b-\lg f_a$。例如，$f_a=10^{-2}$Hz，$f_b=10^7$Hz，则 DEC=9。

（15）PNT：在频率的对数差为 1 的范围内（1 个 10 倍频范围），线路参数在 PNT 个频率值下计算。例如，当 PNT=10，则在频率 $10^{-3}\sim10^{-2}$Hz 之间，取 10 个计算点。

当选择 Bergeron 或 PI 模型时，参数 DEC 和 PNT 并不显示在界面上，即 ATPDraw 略去了在这两种模型下 ATP 原有的扫频计算功能。如用户希望使用该功能，需手动修改相应的输入文件（由 ATPDraw 自动生成）。

频率数据行各参数组合较多，就 Bergeron 模型、PI 模型，ATP、ATPDraw 中组合见表 7-2。表 7-2 中还有进行基本参数计算和扫频计算时的各种参数组合，这两种功能均被 ATPDraw 略去，但是从表中可看出，基本参数计算完全包含在 PI 模型参数计算之中。注意，没有一种组合使用上述所有参数。

ATP 支持子程序的计算结果或为后续稳态或暂态计算准备线路参数，或方便用户了解线路整体特性，如频率特性、变换矩阵等。而 ATPDraw 的选项仅为后续的稳态或暂态计算做准备，因此 ATPDraw 中不进行基本参数计算和频率扫描，也不输出准确 PI 模型参数，相当于仅实现了一小部分 ATP 线路参数计算功能。

如用户主要关心后续的稳态或暂态计算，则只需在 ATPDraw 的 LCC template 界面上选择相应项目，之后 ATPDraw 自动计算线路参数、将计算所得参数合并到 ATP 输入文件、进行后续仿真计算。倘若用户需深入了解线路特性，必须手工建立或修改输入数据，直接使用 ATP（即执行 tpbig. exe）。线路参数输出的内容仅受频率数据行控制，手工修改时也仅涉及该行数据。

ATP 原本可以处理多行频率数据，但 ATPDraw 仅生成一行频率数据。如用户希望使用多个频率行，只能手工修改。

表 7-2　　**Bergeron 和 PI 模型频率数据行参数组合**

ATP	ATPDraw		1	2		3		4			5					6			7				8	输出
		12345678	9012345678	9012345678	9	012345	6	789012	3	4	56789012	3	4567	8	9	012	345	6789	0	12	345	678	90	
		RHO	FREQ	FCAR		ICPR		IZPR		ICAP	DIST		IPIPR	ISEG	MUTUAL	DEC	PNT		MODAL	TR		PUN		
Bergeron 模型参数计算（行波模型）	有	■	■	■							■			■					■	■				lis pch lib
PI 模型	部分有	■	■	■		■		■		■	■		■	■								■		lis pch lib
基本参数计算	无	■	■	■		■		■		■				■										lis
扫频计算	无	■	■	■										■		■	■							lis

注：■ 表示需要相应参数。

7.3 Bergeron 模 型

7.3.1 单回线路

在第 7.2 节中的 500kV 线路参数计算的输入数据对应于表 7－2 中的 Bergeron 模型参数计算，计算后的 lis 文件如下：

```
   ---  16  cards of disk file read into card cache cells  1   onward.
Alternative Transients Program (ATP),  GNU Linux or DOS.  All rights reserved by Can/Am user group of Portland, Oregon, USA.
 Date (dd-mth-yy) and time of day (hh.mm.ss) = 06-Sep-17  17:15:11   Name of disk plot file is   i:\myprojects\atp\5001.pl4
Consult the 860-page ATP Rule Book of the Can/Am EMTP User Group in Portland,  Oregon, USA.  Source code date is 18 November 2012.
Total size of LABCOM tables = 12454813 INTEGER words.  31 VARDIM  List Sizes follow:  6002  10K  192K  900  420K  1200  15K
  120K  2250  3800  720  2K  72800  510  800K  800  90  254  800K  100K  3K  15K  192K  120  45K  260K  600  210K  1100  19  400
--------------------------------------------------+--------------------------------------------------------------------------------
Descriptive interpretation of input data cards.   |  Input data card images are shown below, all 80 columns, character by character
                                                  0         1         2         3         4         5         6         7         8
                                                  01234567890123456789012345678901234567890123456789012345678901234567890123456789 0
--------------------------------------------------+--------------------------------------------------------------------------------
Comment card.   NUMDCD = 1.                       |C data:I:\MYPROJECTS\ATP\500L.DAT
Marker card preceding new EMTP data case.         |BEGIN NEW DATA CASE
Compute overhead line constants.  Limit = 120     |LINE CONSTANTS
Erase all of  0   cards in the punch buffer.      |$ERASE
Pairs of 6-character bus names for each phase.    |BRANCH  IN___AOUT__AIN___BOUT__BIN___COUT__C
Request for metric (not English) units.           |METRIC
Line conductor card.  2.173E-01  1.080E-01    4   |  1.2173     .108 4          2.37     -13.     24.      15.      45.   0.0        4
Line conductor card.  2.173E-01  1.080E-01    4   |  2.2173     .108 4          2.37      0.0     24.      15.      45.   0.0        4
Line conductor card.  2.173E-01  1.080E-01    4   |  3.2173     .108 4          2.37      13.     24.      15.      45.   0.0        4
Line conductor card.  5.000E-01  3.740E-01    4   |  0   .5     .374 4         1.484   -11.25     31.      23.5     0.0   0.0        0
Line conductor card.  5.000E-01  3.740E-01    4   |  0   .5     .374 4         1.484    11.25     31.      23.5     0.0   0.0        0
Blank card terminating conductor cards.           |BLANK CARD ENDING CONDUCTOR CARDS
Frequency card.  1.000E+02  5.000E+01  1.700E+02  |   100.        50.                               170.     1

Line conductor table after sorting and initial processing.
 Table    Phase   Skin effect    Resistance    Reactance data specification      Diameter    Horizontal    Avg height
  Row    Number       R-type     R (Ohm/km)   X-type       X(Ohm/km) or GMR      (  cm  )     X (mtrs)      Y (mtrs)          Name
    1       1        .21730        .10800       4                .000000         2.37000      -13.000        17.682
    2       2        .21730        .10800       4                .000000         2.37000        0.000        17.682
    3       3        .21730        .10800       4                .000000         2.37000       13.000        17.682
    4       1        .21730        .10800       4                .000000         2.37000      -13.318        18.000
    5       1        .21730        .10800       4                .000000         2.37000      -13.000        18.318
    6       1        .21730        .10800       4                .000000         2.37000      -12.682        18.000
    7       2        .21730        .10800       4                .000000         2.37000       -0.318        18.000
    8       2        .21730        .10800       4                .000000         2.37000        0.000        18.318
    9       2        .21730        .10800       4                .000000         2.37000        0.318        18.000
   10       3        .21730        .10800       4                .000000         2.37000       12.682        18.000
   11       3        .21730        .10800       4                .000000         2.37000       13.000        18.318
   12       3        .21730        .10800       4                .000000         2.37000       13.318        18.000
   13       0        .50000        .37400       4                .000000         1.48400      -11.250        26.000
   14       0        .50000        .37400       4                .000000         1.48400       11.250        26.000

Matrices are for earth resistivity = 1.00000000E+02  Ohm-meters  and frequency 5.00000000E+01  Hz.   Correction factor =
1.00000000E-06
Blank card terminating frequency cards.           |BLANK CARD ENDING FREQUENCY CARDS
Request for flushing of punch buffer.             |$PUNCH

C 以下为pch文件的内容，被全部拷贝在lis文件的尾部
A listing of 80-column card images now being flushed from punch buffer follows.
================================================================================
12345678901234567890123456789012345678901234567890123456789012345678901234567890
================================================================================
C  <++++++>  Cards punched by support routine on   07-Sep-17   11:33:11  <++++++>
C     **** TRANSPOSED  Line calculated at    5.000E+01 HZ.  ****
C LINE CONSTANTS
C $ERASE
C BRANCH  IN___AOUT__AIN___BOUT__BIN___COUT__C
C METRIC
C   1.2173    .108 4          2.37     -13.     18.     18.     45.   0.0
C   2.2173    .108 4          2.37      0.0     18.     18.     45.   0.0
C   3.2173    .108 4          2.37      13.     18.     18.     45.   0.0
C   0    .5   .374 4         1.484   -11.25     26.     26.     0.0   0.0
C   0    .5   .374 4         1.484    11.25     26.     26.     0.0   0.0
C BLANK CARD ENDING CONDUCTOR CARDS
C     100.        50.                          170.
$VINTAGE, 1
C                               电阻(Ω)    波阻抗(Ω)    波速(km/s)   长度(km)
-1IN___AOUT__A                  2.04535E-01 4.78298E+02 2.30216E+05 1.70000E+02 1 {零序参数
-2IN___BOUT__B                  2.94086E-02 2.58224E+02 2.93419E+05 1.70000E+02 1 {正序参数
-3IN___COUT__C
$VINTAGE, -1,
=========<  End of LUNIT7 punched cards as flushed by  $PUNCH  request  >=======
```

lis 文件方便用户了解线路整体特性，真正的 Bergeron 模型存放在 pch 文件中，用于后续计算。ATP 计算输出时，将 pch 文件全部直接拷贝在 lis 文件尾部。行首标识-1、-2 分别表示本行数据为线路零序、正序数据。由于线路对称，故只有零序和正序数据，标识为-3 的行中无数据。

地线分段接地时，其对应的频率行与地线连续接地时对比如下（注意，下面例子中两行频率数据行可同时出现在同一个 ATP 输入文件中，下同。读者在拷贝建立以下例子中的数据文件时，行首为“C#”数据可以包括或不包括，但数据行“例×-×”不能包括，除非行首增加“C#”）：

```
C        1         2         3         4         5         6         7         8
C 345678901234567890123456789012345678901234567890123456789012345678901234567890
```

例 7－1

```
      100.       50.                             170.        {Bergeron，地线连续接地，换位，
```

例 7－2

```
      100.       50.                             170.      1 {Bergeron，地线分段接地，换位，
```

地线分段接地对应的线路参数输出如下：

```
$VINTAGE, 1
C                         电阻(Ω)      波阻抗(Ω)    波速(km/s)   长度(km)
-1IN___AOUT__A            1.69176E-01 6.05993E+02 1.81705E+05 1.70000E+02 1 {零序参数
-2IN___BOUT__B            2.70822E-02 2.59733E+02 2.91715E+05 1.70000E+02 1 {正序参数
-3IN___COUT__C
$VINTAGE, -1,
```

比较两种地线接地方式下的计算结果，可见地线的接地方式对线路参数有明显影响，尤其是零序参数。

如果线路不换位，在地线不同接地方式下，分别采用复数和实数变换矩阵时，对应的频率行数据如下：

```
C        1         2         3         4         5         6         7         8
C 345678901234567890123456789012345678901234567890123456789012345678901234567890
```

例 7－3

```
    100.       50.                             170.      1         1-9{分段接地，不换位，复数变换矩阵
```

例 7－4

```
    100.       50.                             170.      1         1  {分段接地，不换位，实数变换矩阵
```

例 7－5

```
    100.       50.                             170.                1-9{连续接地，不换位，复数变换矩阵
```

例 7－6

```
    100.       50.                             170.                1  {连续接地，不换位，实数变换矩阵
```

对于不换位线路，lis 文件中最后有电流变换矩阵 $\boldsymbol{T}_{\mathrm{i}}$。部分数据如下：

C 例 7－3 输出，地线分段接地，不换位，复数变换矩阵

```
Matrices are for earth resistivity = 1.00000000E+02  Ohm-meters  and frequency 5.00000000E+01  Hz.   Correction factor = 1.00000000E-06
                              ++++++++++++   Earth wires will be segmented   ++++++++++

C 模 1、模 2、模 3 参数
 Mode    Resistance     Reactance    Susceptance   The surge impedance in units of Ohms.       Lossless  and  actual        Attenuation
           Ohms/km       Ohms/km         s/km          real           imag       lossless      velocity in [km/sec]         nepers/km
    1  1.687374E-01  1.043050E+00  2.861622E-06  6.056942E+02 -4.867608E+01  6.037351E+02  1.818407E+05  1.812526E+05  1.392926E-04
    2  2.711336E-02  3.087316E-01  3.848449E-06  2.835079E+02 -1.242517E+01  2.832355E+02  2.882149E+05  2.879380E+05  4.781765E-05
    3  2.705681E-02  2.504828E-01  4.436026E-06  2.379702E+02 -1.281533E+01  2.376249E+02  2.980327E+05  2.976002E+05  5.684915E-05

C 电流变换矩阵的实部
Eigenvector matrix  [Ti]  for current transformation:  I-phase = [Ti]*I-mode.   First the real part, row by row:
 5.987663822331062E-01-7.071067811865471E-01-4.117254602600958E-01
 5.319054408755615E-01-6.900099178161794E-16 8.129883406856822E-01
 5.987663822331063E-01 7.071067811865479E-01-4.117254602600936E-01
C 电流变换矩阵的虚部
Finally,  the imaginary part,  row by row:
-2.409261402169940E-03 1.573065095711519E-15-2.260225658094507E-03
 4.757299751127508E-03-2.844751618880672E-15-2.007838717770592E-03
-2.409261402169915E-03 1.543733671804559E-15-2.260225658094653E-03
C 波阻抗
Z-surge in the phase domain.  Resistance and the imaginary part of  [Ti]  are ignored.
 3.756232301053654E+02
 1.268790154195803E+02 3.764766589030591E+02
 9.238777168600281E+01 1.268790154195800E+02 3.756232301053656E+02
```

C 例 7－4 输出，地线分段接地，不换位，实数变换矩阵

```
Mode    Resistance     Reactance    Susceptance   The surge impedance in units of Ohms.       Lossless  and  actual        Attenuation
          Ohms/km       Ohms/km         s/km          real           imag       lossless      velocity in [km/sec]         nepers/km
   1  1.687468E-01  1.043108E+00  2.861462E-06  6.057281E+02 -4.867881E+01  6.037689E+02  1.818407E+05  1.812526E+05  1.392926E-04
   2  2.711336E-02  3.087316E-01  3.848449E-06  2.835079E+02 -1.242517E+01  2.832355E+02  2.882149E+05  2.879380E+05  4.781765E-05
   3  2.705779E-02  2.504918E-01  4.435865E-06  2.379788E+02 -1.281580E+01  2.376335E+02  2.980327E+05  2.976002E+05  5.684915E-05

Eigenvector matrix  [Ti]  for current transformation:  I-phase = [Ti]*I-mode.   First the real part, row by row:
 5.987774130375663E-01-7.071067811865471E-01-4.117288892353274E-01
 5.319127929201170E-01-6.900099178161794E-16 8.129936306872820E-01
 5.987774130375664E-01 7.071067811865479E-01-4.117288892353252E-01
C 电流变换矩阵[Ti]的虚部，元素全为 0
Finally,  the imaginary part,  row by row:
 0.000000000000000E+00 0.000000000000000E+00 0.000000000000000E+00
 0.000000000000000E+00 0.000000000000000E+00 0.000000000000000E+00
 0.000000000000000E+00 0.000000000000000E+00 0.000000000000000E+00

Z-surge in the phase domain.  Resistance and the imaginary part of  [Ti]  are ignored.
 3.756279586118852E+02
 1.268820908576571E+02 3.764859794581071E+02
 9.239250019252270E+01 1.268820908576568E+02 3.756279586118855E+02
```

C 例 7－5 输出，地线连续接地，不换位，复数变换矩阵

```
Modal parameters at frequency  FREQ = 5.00000000E+01 Hz
 Mode    Resistance     Reactance    Susceptance   The surge impedance in units of Ohms.       Lossless  and  actual        Attenuation
           Ohms/km       Ohms/km         s/km          real           imag       lossless      velocity in [km/sec]         nepers/km
    1  2.038481E-01  6.491575E-01  2.862753E-06  4.818906E+02 -7.388297E+01  4.761931E+02  2.304533E+05  2.277286E+05  2.115087E-04
    2  3.176181E-02  3.022608E-01  3.848449E-06  2.806370E+02 -1.470430E+01  2.802516E+02  2.912836E+05  2.908835E+05  5.658876E-05
    3  2.705961E-02  2.504997E-01  4.435869E-06  2.379825E+02 -1.281646E+01  2.376371E+02  2.980279E+05  2.975954E+05  5.685212E-05

Eigenvector matrix  [Ti]  for current transformation:  I-phase = [Ti]*I-mode.   First the real part, row by row:
 5.994276851829318E-01-7.071067811865529E-01-4.110326315193528E-01
 5.303162423272249E-01 9.467356673036027E-15 8.136627392759789E-01
 5.994276851829320E-01 7.071067811865422E-01-4.110326315193540E-01
Finally,  the imaginary part,  row by row:
-4.821387891298237E-03 3.494416923409982E-15-4.537721060258507E-03
 9.544214687395391E-03-6.483382674645908E-15-4.014541271431181E-03
-4.821387891298252E-03 3.509110186729544E-15-4.537721060258439E-03

Z-surge in the phase domain.  Resistance and the imaginary part of  [Ti]  are ignored.
 3.319302841841847E+02
 8.404928354485926E+01 3.329909770876073E+02
 5.167872941697675E+01 8.404928354485632E+01 3.319302841841879E+02
```

C 例 7－6 输出，地线连续接地，不换位，实数变换矩阵

```
Modal parameters at frequency  FREQ = 5.00000000E+01 Hz
 Mode     Resistance      Reactance     Susceptance    The surge impedance in units of Ohms.       Lossless  and  actual        Attenuation
           Ohms/km         Ohms/km          s/km              real            imag          lossless      velocity in [km/sec]          nepers/km
    1  2.038941E-01  6.493038E-01  2.862108E-06  4.819992E+02 -7.389962E+01  4.763004E+02  2.304533E+05  2.277286E+05  2.115087E-04
    2  3.176181E-02  3.022608E-01  3.848449E-06  2.806370E+02 -1.470430E+01  2.802516E+02  2.912836E+05  2.908835E+05  5.658876E-05
    3  2.706356E-02  2.505361E-01  4.435222E-06  2.380171E+02 -1.281832E+01  2.376717E+02  2.980279E+05  2.975954E+05  5.685212E-05

Eigenvector matrix  [Ti]  for current transformation:  I-phase = [Ti]*I-mode.   First the real part, row by row:
 5.994720816536369E-01-7.071067811865529E-01-4.110464243166119E-01
 5.303455917000823E-01 9.467356673036027E-15 8.136840136767188E-01
 5.994720816536371E-01 7.071067811865422E-01-4.110464243166132E-01
Finally, the imaginary part, row by row:
 0.000000000000000E+00 0.000000000000000E+00 0.000000000000000E+00
 0.000000000000000E+00 0.000000000000000E+00 0.000000000000000E+00
 0.000000000000000E+00 0.000000000000000E+00 0.000000000000000E+00

Z-surge in the phase domain.  Resistance and the imaginary part of [Ti] are ignored.
 3.319457246541666E+02
 8.405774316709986E+01 3.330241857999324E+02
 5.169416988695870E+01 8.405774316709695E+01 3.319457246541698E+02
```

通过比较可以看出，复数电流变换矩阵的实部和实数电流变换矩阵基本相同，因为复数电流变换矩阵已经旋转过，而且变换的结果（模量参数）也相等。同时，地线的接地方式对模量参数影响也很大，尤其是模 1（也称之为零模或地模）参数。

7.3.2 双回线路

计算双回线路 Bergeron 模型参数的方法与单回线路基本相同，本节以第 3.2 节例 2 中 750kV 线路为例进行介绍。LCC 的 Model 页面选项及参数如图 7－3 所示。

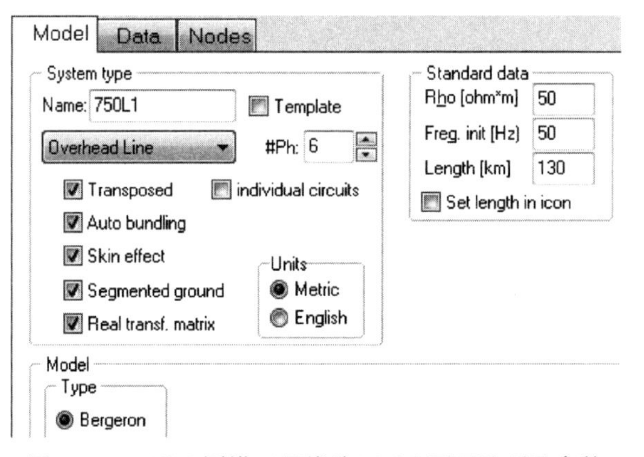

图 7－3　750kV 同塔双回线路 Model 页面选项及参数

ATPDraw 生成的输入文件 750L1.dat 如下：

```
BEGIN NEW DATA CASE
LINE CONSTANTS
$ERASE
BRANCH  IN___AOUT__AIN___BOUT__BIN___COUT__CIN___DOUT__DIN___EOUT__EIN___FOUT__F
METRIC
  1.3552  .07232 4          2.763     -13.     73.1     50.1     40.    0.0          6
  2.3552  .07232 4          2.763    -15.8     56.3     33.3     40.    0.0          6
  3.3552  .07232 4          2.763    -13.8     41.1     18.1     40.    0.0          6
  4.3552  .07232 4          2.763      13.     73.1     50.1     40.    0.0          6
  5.3552  .07232 4          2.763     15.8     56.3     33.3     40.    0.0          6
  6.3552  .07232 4          2.763     13.8     41.1     18.1     40.    0.0          6
  0    .5     2.13 4          1.15     16.3     83.2     66.3     0.0    0.0          0
  0    .5     .682 4          1.26    -16.3     83.2     66.3     0.0    0.0          0
```

```
BLANK CARD ENDING CONDUCTOR CARDS
     50.        50.                                130.      1
BLANK CARD ENDING FREQUENCY CARDS
$PUNCH
BLANK CARD ENDING LINE CONSTANT
BEGIN NEW DATA CASE
BLANK CARD
```

为了将地线分段接地、连续接地两种情况合并在一个输入文件中，在频率数据后手工加入地线连续接地的有关数据。两个频率行数据如下：

```
BLANK CARD ENDING CONDUCTOR CARDS
```

例 7－7

```
     50.        50.                                130.      1          {地线分段接地
```

例 7－8

```
     50.        50.                                130.                 {地线连续接地
```

计算结果文件 750L1. pch 中的有效内容如下：

```
$VINTAGE, 1
C 例 7-7 计算结果
C 地线分段接地               电阻(Ω/km) 波阻抗(Ω/km) 波速(km/s)
-1IN___AOUT__A              2.74185E-01 9.16095E+02 1.88808E+05 1.30000E+02 1 {零序
-2IN___BOUT__B              1.22710E-02 2.62638E+02 2.90647E+05 1.30000E+02 1 {正序
-3IN___COUT__C
-4IN___DOUT__D
-5IN___EOUT__E
-6IN___FOUT__F
C 例 7-8 计算结果
C 地线连续接地               电阻(Ω/km) 波阻抗(Ω/km) 波速(km/s)
-1IN___AOUT__A              3.89703E-01 8.29203E+02 2.08593E+05 1.30000E+02 1 {零序
-2IN___BOUT__B              1.32775E-02 2.62291E+02 2.91031E+05 1.30000E+02 1 {正序
-3IN___COUT__C
-4IN___DOUT__D
-5IN___EOUT__E
-6IN___FOUT__F
$VINTAGE, -1,
```

可见在不同接地方式下，零序、正序参数差别较大，尤其是零序参数。

因为没有选择 individual circuits，所以 ATP 仅计算零序和正序参数，没有考虑两个回路之间的耦合。如果选择该项，文件 750L1. dat 中将增加特殊请求命令 SPECIAL DOUBLE CIRCUIT TRANSPOSED，其他内容均不改变，具体如下：

例 7－9

```
BEGIN NEW DATA CASE
LINE CONSTANTS
SPECIAL DOUBLE CIRCUIT TRANSPOSED {新增
$ERASE
…
```

计算结果文件 750L1. pch 有较大变化，原来的零序、正序参数变为地模、线模、路模参数，具体如下：

```
$VINTAGE, 1
C 地线分段接地              电阻(Ω/km) 波阻抗(Ω/km) 波速(km/s)
-1IN___AOUT__A              2.74185E-01 9.16095E+02 1.88808E+05 1.30000E+02 1    {地模
-2IN___BOUT__B              1.22347E-02 2.47474E+02 2.92964E+05 1.30000E+02 1    {线模
-3IN___COUT__C              1.24166E-02 3.32103E+02 2.91511E+05 1.30000E+02 1    {路模
-4IN___DOUT__D
-5IN___EOUT__E
-6IN___FOUT__F
C 地线连续接地              电阻(Ω/km) 波阻抗(Ω/km) 波速(km/s)
-1IN___AOUT__A              3.89703E-01 8.29203E+02 2.08593E+05 1.30000E+02 1    {地模
-2IN___BOUT__B              1.31219E-02 2.47146E+02 2.93353E+05 1.30000E+02 1    {线模
-3IN___COUT__C              1.38999E-02 3.31672E+02 2.91889E+05 1.30000E+02 1    {路模
-4IN___DOUT__D
-5IN___EOUT__E
-6IN___FOUT__F
$VINTAGE, -1,
```

前面例子中线路进行了换位。如果选择线路不换位，individual circuits 复选框将不出现，则输入文件中只有频率行数据有差别。对于地线分段接地，具体如下：

```
BLANK CARD ENDING CONDUCTOR CARDS
     50.          50.                                   130.       1              0 {换位，地线分段接地
```

例 7－10

```
     50.          50.                                   130.       1              1 {不换位，地线分段接地
```

计算结果文件 750L1.pch 内容变化较多，原来的零序、正序参数被 6 个模量参数替换，之后紧跟变换矩阵 $\boldsymbol{T}_i$。由于选择了实数变换矩阵，所以 $\boldsymbol{T}_i$ 各元素的虚部为 0。

```
$VINTAGE, 1                {  电阻(Ω/km) 波阻抗(Ω/km)  波速(km/s)
-1IN___AOUT__A                2.66967E-01 8.88261E+02 1.88811E+05-1.30000E+02 1   6
-2IN___BOUT__B                1.23059E-02 2.96404E+02 2.88588E+05-1.30000E+02 1   6
-3IN___COUT__C                1.24471E-02 3.28093E+02 2.92074E+05-1.30000E+02 1   6
-4IN___DOUT__D                1.21909E-02 2.51529E+02 2.96784E+05-1.30000E+02 1   6
-5IN___EOUT__E                1.21982E-02 2.26880E+02 2.98237E+05-1.30000E+02 1   6
-6IN___FOUT__F                1.21528E-02 2.23202E+02 2.98237E+05-1.30000E+02 1   6
$VINTAGE, 0
  0.38615132  0.52054953 -0.35666972  0.56964951 -0.26546945  0.23768524 {Ti
  0.00000000  0.00000000  0.00000000  0.00000000  0.00000000  0.00000000
  0.32252024 -0.01105916 -0.35134923 -0.00871126  0.58073603 -0.58012810
  0.00000000  0.00000000  0.00000000  0.00000000  0.00000000  0.00000000
  0.49724183 -0.47983851 -0.49975551 -0.41707437 -0.30545605  0.32552297
  0.00000000  0.00000000  0.00000000  0.00000000  0.00000000  0.00000000
  0.38541817  0.51558858  0.36102286 -0.57103583 -0.26536519 -0.23838404
  0.00000000  0.00000000  0.00000000  0.00000000  0.00000000  0.00000000
  0.32231963 -0.01345670  0.35146782  0.00820704  0.57950370  0.58129012
  0.00000000  0.00000000  0.00000000  0.00000000  0.00000000  0.00000000
  0.49717333 -0.48233620  0.49569924  0.41871618 -0.30450782 -0.32598583
  0.00000000  0.00000000  0.00000000  0.00000000  0.00000000  0.00000000
```

7.4 单回线路 PI 模型

ATP 中的 PI 模型分为简化 PI 模型和准确 PI 模型。通常所说的 PI 模型即简化 PI 模型，ATPDraw 界面中的 PI 模型就是简化 PI 模型，用于较短线路相关的稳态或暂态计算。

准确 PI 模型只能用于稳态计算。如无特别说明，本书中的 PI 模型均指简化 PI 模型。

在 ATPDraw 中计算 PI 模型参数，计算结果除了模型本身外，还提供线路的单位长度电阻、电感、电容等基础数据，其实模型数据是由基础数据衍生而来。

7.4.1 简化 PI 模型

如果线路较短，不能使用 Bergeron 模型（Bergeron 模型要求波在线路的传播时间大于计算时间步长），通常采用 PI 模型。

7.4.1.1 参数计算

计算前述 500kV 线路的 PI 模型参数，LCC 的 Model 页面如图 7－4 所示，同时在 PI 模型下输出 $\boldsymbol{Z}_e$、$\boldsymbol{Z}_s$、$\boldsymbol{C}_e$、$\boldsymbol{C}_s$、$\boldsymbol{C}_e^{-1}$。注意，这些量输出在 lis 文件中，它们不是 PI 模型，其用途为展示线路特性；真正的 PI 模型将存放在 pch 文件中。

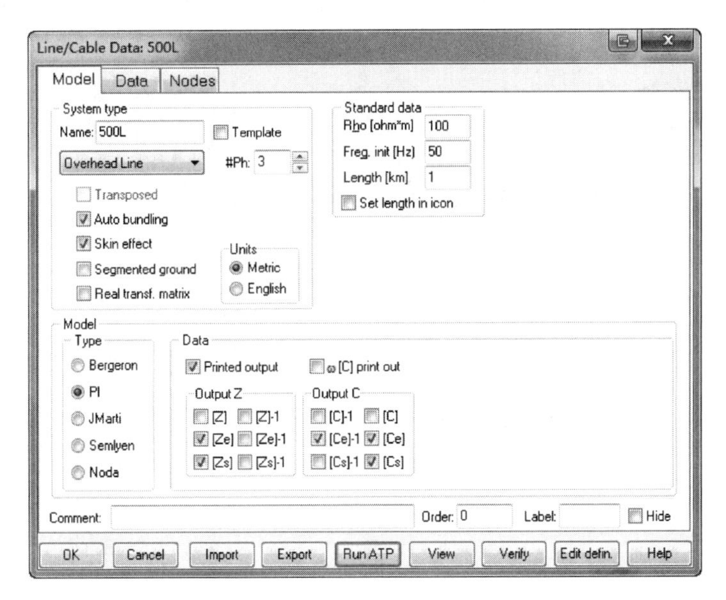

图 7－4 在 PI 模型下输出选择 $\boldsymbol{Z}_e$、$\boldsymbol{Z}_s$、$\boldsymbol{C}_e$、$\boldsymbol{C}_s$、$\boldsymbol{C}_e^{-1}$

参数无下标指保留地线，导线不合并；参数下标 e 指消除地线、合并子导线，即相导线；参数下标 s 指相导线的对称分量

其实，最原始的参数为 $\boldsymbol{Z}$ 和 $\boldsymbol{C}$，该 500kV 线路共有 14 根导线（12 根相导线和 2 根地线），所以 $\boldsymbol{Z}$ 和 $\boldsymbol{C}$ 均为 14×14 矩阵。由 $\boldsymbol{C}$ 计算 $\boldsymbol{C}_e$、再计算 $\boldsymbol{C}_s$，由 $\boldsymbol{Z}$ 计算 $\boldsymbol{Z}_e$、再计算 $\boldsymbol{Z}_s$。

Real transf. matrix 选项尽管可以打钩选择，但并无实际意义，因为程序在 PI 模型下不进行相模变换。但是，ATP 程序内部仍计算假设线路均匀换位后的零序和正序参数（使用程序内部的变换矩阵）。

为易于观察比较结果，将线路长度设为 1km。

相应的频率行数据如下（注意标识 44）：

```
C        1         2         3         4         5         6         7         8
C 345678901234567890123456789012345678901234567890123456789012345678901234567890
```

例 7 - 11

```
100.      50.         010011 011000 1      1.            44  {PI 模型，地线连续接地
```

以下为计算所输出的 lis 文件中的部分内容：

```
Matrices are for earth resistivity = 1.00000000E+02  Ohm-meters  and frequency 5.00000000E+01  Hz.   Correction factor = 1.00000000E-06
```

C 单位长度等效相电位系数矩阵 C_e^{-1}

```
Inverted capacitance matrix,  in units of  [daraf-kmeter ]  for the system of equivalent phase conductors.
Rows and columns proceed in the same order as the sorted input.

   1  8.728947E+07

   2  1.424576E+07  8.833235E+07

   3  5.656785E+06  1.424576E+07  8.728947E+07
```

C 单位长度等效相电容矩阵 C_e

```
Capacitance matrix,  in units of  [farads/kmeter ]  for the system of equivalent phase conductors.
Rows and columns proceed in the same order as the sorted input.

   1  1.178422E-08

   2 -1.825379E-09  1.190966E-08

   3 -4.657710E-10 -1.825379E-09  1.178422E-08
```

C 单位长度等效对称分量电容矩阵 C_s

```
Capacitance matrix,  in units of  [farads/kmeter ]  for symmetrical components of the equivalent phase conductor
Rows proceed in the sequence  (0, 1, 2),  (0, 1, 2),  etc.;  columns proceed in the sequence  (0, 2, 1),  (0, 2, 1),  etc.

   0  9.081682E-09
      0.000000E+00

   1  2.056960E-10 -4.741080E-10
     -3.562760E-10 -8.211791E-10

   2  2.056960E-10  1.319821E-08 -4.741080E-10
      3.562760E-10  7.863721E-26  8.211791E-10
```

C 单位长度等效相阻抗矩阵 Z_e

```
Impedance matrix,  in units of Ohms/kmeter  for the system of equivalent phase conductors.
Rows and columns proceed in the same order as the sorted input.

   1  8.831302E-02
      4.017299E-01

   2  5.928756E-02  8.672606E-02
      1.383770E-01  4.021923E-01

   3  5.655121E-02  5.928756E-02  8.831302E-02
      9.946905E-02  1.383770E-01  4.017299E-01
   Both  "R"  and  "X"  are in Ohms;  "C"  are in microFarads.
```

C 单位长度等效对称分量阻抗矩阵 Z_s

```
Impedance matrix,  in units of Ohms/kmeter  for symmetrical components of the equivalent phase conductor
Rows proceed in the sequence  (0, 1, 2),  (0, 1, 2),  etc.;  columns proceed in the sequence  (0, 2, 1),  (0, 2, 1),  etc.

   0  2.045349E-01
      6.526993E-01

   1 -1.155682E-02 -2.115338E-02
     -6.229927E-03  1.493018E-02

   2  1.117368E-02  2.940859E-02  2.350660E-02
     -6.893533E-03  2.764764E-01  1.085428E-02
```

C 假设线路换位，线路零序、正序参数

```
Sequence        Surge impedance       Attenuation   velocity    Wavelength   Resistance    Reactance    Susceptance
         magnitude(Ohm) angle(degr.)     db/km       km/sec        km          Ohm/km       Ohm/km        mho/km
   Zero :  4.89631E+02 -8.69965E+00  1.83531E-03  2.27505E+05  4.55010E+03  2.04535E-01  6.52699E-01  2.85309E-06
Positive:  2.58951E+02 -3.03584E+00  4.93913E-04  2.93006E+05  5.86012E+03  2.94086E-02  2.76476E-01  4.14634E-06
```

pch 文件的内容被全部引入 lis 文件的最后，其中有效内容为线路 PI 模型参数，用于 ATP 后续稳态或暂态计算，具体如下：

```
$VINTAGE, 1 {高精度格式
$UNITS,   50., 0.0, {相当于 XOPT=50, COPT=0
C                               /Ze(电阻)        /Ze(电感)        /Ce(电容)
 1IN___AOUT__A              7.44452121E-02  5.35726320E-01  1.17842241E-02
 2IN___BOUT__B              4.73809773E-02  2.70511677E-01 -1.82537902E-03
                            7.44500791E-02  5.35714655E-01  1.19096559E-02
 3IN___COUT__C              4.73318551E-02  2.26994757E-01 -4.65771034E-04
                            4.73809773E-02  2.70511677E-01 -1.82537902E-03
                            7.44452121E-02  5.35726320E-01  1.17842241E-02
$VINTAGE, -1, {恢复原来精度
$UNITS, -1., -1., {恢复电感、电容原来单位
```

线路 PI 模型行首标识分别为 1、2、3、…。由于线路长度 $l=1\text{km}$，故模型的电阻、电感、电容参数即为 $\boldsymbol{Z}_e$、$\boldsymbol{C}_e$ 中的单位长度数据。

7.4.1.2 参数验算

数据验算是进行电磁暂态计算必备的技能，本书仅仅示范在参数计算阶段进行部分参数间的互验算。通过验算，用户可加深对参数的数学、物理含义的理解，巩固理论知识。

1. 通过 $\boldsymbol{C}_e$ 验算 $\boldsymbol{C}_s$

从上面计算结果可知

$$\boldsymbol{C}_e=\begin{bmatrix} 11.7842 & -1.82538 & -0.46577 \\ -1.82538 & 11.9097 & -1.82538 \\ -0.46577 & -1.82538 & 11.7842 \end{bmatrix}\times 10^{-9}(\text{F}) \tag{7-1}$$

尽管 $\boldsymbol{C}_e$ 是对称不平衡矩阵，但 ATP 内部仍按照平衡对称矩阵进行变换，使用变换矩阵

$$\boldsymbol{S}=\begin{bmatrix} 1 & 1 & 1 \\ 1 & a^2 & a \\ 1 & a & a^2 \end{bmatrix} \tag{7-2}$$

其中

$$a=\text{e}^{\text{j}120°}$$

则有

$$\boldsymbol{C}_s=\boldsymbol{S}^{-1}\boldsymbol{C}_e\boldsymbol{S} \tag{7-3}$$

使用 MATLAB 计算得

$$\boldsymbol{C}_s=\begin{bmatrix} 9.08168 & 0.20569+0.35627\text{i} & 0.20569-0.35627\text{i} \\ 0.20569-0.35627\text{i} & 13.1982 & -0.47411-0.82118\text{i} \\ 0.20569+0.35627\text{i} & -0.47411+0.82118\text{i} & 13.1982 \end{bmatrix}\times 10^{-9}(\text{F})$$

将 $\boldsymbol{C}_s$ 的第 2、第 3 列调换后，仍然是平衡对称矩阵。故 ATP 计算结果的显示方式为

```
Capacitance matrix,  in units of  [farads/kmeter ]  for symmetrical components of the equivalent phase conductor
Rows proceed in the sequence  (0, 1, 2),  (0, 1, 2),  etc.;  columns proceed in the sequence  (0, 2, 1),  (0, 2, 1),  etc.
```

lis 文件只显示下三角矩阵。可以看出，ATP 直接计算的 $\boldsymbol{C}_s$ 与 MATLAB 通过 $\boldsymbol{C}_e$ 换算的 $\boldsymbol{C}_s$ 结果完全一致。因为 $\boldsymbol{C}_e$ 不是平衡对称矩阵，故 $\boldsymbol{C}_s$ 不是对角阵。

$\boldsymbol{C}_e$ 本为实数矩阵，由于变换矩阵 $\boldsymbol{S}$ 为复数矩阵，变换结果 $\boldsymbol{C}_s$ 亦为复数矩阵。

2. 通过 $\boldsymbol{C}_e$ 验算序电容

将 $\boldsymbol{C}_e$ 的对角元素、非对角元素分别平均，相当于将线路完全换位，得

$$C_s = 1.1826\times 10^{-8}(\mathrm{F})$$
$$C_m = -1.3722\times 10^{-9}(\mathrm{F})$$

则可以计算得线路完全换位后的零序电容和正序电容

$$C_0 = C_s + 2C_m = 9.0817\times 10^{-9}(\mathrm{F}), \omega C_0 = 2.8531\times 10^{-6}(\mathrm{S})$$
$$C_1 = C_s - C_m = 1.3198\times 10^{-8}(\mathrm{F}), \omega C_1 = 4.1463\times 10^{-6}(\mathrm{S})$$

式中　C_0、C_1——线路零序、正序电容；

ωC_0、ωC_1——对应导纳，导纳数值与 ATP 计算结果完全相同。

3. 通过 $\boldsymbol{C}_s$ 验算 $[\omega \boldsymbol{C}_s]^{-1}$

在图 7-5 中，仅选择输出 $[\omega \boldsymbol{C}_s]^{-1}$，相应的频率行如下：

```
C         1         2         3         4         5         6         7         8
C 345678901234567890123456789012345678901234567890123456789012345678901234567890
```

例 7-12

```
    100.        50.             001000 000000 0      1.       1          44 {PI 模型，地线分段接地，仅输出[ωCs]-1
```

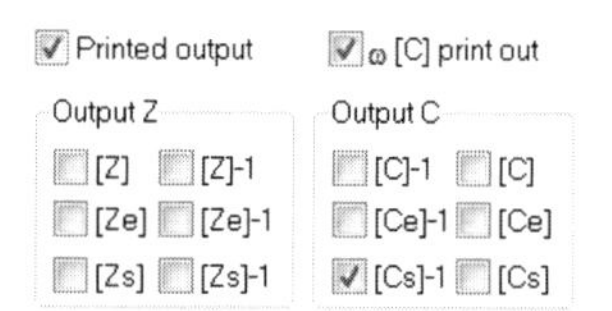

图 7-5　在 PI 模型下输出选择 $[\omega \boldsymbol{C}_s]^{-1}$

对应输出如下：

```
Inverted susceptance matrix,  in units of  [ohm-kmeter ]  for symmetrical components of the equivalent phase conductor
Rows proceed in the sequence   (0, 1, 2),   (0, 1, 2),   etc.;  columns proceed in the sequence   (0, 2, 1),   (0, 2, 1),   etc.

   0  3.514225E+05
      0.000000E+00

   1 -5.109857E+03  8.559927E+03
      8.850532E+03  1.482623E+04

   2 -5.109857E+03  2.427251E+05  8.559927E+03
     -8.850532E+03 -5.197719E-12 -1.482623E+04
        Both  "R"  and  "X"  are in  [ohms];  "C"  are in  [microMhos].
```

第一行参数为实数，第二行为虚数，省略了虚数符号 i，这是 ATP 输出复数的常用形式。由于 $\boldsymbol{C}_s$ 为复数矩阵，$[\omega \boldsymbol{C}_s]^{-1}$也为复数矩阵。为了得到平衡矩阵，减少输出，同样对第 2、第 3 列进行互换。

使用 MATLAB 计算 $[\omega \boldsymbol{C}_s]^{-1}$，得

$$[\omega \boldsymbol{C}_s]^{-1} = \begin{bmatrix} 35.1422 & -0.51098-0.88505\mathrm{i} & -0.51098+0.88505\mathrm{i} \\ -0.51098+0.88505\mathrm{i} & 24.2725 & 0.85600+1.48262\mathrm{i} \\ -0.51098-0.88505\mathrm{i} & 0.85600-1.48262\mathrm{i} & 24.2725 \end{bmatrix} \times 10^4\ (\Omega)$$

对调其第 2、第 3 列，得一对称矩阵，其下三角元素与 ATP 计算结果相同。

4. 通过 $\boldsymbol{C}_e$ 验证模量导纳

将式（7-1）中的等效相电容矩阵 $\boldsymbol{C}_e$ 变换为模量电容如下：

$$\omega \boldsymbol{T}_{\mathrm{i}}^{-1}\boldsymbol{C}_{\mathrm{e}}\boldsymbol{T}_{\mathrm{i}}^{-\mathrm{T}}=\begin{bmatrix}0.28596 & 0 & 0\\ 0 & 0.38485 & 0\\ 0 & 0 & 0.44377\end{bmatrix}\times 10^{-5}(\mathrm{S})$$

与7.3.1节例7-5中的ATP计算结果一致。

5. 通过$\boldsymbol{Z}_{\mathrm{e}}$、$\boldsymbol{T}_{\mathrm{i}}$验证模量阻抗

在例7-5中ATP计算得复数电流变换矩阵为

$$\boldsymbol{T}_{\mathrm{i}}=\begin{bmatrix}0.59943-0.0048214\mathrm{i} & -0.70711 & -0.41103-0.0045377\mathrm{i}\\ 0.53032+0.0095442\mathrm{i} & 0 & 0.81366-0.0040145\mathrm{i}\\ 0.59943-0.0048214\mathrm{i} & 0.70711 & -0.41103-0.0045377\mathrm{i}\end{bmatrix}$$

在例7-6中ATP计算得实数电流变换矩阵为

$$\boldsymbol{T}_{\mathrm{i}}=\begin{bmatrix}0.59947 & -0.70711 & -0.41105\\ 0.53035 & 0 & 0.81368\\ 0.59947 & 0.70711 & -0.41105\end{bmatrix}$$

在例7-11中计算得等效相阻抗矩阵为

$$\boldsymbol{Z}_{\mathrm{e}}=\begin{bmatrix}0.088313+0.40173\mathrm{i} & 0.059288+0.13838\mathrm{i} & 0.056551+0.099469\mathrm{i}\\ 0.059288+0.13838\mathrm{i} & 0.086726+0.40219\mathrm{i} & 0.059288+0.13838\mathrm{i}\\ 0.056551+0.099469\mathrm{i} & 0.059288+0.13838\mathrm{i} & 0.088313+0.40173\mathrm{i}\end{bmatrix}(\Omega)$$

那么，用复数变换矩阵求得模量阻抗矩阵为

$$\boldsymbol{\Lambda}_{\mathrm{z}}=\boldsymbol{T}_{\mathrm{i}}^{\mathrm{T}}\boldsymbol{Z}_{\mathrm{e}}\boldsymbol{T}_{\mathrm{i}}=\begin{bmatrix}0.20385+0.64916\mathrm{i} & 0 & 0\\ 0 & 0.031762+0.30226\mathrm{i} & 0\\ 0 & 0 & 0.027060+0.25050\mathrm{i}\end{bmatrix}(\Omega) \tag{7-4}$$

用实数变换矩阵求得模量阻抗矩阵为

$$\boldsymbol{\Lambda}_{\mathrm{z}}=\boldsymbol{T}_{\mathrm{i}}^{\mathrm{T}}\boldsymbol{Z}_{\mathrm{e}}\boldsymbol{T}_{\mathrm{i}}=\begin{bmatrix}0.20388+0.64924\mathrm{i} & 0 & -0.0019762+0.0012259\mathrm{i}\\ 0 & 0.031762+0.30226\mathrm{i} & 0\\ -0.0019762+0.0012259\mathrm{i} & 0 & 0.027053+0.25051\mathrm{i}\end{bmatrix}(\Omega) \tag{7-5}$$

式（7-4）、式（7-5）中对角元素为三个模量阻抗，与7.3.1节中例7-5和例7-6地线连续接地方式下ATP的计算结果相同。但是，如使用复数变换矩阵，非对角元素为0，表明复数变换矩阵能够完全解耦；如使用实数变换矩阵，非对角元素虽然很小，但明显不为0，表明模量之间仍然存在微弱耦合。

7.4.2 准确PI模型

手动修改频率行中的IPIPR=0001（该功能不能在目前的ATPDraw中实现），要求输

出以下准确 PI 模型参数：导线合并后对称分量系统的线路并联阻抗（对地阻抗）矩阵以及串联阻抗矩阵。相应频率行数据为

```
C        1         2         3         4         5         6         7         8
C 345678901234567890123456789012345678901234567890123456789012345678901234567890
```

例 7－13

```
      100.      50.                           1      1. 00011       44  {准确PI模型，地线分段接地
```

lis 文件中对应的内容为

```
Long-line equivalent matrices for line length =  1.00000000E+00  kilometers  follow.
The cascading of  2**0   equal section of length  1.00000000E+00  kilometers  each was involved in this calculation.

C 转移阻抗矩阵(即串联阻抗矩阵)Za
Transfer impedance matrix,  in units of Ohms  for symmetrical components of the equivalent phase conductor
Rows proceed in the sequence  (0, 1, 2),  (0, 1, 2),  etc.;  columns proceed in the sequence  (0, 2, 1),  (0, 2, 1),  etc.

  0  1.691760E-01
     1.047735E+00

  1 -1.256788E-02 -2.511231E-02
    -7.235290E-03  1.453454E-02

  2  1.254989E-02  2.708223E-02  2.514344E-02
    -7.266461E-03  2.797164E-01  1.448063E-02

C 并联阻抗矩阵Zb
Half of the shunt impedance matrix,  in units of Ohms  for symmetrical components of the equivalent phase conductor
Rows proceed in the sequence  (0, 1, 2),  (0, 1, 2),  etc.;  columns proceed in the sequence  (0, 2, 1),  (0, 2, 1),  etc.
The sum of the two equal shunt admittances at both terminals,  or its inverse,  printed to conform to the EMTP input format.

  0  0.000000E+00
    -3.514225E+05

  1  8.850532E+03  1.482623E+04
     5.109857E+03 -8.559927E+03

  2 -8.850532E+03  2.977766E-12 -1.482623E+04
     5.109857E+03 -2.427251E+05 -8.559927E+03
```

当 $l=640\text{km}$ 时，相应的输出为

```
Long-line equivalent matrices for line length =  6.40000000E+02  kilometers  follow.
The cascading of  2**5   equal section of length  2.00000000E+01  kilometers  each was involved in this calculation.

Transfer impedance matrix,  in units of Ohms  for symmetrical components of the equivalent phase conductor
Rows proceed in the sequence  (0, 1, 2),  (0, 1, 2),  etc.;  columns proceed in the sequence  (0, 2, 1),  (0, 2, 1),  etc.

  0  6.802622E+01
     5.451271E+02

  1 -7.110025E+00 -1.448991E+01
    -4.073952E+00  8.286583E+00

  2  7.083159E+00  1.470936E+01  1.442135E+01
    -4.120486E+00  1.653839E+02  8.405339E+00

Half of the shunt impedance matrix,  in units of Ohms  for symmetrical components of the equivalent phase conductor
Rows proceed in the sequence  (0, 1, 2),  (0, 1, 2),  etc.;  columns proceed in the sequence  (0, 2, 1),  (0, 2, 1),  etc.
The sum of the two equal shunt admittances at both terminals,  or its inverse,  printed to conform to the EMTP input format.

  0  9.402044E+00
    -4.921221E+02

  1  1.315088E+01  2.181408E+01
     7.593641E+00 -1.259149E+01

  2 -1.315173E+01  1.466252E+00 -2.181159E+01
     7.592179E+00 -3.642354E+02 -1.259580E+01
```

ATP 将线路分为 $2^5=32$ 段，每段的长度为 20km，上述输出的是每段的参数。

7.5 双回线路 PI 模型

双回线路 PI 模型与单回线路的 PI 模型之间的不同仅是矩阵大小的区别。本节以第 3.2 节中 750kV 双回线路为例，在地线不同接地方式下，用基本参数矩阵计算模量参数。

7.5.1 两根地线分段接地

LCC 的 Model 页面选项及参数参如图 7-3 所示，选择 PI 模型，地线分段接地，部分计算结果如下：

例 7-14

```
C 地线分段接地
C lis 文件中部分内容
                    ++++++++++++  Earth wires will be segmented   ++++++++++

Capacitance matrix,  in units of  [farads/kmeter ]  for the system of equivalent phase conductors.
Rows and columns proceed in the same order as the sorted input.

C 电容矩阵
```

	回路Ⅰ电容			回路Ⅱ电容		
1	1.160124E-08					
2	-2.444751E-09	1.196303E-08				
3	-7.492402E-10	-2.542499E-09	1.207938E-08			
4	-1.466453E-09	-7.709720E-10	-3.981056E-10	1.159686E-08		
5	-7.708177E-10	-7.723026E-10	-6.374053E-10	-2.446088E-09	1.196263E-08	
6	-3.979832E-10	-6.373853E-10	-9.703730E-10	-7.497321E-10	-2.542645E-09	1.207933E-08

```
Impedance matrix,  in units of Ohms/kmeter  for the system of equivalent phase conductors.
Rows and columns proceed in the same order as the sorted input.

C 阻抗矩阵
```

	回路Ⅰ阻抗			回路Ⅱ阻抗		
1	5.404928E-08					
	4.930821E-01					
2	4.277902E-02	5.592530E-02				
	2.374309E-01	4.905559E-01				
3	4.363592E-02	4.465113E-02	5.779546E-02			
	1.966809E-01	2.416134E-01	4.882240E-01			
4	4.181509E-02	4.270665E-02	4.357144E-02	5.404928E-02		
	2.121261E-01	1.952743E-01	1.800287E-01	4.930821E-01		
5	4.270665E-02	4.364429E-02	4.455726E-02	4.277902E-02	5.592530E-02	
	1.952743E-01	1.973822E-01	1.929776E-01	2.374309E-01	4.905559E-01	
6	4.357144E-02	4.455726E-02	4.552228E-02	4.363592E-02	4.465113E-02	5.779546E-02
	1.800287E-01	1.929776E-01	2.035273E-01	1.966809E-01	2.416134E-01	4.882240E-01

```
Both "R" and "X" are in Ohms;  "C" are in microFarads.
```

```
C pch 文件中内容，双回线路的 PI 模型
$VINTAGE, 1
$UNITS,  50., 0.0,
 1IN___AOUT__A               5.40492793E-02  4.93082065E-01  1.16012413E-02
 2IN___BOUT__B               4.27790193E-02  2.37430911E-01 -2.44475140E-03
                             5.59253041E-02  4.90555885E-01  1.19630333E-02
 3IN___COUT__C               4.36359218E-02  1.96680886E-01 -7.49240209E-04
                             4.46511309E-02  2.41613361E-01 -2.54249914E-03
                             5.77954591E-02  4.88224011E-01  1.20793782E-02
 4IN___DOUT__D               4.18150877E-02  2.12126069E-01 -1.46645303E-03
                             4.27066474E-02  1.95274313E-01 -7.70971979E-04
                             4.35714428E-02  1.80028701E-01 -3.98105635E-04
                             5.40492793E-02  4.93082065E-01  1.15968621E-02
 5IN___EOUT__E               4.27066474E-02  1.95274313E-01 -7.70817661E-04
                             4.36442903E-02  1.97382152E-01 -7.72302586E-04
                             4.45572577E-02  1.92977583E-01 -6.37405334E-04
                             4.27790193E-02  2.37430911E-01 -2.44608833E-03
                             5.59253041E-02  4.90555885E-01  1.19626306E-02
 6IN___FOUT__F               4.35714428E-02  1.80028701E-01 -3.97983216E-04
                             4.45572577E-02  1.92977583E-01 -6.37385293E-04
                             4.55222819E-02  2.03527345E-01 -9.70373020E-04
                             4.36359218E-02  1.96680886E-01 -7.49732081E-04
                             4.46511309E-02  2.41613361E-01 -2.54264499E-03
                             5.77954591E-02  4.88224011E-01  1.20793263E-02
$VINTAGE, -1,
$UNITS, -1., -1., { Restore values that existed b4 preceding $UNITS
```

两个回路上方的地线影响其下方回路的电容参数，由于地线的直径不同，两个回路各自的电容矩阵略有不同。但是，地线分段接地时地线中没有电流，故地线不影响回路的阻抗参数。两个左、右回路完全对称，所以各自的阻抗矩阵完全相同。

线路电阻矩阵为

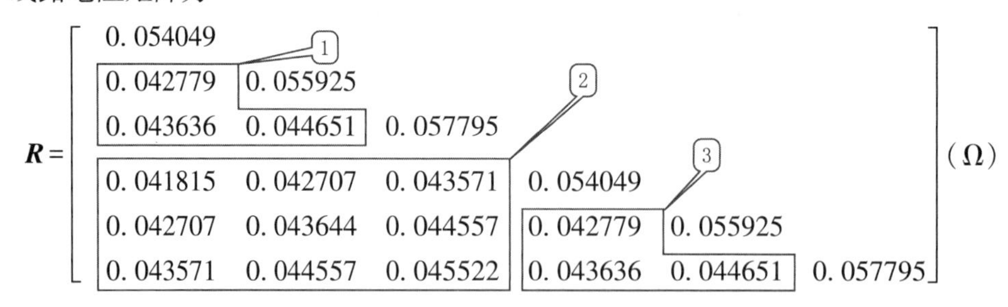

由于矩阵对称，以上只列出下三角阵。上述电阻矩阵对应于线路不换位情况，而回路内换位线路电阻矩阵对角元素为上述所有 6 个对角元素的平均值，非对角元素为区域 1、区域 2、区域 3 中元素各自的平均值（区域 1、区域 3 的平均值相等）。换位线路的电阻矩阵为

$$
\boldsymbol{R}=\begin{bmatrix}
0.055923 & 0.043689 & 0.043689 & 0.043628 & 0.043628 & 0.043628 \\
0.043689 & 0.055923 & 0.043689 & 0.043628 & 0.043628 & 0.043628 \\
0.043689 & 0.043689 & 0.055923 & 0.043628 & 0.043628 & 0.043628 \\
0.043628 & 0.043628 & 0.043628 & 0.055923 & 0.043689 & 0.043689 \\
0.043628 & 0.043628 & 0.043628 & 0.043689 & 0.055923 & 0.043689 \\
0.043628 & 0.043628 & 0.043628 & 0.043689 & 0.043689 & 0.055923
\end{bmatrix}(\Omega)
$$

则自电阻、每个回路内导线之间互电阻、不同回路内导线之间互电阻为 $R_s = 0.055923(\Omega)$，$R_m = 0.043689(\Omega)$，$R_p = 0.043628(\Omega)$。

利用式（5－133）~式（5－135），计算得地模、线模和路模电阻为

$$R_g = R_s + 2R_m + 3R_p = 0.27419\ (\Omega)$$

$$R_l = R_s - R_m = 0.012234\ (\Omega)$$

$$R_{il} = R_s + 2R_m - 3R_p = 0.012417\ (\Omega)$$

这与第 7.3.2 节例 7－9 中利用 Bergeron 模型计算的结果相同。

类似可验证地模、线模和路模的电抗和电容参数，也可验证地线连续接地情况下的参数。

7.5.2 两根地线连续接地

假设地线连续接地，选择 PI 模型，ATP 计算线路参数后 lis 文件中的部分内容如下：

例 7－15

```
C lis 文件中部分内容
Capacitance matrix, in units of [farads/kmeter] for the system of equivalent phase conductors.
Rows and columns proceed in the same order as the sorted input.

C 电容矩阵
   1  1.160124E-08

   2 -2.444751E-09  1.196303E-08

   3 -7.492402E-10 -2.542499E-09  1.207938E-08

   4 -1.466453E-09 -7.709720E-10 -3.981056E-10  1.159686E-08

   5 -7.708177E-10 -7.723026E-10 -6.374053E-10 -2.446088E-09  1.196263E-08

   6 -3.979832E-10 -6.373853E-10 -9.703730E-10 -7.497321E-10 -2.542645E-09  1.207933E-08

Impedance matrix,  in units of Ohms/kmeter  for the system of equivalent phase conductors.
Rows and columns proceed in the same order as the sorted input.

C 阻抗矩阵
   1  8.576722E-02
      4.271701E-01

   2  6.712687E-02  7.458000E-02
      1.819703E-01  4.438971E-01

   3  6.374689E-02  6.000231E-02  7.036629E-02
      1.469409E-01  1.997865E-01  4.507497E-01

   4  7.009802E-02  6.497954E-02  6.227472E-02  8.209284E-02
      1.539132E-01  1.460250E-01  1.357191E-01  4.405820E-01

   5  6.550779E-02  6.136624E-02  5.927686E-02  6.494930E-02  7.336708E-02
      1.433011E-01  1.535362E-01  1.536094E-01  1.907670E-01  4.491132E-01

   6  6.294408E-02  5.946432E-02  5.779329E-02  6.229400E-02  5.923983E-02  6.991697E-02
      1.319686E-01  1.525051E-01  1.672367E-01  1.536149E-01  2.034015E-01  4.530212E-01
   Both "R" and "X" are in Ohms;  "C" are in microFarads.
```

比较例 7-14 和例 7-15 计算结果，地线接地方式不同，电容不发生变化，但阻抗有较大变化。与地线分段接地比较，地线连续接地时电阻增大，而电抗减小。由于地线连续接地时地线中有电流通过，且两个回路上方的地线不同，导致两个回路内部的阻抗矩阵也不再相等。

7.5.3 两根地线接地方式不同

目前工程上的普遍做法是将两条地线中的光纤复合地线（OPGW）逐基杆塔接地，而另一条普通地线则分段接地，以减小线路损耗。对于两根地线接地方式不同的输电线路，ATP 不能直接计算其参数。

以双回线路为例分析人工消去不同接地方式的地线，即通过稳态计算获得线路首端的电压、电流参数，电压除以电流就得到线路参数。具体为在 ATPDraw 的 LCC 中，线路为 8 相导线，包括 6 根相导线和 2 根地线，编号为 1~8。在 LCC 外，OPGW 两端接地，普通地线一端接地。给某回线路相导线左端加交流 50Hz、幅值为 1A 的正序电流，若线路相导线右端接地，则电流源上的电压为线路的正序阻抗；若线路相导线右端开路，则电流源上的电压为线路的正序容抗。如果所加电流为零序，其他条件不变，则得到线路的零序参数。以上线路正序、零序参数除以线路总长度，得到单位长度线路参数。为了方便起见，线路总长度取 1km。需注意，使用该方法计算线路参数时线路不能过长，否则误差大，原因参见第 4.1.2 节。

在 ATPDraw 中建立 750kV 线路电路如图 7-6 所示，图中使用 3 个完全相同的线路 LCC 元件，LCC 的 Model、Data、Nodes 页面如图 7-7 所示。在 Model 页面中，输入相数为 8，不换位，自动合并导线束，考虑趋肤效应，采用 Bergeron 模型。在 Data 页面，选择导线编号为 1~8，其中导线 1~导线 3 组成回路 1，导线 4~导线 6 组成回路 2，如图 7-7（c）所示。导线 7 为普通地线，导线 8 为 OPGW，它们不属于任何回路。三段相导线构成一个完整的换位循环，每段长度 0.3333km。

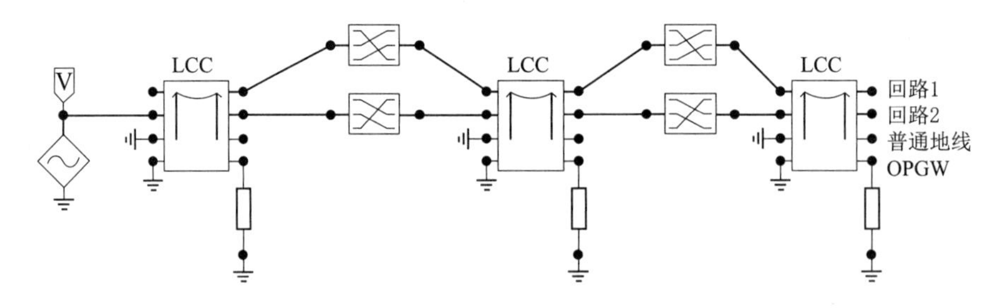

图 7-6　在 ATPDraw 中人工消去双回线路不同接地方式地线的电路

双回路采用逆相序换位，回路 1 的换位形式为 ABC、BCA、CAB，而回路 2 的换位形式为 ABC、CAB、BCA。

计算结果见表 7-3。连续接地的 OPGW 位于回路 1 上方，分段接地的普通地线位于回路 2 上方，导致两个回路的电阻、电感参数存在轻微差别，而电容值基本相同。

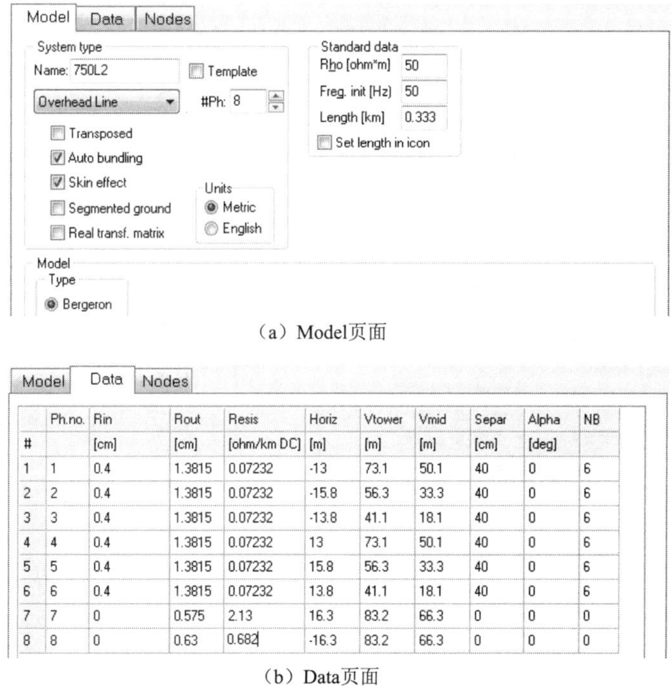

（a）Model页面

#	Ph.no.	Rin [cm]	Rout [cm]	Resis [ohm/km DC]	Horiz [m]	Vtower [m]	Vmid [m]	Separ [cm]	Alpha [deg]	NB
1	1	0.4	1.3815	0.07232	-13	73.1	50.1	40	0	6
2	2	0.4	1.3815	0.07232	-15.8	56.3	33.3	40	0	6
3	3	0.4	1.3815	0.07232	-13.8	41.1	18.1	40	0	6
4	4	0.4	1.3815	0.07232	13	73.1	50.1	40	0	6
5	5	0.4	1.3815	0.07232	15.8	56.3	33.3	40	0	6
6	6	0.4	1.3815	0.07232	13.8	41.1	18.1	40	0	6
7	7	0	0.575	2.13	16.3	83.2	66.3	0	0	0
8	8	0	0.63	0.682	-16.3	83.2	66.3	0	0	0

（b）Data页面

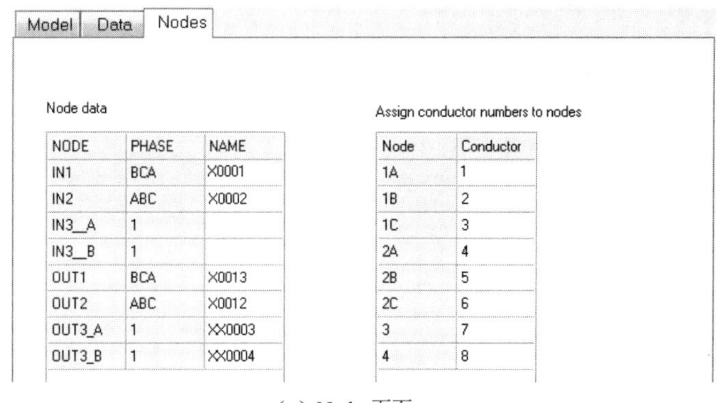

NODE	PHASE	NAME
IN1	BCA	X0001
IN2	ABC	X0002
IN3_A	1	
IN3_B	1	
OUT1	BCA	X0013
OUT2	ABC	X0012
OUT3_A	1	XX0003
OUT3_B	1	XX0004

Node	Conductor
1A	1
1B	2
1C	3
2A	4
2B	5
2C	6
3	7
4	8

（c）Nodes页面

图 7－7　利用 Bergeron 模型人工消去双回线路地线时有关参数

表 7－3　　　　采用人工消去地线法计算双回线路的参数

回　　路		电阻/(Ω·km^{-1})	电感/(mH·km^{-1})	电容/(nF·km^{-1})
回路 1	零序	0.19142	0.8231	7.4141
	正序	0.013236	0.26443	13.783
回路 2	零序	0.1744	0.84965	7.4114
	正序	0.012463	0.26516	13.782

这种人工消去地线方法可适用于任意多回平行线路参数的计算，如常见的四回同塔架设线路，往往上下回路的电压等级不相同。

7.6 频 率 扫 描

在计算恒定参数和频率分布参数时，ATP 的线路参数计算支持子程序 LINE CONSTANTS，均具有频率扫描功能（扫频计算），即计算在规定的频率范围内的线路参数。两者的扫频功能输出参数有所不同。目前 ATPDraw 在计算变频参数时融合了扫频功能，但在计算恒定参数时不能扫频。为了计算恒定参数进行扫频，用户只能手工修改频率行，然后进行计算。需注意的是，不论线路是否选择换位，ATP 在扫频时总是假定线路经均匀换位，计算输出不同频率下单位长度零序和正序参数：衰减系数、相位系数、电阻、电感、电容。

图 7-8　利用 Bergeron 模型进行频率扫描

以第 3.2 节中 500kV 线路为例说明频率扫描方法。

（1）在 ATPDraw 的 LCC 元件中选择 Bergeron 模型，输入线路名称 500L1，其他参数和选项如图 7-8 所示。

（2）由 ATPDraw 生成文件 500L1.dat，但其中没有频率扫描要求，具体如下：

```
BEGIN NEW DATA CASE
LINE CONSTANTS
$ERASE
BRANCH  IN___AOUT__AIN___BOUT__BIN___COUT__C
METRIC
  1.2173     .108 4              2.37     -13.      24.      15.      45.    0.0        4
  2.2173     .108 4              2.37      0.0      24.      15.      45.    0.0        4
  3.2173     .108 4              2.37      13.      24.      15.      45.    0.0        4
  0    .5    .374 4             1.484   -11.25      31.     23.5     0.0    0.0        0
  0    .5    .374 4             1.484    11.25      31.     23.5     0.0    0.0        0
BLANK CARD ENDING CONDUCTOR CARDS
    100.       .05                                  170.
BLANK CARD ENDING FREQUENCY CARDS
$PUNCH
BLANK CARD ENDING LINE CONSTANT
BEGIN NEW DATA CASE
BLANK CARD
```

（3）修改频率数据行为：

例 7-16

```
BLANK CARD ENDING CONDUCTOR CARDS
    100.       .05                                  170.                {修改前
    100.       .05                                              4  10   {修改后
```

即取计算频率范围 $f=0.05\sim500$Hz，即 DEC=4，在每个 10 倍频（频率对数差为 1）范围内计算 10 个频率点，即 PNT=10。频率扫描中的线路长度数据没有意义。特殊请求命令 \$ PUNCH 用于生成 pch 文件，供后续计算使用。频率扫描中通常不包含 \$ PUNCH 命令，但包含该命令也不会出错，只是会生成文件 500L1. pch，其中包括很多频率下的线路参数。

进行计算，得到文件 500L1. lis，其中部分内容如下：

```
C 频率行数据
C        1         2         3         4         5         6         7         8
C 345678901234567890123456789012345678901234567890123456789012345678901234567890
    100.        .05                                                 1    4 10

C 计算结果输出
  ------------- Zero sequence ---------------              ------------ Positive sequence ------------
C     α           β          R           L          C           α           β           R           L          C           f
   Alpha        Beta         R       L(milli-   C(micro-      Alpha        Beta         R       L(milli-   C(micro-   Frequency
 Neper/km    Radian/km    Ohm/km   Henry/km)  Farad/km)    Neper/km    Radian/km    Ohm/km   Henry/km)  Farad/km)       Hz
 1.5837E-05  2.5882E-05  2.8734E-02  4.6755E+00  9.0817E-03  2.2467E-05  2.4915E-05  2.7001E-02  8.9046E-01  1.3198E-02  5.0000E-01
 4.2716E-05  1.8738E-04  5.6107E-02  3.7135E+00  9.0817E-03  4.7656E-05  1.1776E-04  2.7069E-02  8.9016E-01  1.3198E-02  5.0000E+00
 2.1130E-04  1.3809E-03  2.0453E-01  2.0776E+00  9.0817E-03  5.6864E-05  1.0722E-03  2.9409E-02  8.8005E-01  1.3198E-02  5.0000E+01
 6.1618E-04  1.2781E-02  5.5207E-01  1.8183E+00  9.0817E-03  7.0493E-05  1.0672E-02  3.6286E-02  8.7422E-01  1.3198E-02  5.0000E+02
```

频率扫描时取 $G=0$。利用式（4－10）和上述 50Hz 下的参数，计算得零序、正序传播系数为

$$\gamma_0 = 2.1129\times10^{-4}+1.3809\times10^{-3}\mathrm{i}, \gamma_1 = 5.6864\times10^{-5}+1.0722\times10^{-3}\mathrm{i}$$

其中下标 0、1 分别表示零序、正序。计算结果与 ATP 计算的 50Hz 下的参数一致。

扩大频率范围，拷贝 ATP 计算的电阻、电感、衰减系数、相位系数参数至其他程序，绘制其随频率变化趋势，如图 7－9 所示。

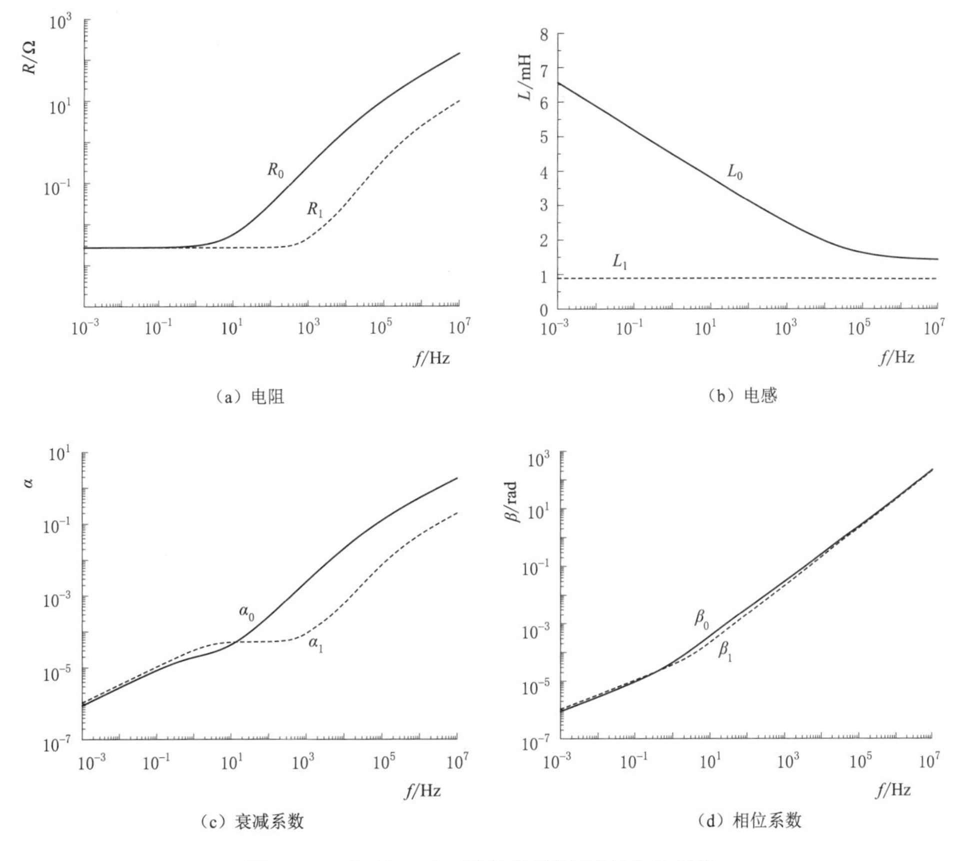

图 7－9　典型 500kV 线路参数随频率变化趋势

下标 0—零序；下标 1—正序

JMarti 模型的支持子程序 JMARTI SETUP 也具有扫频功能，但与 LINE CONSTANTS 的扫频功能侧重有所不同，具体为：①两者都计算 R、L、C；②JMarti 模型计算波阻抗 Z_c 和传播系数 A_1，而 LINE CONSTANTS 计算 α 和 β；③JMarti 模型中 $G \neq 0$，而 LINE CONSTANTS 中 $G=0$；④G 对 α 有明显影响。

关于 JMarti 模型，后文将详细说明。

在图 7－8 中选择 JMarti 模型，以下为相应的部分输出结果：

例 7－17

```
C 零序
=====   =====   Begin  Zc  fitting for mode  IMODE = 1    =====    =====
Units :  Freq in Hz;  R, L, G, and C per kilometer;  R in Ohms,  L in Millihenries,  G in mhos,  and  C in microfarads;
Zc  in Ohms  and  PHZC  in degrees.
     Freq         R           L           G           C           Zc        PHZC        Freq
  5.0000E-01 2.8734E-02 4.6755E+00 1.8641E-08 9.0816E-03 9.7308E+02-1.4882E+01 5.0000E-01
  5.0000E+00 5.6107E-02 3.7135E+00 1.8641E-08 9.0816E-03 6.7288E+02-1.0973E+01 5.0000E+00
  5.0000E+01 2.0453E-01 2.0776E+00 1.8641E-08 9.0816E-03 4.8963E+02-8.5125E+00 5.0000E+01
  5.0000E+02 5.5207E-01 1.8183E+00 1.8641E-08 9.0816E-03 4.4850E+02-2.7414E+00 5.0000E+02

   @@@@@  @@@@@   Begin  A1  fitting for mode  IMODE = 1    @@@@@  @@@@@
Units :  Freq in Hz;  R, L, G, and C per kilometer;  R in Ohms,  L in Millihenries,  G in mhos,  and  C in microfarads;
Velocity in kilometers/sec;  travel time in msec;  A1 is dimensionless;  PHA1 in degrees.
     Freq         R           L           G           C        Velocity   Trav.time     A1         PHA1        Freq
  3.1416E+00 2.8734E-02 4.6755E+00 1.8641E-08 9.0816E-03 1.4169E+05 6.3520E+01 8.0096E-01-1.1434E+01 3.1416E+00
  3.1416E+01 5.6107E-02 3.7135E+00 1.8641E-08 9.0816E-03 1.6883E+05 5.3308E+01 6.4422E-01-9.5955E+01 3.1416E+01
  3.1416E+02 2.0453E-01 2.0776E+00 1.8641E-08 9.0816E-03 2.2762E+05 3.9540E+01 1.4338E-01-7.1172E+02 3.1416E+02

C 正序
=====   =====   Begin  Zc  fitting for mode  IMODE = 2    =====    =====
Units :  Freq in Hz;  R, L, G, and C per kilometer;  R in Ohms,  L in Millihenries,  G in mhos,  and  C in microfarads;
Zc  in Ohms  and  PHZC  in degrees.
     Freq         R           L           G           C           Zc        PHZC        Freq
  5.0000E-01 2.7001E-02 8.9046E-01 1.8641E-08 1.3198E-02 7.7273E+02-2.9939E+01 5.0000E-01
  5.0000E+00 2.7068E-02 8.9016E-01 1.8641E-08 1.3198E-02 3.0622E+02-2.0746E+01 5.0000E+00
  5.0000E+01 2.9408E-02 8.8005E-01 1.8641E-08 1.3198E-02 2.5895E+02-2.9070E+00 5.0000E+01
  5.0000E+02 3.6286E-02 8.7422E-01 1.8641E-08 1.3198E-02 2.5738E+02-3.6559E-01 5.0000E+02

   @@@@@  @@@@@   Begin  A1  fitting for mode  IMODE = 2    @@@@@  @@@@@
Units :  Freq in Hz;  R, L, G, and C per kilometer;  R in Ohms,  L in Millihenries,  G in mhos,  and  C in microfarads;
Velocity in kilometers/sec;  travel time in msec;  A1 is dimensionless;  PHA1 in degrees.
     Freq         R           L           G           C        Velocity   Trav.time     A1         PHA1        Freq
  3.1416E+00 2.7001E-02 8.9046E-01 1.8641E-08 1.3198E-02 1.5269E+05 5.8945E+01 7.7395E-01-1.0610E+01 3.1416E+00
  3.1416E+01 2.7068E-02 8.9016E-01 1.8641E-08 1.3198E-02 2.6917E+05 3.3436E+01 6.3583E-01-6.0185E+01 3.1416E+01
  3.1416E+02 2.9408E-02 8.8005E-01 1.8641E-08 1.3198E-02 2.9304E+05 3.0712E+01 5.8657E-01-5.5282E+02 3.1416E+02
```

第 8 章

JMarti模型建立

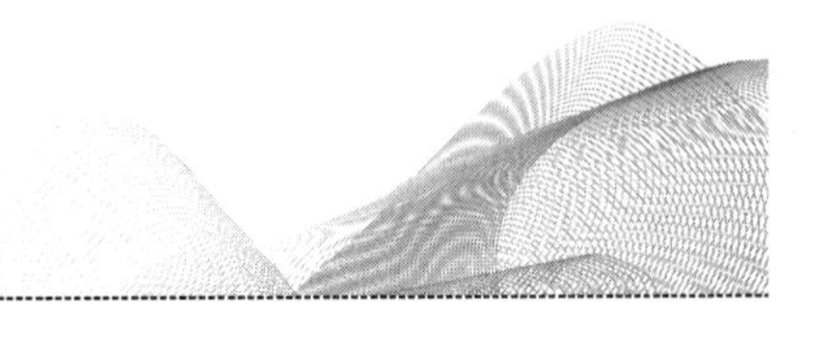

JMarti 模型是目前电磁暂态计算中广泛使用的线路频率相关模型，计算稳定，准确性高。ATP 计算 JMarti 模型参数时，调用两个支持子程序 LINE CONSTANTS（或 CABLE CONSTANTS、CABLE PARAMETERS）和 JMARTI SETUP。前者的功能和使用在前面多章中已经介绍，它进行用户指定频率范围下的线路参数计算，而后者将前者计算的离散参数进行拟合，拟合理论已在第 6 章中论述。

本章将介绍 ATP 中的 JMarti 模型，包括计算时各种选项和数据输入以及参数之间的验证。

8.1 基本选项和参数

以第 3.2 节 500kV 单回线路为例，在 ATPDraw 的 LCC 元件中，在 Data 页面填写导线的几何和材料参数，这与 Bergeron 或 PI 模型完全相同。在 Model 页面选择基本项、填写大地电阻率等参数，如图 8-1 所示。在 Name 后用户可输入任意文件名，图 8-1 中为 500L，则 ATPDraw 形成输入文件 500L. dat。之后 ATPDraw 调用 ATP 进行计算，计算结果文件为 500L. lis，500L. lib，500L. pch 等。

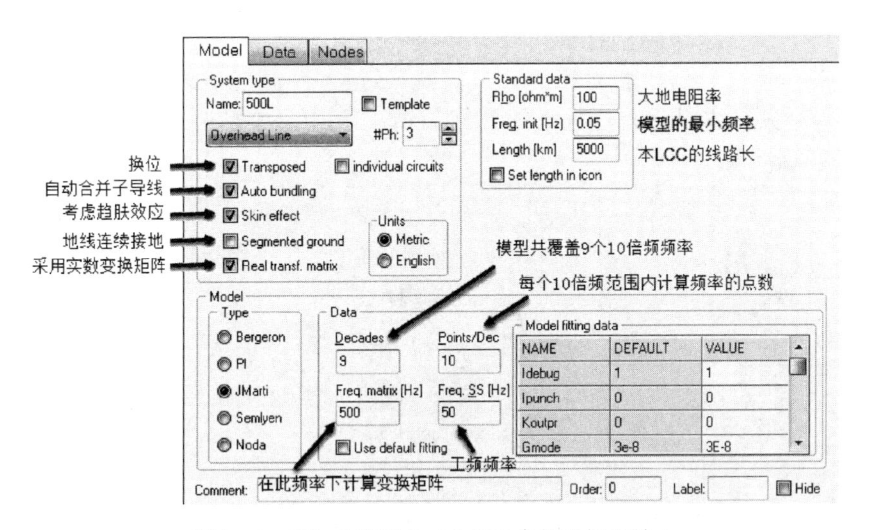

图 8-1　JMarti 模型 Model 页面参数选择和输入

当线路换位时，ATP 输入文件如下：

例 8－1

```
BEGIN NEW DATA CASE
JMARTI SETUP {调用子程序 JMARTI SETUP
$ERASE
BRANCH  IN___AOUT__AIN___BOUT__BIN___COUT__C
LINE CONSTANTS {调用子程序 LINE CONSTANTS
METRIC
  1.2173    .108 4          2.37    -13.    24.    15.    45.   0.0     4
  2.2173    .108 4          2.37     0.0    24.    15.    45.   0.0     4
  3.2173    .108 4          2.37     13.    24.    15.    45.   0.0     4
  0    .5   .374 4         1.484  -11.25    31.    23.5   0.0   0.0     0
  0    .5   .374 4         1.484   11.25    31.    23.5   0.0   0.0     0
BLANK CARD ENDING CONDUCTOR CARDS
    100.       50.                          170.
    100.        .05                         170.          9 10        {扫频数据行
BLANK CARD ENDING FREQUENCY CARDS
BLANK CARD ENDING LINE CONSTANT
                 1       0       0   3.E-8
                .3      30       0      1      0      0      0
                .3      30       0      1      0      0      0      0
$PUNCH
BLANK CARD ENDING JMARTI SETUP
BEGIN NEW DATA CASE
BLANK CARD
```

第 2 行 JMARTI SETUP 表示调用该子程序来拟合线路频率相关参数。之后数据行与计算 Bergeron 模型参数时的数据行相同。接着是频率数据行，JMARTI 模型的一个算例有 2 行（换位）或 3 行（不换位）频率数据，而 Bergeron 模型的一个算例有一行频率数据。在频率数据行之后，新增 3 行数据，这些数据与参数拟合有关，后文详述。如果选择图 8－1中的复选框 Use default fitting，则在输入文件中以一行文字取代这 3 行数据，其内容为

```
DEFAULT
```

表示使用缺省数据，后文详细解释。

JMarti 模型频率数据行的行数与线路换位情况有关，如换位，有 2 行数据；如不换位，有 3 行数据。

例 8－2

```
C 线路不换位时的频率行
    100.       500.                         170.                  1
    100.        50.                         170.                  1
    100.        .05                         170.          9 10    1
C 线路换位时的频率行
    100.        50.                         170.
    100.        .05                         170.          9 10
```

8.2 频 率 数 据 行

JMarti 模型频率数据行参数见表 8－1，同时表中有 Bergeron 和 PI 模型等频率数据行

表 8-1 Bergeron、PI、JMarti 模型频率数据行参数组合

ATP	ATPDraw		1	2		3		4			5					6			7				8	输出
		12345678	9012345678	9012345678	9	012345	6	789012	3	4	56789012	3	4567	8	9	012	345	6789	0	12	345	678	90	
		RHO	FREQ	FCAR		ICPR		IZPR		ICAP	DIST		IPIPR	ISEG	MUTUAL	DEC	PNT		MODAL	TR		PUN		
Bergeron 模型（行波模型）	有	■	■	■							■			■					■	■				lis pch lib
PI 模型	部分有	■	■	■		■		■		■	■		■	■								■		lis pch lib
基本参数计算	无	■	■	■		■		■		■				■										lis
频率扫描	无	■	■	■										■		■	■							lis
JMarti 模型	有	■	■	■							■			■		■	■		■	■				lis pch lib

注：“■”表示需要相应参数。

参数，以方便比较。在频率行的数据中，除频率之外，其他数据与 Bergeron 或 PI 模型中对应数据的作用相同，以下仅对线路换位、不换位时的频率值进行说明。

1. 线路不换位

如果线路不换位，MODAL=1。

第 1 行中频率数据，在例 8-2 中为 500，对应 ATPDraw 界面上的 Freq. Matrix，该值一般选择电磁暂态过程的主要频率，如计算操作过电压时可取 500~2000Hz。在第 5.2.3 节中指出，线路参数随频率变化，不换位线路的相模变换矩阵 $\boldsymbol{T}_{\mathrm{i}}$ 也随频率变化。虽然对架空线路而言，在一个较大的频率范围内，这个变化比较小，但使用主要频率下的 $\boldsymbol{T}_{\mathrm{i}}$ 能够使得计算更加准确。

第 2 行频率数据，在例 8-2 中为 50，对应 ATPDraw 界面上的 Freq. SS，是工频频率，我国为 50Hz，用于计算工频参数。

第 3 行频率数据，在例 8-2 中为 0.05，对应 ATPDraw 界面上的 Freq. init，是 JMarti 模型所要扫频计算频率范围的起始频率。终止频率与起始频率的对数差等于 ATPDraw 界面上的 Decades，对应 ATP 内部变量 DEC。在每个 10 倍频范围内计算的频率点数为 Points/Dec，对应 ATP 内部变量 PNT。

2. 线路换位

如果线路换位，MODAL=0 或空格，则只有上述的第 2、第 3 行频率数据，没有第 1 行数据，因为平衡换位线路的相模变换矩阵 $\boldsymbol{T}_{\mathrm{i}}$ 不随频率变化。

8.3 拟合控制参数

建立 JMarti 模型，其实就是对离散的波阻抗、权函数幅频特性的拟合，拟合过程中的控制参数有 21 个。在 ATPDraw 界面中，控制参数在 Model 页面的 Model fitting data 区域，如图 8-2 所示。在 ATP 的输入文件中，控制参数占 3 行。在多数情况下，使用缺省值即可满足要求。但修改部分参数，如增加屏幕绘图，可以使拟合过程更加直观，且部分控制参数的变化会使特性阻抗曲线明显发生变化。对于初级用户，建议采用缺省值。

NAME	DEFAULT	VALUE
Idebug	1	1
Ipunch	0	0
Koutpr	0	0
Gmode	3e-8	3e-7
EpsTol(Zc)	0.3	0.3
NorMax(Zc)	30	30
IeCode(Zc)	0	0
IfWta(Zc)	1	1
IfPlot(Zc)	0	1
IFDat(Zc)	0	1
InElim(Zc)	0	0
EpsTol(A1)	0.3	0.3
NorMax(A1)	30	30
IeCode(A1)	0	0
IfWta(A1)	1	1
IfPlot(A1)	0	1
IfDat(A1)	0	1
InElim(A1)	0	0
AMinA1(A1)	0	0

图 8-2　修改 JMarti 模型拟合中的缺省参数

1. 第 1 行，综合参数

综合参数共有 4 个。

（1）Idebug，控制诊断输出，通常取 1，选其他数值（2、3 或 4）时输出更多。

（2）Ipunch，控制 pch 生成。Ipunch=0，在磁盘生成后缀为 pch 的文件，其格式完全符合后续电磁暂态计算需要。Ipunch=0，无 pch 文件输出。

（3）Koutpr，该参数与拟合没有关系，而是被写入 pch 文件中。pch 文件被引入 ATP 的主输入文件中，该参数控制电磁暂态计算后输出的 lis 文件中 JMarti 模型参数的数量。

Koutpr=空格或0，输出JMarti模型所有参数；Koutpr=1，输出部分参数；Koutpr=2，输出更少参数。

（4）Gmode，模量线路对地导纳 G，缺省值为 3×10^{-8}S/km。G 值不同，在频率较低时的波阻抗 Z_c 不同。

2. 第2行，波阻抗 Z_c 拟合参数

波阻抗 Z_c 拟合参数共有8个。

（1）Nexmis，为不同模量选择不同的拟合参数，在图8-2中未出现。Nexmis通常为空白，表示所有模量使用相同的拟合参数。如Nexmis=N，表示第 N 个模量使用不同的拟合参数。

（2）EpsTol，波阻抗拟合允许百分误差。拟合采用最小二乘法，误差为平均值，但不包括频率范围上、下限的附近区域（约占0.001%）。如果Epstol的内容空白或0，则采用缺省值0.3。

（3）NoMax，最大极点数，即有理函数的最大阶数。如果NoMax的内容空白或0，采用缺省值30。

（4）IeCode，拟合方式。如果IeCode=1，NoMax控制拟合结果。如果IeCode=0，由EpsTol控制拟合结果，但可能达不到要求。此时如增加NoMax，有可能达到要求。高阶不保证高精度。

（5）IfWtal，控制拟合数据的列表输出。IfWtal=1，对比输出波阻抗幅值、相角拟合前后的数据。波阻抗拟合前为离散的理论计算数据，而拟合后为一个有理函数。IfWtal=0，无此输出。

（6）IfPlot，控制图形输出。IfPlot=1，有3种图形输出方式，具体如下：

1）方式1。在计算结果lis文件中有拟合前后 Z_c 随频率变化的曲线。在今天看来，这种曲线过于粗略，但在当时，这也是打印、浏览拟合效果的一种可行方法。

2）方式2。屏幕显示拟合前后 Z_c 随频率变化的曲线，比方式1中图形效果好很多。

3）方式3。有的ATP版本能够输出后缀为ps的图形文件，可以用PS View或Adobe Acrobat Distiller打开，其效果接近方式2中的图形，但缺点是调整图形比较困难。

（7）IfDat，控制线路基本参数（电阻、电感、电容、波阻抗、传播系数）的列表输出。IfDat=1，有该项输出；IfDat=0，无该项输出。如果关心线路频率特性的具体数据，该选项非常重要。

（8）InElim，控制拟合过程。拟合过程中不断增加 Z_c 的等值有理函数的阶数，以期获得最佳阶数。如果InElim=0，当拟合误差大于以前最小误差的5倍时，阶数不再增加，拟合结束。如果InElim=1，则没有这一限定，但总体需满足EpsTol或NoMax的要求。

3. 第3行，权函数 A_1 拟合参数

权函数 A_1 拟合参数共有9个，前8个参数与波阻抗 Z_c 拟合参数完全相同，新增1个参数AMinA1。当拟合过程中某频率点的 $|A_1|<$AMinA1，该点被舍弃。如果AMinA1的内容空白或0，则采用缺省值0.05。

8.4 模型参数计算

500kV 线路的 JMarti 模型 Model 页面中参数和选项如图 8－1 所示。为了获得较多信息，修改拟合参数缺省值如图 8－2 所示。具体修改 $G=3\times10^{-7}$，使低频下的零序波阻抗曲线呈现峰值，与其他教科书中的结果一致；修改 IfPlot＝1，拟合过程中将在屏幕绘图；修改 IfDat＝1，在 lis 文件中输出线路的电阻、电感、电容等参数。

8.4.1 lis 文件

在 lis 文件中，有关零序波阻抗 Z_c、权函数 A_1 的内容如下：

C 线路零序参数，包括波阻抗 Z_c。注意，G 不是 3×10^{-7}，而是 1.8641×10^{-7}，后文解释。
C PHZC 为波阻抗 Z_c 的相角。

```
Units: Freq in Hz;  R, L, G, and C per kilometer; R in ohms, L in Millihenries,G in mhos,and C in microfarads; Zc in Ohms and PHZC in degrees.
     Freq          R           L          G          C          Zc          PHZC        Freq
C    频率          电阻        电感       电导       电容       波阻抗幅值、相角
  5.0000E-02 2.7151E-02 5.3856E+00 1.8641E-07 9.0816E-03 3.8199E+02 1.3445E+00 5.0000E-02
…
  5.0000E-01 2.8734E-02 4.6755E+00 1.8641E-07 9.0816E-03 4.1367E+02 9.1871E+00 5.0000E-01
…
  5.0000E+00 5.6107E-02 3.7135E+00 1.8641E-07 9.0816E-03 6.1632E+02 3.7374E+00 5.0000E+00
…
  3.1548E+01 1.7985E-01 2.2650E+00 1.8641E-07 9.0816E-03 5.1695E+02-7.9592E+00 3.1548E+01
  3.9716E+01 1.9296E-01 2.1571E+00 1.8641E-07 9.0816E-03 5.0148E+02-7.5093E+00 3.9716E+01
  5.0000E+01 2.0453E-01 2.0776E+00 1.8641E-07 9.0816E-03 4.8911E+02-6.8306E+00 5.0000E+01
  6.2946E+01 2.1556E-01 2.0203E+00 1.8641E-07 9.0816E-03 4.7969E+02-6.0635E+00 6.2946E+01
  7.9245E+01 2.2727E-01 1.9789E+00 1.8641E-07 9.0816E-03 4.7269E+02-5.3139E+00 7.9245E+01
…
  5.0000E+02 5.5207E-01 1.8183E+00 1.8641E-07 9.0816E-03 4.4849E+02-2.5729E+00 5.0000E+02
…
  5.0000E+03 4.6077E+00 1.6112E+00 1.8641E-07 9.0816E-03 4.2208E+02-2.5819E+00 5.0000E+03
…
  1.9905E+04 1.6202E+01 1.4843E+00 1.8641E-07 9.0816E-03 4.0505E+02-2.4892E+00 1.9905E+04
…
  5.0000E+07 2.0323E+03 1.2350E+00 1.8641E-07 9.0816E-03 3.6877E+02-1.5005E-01 5.0000E+07
```

C 拟合 Z_c

```
   IKNEE = 3    curve zones  XKNEE :      -1.301      0.819      7.699
    ###  Begin allocation loop number  1
   ---  Least square average error  D1 = 3.51004085E-01 ;   check error  D2 =  3.52832026E-01
        Number of poles  NPOLE = 14      Number of zeros  NZERO = 14
        Error criterion used: least-square check error less than   0.300   percent.
    ###  Begin allocation loop number  2
   ---  Least square average error  D1 = 3.62436359E-01 ;   check error  D2 =  3.64337269E-01
        Number of poles  NPOLE = 15      Number of zeros  NZERO = 15
        Error criterion used: least-square check error less than   0.300   percent.
    ###  Begin allocation loop number  3
   ---  Least square average error  D1 = 3.39940987E-01 ;   check error  D2 =  3.41671163E-01
        Number of poles  NPOLE = 16      Number of zeros  NZERO = 16
        Error criterion used: least-square check error less than   0.300   percent.
    ###  Begin allocation loop number  4
   ---  Least square average error  D1 = 3.51268340E-01 ;   check error  D2 =  3.53054080E-01
        Number of poles  NPOLE = 20      Number of zeros  NZERO = 20
        Error criterion used: least-square check error less than   0.300   percent.
    ###  Begin allocation loop number  5
The number of poles  NPOLES = 33   in this loop exceeds the specified limit  NORMAX = 30
 --- The maximum tolerance criterion  EPSTOL = 1.69242672E-06   could not be met.
Curve type  IFTYPE = 1      Reference level  D1 = 3.68769004E+02      Number poles = 16      Number zeros = 16
```

C 经计算，EPSTOL(允许的百分误差)=1.69242672E-06，但是在规定的最大阶数 NORMAX=30 之内，没能满足误差要求。而在极点和零点等于 16 时，误差最小。因此，最后的拟合结果是，极点和零点等于 16。

C 以下比较 Z_c 拟合值与原始值
C ZCMAG—Z_c 的模
C ZCEQMAG—拟合后 Z_c 的模
C DELMAG—模值百分误差
C ZCPH—Z_c 的相角
C ZCEQPH—拟合后 Z_c 的相角
C DELPH—相角误差(°)

Table of Zc vs. ZCEQ for mode 1 follows:

Frequency in Hertz	ZCMAG in Ohms	ZCEQMAG in Ohms	DELMAG in percent	ZCPH degrees	ZCEQPH degrees	DELPH degrees
5.000000000E-02	3.819935682E+02	3.824075540E+02	1.083750689E-01	1.344461688E+00	1.196893044E+00	1.475686441E-01
...						
5.000000000E-01	4.136681342E+02	4.139532457E+02	6.892276666E-02	9.187056898E+00	9.417570406E+00	2.305135082E-01
...						
5.000000000E+00	6.163166886E+02	6.154499191E+02	-1.406370219E-01	3.737448356E+00	3.789734756E+00	5.228640019E-02
...						
3.154786722E+01	5.169536103E+02	5.169212092E+02	-6.267691607E-03	-7.959173277E+00	-7.648330821E+00	3.108424563E-01
3.971641174E+01	5.014755414E+02	5.029774841E+02	2.995046747E-01	-7.509311901E+00	-7.239864518E+00	2.694473832E-01
5.000000000E+01	4.891097309E+02	4.916626496E+02	5.219521306E-01	-6.830556628E+00	-6.697755145E+00	1.328014828E-01
6.294627059E+01	4.796882624E+02	4.824746359E+02	5.808717211E-01	-6.063547618E+00	-6.117624121E+00	5.407650261E-02
7.924465962E+01	4.726895610E+02	4.748544372E+02	4.579911111E-01	-5.313880797E+00	-5.544877410E+00	2.309966136E-01
...						
5.000000000E+02	4.484929755E+02	4.474435450E+02	-2.339903937E-01	-2.572899435E+00	-2.332173351E+00	2.407260836E-01
...						
5.000000000E+03	4.220768651E+02	4.214877144E+02	-1.395837462E-01	-2.581875560E+00	-2.475018886E+00	1.068566739E-01

...

C 拟合前后|Z_c|随频率变化曲线。

```
Plot of  Zc  in ohms  vs.  frequency in Hertz,  for mode  IMODE = 1.
Symbols for points:  "0" = theoretical;  "I" = fitted;  "*" = intersection.
  Theory      fitted    freq in Hz    col.  1 = 3.31892095E+02                    col. 91 = 6.81453318E+02
                                     .1........1........1........1........1........1........1........1........1........1........1
3.8199E+02  3.8241E+02  5.0000E-02                     *
3.8311E+02  3.8303E+02  7.9245E-02                     *
3.8524E+02  3.8456E+02  1.2559E-01                      *
3.8944E+02  3.8826E+02  1.9905E-01                       *
3.9774E+02  3.9669E+02  3.1548E-01                         *
4.1367E+02  4.1395E+02  5.0000E-01                            *
4.4193E+02  4.4386E+02  7.9245E-01                                   0I
4.8537E+02  4.8682E+02  1.2559E+00                                               *
5.3931E+02  5.3848E+02  1.9905E+00                                                            *
5.8868E+02  5.8687E+02  3.1548E+00                                                                         *
6.1632E+02  6.1545E+02  5.0000E+00                                                                               *
6.1594E+02  6.1584E+02  7.9245E+00                                                                               *
5.9220E+02  5.9074E+02  1.2559E+01                                                                          *
5.5481E+02  5.5249E+02  1.9905E+01                                                                *
5.1695E+02  5.1692E+02  3.1548E+01                                                       *
4.8911E+02  4.9166E+02  5.0000E+01                                               0I
4.7269E+02  4.7485E+02  7.9245E+01                                           0I
4.6353E+02  4.6299E+02  1.2559E+02                                         *
4.5769E+02  4.5507E+02  1.9905E+02                                       *
4.5299E+02  4.5042E+02  3.1548E+02                                      *
4.4849E+02  4.4744E+02  5.0000E+02                                     *
4.4380E+02  4.4437E+02  7.9245E+02                                    *
4.3876E+02  4.3975E+02  1.2559E+03                                   *
4.3338E+02  4.3335E+02  1.9905E+03                                 *
4.2778E+02  4.2678E+02  3.1548E+03                                I0
4.2208E+02  4.2149E+02  5.0000E+03                               *
4.1634E+02  4.1682E+02  7.9245E+03                              *
4.1063E+02  4.1132E+02  1.2559E+04                            *
4.0505E+02  4.0480E+02  1.9905E+04                           *
3.9971E+02  3.9880E+02  3.1548E+04                         *
3.9474E+02  3.9421E+02  5.0000E+04                        *
3.9023E+02  3.9032E+02  7.9245E+04                       *
3.8624E+02  3.8643E+02  1.2559E+05                      *
3.8281E+02  3.8284E+02  1.9905E+05                     *
3.7992E+02  3.7989E+02  3.1548E+05                    *
3.7753E+02  3.7753E+02  5.0000E+05                    *
3.7558E+02  3.7559E+02  7.9245E+05                   *
3.7400E+02  3.7400E+02  1.2559E+06                   *
3.7273E+02  3.7273E+02  1.9905E+06                   *
3.7172E+02  3.7171E+02  3.1548E+06                  *
3.7091E+02  3.7091E+02  5.0000E+06                  *
3.7027E+02  3.7028E+02  7.9245E+06                  *
3.6976E+02  3.6975E+02  1.2559E+07                  *
3.6935E+02  3.6932E+02  1.9905E+07                  *
3.6903E+02  3.6904E+02  3.1548E+07                  *
3.6877E+02  3.6889E+02  5.0000E+07                 0I
```

C 线路零序参数，包括权函数 A_1。
C Velocity—波速
C Trav.time—波传播时间
C PHA1—A_1 的相角
C 注意，下面 Freq 不是频率，而是角频率，程序输出说明 Freq in Hz 不正确
Units: Freq in Hz; R, L, G, and C per kilometer; R in ohms, L in Millihenries, G in mhos, and C in microfarads;
Velocity in kilometers/sec; travel time in msec; A1 is dimensionless; PHA1 in degrees.

	Freq	R	L	G	C	Velocity	Trav.time	A1	PHA1	Freq
C	频率	电阻	电感	电导	电容	波速	传播时间	权函数幅值、相角		
	3.1416E-01	2.7151E-02	5.3856E+00	1.8641E-07	9.0816E-03	1.1381E+05	1.4937E+00	9.8798E-01	-2.6886E-02	3.1416E-01
	3.9550E-01	2.7192E-02	5.3160E+00	1.8641E-07	9.0816E-03	1.1507E+05	1.4773E+00	9.8796E-01	-3.3477E-02	3.9550E-01
	4.9791E-01	2.7243E-02	5.2463E+00	1.8641E-07	9.0816E-03	1.1639E+05	1.4607E+00	9.8795E-01	-4.1670E-02	4.9791E-01
	6.2683E-01	2.7308E-02	5.1764E+00	1.8641E-07	9.0816E-03	1.1776E+05	1.4436E+00	9.8793E-01	-5.1847E-02	6.2683E-01
…										
	4.9791E+04	7.0924E+00	1.5677E+00	1.8641E-07	9.0816E-03	2.6475E+05	6.4211E-01	2.3315E-01	-1.8318E+03	4.9791E+04
	6.2683E+04	8.7653E+00	1.5463E+00	1.8641E-07	9.0816E-03	2.6658E+05	6.3770E-01	1.6360E-01	-2.2903E+03	6.2683E+04
	7.8913E+04	1.0798E+01	1.5252E+00	1.8641E-07	9.0816E-03	2.6843E+05	6.3332E-01	1.0604E-01	-2.8635E+03	7.8913E+04
	9.9346E+04	1.3253E+01	1.5045E+00	1.8641E-07	9.0816E-03	2.7027E+05	6.2900E-01	6.2568E-02	-3.5803E+03	9.9346E+04

C 拟合 A_1
IKNEE = 2   curve zones XKNEE :   -1.301   4.199
Begin allocation loop number 1
--- Least square average error D1 = 1.13828691E+00 ; check error D2 = 3.29005839E-01
Number of poles NPOLE = 12   Number of zeros NZERO = 10
Error criterion used: least-square check error less than 0.300 percent.
Begin allocation loop number 2
--- Least square average error D1 = 1.13522789E+00 ; check error D2 = 3.89062670E-01
Number of poles NPOLE = 14   Number of zeros NZERO = 12
Error criterion used: least-square check error less than 0.300 percent.
Begin allocation loop number 3
--- Least square average error D1 = 1.13388720E+00 ; check error D2 = 3.83192647E-01
Number of poles NPOLE = 18   Number of zeros NZERO = 16
Error criterion used: least-square check error less than 0.300 percent.
Begin allocation loop number 4
--- Least square average error D1 = 1.13375990E+00 ; check error D2 = 3.82683629E-01
Number of poles NPOLE = 20   Number of zeros NZERO = 18
Error criterion used: least-square check error less than 0.300 percent.
Begin allocation loop number 5
--- Least square average error D1 = 8.90229724E-01 ; check error D2 = 2.48763202E-01
Number of poles NPOLE = 29   Number of zeros NZERO = 27
Error criterion used: least-square check error less than 0.300 percent.
The phase displacement TAU = 1000*TAUR = 5.99612410E-01 msec. The travel time at 10.0**XDAT(NDATA) = 1.58113883E+04 Hz equals 1000*TRAVHF = 6.24751634E-01 msec.
Curve type IFTYPE = 2   Reference level D1 = 1.32794654E+07   Number poles = 29   Number zeros = 27

C A_1 拟合值与原始值比较。
C A1MAG—A_1 的模
C A1EQMAG—拟合后 A_1 的模
C DELMAG—模值百分误差
C A1PH—A_1 的相角
C A1EQPH—拟合后 A_1 的相角
C DELPH—相角误差(°)
C P1PH—式(6-47)中 $P(\omega)$ 相角，P1PH=A1EQPH+$\omega\times$TAU
C TAU—式(6-47)的时延 τ_1
C DELTAU—TAU 的百分误差
Table of A1 vs. A1EQ for mode 1   P1PH = A1EQPH + OMEGA * TAU

Frequency in Hertz	A1MAG per unit	A1EQMAG per unit	DELMAG percent	A1PH degrees	A1EQPH degrees	DELPH degrees	P1PH per unit	TAU msec	DELTAU percent
5.00000E-02	9.87975E-01	9.87968E-01	-7.84026E-04	-2.68862E-02	-2.56049E-02	1.28137E-03	-1.48119E-02	6.70800E-01	1.18722E+01
…									
5.00000E-01	9.87459E-01	9.87435E-01	-2.43729E-03	-2.33401E-01	-2.36798E-01	3.39691E-03	-1.28868E-01	5.80741E-01	-3.14732E+00
…									
5.00000E+00	9.82612E-01	9.82182E-01	-4.37459E-02	-1.78204E+00	-1.80263E+00	2.05936E-02	-7.23327E-01	5.88172E-01	-1.90805E+00
…									
3.15479E+01	9.62587E-01	9.63146E-01	5.80481E-02	-8.84708E+00	-8.84445E+00	2.63681E-03	-2.03451E+00	5.99845E-01	3.87200E-02
3.97164E+01	9.59825E-01	9.60302E-01	4.97601E-02	-1.08558E+01	-1.08720E+01	1.62772E-02	-2.29884E+00	5.98474E-01	-1.89861E-01
5.00000E+01	9.57333E-01	9.57587E-01	2.65594E-02	-1.33902E+01	-1.34199E+01	2.96730E-02	-2.62684E+00	5.97964E-01	-2.74928E-01
6.29463E+01	9.54989E-01	9.54948E-01	-4.29972E-03	-1.65962E+01	-1.66301E+01	3.39679E-02	-3.04252E+00	5.98113E-01	-2.49992E-01
7.92447E+01	9.52594E-01	9.52278E-01	-3.31373E-02	-2.06501E+01	-2.06782E+01	2.80184E-02	-3.57238E+00	5.98630E-01	-1.63795E-01
…									
5.00000E+02	8.94180E-01	8.95212E-01	1.15448E-01	-1.24473E+02	-1.24581E+02	1.07558E-01	-1.66506E+01	5.99015E-01	-9.96550E-02
…									
1.25594E+04	1.06044E-01	1.05026E-01	-9.60571E-01	-2.86350E+03	-2.85778E+03	5.72238E+00	-1.46691E+02	6.00878E-01	2.11073E-01
1.58114E+04	6.25676E-02	6.67386E-02	6.66648E+00	-3.58032E+03	-3.57001E+03	1.03155E+01	-1.56955E+02	6.01425E-01	3.02237E-01

C 注意，实际拟合频率上限 15811.4Hz 小于所要求上限 5×10^7Hz。因为拟合控制参数 AMinA1=0 或空格，表示 AMinA1 取缺省值 0.05。当拟合过程中某频率点的 $|A_1|$ < AMinA1 时，该点以及更高的频率点被舍弃

```
C 拟合前后|A1|随频率变化曲线。
Plot of  A1  in ohms  vs.  frequency in Hertz,  for mode  IMODE = 1.
Symbols for points :   "0" = theoretical;   "I" = fitted;   "*" = intersection.
A1MAG     A1EQMAG         FREQ   0.0000E+00                                                                1.0000E+00
                                .1........1........1........1........1........1........1........1........1........1........1........1
9.8798E-01  9.8797E-01  5.0000E-02                                                                                                  *
9.8795E-01  9.8796E-01  7.9245E-02                                                                                                  *
9.8791E-01  9.8793E-01  1.2559E-01                                                                                                  *
9.8783E-01  9.8786E-01  1.9905E-01                                                                                                  *
9.8770E-01  9.8771E-01  3.1548E-01                                                                                                  *
9.8746E-01  9.8743E-01  5.0000E-01                                                                                                  *
9.8706E-01  9.8701E-01  7.9245E-01                                                                                                  *
9.8644E-01  9.8645E-01  1.2559E+00                                                                                                  *
9.8557E-01  9.8564E-01  1.9905E+00                                                                                                  *
9.8439E-01  9.8432E-01  3.1548E+00                                                                                                  *
9.8261E-01  9.8218E-01  5.0000E+00                                                                                                 *
9.7967E-01  9.7897E-01  7.9245E+00                                                                                                 *
9.7499E-01  9.7456E-01  1.2559E+01                                                                                                 *
9.6885E-01  9.6906E-01  1.9905E+01                                                                                                *
9.6259E-01  9.6315E-01  3.1548E+01                                                                                                *
9.5733E-01  9.5759E-01  5.0000E+01                                                                                               *
9.5259E-01  9.5228E-01  7.9245E+01                                                                                               *
9.4665E-01  9.4621E-01  1.2559E+02                                                                                              *
9.3718E-01  9.3738E-01  1.9905E+02                                                                                             *
9.2115E-01  9.2213E-01  3.1548E+02                                                                                            *
8.9418E-01  8.9521E-01  5.0000E+02                                                                                        0I
8.5021E-01  8.5049E-01  7.9245E+02                                                                                     *
7.8172E-01  7.8081E-01  1.2559E+03                                                                              *
6.8220E-01  6.8084E-01  1.9905E+03                                                                      *
5.4979E-01  5.4896E-01  3.1548E+03                                                           *
3.9237E-01  3.8910E-01  5.0000E+03                                              *
2.3315E-01  2.2636E-01  7.9245E+03                                 I0
1.0604E-01  1.0503E-01  1.2559E+04                      I0
```

观察对 A_1 的拟合过程，可以发现拟合频率上限为 12559Hz，远远小于所要求上限 5×10^7Hz。这是因为拟合控制参数 AMinA1=0 或空格，表示 AMinA1 取缺省值 0.05。当拟合过程中某频率下的 $|A_1|$<AMinA1 时，该频率点以及更高的频率点被舍弃。上面计算中，当频率 f=12559Hz 时，$|A_1|=0.0626$，接近 0.05。下一个频率点为 f=19905Hz，前面已经计算得该频率下参数：$R=16.202\Omega/\text{km}$，$L=1.4843\text{mH/km}$，$G=1.8641\times10^{-7}\text{S/km}$，$C=9.0816\times10^{-3}\mu\text{F/km}$，则

$$\gamma=\sqrt{(R+\mathrm{j}\omega L)(G+\mathrm{j}\omega C)}=0.020057+0.45962\mathrm{i}$$

$$A_1=\mathrm{e}^{-\gamma l}=-0.030376-0.013027\mathrm{i}$$

$$|A_1|=0.033052$$

其中，l=170km。很明显，$|A_1|=0.033052<0.05$，所以 ATP 在建立 JMarti 模型拟合 A_1 时的实际上限频率为 12559Hz。

lis 文件中正序 Z_c、A_1 的内容与零序类似。

JMarti 模型参数计算和拟合中，其实对于换位三相线路，ATP 的输出 lis 文件中称零序、正序为模 1、模 2，对应的提示为 IMODE=1、IMODE=2。如果线路不换位，则输出 3 个模量参数，提示分别为 IMODE=1、2、3。

8.4.2 pch 文件

pch 文件内容才是用于电磁暂态计算的 JMarti 模型参数，ATP 将 pch 文件全部拷贝在 lis 文件最后，具体为

```
C        1         2         3         4         5         6         7         8
C 345678901234567890123456789012345678901234567890123456789012345678901234567890
C                             SKIP   PDT0                  NP
-1IN___AOUT__A                 2.   0.00                -2  {SKIP=2, PDT0=0.00
      16        3.68769003940193500000E+02  {特征阻抗为 16 阶，第 2 个数字为频率无穷大时的波阻抗
  -1.44322507056189640E+02   -3.44640819421926210E+02   -3.65936232645235710E+03
   1.35585709866902940E+04    6.90447925737414520E+03    1.77060354266949400E+04
   3.43017614526043880E+05    2.85115064720702730E+06    8.91152465514812800E+06
   5.76101549778391700E+06    4.55705451128637050E+06    6.86714232790051960E+06
   8.87917904033470900E+06    1.69350588897193860E+07    3.49980823088660990E+07
   1.27945043338022310E+08
   4.59486600596895740E+00    6.88700604042742800E+00    1.63171251136510310E+01
   8.25722441152284010E+01    1.44077485670336730E+02    6.31431071092319600E+02
   1.22057314654487670E+04    1.08715203149189230E+05    7.14953322138307030E+05
   1.88887406374381990E+06    3.01630189861567230E+06    4.59472884331558270E+06
   6.01607510819622500E+06    1.13986302525965830E+07    2.35726521709116960E+07
   8.64050808350024970E+07
      29        5.99612410004047010000E-04 {权函数为29阶，第 2 个数字为式(6-46)中的τ1，接近频率无
                                          {穷大时波的传播时间
   5.81004468200137840E-03    2.56745751924715330E-02    4.06184408080655510E-02
   5.28502672502695340E-02    6.23058843850712380E-02    7.37649762386511500E-02
…
   1.61121250472209600E+02    9.97693365067588050E+02    3.35216509504259370E+03
   5.85819562319789200E+03    1.96244447630936510E+05    2.72947539923260230E+04
  -4.14510216275740930E+06    3.91118326704856890E+06
   4.35689537978888190E+00    1.91020780604926230E+01    3.01492472938800620E+01
   3.89484983171728060E+01    4.65745411150872000E+01    5.43184738141748440E+01
…
   2.97695455305657920E+03    6.89074352458468000E+03    1.16239622070561020E+04
   1.94483917489790360E+04    3.92999104562319330E+04    7.91230243011248390E+04
   4.58964724357126110E+04    4.59423689081483030E+04
-2IN___BOUT__B                 2.   0.00                -2
       8        2.53648292756340990000E+02  {特征阻抗为 8 阶，第 2 个数字为频率无穷大时的波阻抗
   1.29619572755217520E+03    4.23534914373177120E+02    2.53027752224733580E+02
   2.01786978709554320E+02    1.12879081002392130E+02    1.73513462540764390E+03
   2.07261897170357960E+05    6.36226020132069760E+06
   1.46454384943910560E+01    2.19711066854714510E+01    3.02439372321622780E+01
   4.38042440377589840E+01    8.10854523427878320E+01    1.10064829442288940E+03
   1.30275007435107730E+05    4.02578504992273220E+06
      11        5.69854677167251160000E-04 {权函数为 11 阶，第 2 个数字为式(6-46）中的τ1
   7.62155410630473630E+00    4.10551545316876410E+01    1.68137862971702050E+02
   5.35578231355016440E+02    7.05805215706564010E+03    9.93471116170814300E+02
   5.07532833642584010E+04    2.63380307583584510E+05    1.81411015987322900E+06
   6.59307978023327230E+08   -6.61445025690212610E+08
   1.58871730601996410E+03    1.37542972061584240E+04    1.34451143483272300E+04
   2.54842569767588100E+04    9.85421547355915100E+04    1.80609590478199480E+05
   1.53803879493204000E+05    3.83345860095197160E+05    1.09735044977542970E+06
   8.19857566036765230E+05    8.20677423602803140E+05
-3IN___COUT__C                 2.   0.00                -2
…
C 换位线路，模 3 与模 2 参数相同，故省略。
```

每个模量有 7 组参数，将其顺序及意义说明如下：

1. 第 1 组数据共 1 行，模基本参数

（1）每个模量首行前两列为-1、-2、-3、…，即负号+模编号。

（2）SKIP，控制后续计算时 lis 文件中模量参数的多少。JMarti 模型的每个模量有很多参数，如果在后续计算中全部输出到相应的 lis 文件中，则过于冗长。SKIP = 空格或 0，

在 lis 文件中输出该模的全部参数；SKIP=1，不输出零点、极点参数，即不包括后文中的第 3、4、6、7 组数据。SKIP=2，不输出极点、零点参数，也不输出 Z_c、A_1 的基本参数，即不包括后文中的第 2、5 组数据。本例中 SKIP=2。

（3）PDT0，控制在电磁暂态计算中降低 Z_c、A_1 的阶数。PDT0=空格或 0，不降阶。如果用户想加速计算过程，为 PDT0 输入其他值（推荐值 1），则大于 PDT0/DELTAT 的极点被忽略，DELTAT 是计算时间步长。

（4）-2，这一位置的数值“-2”表明线路使用 JMarti 模型。

（5）NP，对于换位线路，NP=空格或 0；对于未换位线路，NP 为相数（等于模数）。本例为换位线路。

2. 第 2 组数据共 1 行，Z_c 基本参数

只有两个参数，分别为 Z_c 的阶数及频率为无穷大时的 Z_c 值。

3. 第 3 组数据，Z_c 零点

数据行数不定，取决于 Z_c 的阶数。每行 3 个 Z_c 零点，直至结束。

4. 第 4 组数据，Z_c 极点

数据行数不定，取决于 Z_c 的阶数。每行 3 个 Z_c 极点，直至结束。

5. 第 5 组数据共 1 行，A_1 基本参数

只有两个参数，第 1 个为 A_1 的阶数，第 2 个为式（6-46）中的 τ_1，接近频率无穷大时波的传播时间。

6. 第 6 组数据，A_1 零点

数据行数不定，每行 3 个 A_1 的零点，直至结束。

7. 第 7 组数据，A_1 极点

数据行数不定，每行 3 个 A_1 的极点，直至结束。

8.4.3 拟合效果

在 lis 文件中，ATP 粗略绘制了 Z_c、A_1 随频率 f 变化的曲线，能够粗略观察拟合效果。如果令拟合参数 IfPlot=1，则有屏幕绘图输出，其效果远好于 lis 文件中的曲线。将文件 STARTUP 中第 7 行中参数 D4FACT 取负值，则在屏幕输出一幅图后暂停，在此期间用户可观察曲线，但无法修改曲线。程序收到回车命令后，再输出下一幅图。在程序开始计算前，用户可修改 STARTUP 中第 6、第 7 行中其他参数，以改变屏幕图形的字体大小等参数。STARTUP 中第 6、第 7 行中参数如下：

```
6 XHEADM   YHEADM   HGTHDM   XCASTI   YCASTI   HGTCST   XLEGND   YLEGND   HGTLGN   TSTALL
     1.5     7.55      .35      0.5      7.3      .35      1.5     1.30      .25      0.0
7 XALPHA   YALPHA   HGTALF   D4FACT   PEKEXP   EPSLRT   EPSPIV   PLMARK   FACOSC   UMJBUS
     1.5      6.5      .25     -1.0      43.  1.E-12   1.E-16      1.0      0.3
```

图 8-3 为 ATP 进行例 8-1 计算时在屏幕输出的拟合前后零序（模 1）和正序（模 2）Z_c、A_1 随频率 f 变化的曲线，横坐标为频率的对数值。每个子图中，拟合前后两条曲线（编号分别为 1 和 2）重合，表明拟合效果很好。

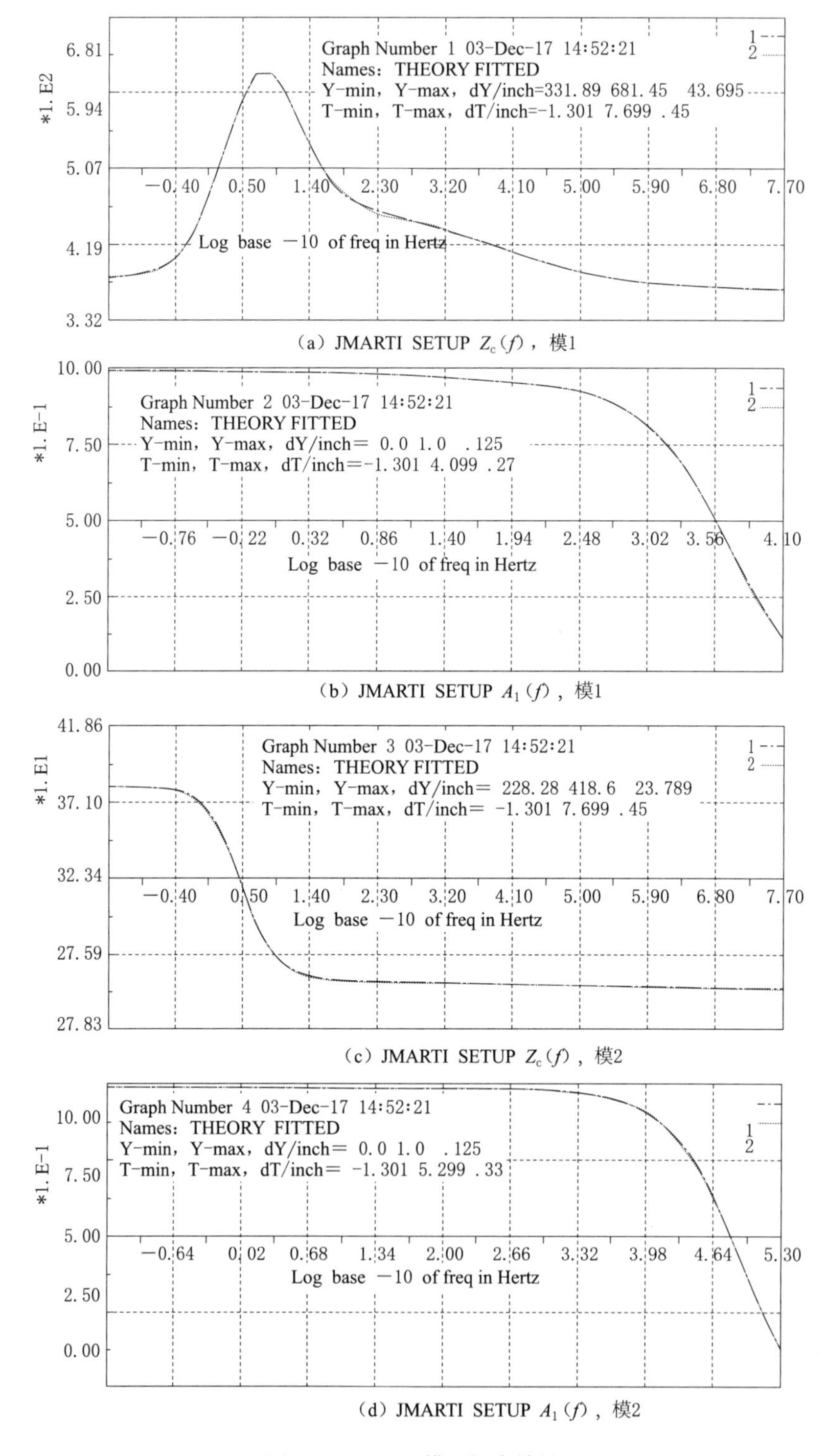

图 8-3 JMarti 模型拟合效果

曲线 1—拟合前；曲线 2—拟合后

在拟合前，G 取缺省值 3×10^{-8}S。如前所述，由于不明原因，程序中真实使用的 $G=1.8641\times10^{-8}$S（很可能的原因是：程序内部单位传递错误，认为 $G=3\times10^{-8}$S/mile，换算单位后 $G=1.8641\times\times10^{-8}$S/km），用户只需留意这一情况即可，下文中的 G 指真实值。

8.4.4 不同 G 值的影响

1. G 对 Z_c 的影响

G 值不同，对 Z_c 的形状有较大影响。图 8－4 为 $G=1.8641\times10^{-8}$、1.8641×10^{-7}S 时 Z_c 随频率 f 变化的曲线，传统教科书中给出的曲线类似于 $G=1.8641\times10^{-7}$S 时的曲线。f 越小，G 对 Z_c 影响越大；当 $f>30$Hz 时，G 对零序、正序 Z_c 影响可忽略。

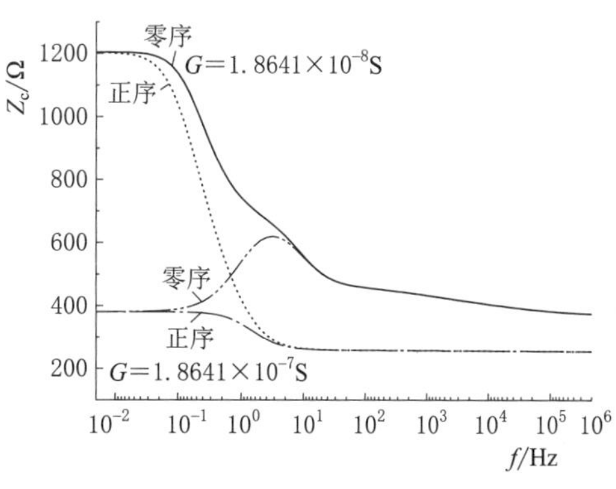

图 8－4　G 值对 Z_c 的影响

对于 Z_c 的计算公式（4－2），当 ω 较大时，有 $Z_c\approx\sqrt{\frac{j\omega L}{j\omega C}}=\sqrt{\frac{L}{C}}$，即 Z_c 取决于 L 和 C，与 G 无关。而当 ω 较小时，有 $Z_c\approx\sqrt{\frac{R}{G}}$，此时 G 不同，Z_c 也不同。如果 G 取值为原来的 1/10，则 Z_c 为原来的 $\sqrt{10}$ 倍。在图 8－4 中如 f 很小，当 $G=1.8641\times10^{-7}$S 时，零序和正序 $Z_c=380.6\Omega$；当 $G=1.8641\times10^{-8}$S 时，零序和正序 $Z_c=\sqrt{10}\times380.6\Omega=1203.6\Omega$。

另外，还观察到一个现象，即当 f 很小时零序波阻抗等于正序波阻抗。如果 f 很小，电流近似为直流，趋肤效应微弱。此时零序电流在大地中流动时的电阻很小，故导线的零序、正序电阻均近似等于导线的直流电阻。根据式（4－1），导线的零序波阻抗等于正序波阻抗。

波阻抗 Z_c 反映输电线路上电压波和对应的电流波之间的关系。从图 8－4 可以看出，在一般的电磁暂态频率范围内（大于数百赫兹），取不同 G 值不会导致 Z_c 明显变化。

2. G 对 γ 的影响

根据式（4－3），G 值对线路衰减系数 α 有影响。JMarti 模型不单独拟合 α，而是包含在 $A_1=e^{-(\alpha+j\beta)l}$ 中。

图 8－5 为 $G=1.8641\times10^{-8}$、1.8641×10^{-7}S 时 α 随频率 f 变化的曲线，它与图 8－4 有类似特征。f 越小，G 对 α 影响越大。当 $f>1000$Hz 时，G 对零序 α 没有影响；当 $f>10000$Hz 时，G 对正序 α 没有影响。

当 f 很小时零序、正序 α 相等，这与 Z_c 的情况类似，而且原因也相同。

α 反映波在传输过程中的衰减，即电磁暂态过程的衰减。α 越大，衰减越快，过渡到稳态所需时间越短，这将在后文通过仿真计算具体说明。

比较而言，G 对 β 的影响较小，如图 8－6 所示。当 f 很小时，G 对正序 β 有影响；当

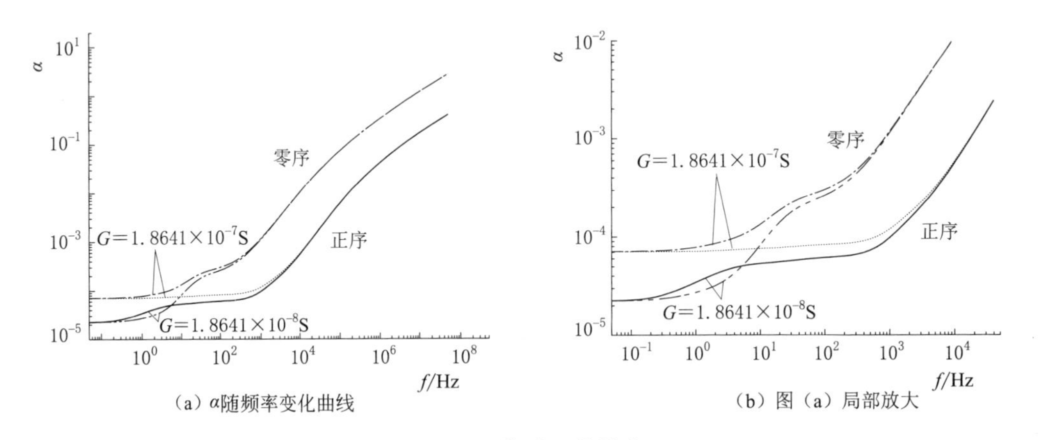

（a）α随频率变化曲线　　（b）图（a）局部放大

图 8－5　G 值对 α 的影响

f 增加到 10Hz 及以后，这一影响可以忽略不计。但在图 8－6 中整个频率范围，G 对零序 β 的影响忽略不计。

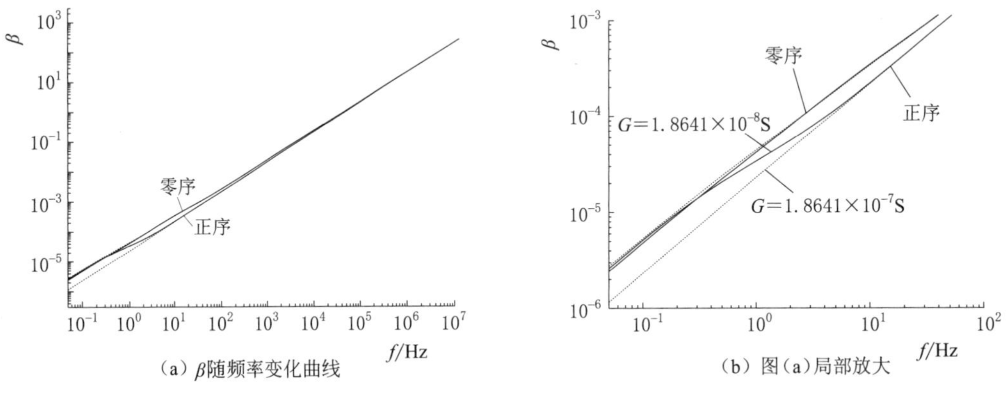

（a）β随频率变化曲线　　（b）图（a）局部放大

图 8－6　G 值对 β 的影响

第 9 章

线路频率相关模型的校核

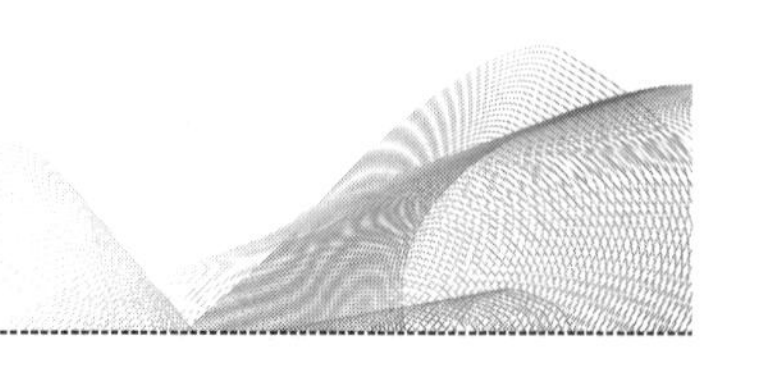

在进行电磁暂态仿真时，暂态信号中包含很多频率分量。通常在工频第一、第二周波出现电压或电流峰值，而这些峰值往往与高频相联系。线路在高频下的衰减系数大于工频下的衰减系数，如果仿真时使用工频参数，则计算的峰值会增高很多，而且信号的衰减也比实际要慢。因此，要准确仿真电磁暂态过程，必须使用输电线路的频率相关模型。线路的频率相关模型可以是一个等效电路，也可以是一个纯粹的数学模型。目前，电磁暂态仿真程序都有线路频率相关模型，但其性能参差不齐。

无论哪种频率相关模型，都是近似模型，需验证其准确程度。在研究模型时，研究人员将近似前后的参数进行比较，这是模型层次的验证。例如，JMarti 模型近似拟合波阻抗和权函数，其验证方法也是将拟合前后这两个参数进行比较。但是，由于模型还需要通过编写代码融入暂态计算程序中，模型的难易程度、与其他程序的对接、总体实施都影响模型的总体准确程度。因此，还需通过电磁暂态仿真来验证频率相关模型，这是仿真层次的验证。

输电线路的基本电气参数为单位长度电阻、电感、电导、电容，由此衍生出波阻抗、传播系数（包括衰减系数、相位系数），既可验证基本参数，也可验证衍生参数。本书将验证后者，其思路是：在某一频率下进行足够长时间的暂态计算，直至过渡到稳态，利用稳态参数来校核波阻抗、衰减系数和相位系数。这种方法适用于任一电压等级、任意长度的交流或直流线路。本章将以第 3.2 节 500kV 线路为例，校核 ATP 中的 JMarti 和 Semlyen 线路频率相关模型。

9.1 线路参数

不同于线路参数 R、L、C，线路参数 G 的数值并非通过计算得到，而是由用户指定的。在 JMarti 模型的拟合控制参数中，Gmode 为 G，必须输入非零数据，否则程序拒绝计算；但在 Semlyen 模型中不需要输入 G。

将第 8 章例 8－1 中 G 分别取 3×10^{-8}、3×10^{-7}S/km，计算中真正的 G 值为 1.8641×10^{-8}、1.8641×10^{-7}S/km。计算得线路序参数如下：

```
Units: Freq in Hz; R, L, G, and C per kilometer; R in Ohms, L in Millihenries, G in mhos, and
C in microfarads;
Zc   in Ohms   and   PHZC   in degrees.
     Freq          R           L           G           C           Zc         PHZC         Freq
C 零序参数。G=1.8641×10-08S/km
   5.0000E+01 2.0453E-01 2.0776E+00 1.8641E-08 9.0816E-03 4.8963E+02 -8.5125E+00 5.0000E+01
   5.0000E+02 5.5207E-01 1.8183E+00 1.8641E-08 9.0816E-03 4.4850E+02 -2.7414E+00 5.0000E+02
```

```
 5.0000E+03 4.6077E+00 1.6112E+00 1.8641E-08 9.0816E-03 4.2208E+02 -2.5987E+00 5.0000E+03
C 正序参数。G=1.8641×10^-08 S/km
 5.0000E+01 2.9408E-02 8.8005E-01 1.8641E-08 1.3198E-02 2.5895E+02 -2.9070E+00 5.0000E+01
 5.0000E+02 3.6286E-02 8.7422E-01 1.8641E-08 1.3198E-02 2.5738E+02 -3.6559E-01 5.0000E+02
 5.0000E+03 1.5184E-01 8.6890E-01 1.8641E-08 1.3198E-02 2.5659E+02 -1.5806E-01 5.0000E+03
C 零序参数。G=1.8641×10^-07 S/km
 5.0000E+01 2.0453E-01 2.0776E+00 1.8641E-07 9.0816E-03 4.8911E+02 -6.8306E+00 5.0000E+01
 5.0000E+02 5.5207E-01 1.8183E+00 1.8641E-07 9.0816E-03 4.4849E+02 -2.5729E+00 5.0000E+02
 5.0000E+03 4.6077E+00 1.6112E+00 1.8641E-07 9.0816E-03 4.2208E+02 -2.5819E+00 5.0000E+03
C 正序参数。G=1.8641×10^-07 S/km
 5.0000E+01 2.9408E-02 8.8005E-01 1.8641E-07 1.3198E-02 2.5882E+02 -1.7488E+00 5.0000E+01
 5.0000E+02 3.6286E-02 8.7422E-01 1.8641E-07 1.3198E-02 2.5738E+02 -2.4968E-01 5.0000E+02
 5.0000E+03 1.5184E-01 8.6890E-01 1.8641E-07 1.3198E-02 2.5659E+02 -1.4647E-01 5.0000E+03
```

线路阻抗 Z_c 既可以从上述数据中选择，也可利用式（4－2）计算，两者相同。将上述基本电气参数代入式（4－3），计算得 α、β。计算结果见表 9－1。

表 9－1　　线路参数理论计算值

f/Hz	G/S	零序				正序			
		$\alpha(\times10^{-4})$	β	Z_c/Ω		$\alpha(\times10^{-5})$	β	Z_c/Ω	
				模	相角/(°)			模	相角/(°)
50	0	2.1129	0.0013809	489.6	−8.70	5.6862	0.0010722	259.0	−3.04
500	0	6.1618	0.012781	448.5	−2.76	7.0493	0.010671	257.4	−0.38
5000	0	54.661	0.12030	422.1	−2.60	29.717	0.10639	256.6	−0.16
50	1.8641×10^{-8}	2.1580	0.0013802	489.6	−8.51	5.9273	0.0010721	259.0	−2.91
500	1.8641×10^{-8}	6.2036	0.012781	448.5	−2.74	7.2891	0.010671	257.4	−0.37
5000	1.8641×10^{-8}	54.679	0.12030	422.1	−2.60	29.828	0.10639	256.6	−0.16
50	1.8641×10^{-7}	2.5649	0.0013747	489.1	−6.83	8.0972	0.0010712	258.8	−1.75
500	1.8641×10^{-7}	6.5794	0.012779	448.5	−2.57	9.4481	0.010671	257.4	−0.25
5000	1.8641×10^{-7}	55.033	0.12030	422.1	−2.58	31.980	0.10639	256.6	−0.15

9.2 模型校核

9.2.1 校核电路

在 ATPDraw 中建立如图 9－1 所示的简单电路，即一个无穷大电压源与一条线路串联，线路末端开路。线路被分为相等两段，每段由一个 LCC 元件模拟。使用 MODELS 的 DFT 元件分析线路中点和末端的电压谐波。

仿真中电源取 3 个频率：f=50Hz、500Hz、5000Hz；电源取零序、正序两种情况。图 9－2 中为 f=500Hz 时的电压源参数，零序、正序电源参数叠放在同一张图中，以节省印刷空间。电压幅值可取能够保证计算精度的任意值，本例中取 100V。

目前直流线路长度达到 2000km。但在校核过程中，当 f=50Hz、500Hz 时取线路全长

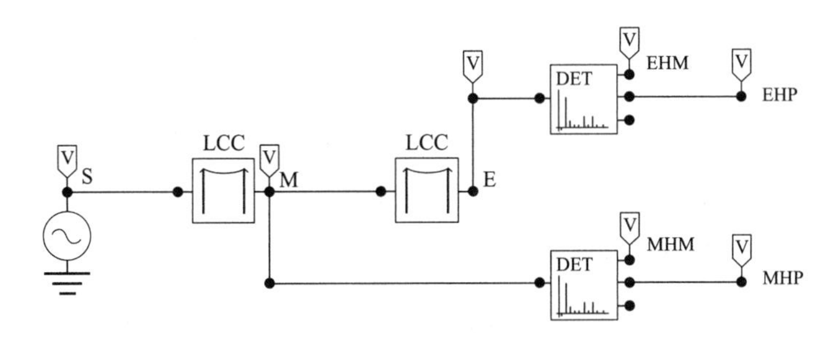

图 9－1　校核线路模型的电路

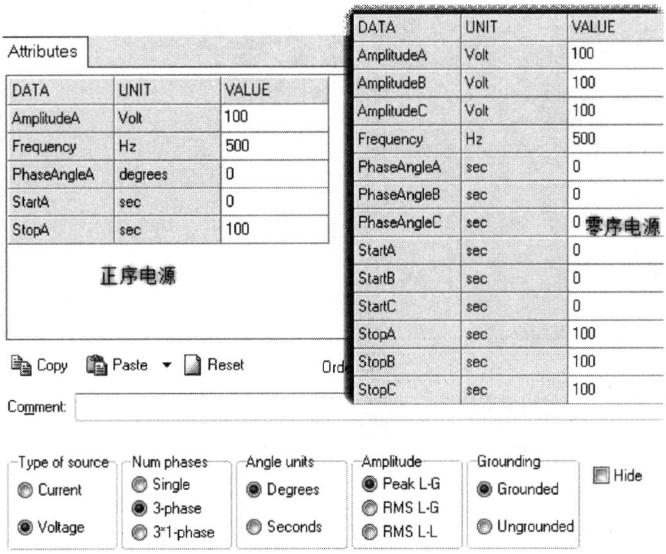

Attributes

DATA	UNIT	VALUE
AmplitudeA	Volt	100
Frequency	Hz	500
PhaseAngleA	degrees	0
StartA	sec	0
StopA	sec	100

正序电源

Copy　Paste　Reset

Comment:

DATA	UNIT	VALUE
AmplitudeA	Volt	100
AmplitudeB	Volt	100
AmplitudeC	Volt	100
Frequency	Hz	500
PhaseAngleA	sec	0
PhaseAngleB	sec	0
PhaseAngleC	sec	0
StartA	sec	0
StartB	sec	0
StartC	sec	0
StopA	sec	100
StopB	sec	100
StopC	sec	100

零序电源

Type of source: Current / Voltage
Num phases: Single / 3-phase / 3*1-phase
Angle units: Degrees / Seconds
Amplitude: Peak L-G / RMS L-G / RMS L-L
Grounding: Grounded / Ungrounded
Hide

图 9－2　校核电路中电压源参数

为 10000km，保证波在传播过程中明显衰减，以便于数值计算，减小误差。

但当 $f=5000$Hz 时，电压电流波传播到如此远距离时几乎衰减殆尽。例如，当 $G=1.8641\times10^{-7}$S/km，表 9－1 中零序 $\alpha=55.033\times10^{-4}$，线路末端 E 点处 $e^{-\alpha l}=1.26\times10^{-24}$。故取线路长度为 1000km，此时 E 点 $e^{-\alpha l}=0.00407$，入射电压幅值为 $0.00407\times100=0.407$V。

仿真总时长 Tmax 按如下取值：电压前行波到达末端 E 点后，发生全反射，但直到仿真结束反射波没有到达 M 点。如此则 M 点只有电压、电流前行波；而在 E 点，入射电压为该点全电压的 1/2。

在图 9－2 将电源的开始作用时间 StartA 设置为 0，相当于在时间 $t=0$s 时合电源，所以图 9－1 没有开关。

（1）DFT 左端的节点为输入节点。鼠标左键点击该节点，打开相应的参数界面，如图 9－3（a）所示。有关参数含义如下：

1）下拉菜单，输入、输出信号选择，本例中选择 Input Voltage。

2）Sequence A，表示只有一个信号。

3）输入信号节点名称 X，可以不输入内容，由 ATPDraw 确定。

4）Name on screen，如选择该复选框则表示在屏幕显示节点名称。

（2）点击 DFT 元件，界面如图 9－3（b）所示，部分参数含义如下：

1）FREQ，基波频率，应与电源的频率相同。

2）n，谐波次数，选 3，本例中其实可以输入 1。

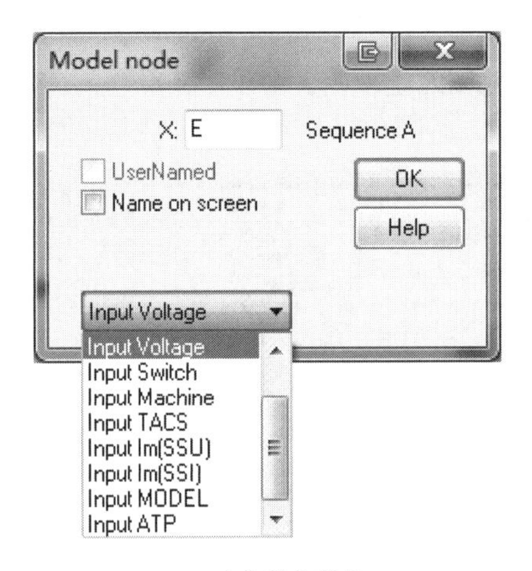

（a）输入节点

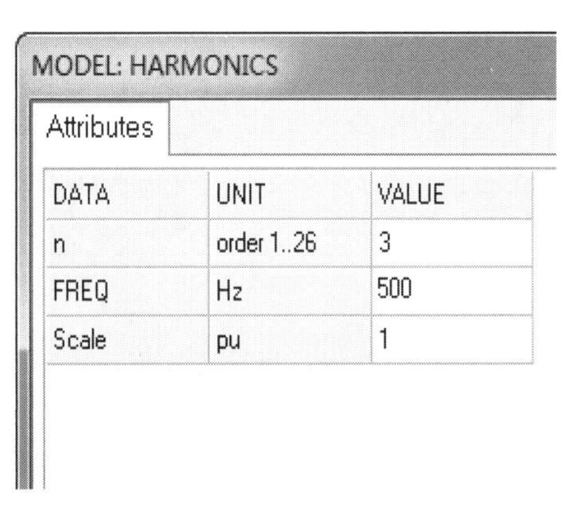

（b）谐波设置

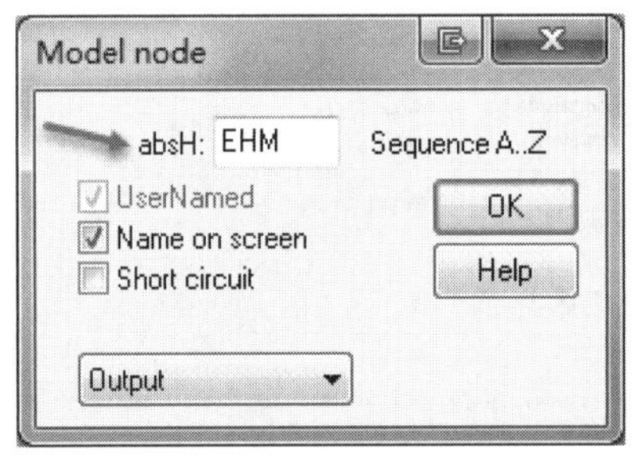

（c）谐波幅值输出

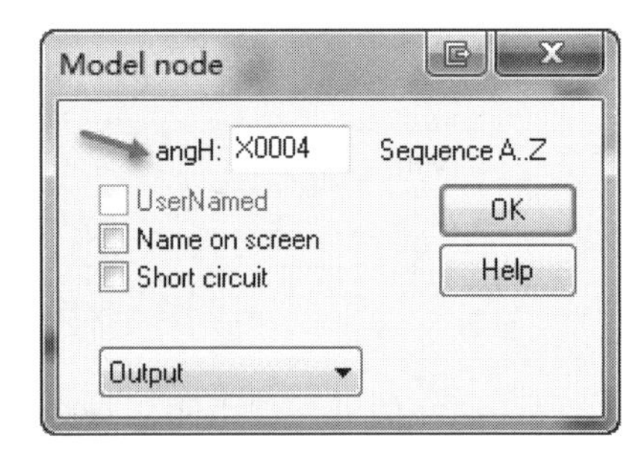

（d）谐波相位输出

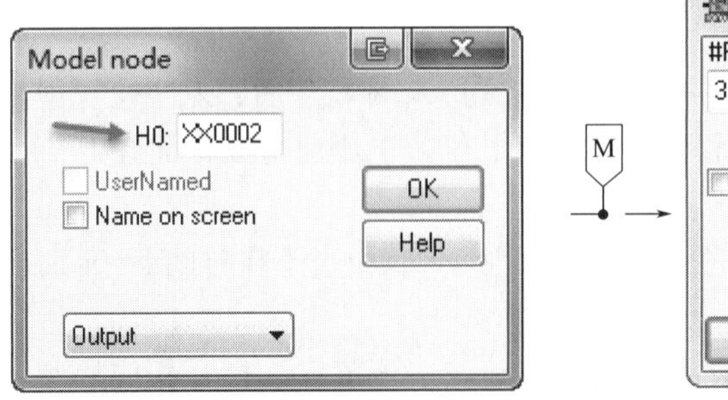

（e）基波幅值输出

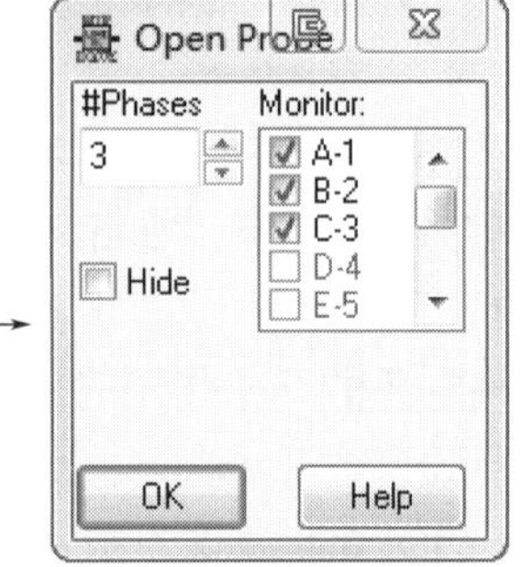

（f）MODELS测量仪

图 9－3　DFT 元件设置

3）Scale，系数，通常保持缺省值 1。

（3）DFT 右端有 3 个输出节点，点击打开，界面分别如图 9－3（c）、（d）、（e）所示。

1）absH、angH、H0，分别输出谐波幅值、相位、基波分量，其后可输入节点名称，也可由 ATPDraw 自动确定。

2）Sequence A…Z，表示可有 26 个输出信号，每个用一个字母表示。

3）下拉菜单 Output，输入、输出信号选择，必须选择 Output。

DFT 的计算结果需要 MODELS 测量仪来输出，如图 9－3（f）所示。

仿真工况为 4 类情况的组合，即①模型：JMarti、Semlyen；②电源：零序、正序；③$f=50$Hz、500Hz、5000Hz；④G（实际值）$=1.8641\times10^{-8}$S/km、1.8641×10^{-7}S/km。没有仿真 $G=0$ 的情况，因为在 JMarti 模型中不允许 $G=0$。Semlyen 模型中没有 G 参数。共进行 24 次仿真。

以下输入文件对应的情况：电源为正序，$f=500$Hz。线路参数通过 $INCLUDE 命令从文件 500L. lib 中读入，该文件的内容见第 8.4.2 节中 pch 文件，lib 文件与 pch 文件的主要内容相同。谐波分析使用 MODELS 的 DFT 元件，进行纯粹数学计算，数据行较多，仅罗列部分内容。

例 9－1

```
BEGIN NEW DATA CASE
$DUMMY, XYZ000
C  dT  >< Tmax >< Xopt >< Copt ><Epsiln>
   5.E-6      .1
        1       1       0       0       1       0       0       1       0
/MODELS
MODELS
INPUT
M0001A {v(MA)}
M0002A {v(EA)}
OUTPUT
  MHMA
  MHMB
…
  XX0002
MODEL HARMONICS
comment-----------------------------------------------
This model calculates the harmonics up to maximum order 26
of a time varying signal X based on a DFT algorithm in a
moving window. Scale=1; output of peak quantities.
------------------------------------------endcomment
INPUT X                   --input signal to be transformed
DATA  FREQ {DFLT:50}      --power frequency
      n {DFLT:26}         --number of harmonics to calculate
      Scale {DFLT:1}      --scaling of the harmonics values
OUTPUT absH[1..26], angH[1..26],H0 --Harmonic outputs. H0 is DC comp.
VAR    absH[1..26], angH[1..26],H0,reH[1..26], imH[1..26],i,NSAMPL,OMEGA
       D,F1,F2,F3,F4

HISTORY
  X {DFLT:0}
```

```
DELAY CELLS DFLT: 1/(FREQ*timestep)+2

INIT
  OMEGA:= 2*PI*FREQ
  NSAMPL:=1/(FREQ*timestep)
  H0:=0
  FOR i:=1 to 26 DO
    reH[i]:=0
    imH[i]:=0
    absH[i]:=0
    angH[i]:=0
  ENDFOR
ENDINIT
EXEC
  f1:=delay(X,(NSAMPL+1)*timestep,1)
…
ENDMODELS
C        1         2         3         4         5         6         7         8
C 345678901234567890123456789012345678901234567890123456789012345678901234567890
/BRANCH
C < n1 >< n2 ><ref1><ref2>< R  >< L  >< C  >
C < n1 >< n2 ><ref1><ref2>< R  >< A  >< B  ><Leng><><>0
$INCLUDE, I:\MyATP\Atp\500L.lib, SA####, SB####, SC####, MA####, MB#### $$
  , MC####
$INCLUDE, I:\MyATP\Atp\500L.lib, MA####, MB####, MC####, EA####, EB#### $$
  , EC####
/SOURCE
C < n 1><>< Ampl.  >< Freq.  ><Phase/T0><   A1   ><   T1   >< TSTART >< TSTOP  >
14SA          100.      500.                                               100.
14SB          100.      500.      -120.                                    100.
14SC          100.      500.      -240.                                    100.
/OUTPUT
  MA    MB    MC    EA    EB    EC    SA
BLANK MODELS
BLANK BRANCH
BLANK SWITCH
BLANK SOURCE
BLANK OUTPUT
BLANK PLOT
BEGIN NEW DATA CASE
BLANK
```

9.2.2 校核 α

ATP 在建立 JMarti 模型过程中拟合、校核 $e^{-\alpha l}$，但 $e^{-\alpha l}$随着长度 l 而指数变化。l 不同，$e^{-\alpha l}$不同，拟合结果也不同，不便于对比。本书中对 α 进行验证。

校核中仅使用线路上的前行电压、电流波，前行波到达线路末端 E 点时发生全反射，故此处入射电压为全电压的 1/2。

假设在某一频率下电源电压稳态幅值为 u_0，线路上一点距线路首端距离为 x，仿真所得前行电压波在该点稳态幅值为 u。因为

$$u = u_0 e^{-\alpha' x} \tag{9-1}$$

式中 α'——仿真计算中的衰减系数。

所以

$$\alpha' = \frac{1}{x}\ln\frac{u_0}{u} \tag{9-2}$$

假设 M 点、E 点的电压稳态幅值分别为 u_M、u_E，代入式（9－2）得衰减系数 α'_M、α'_E，其平均值为 $\overline{\alpha}'$，与理论计算所得衰减系数 α 的误差为

$$\varepsilon_\alpha = \frac{\overline{\alpha}' - \alpha}{\alpha} \times 100\% \tag{9-3}$$

对于 u_M、u_E，可利用 PlotXY. exe（第三方为 ATP 开发的辅助绘图程序）进行傅里叶分析，可直接从波形上取点，也可利用图 9－1 中的 MODELS 输出。注意，当 f＝500Hz、5000Hz 时，不能选择电压第一个周波进行分析，因为此时没有达到稳态，如图 9－4 所示。

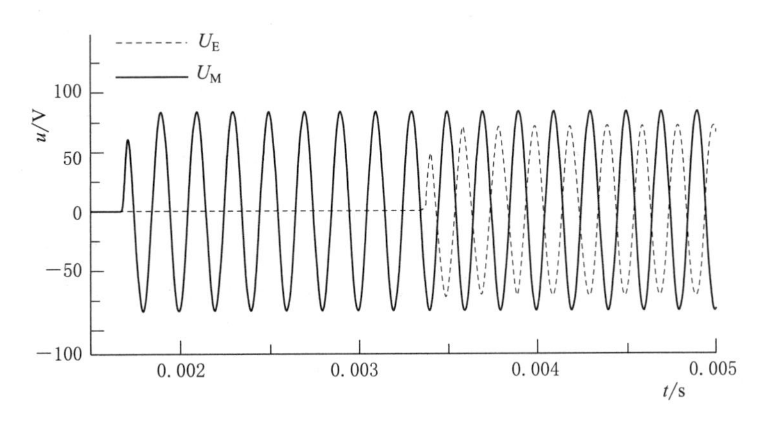

图 9－4　电压在第一个周波未达到稳态波形图

当 f＝50Hz、500Hz，u_0 分别为正序、零序情况下，理论仿真计算线路中 M 点、末端 E 点处的稳态电压幅值，结果如图 9－5 所示。仿真时线路长度 l＝5000km、10000km，而理论计算时 l 连续取值。利用 JMarti 模型的仿真电压与理论计算值接近；但是，利用 Semlyen 模型的仿真电压总体高于理论计算值，显然该模型的衰减系数偏小，后文将继续分析。f＝5000Hz 时情况类似。

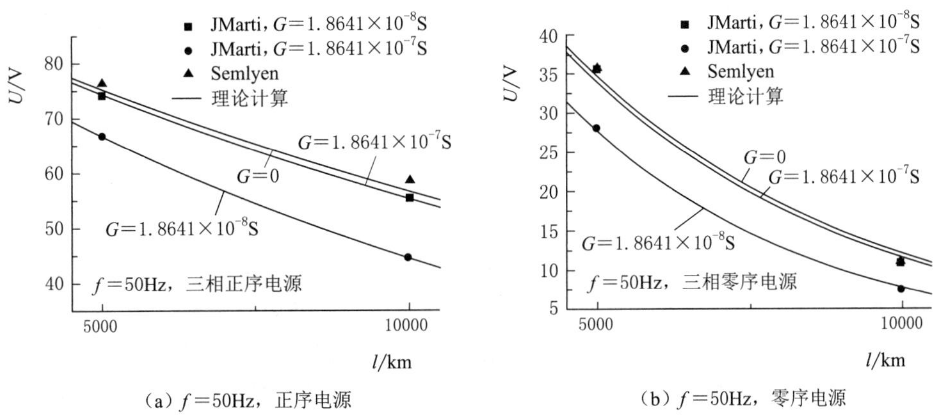

（a）f＝50Hz，正序电源　　（b）f＝50Hz，零序电源

图 9－5（一）　线路中间点、末端前行波电压稳态值

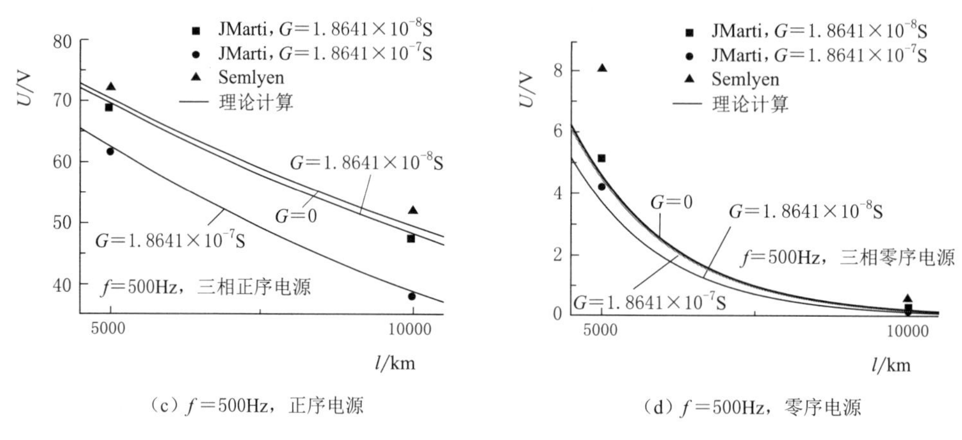

（c）f=500Hz，正序电源　　（d）f=500Hz，零序电源

图 9-5（二）　线路中间点、末端前行波电压稳态值

利用式（9-4）和式（9-5）计算仿真所得衰减系数及误差，见表 9-2。无论零序、正序，无论 JMarti 模型、Semlyen 模型，在某一频率下，α'_{M}、α'_{E}相差很小，即线路衰减系数不随线路长度变化，这符合实际情况。随着f增大，α'随之增大，这也符合实际情况，因为线路的电阻随f增大而增大。

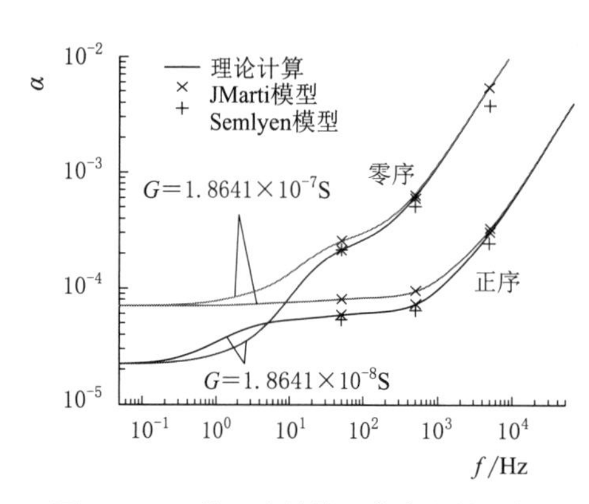

图 9-6　α 的理论计算及仿真校核比较

将表 9-1、表 9-2 中 α 的理论和仿真计算结果统一放置在表 9-3，并绘制在图 9-6 中进行比较。JMarti 模型的仿真结果与理论计算吻合较好，而 Semlyen 模型的仿真所得 α 值偏小。甚至由 Semlyen 模型推算所得 α 值小于 $G=0$ 时的 α 值，这显然不合理。如当$f=50$Hz 时，理论计算得正序 $\alpha=5.6862\times10^{-5}$，由 Semlyen 模型推算所得 $\alpha'=5.385\times10^{-5}$。随着频率增大，这种现象越发突出。可能的原因是：Semlyen 模型中不仅 $G=0$，而且由于某种原因，模型还使得单位长度电阻 R 小于实际值。

利用图 9-1 中电路计算 JMarti 模型、Semlyen 模型中 R 的具体数值。线路末端短路，这与实际测量线路阻抗时的接线相同。在某一频率下进行暂态计算直至稳态，电流源稳态电压除以稳态电流得到线路的总阻抗 Z_1。则

$$R+\mathrm{j}\omega L=\frac{Z_1}{l} \tag{9-4}$$

注意，随着f增加，l应缩短，以防止线路电容起决定性作用。

以计算零序为例进行说明在$f=50$Hz、500Hz、5000Hz 时，计算得到 R 和 L，见表 9-4，同时表中有相应的理论计算结果。显然，JMarti 模型使用的实际阻抗值与理论计算结果接近。但 Semlyen 模型使用的实际电阻、电抗均小于理论计算值，尤以电阻为甚，这证实了前面的推测。

表 9-2 由仿真电压幅值计算衰减系数和误差

模型	G/S	f/Hz	零序电压						正序电压					
			u_M /V	α'_M /($\times10^{-4}$)	u_E /V	α'_E /($\times10^{-4}$)	$\bar{\alpha}'$ /($\times10^{-4}$)	ε_α/%	u_M /V	α'_M /($\times10^{-5}$)	u_E /V	α'_E /($\times10^{-5}$)	$\bar{\alpha}'$ /($\times10^{-5}$)	ε_α/%
JMarti 模型	1.8641×10^{-8}	50	35.38	2.0780	11	2.2073	2.1427	-0.71	74.41	5.9116	55.38	5.9095	5.9106	-0.28
	1.8641×10^{-8}	500	5.18	5.9207	0.22	6.1193	6.0200	-2.96	69.01	7.4184	47.61	7.4213	7.4198	1.79
	1.8641×10^{-8}	5000	7.25	52.486	0.54	52.288	52.387	-4.19	85.40	31.565	73.20	31.197	31.381	5.21
	1.8641×10^{-7}	50	28.1	2.5388	7.39	2.6050	2.5719	0.27	66.71	8.0963	44.51	8.0946	8.0954	-0.02
	1.8641×10^{-7}	500	4.22	6.3307	0.15	6.5023	6.4165	-2.48	61.43	9.7454	38.11	9.6469	9.6962	2.63
	1.8641×10^{-7}	5000	7.19	52.650	0.52	52.610	52.630	-4.37	84.45	33.802	71.58	33.435	33.619	5.12
Semlyen 模型		50	35.6	2.0656	10.9	2.2182	2.1419		76.4	5.3837	58.4	5.3871	5.385	
		500	8.11	5.0241	0.57	5.1673	5.0957		72.1	6.5451	51.9	6.5547	6.550	
		5000	15.23	37.638	2.33	37.593	37.616		88.3	24.886	78.2	24.590	24.738	

注：1. u—电压。
2. α'—衰减系数。
3. $\bar{\alpha}'$—衰减系数平均值。
4. ε_α—衰减系数平均值与理论计算相比时的误差。
5. 下标 M、E—参数对应于 M 点、E 点。

表 9-3　理论、仿真计算 α 比较

f/Hz	零序 α/($\times 10^{-4}$)					
	理论计算			仿真		
				JMarti 模型		Semlyen 模型
	$G=0$S	$G=1.8641\times 10^{-8}$S	$G=1.8641\times 10^{-7}$S	$G=1.8641\times 10^{-8}$S	$G=1.8641\times 10^{-7}$S	—
50	2.1129	2.158	2.5649	2.1427	2.5719	2.1419
500	6.1618	6.2036	6.5794	6.02	6.4165	5.0957
5000	54.661	54.679	55.033	52.387	52.63	37.616
f/Hz	正序 α/($\times 10^{-5}$)					
	$G=0$S	$G=1.8641\times 10^{-8}$S	$G=1.8641\times 10^{-7}$S	$G=1.8641\times 10^{-8}$S	$G=1.8641\times 10^{-7}$S	—
50	5.6862	5.9273	8.0972	5.9106	8.0954	5.385
500	7.0493	7.2891	9.4481	7.4198	9.6962	6.55
5000	29.717	29.828	31.98	31.381	33.619	24.738

表 9-4　线路模型中实际零序阻抗值与理论计算结果比较

f/Hz	线路长度/km	计算方法	R/($\Omega\cdot km^{-1}$)	X/($\Omega\cdot km^{-1}$)
50	50	JMarti 模型	0.2030	2.0913
		Semlyen 模型	0.0926	1.9573
		理论计算	0.2045	2.0776
500	10	JMarti 模型	0.5608	1.8206
		Semlyen 模型	0.1755	1.6839
		理论计算	0.5521	1.8183
5000	1	JMarti 模型	4.1522	1.6391
		Semlyen 模型	1.7010	1.5351
		理论计算	4.6077	1.6112

Semlyen 模型中衰减系数 α 小于实际值，这对暂态过程有明显影响，以图 9-7 中电路举例说明。图 9-7 中电压源为正序，$f=50$Hz，电源没有内阻抗。两段相同长度线路并联，各用一个 LCC 元件模拟，其中一个使用 Semlyen 模型，另一个使用 JMarti 模型。线路末端开路。JMarti 模型的 $G=3\times 10^{-8}$S（实际为 1.8641×10^{-8}S）。进行两次暂态计算，线路长度分别为 100km、150km。线路末端 A 相电压波形如图 9-8 所示。在整个暂态过程中，在工频 50Hz 的电压波上，叠加一个高次谐波。在暂态过程开始阶段，两个模型对应的波形区别甚微。随着时间增加，JMarti 模型线路上的谐波电压衰减明显快于 Semlyen 模型。当时间 $t=0.2$s 时，前者已经过渡到稳态，而后者谐波成分仍然明显可见。因此，ATP 中的 Semlyen 模型不适用于需准确分析谐波传播的仿真计算中。

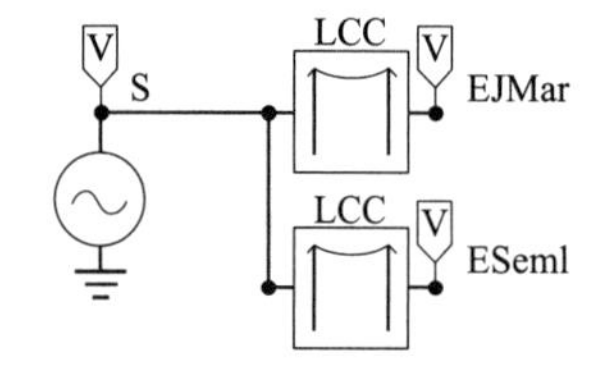

图 9-7　用于比较 JMarti 模型、Semlyen 模型的暂态过程的仿真电路

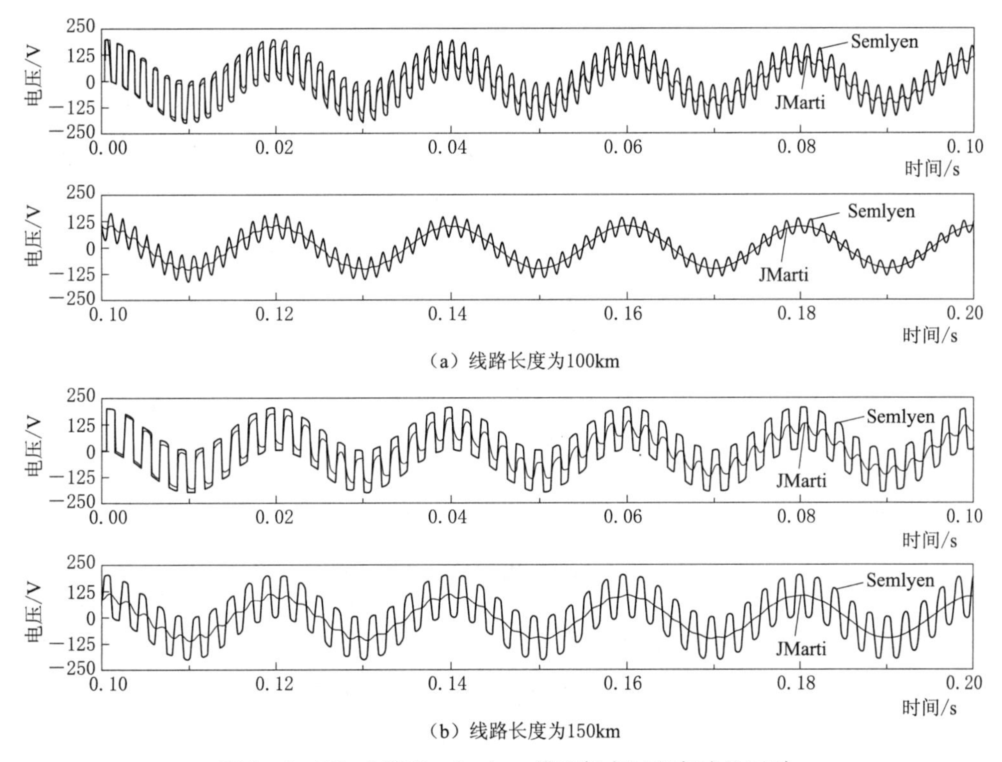

图 9-8　JMarti 模型、Semlyen 模型暂态过程衰减的区别

由图 9-5 可知，Semlyen 模型稳态计算结果的误差相对暂态过程中的误差要小，因为稳态结果主要取决于线路工频电感，而 Semlyen 模型的工频电感接近理论值（表 9-4）。

9.2.3　校核 β

在某一频率下进行电磁暂态仿真，电源电压为 u_0。某点距线路首端距离为 x，该点前行波电压为 u，则

$$u = u_0 e^{-(\alpha' + j\beta')x} \tag{9-5}$$

式中　α'、β'——通过仿真数据计算所得线路的衰减系数和相位系数。

β'计算公式为

$$\beta' = \frac{2\pi f}{v} \tag{9-6}$$

式中　v——频率为 f 时波的传播速度。

因为

$$v = \frac{l}{t} \tag{9-7}$$

式中　l、t——波传播的距离和时间。

故

$$\beta' = \frac{2\pi f t}{l} \tag{9-8}$$

以前行电压波到达中点 M 为例说明如何获取 t 值。计算图 9-1 中电路的电磁暂态过程直至稳态，电压波形如图 9-9 所示，图中线路首端、中点、末端的电压分别为 V_{SA}、V_{MA}、V_{EA}。从波形中观察发现，前行波到达中点 M 后，在第 2 个周波达到稳态，故取计时起点为 V_{SA} 第 2 个周波峰值时刻 t_1（箭头 1 所指），计时终点为 V_{MA} 第 2 个周波峰值时刻 t_2（箭头 2 所指），则在时间 $t=t_2-t_1$ 内，波前进了线路全长的一半。类似的，可确定前行电压波到达线路末端 E 点所需时间 $t=t_3-t_1$。

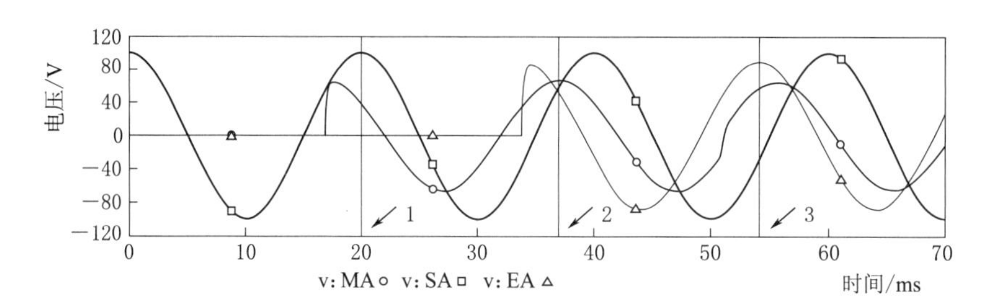

图 9-9 计算模型实际使用 β 的计时起点和终点

因为仿真中 l 已知，因此可用式（9-8）计算仿真中前行波到达 M 点、E 点时的实际相位系数，分别表示为 β'_M、β'_E，用 $\bar{\beta}'$ 表示其平均值，$\bar{\beta}'$ 的误差为

$$\varepsilon_\beta=\frac{\bar{\beta}'-\beta}{\beta}\times 100\% \tag{9-9}$$

式中 β——相位系数的理论计算值。

计算结果见表 9-5。JMarti 模型在仿真中的相位系数误差很小，能够满足工程需要。当 $f=50\sim5000$Hz，线路电导 G 对 β 影响很小，这与图 8-6 一致，因为在此频率范围甚至更高频率下 G 可忽略。对于 Semlyen 模型，其实际相位系数与 JMarti 模型的实际相位系数也很接近。

表 9-5　　由电磁暂态仿真所得模型实际相位系数和误差

模型	G/S	f/Hz	零序				正序			
			β_M	β_E	$\bar{\beta}$	ε_β/%	β_M	β_E	$\bar{\beta}$	ε_β/%
JMarti	1.8641×10^{-8}	50	0.0013798	0.0013807	0.0013803	0.00	0.0010681	0.0010729	0.0010705	−0.15
		500	0.0127235	0.0127266	0.0127250	−0.44	0.0106626	0.0106751	0.0106688	−0.02
		5000	0.1198332	0.119946	0.1199146	−0.32	0.1062487	0.1063743	0.1063115	−0.07
	1.8641×10^{-7}	50	0.0013782	0.0013773	0.0013777	0.22	0.0010681	0.0010722	0.0010702	−0.09
		500	0.0127297	0.012732875	0.0127313	−0.37	0.0106626	0.0106720	0.0106673	−0.03
		5000	0.1198203	0.119820344	0.1198203	−0.40	0.1063743	0.1063743	0.1063743	−0.01
Semlyen		50	0.0013798	0.001381044	0.0013804		0.0010681	0.0010713	0.0010697	
		500	0.0126543	0.012648052	0.0126512		0.0106971	0.0119475	0.0113223	
		5000	0.1200088	0.119883176	0.1199460		0.1064372	0.1064372	0.1064372	

9.2.4 校核 Z_c

设仿真得线路上的稳态前行波电压、电流分别为 $\dot{U}_F$、$\dot{I}_F$，对应瞬时值分别为 u_F、i_F，则仿真中实际表现出的线路波阻抗（称为实际波阻抗）为

$$Z'_c=\frac{\dot{U}_F}{\dot{I}_F}=|Z'_c|\angle\phi' \tag{9-10}$$

式中 ϕ'——Z'_c的相位。

式（9-10）为校核波阻抗的基本原理。

使用图 9-10（a）中电路进行仿真，电源电压即为 $\dot{U}_F$，小电阻（0.01Ω）中的电流即是 $\dot{I}_F$。在前文校核 α、β 时需要波传播一段时间，以便有明显的幅值衰减和相位变化。而校核波阻抗时，$\dot{U}_F$ 和 $\dot{I}_F$ 都在线路的首端，故线路的长度、末端开路或短路均不会影响计算结果，但线路必须足够长，保证在 $\dot{I}_F$ 达到稳定时线路末端的反行波未传播到线路首端，可取长度为 9000km。计算中电源电压幅值取为 1000V。

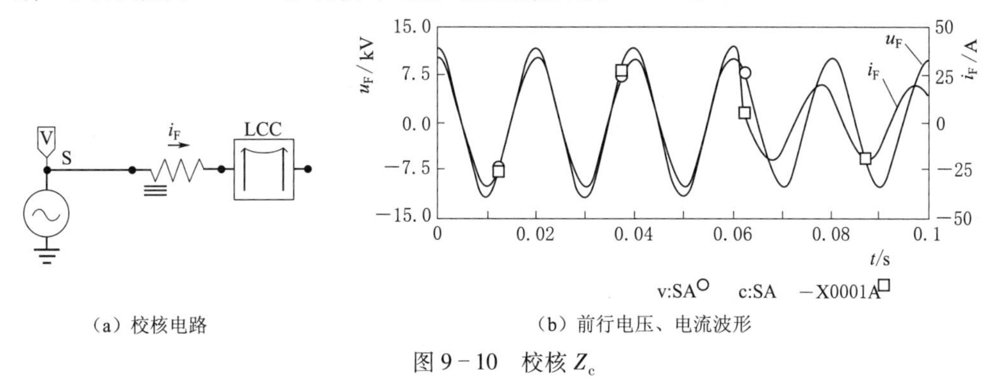

（a）校核电路　（b）前行电压、电流波形

图 9-10 校核 Z_c

设理论计算所得波阻抗为 $Z_c=|Z_c|\angle\phi$，其中 ϕ 为理论计算波阻抗的相位。则实际波阻抗的误差为

$$\varepsilon_{Zc}=\frac{|Z'_c|-|Z_c|}{|Z_c|}\times100\% \tag{9-11}$$

$$\varepsilon_\phi=\phi-\phi' \tag{9-12}$$

式中 ε_{Zc}、ε_ϕ——幅值百分误差和相位绝对误差。

以电源为正序、频率 $f=50$Hz 为例说明计算过程。进行仿真计算直到稳态，利用 PlotXY 绘制 u_F、i_F 波形，如图 9-10（b），其中 i_F 被放大了 20 倍。u_F 从 $t=0$ 时刻开始已经是稳态，i_F 从第 2 个周波开始达到稳态。

$\dot{U}_F$、$\dot{I}_F$ 的幅值、相位用 PlotXY 的傅里叶分析功能进行计算，如图 9-11 所示。

（1）点击主界面 Data selection 右上部的✓按钮。

（2）在 Program Options 界面，点击 DFT。

（3）在 Default frequency 栏输入基波频率，即电源频率，本例中为 50Hz。

（4）点击主界面 Data selection 下部按钮 Four 。

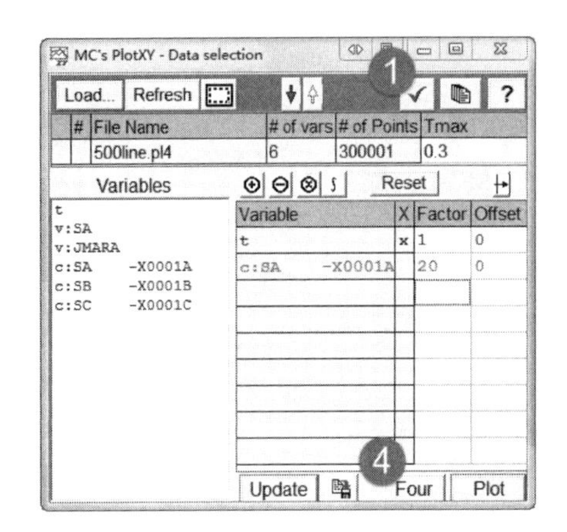

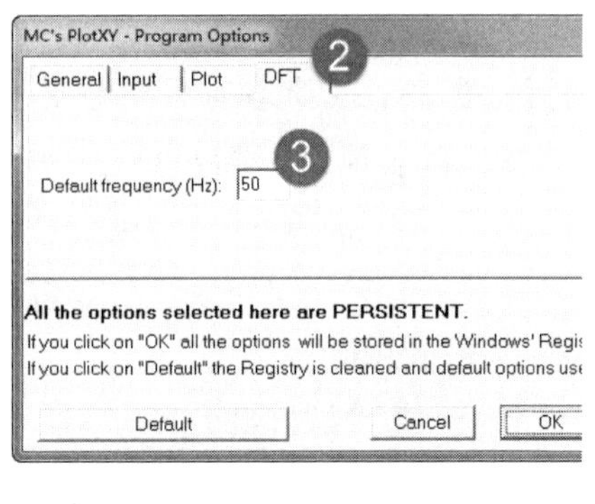

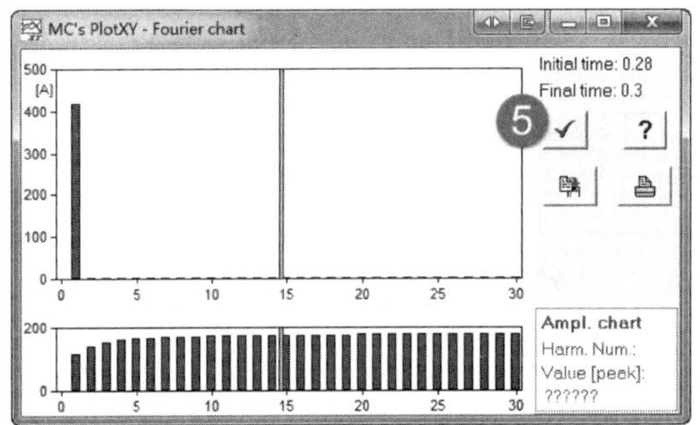

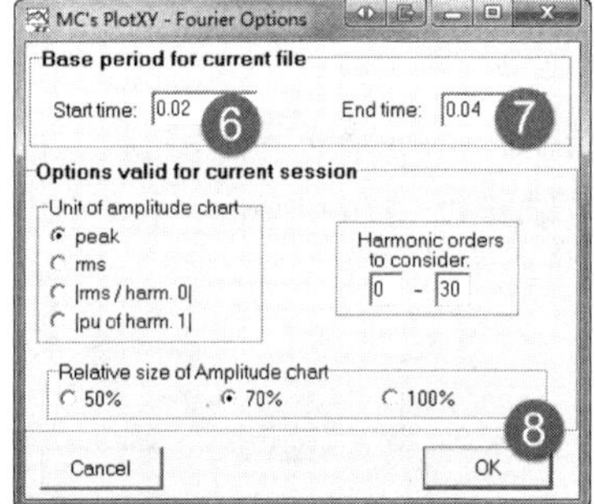

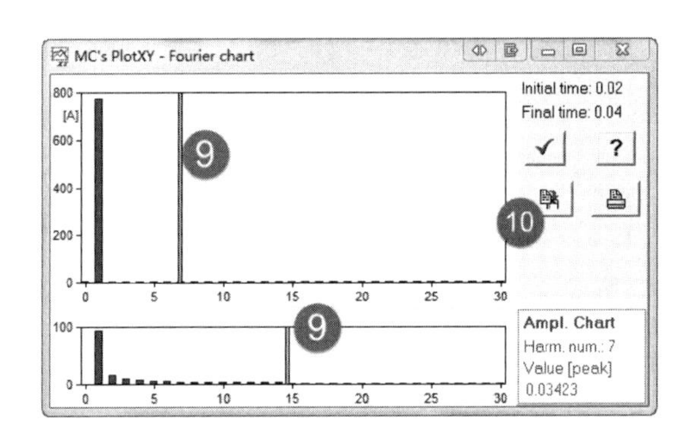

图 9－11　用 PlotXY 进行傅里叶分析

（5）Fourier chart 界面上傅里叶分析缺省选择为最后一个周波，本例中需修改；点击右上部的✓按钮。

（6）进行傅里叶分析必须选择一个完整周波的时间；在 Fourier Options 界面，在 Start time 栏输入傅里叶分析开始时间。

（7）在 End time 栏输入傅里叶分析结束时间。

（8）根据需要修改 Fourier Options 界面其他参数，点击按钮 OK 。

（9）此时出现在 Fourier chart 界面上的才是谐波分析结果，在上部子窗口中显示各次谐波的幅值，下部子窗口中显示谐波对应的相位。

（10）点击按钮，拷贝谐波数据。

需注意的是，对于 $\dot{U}_F$ 相位，PlotXY 谐波分析结果与 ATP 输入文件中数值相差 90°，这是因为前者使用正弦函数，而后者使用余弦函数。

计算结果见表 9-6。在不同线路电导 G 值、不同频率 f 下，JMarti 模型在暂态计算中的实际波阻抗与理论计算值吻合很好，幅值误差均小于 1%；相位误差大多小于 1°，个别接近 1°。在表中讨论的 3 个频率下，G 值对波阻抗的影响很小，与理论分析一致。

表 9-6　由电磁暂态仿真所得模型实际波阻抗及误差

模型	G/S	f/Hz	零序				正序			
			$\|Z'_c\|$/Ω	ϕ'/(°)	ε_{Zc}/%	ε_ϕ/(°)	$\|Z'_c\|$/Ω	ϕ'/(°)	ε_{Zc}/%	ε_ϕ/(°)
JMarti	1.8641×10^{-8}	50	491.64	-8.41	0.42	0.10	259.47	-2.87	0.18	0.04
		500	448.03	-2.92	-0.11	-0.18	257.20	-0.55	-0.08	-0.18
		5000	422.65	-3.46	0.13	-0.86	255.95	-1.02	-0.25	-0.86
	1.8641×10^{-7}	50	491.40	-6.70	0.47	0.13	259.47	-1.69	0.26	0.06
		500	447.43	-2.42	-0.24	0.15	256.94	-0.37	-0.18	-0.12
		5000	420.52	-3.37	-0.37	-0.79	256.15	-1.02	-0.18	-0.87
Semlyen		50	489.96	-8.51	0.07	0.19	259.88	-3.00	0.34	0.04
		500	430.48	-1.90	-4.02	0.86	256.74	-0.41	-0.26	-0.03
		5000	421.59	-3.74	-0.12	-1.14	256.02	-1.07	-0.23	-0.91

Semlyen 模型在暂态计算中的实际波阻抗幅值最大误差为 4.02%，相位误差大多小于 1°，最大为 1.14°，总体比 JMarti 模型略差。

从前面分析比较可知，JMarti 模型在电磁暂态计算中表现出的衰减系数、相位系数、波阻抗与理论计算值吻合；Semlyen 模型表现出的相位系数、波阻抗与理论计算接近，但其衰减系数以及线路电阻均小于理论计算值，导致暂态过程衰减缓慢。

第10章

输电线路参数计算高级技巧

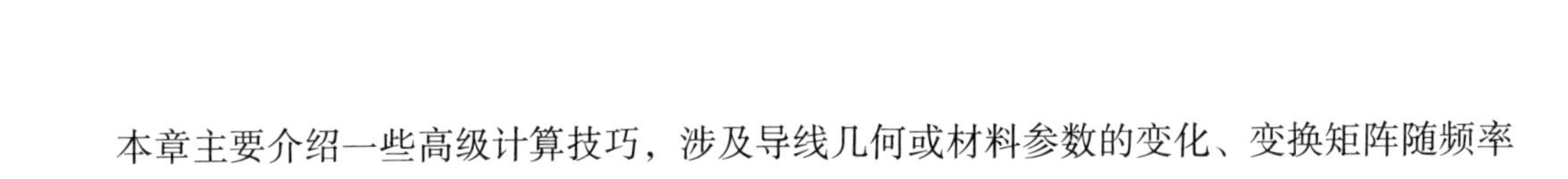

本章主要介绍一些高级计算技巧，涉及导线几何或材料参数的变化、变换矩阵随频率的变化。

计算对象为一条750kV线路，线路采用6分裂导线，有两根地线。杆塔几何尺寸如图10－1所示。

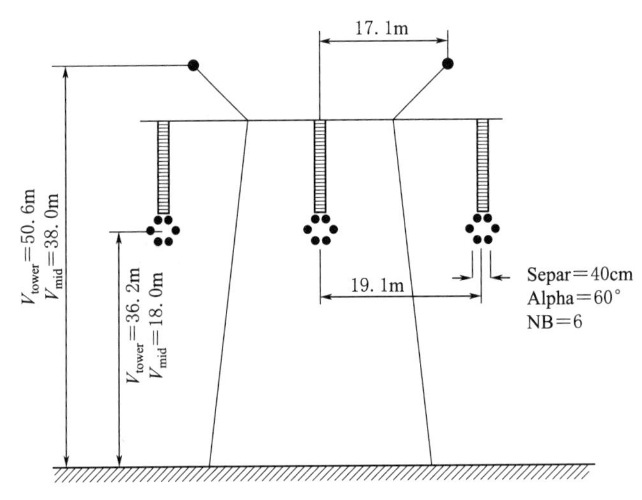

图10－1　750kV线路几何尺寸

（1）导线。

1）直流电阻：0.07232Ω/km。

2）导体外直径：2.763cm。

3）导体内直径：0.8cm。

4）分裂导体数：6。

5）分裂导体间距：40cm。

（2）地线。

1）地线1，OPGW，型号为OPGW－2S1/24，截面积88.76mm^2，外直径1.26cm，直流电阻0.682Ω/km。

2）地线2，普通地线，型号为GJ－80，截面积78.94mm^2，外直径1.15cm，直流电阻2.13Ω/km。

（3）土壤电阻率：50Ω·m。

（4）线路长度：170km。

10.1 基 本 参 数

当在 ATPDraw 的 LCC 界面选择 Bergeron 模型时，程序输出线路的电阻、波阻抗、波速等参数。而用户往往需要序阻抗参数，可以使用很多方法实现这一目的，比较简单的办法是在 PI 模型参数计算中选择输出电容的对称分量矩阵 $\boldsymbol{C}_s$。并非一定在使用 PI 模型时才能输出阻抗参数，这两者没有必然联系，只是程序如此设计而已，这也是一个使用程序的小窍门。

在 LCC 界面选择 PI 模型，如图 10－2 所示。假设两根地线均连续接地，在 LCC 的 Model 页面，选择地线连续接地（☐ Segmented ground）；相数#ph 为 3，如图 10－2（a）所示；在 Data 页面，将地线的相序 Ph. no. 置 0，如图 10－2（b）所示。

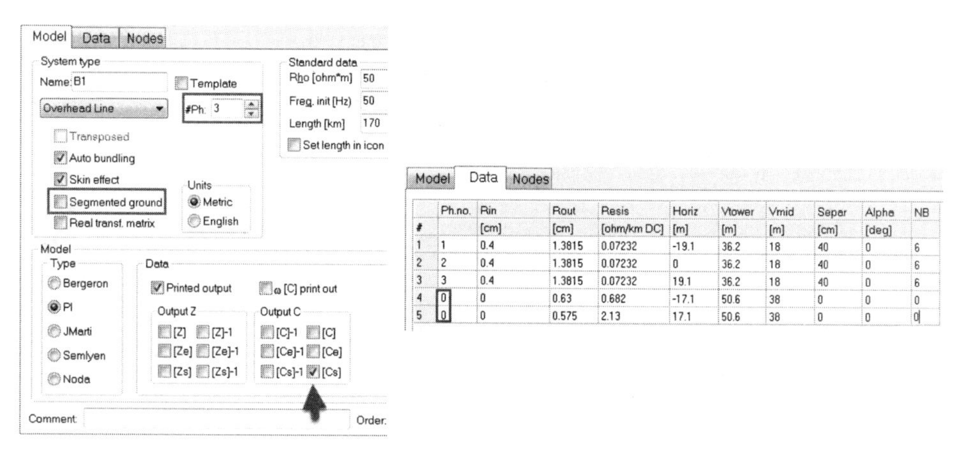

#	Ph.no.	Rin [cm]	Rout [cm]	Resis [ohm/km DC]	Horiz [m]	Vtower [m]	Vmid [m]	Separ [cm]	Alpha [deg]	NB
1	1	0.4	1.3815	0.07232	-19.1	36.2	18	40	0	6
2	2	0.4	1.3815	0.07232	0	36.2	18	40	0	6
3	3	0.4	1.3815	0.07232	19.1	36.2	18	40	0	6
4	0	0	0.63	0.682	-17.1	50.6	38	0	0	0
5	0	0	0.575	2.13	17.1	50.6	38	0	0	0

（a）Model页面设置（可输出序阻抗）　　（b）Data页面设置

图 10－2　两根地线均连续接地

计算线路参数的完整 ATP 输入、输出文件如下：

例 10－1

```
C 输入文件
BEGIN NEW DATA CASE
LINE CONSTANTS
$ERASE
BRANCH  IN___AOUT__AIN___BOUT__BIN___COUT__C
METRIC
  1.3552  .07232 4            2.763   -19.1    36.2     18.     40.   0.0      6
  2.3552  .07232 4            2.763     0.0    36.2     18.     40.   0.0      6
  3.3552  .07232 4            2.763    19.1    36.2     18.     40.   0.0      6
  0   .5    .682 4             1.26   -17.1    50.6     38.     0.0   0.0      0
  0   .5    2.13 4             1.15    17.1    50.6     38.     0.0   0.0      0
BLANK CARD ENDING CONDUCTOR CARDS
     50.       50.            000001 000000 1     170.      0         44{频率数据行
$PUNCH
BLANK CARD ENDING FREQUENCY CARDS
BLANK CARD ENDING LINE CONSTANT
BEGIN NEW DATA CASE
BLANK CARD
```

频率数据行中的44要求输出PI模型。

```
C lis 输出文件
 ---   16   cards of disk file read into card cache cells  1   onward.
Alternative Transients Program (ATP),  GNU Linux or DOS.  All rights reserved by Can/Am user group of Portland, Oregon, USA.
 Date (dd-mth-yy) and time of day (hh.mm.ss) = 14-Jan-18  12:53:56   Name of disk plot file is  i:\myatp\atp\b1.pl4
Consult the 860-page ATP Rule Book of the Can/Am EMTP User Group in Portland,  Oregon, USA.  Source code date is 18 November 2012.
Total size of LABCOM tables = 12454813 INTEGER words.  31 VARDIM  List Sizes follow:  6002  10K  192K  900  420K  1200  15K
  120K  2250  3800  720  2K  72800  510  800K  800  90  254  800K  100K  3K  15K  192K  120  45K  260K  600  210K  1100  19  400
--------------------------------------------------+-----------------------------------------------------------------------------
Descriptive interpretation of input data cards.   |  Input data card images are shown below, all 80 columns, character by character
                                                  0         1         2         3         4         5         6         7         8
                                                  01234567890123456789012345678901234567890123456789012345678901234567890123456789 0
--------------------------------------------------+-----------------------------------------------------------------------------
Comment card.    NUMDCD = 1.                      |C data:I:\MYATP\ATP\B1.DAT  {拷贝、解释输入文件
Marker card preceding new EMTP data case.         |BEGIN NEW DATA CASE
Compute overhead line constants.  Limit = 120     |LINE CONSTANTS
Erase all of  0   cards in the punch buffer.      |$ERASE
Pairs of 6-character bus names for each phase.    |BRANCH  IN___AOUT__AIN___BOUT__BIN___COUT__C
Request for metric (not English) units.           |METRIC
Line conductor card.   3.552E-01  7.232E-02    4  |  1.3552  .07232 4            2.763    -19.1     36.2      18.      40.   0.0       6
Line conductor card.   3.552E-01  7.232E-02    4  |  2.3552  .07232 4            2.763      0.0     36.2      18.      40.   0.0       6
Line conductor card.   3.552E-01  7.232E-02    4  |  3.3552  .07232 4            2.763     19.1     36.2      18.      40.   0.0       6
Line conductor card.   5.000E-01  6.820E-01    4  |  0   .5     .682 4            1.26    -17.1     50.6      38.      0.0   0.0       0
Line conductor card.   5.000E-01  2.130E+00    4  |  0   .5     2.13 4            1.15     17.1     50.6      38.      0.0   0.0       0
Blank card terminating conductor cards.           |BLANK CARD ENDING CONDUCTOR CARDS
Frequency card.   5.000E+01  5.000E+01  1.700E+02 |     50.         50.         000001 000000 1    170.      0        44

Line conductor table after sorting and initial processing.
 Table   Phase   Skin effect    Resistance    Reactance data specification      Diameter    Horizontal    Avg height
  Row   Number       R-type    R (Ohm/km)   X-type        X(Ohm/km) or GMR    (  cm  )      X (mtrs)     Y (mtrs)          Name
    1      1         .35520        .07232       4                 .000000     2.76300      -18.900       23.720          {拆分子导线
    2      2         .35520        .07232       4                 .000000     2.76300        0.200       23.720
    3      3         .35520        .07232       4                 .000000     2.76300       19.300       23.720
    4      1         .35520        .07232       4                 .000000     2.76300      -19.300       23.720
    5      1         .35520        .07232       4                 .000000     2.76300      -19.500       24.067
    6      1         .35520        .07232       4                 .000000     2.76300      -19.300       24.413
    7      1         .35520        .07232       4                 .000000     2.76300      -18.900       24.413
    8      1         .35520        .07232       4                 .000000     2.76300      -18.700       24.067
    9      2         .35520        .07232       4                 .000000     2.76300       -0.200       23.720
   10      2         .35520        .07232       4                 .000000     2.76300       -0.400       24.067
   11      2         .35520        .07232       4                 .000000     2.76300       -0.200       24.413
   12      2         .35520        .07232       4                 .000000     2.76300        0.200       24.413
   13      2         .35520        .07232       4                 .000000     2.76300        0.400       24.067
   14      3         .35520        .07232       4                 .000000     2.76300       18.900       23.720
   15      3         .35520        .07232       4                 .000000     2.76300       18.700       24.067
   16      3         .35520        .07232       4                 .000000     2.76300       18.900       24.413
   17      3         .35520        .07232       4                 .000000     2.76300       19.300       24.413
   18      3         .35520        .07232       4                 .000000     2.76300       19.500       24.067
   19      0         .50000        .68200       4                 .000000     1.26000      -17.100       42.200
   20      0         .50000       2.13000       4                 .000000     1.15000       17.100       42.200

Matrices are for earth resistivity = 5.00000000E+01  Ohm-meters  and frequency 5.00000000E+01  Hz.   Correction factor =
1.00000000E-06

Capacitance matrix,  in units of  [farads/kmeter ]  for symmetrical components of the equivalent phase conductor
Rows proceed in the sequence  (0, 1, 2),  (0, 1, 2),  etc.;  columns proceed in the sequence  (0, 2, 1),  (0, 2, 1),  etc.

   0  9.054902E-09               {电容对称分量矩阵
      0.000000E+00

   1  1.923182E-10 -5.183293E-10
     -3.308279E-10 -8.978338E-10

   2  1.923182E-10  1.333159E-08 -5.183293E-10
      3.308279E-10  1.760553E-25  8.978338E-10
   Both  "R"  and  "X"  are in Ohms;   "C"  are in microFarads.

Sequence        Surge impedance        Attenuation   velocity    Wavelength   Resistance    Reactance    Susceptance
           magnitude(Ohm) angle(degr.)    db/km        km/sec        km          Ohm/km       Ohm/km       mho/km
   Zero :  5.25568E+02 -8.01254E+00  1.81012E-03  2.12201E+05  4.24403E+03  2.16916E-01  7.55229E-01  2.84468E-06{零序，不是ATP规定的
Bergeron模型的格式
Positive:  2.56661E+02 -1.35659E+00  2.21051E-04  2.92335E+05  5.84669E+03  1.30601E-02  2.75590E-01  4.18824E-06{正序
Request for flushing of punch buffer.             |$PUNCH

A listing of 80-column card images now being flushed from punch buffer follows.
===============================================================================
12345678901234567890123456789012345678901234567890123456789012345678901234567890
===============================================================================
C 以下拷贝pch文件中的内容
C  <++++++>  Cards punched by support routine on  14-Jan-18  12:53:56  <++++++>
C LINE CONSTANTS
C $ERASE
C BRANCH  IN___AOUT__AIN___BOUT__BIN___COUT__C
```

```
C METRIC
C   1.3552  .07232 4           2.763   -19.1    36.2     18.     40.   0.0
C   2.3552  .07232 4           2.763     0.0    36.2     18.     40.   0.0
C   3.3552  .07232 4           2.763    19.1    36.2     18.     40.   0.0
C   0   .5    .682 4            1.26   -17.1    50.6     38.     0.0   0.0
C   0   .5    2.13 4            1.15    17.1    50.6     38.     0.0   0.0
C BLANK CARD ENDING CONDUCTOR CARDS
C     50.        50.           000001 000000 1     170.      0         44
$VINTAGE, 1
$UNITS,  50., 0.0,
 1IN___AOUT__A             1.39776817E+01  7.30886951E+01  2.00887330E+00    {线路PI模型
 2IN___BOUT__B             1.17845828E+01  2.90117352E+01 -3.22668509E-01
                           1.38736484E+01  7.38138440E+01  2.05478184E+00
 3IN___COUT__C             1.13547804E+01  2.24408659E+01 -8.14833262E-02
                           1.15161653E+01  3.00859466E+01 -3.22885997E-01
                           1.34648379E+01  7.51869620E+01  2.00842033E+00
$VINTAGE, -1,
$UNITS, -1., -1., { Restore values that existed b4 preceding $UNITS
========< End of LUNIT7 punched cards as flushed by  $PUNCH  request  >=======
```

手工删除输入文件中频率数据行最后的44，要求输出Bergeron模型，频率行数据如下：

```
BLANK CARD ENDING CONDUCTOR CARDS
      50.        50.          000001 000000 1    170.     0     44 {44，输出PI模型参数
```

例10-2

```
      50.        50.          000001 000000 1     170.     0          {删除44，输出Bergeron分布参数模型
```

则计算后lis文件尾部内容为（删除了以“C ”开头的注释内容）

```
C 拷贝pch文件的内容
A listing of 80-column card images now being flushed from punch buffer follows.
===============================================================================
1234567890123456789012345678901234567890123456789012345678901234567890123456789
===============================================================================
$VINTAGE, 1
-1IN___AOUT__A           2.16916E-01 5.15255E+02 2.14335E+05 1.70000E+02 1      {Bergeron模型
-2IN___BOUT__B           1.30601E-02 2.56517E+02 2.92417E+05 1.70000E+02 1
-3IN___COUT__C
$VINTAGE, -1,
=========< End of LUNIT7 punched cards as flushed by  $PUNCH  request  >=======
```

可见pch文件输出的是Bergeron分布参数模型，而不是PI集中参数模型。但在lis文件中仍然输出对称分量矩阵$\boldsymbol{C}_s$。这种灵活的输出方式只能通过修改输入文件而实现。

10.2 线路高度变化

由于重力的作用，每两基杆塔之间的导线总是呈悬垂状，即线路存在弧垂。ATP计算线路参数时取导线的平均高度。但是，随着季节、负荷的不同，导线温度发生变化，弧垂也随之变化，导线的平均高度也不同。

本节将计算导线高度变化对线路序参数的影响。ATP本身具有改变部分参数、进行多次计算的功能，但是目前该功能没有在ATPDraw中实现，用户需手动修改、添加相关参数。

仍以例10-1为例进行说明如何使线路的高度发生变化。将地线、相导线的高度分别设为变量HEIGHT1_、HEIGHT2_，注意符号“_ ”也可使用其他规定的字母或符号替换，

但是变量的字符长度必须等于高度参数的位数（8 位）。计算中地线高度为 16~44m，导线高度为 32~60m。共进行 15 次计算，每次导、地线高度均增加 2m。高度计算公式为

```
HEIGHT1_=14.+KNT*2.
HEIGHT2_=30.+KNT*2.
```

注意式中的小数点。KNT 循环计算的次数。

线路参数计算输入文件如下：

例 10-3

```
BEGIN NEW DATA CASE
POCKET CALCULATOR VARIES PARAMETERS           15  {计算次数为 15
$PARAMETER
HEIGHT1_= 14.  + KNT*2.     {注意，变量的字符长度数为 8
HEIGHT2_= 30.  + KNT*2.
BLANK card ends  $PARAMETER
LINE CONSTANTS
$ERASE
BRANCH  IN___AOUT__AIN___BOUT__BIN___COUT__C
METRIC
  1.3552  .07232 4          2.763   -19.1HEIGHT1_     18.      40.    0.0        6
  2.3552  .07232 4          2.763     0.0HEIGHT1_     18.      40.    0.0        6
  3.3552  .07232 4          2.763    19.1HEIGHT1_     18.      40.    0.0        6
  0    .5    .682 4          1.26   -17.1HEIGHT2_     38.      0.0    0.0        0
  0    .5   2.13 4           1.15    17.1HEIGHT2_     38.      0.0    0.0        0
BLANK CARD ENDING CONDUCTOR CARDS
     50.        50.         000001 000000 1     170.       0
BLANK CARD ENDING FREQUENCY CARDS
BLANK CARD ENDING LINE CONSTANT
BEGIN NEW DATA CASE
BLANK CARD
```

第 2 行 POCKET…为特殊请求命令，表示将进行多次计算，计算次数为 15。第 3 行 $PARAMETER 表示将为变量赋值，随后是两行变量赋值语句，分别给变量 HEIGHT1_、HEIGHT2_赋值。赋值中使用了 ATP 的内部变量 KNT，这是一个很重要、也很常用的内部变量，表示计算的次序数，本例为 KNT=1、2、…、15。下一行使用 BLANK 命令结束变量赋值，其实对 ATP 而言只有“BLANK ”有意义，该行中其后内容仅仅起注释作用。

计算结果见表 10-1。虽然线路高度的变化范围很大，但对序参数的影响并不显著。将序号为 11 的参数视为基准值，线路高度分别降低、增加 8m 时（第 7 行、第 15 行），除零序电容外，其他参数变化很小，可以忽略。零序参数变化最大达到 3.13%，从应用角度考虑，这是可以接受的误差范围。

表 10-1　　线路高度变化对序参数的影响

序号	相导线高度 /m	地线高度 /m	零序参数			正序参数		
			电阻 /(Ω·km^{-1})	电抗 /(Ω·km^{-1})	容纳 /(×10^{-6}S·km^{-1})	电阻 /(Ω·km^{-1})	电抗 /(Ω·km^{-1})	容纳 /(×10^{-6}S·km^{-1})
1	16	32	0.2169	0.7540	3.154	0.01303	0.2756	4.266
2	18	34	0.2168	0.7543	3.114	0.01303	0.2756	4.254

续表

序号	相导线高度/m	地线高度/m	零序参数			正序参数		
			电阻/(Ω·km⁻¹)	电抗/(Ω·km⁻¹)	容纳/(×10⁻⁶S·km⁻¹)	电阻/(Ω·km⁻¹)	电抗/(Ω·km⁻¹)	容纳/(×10⁻⁶S·km⁻¹)
3	20	36	0.2167	0.7545	3.078	0.01303	0.2756	4.244
4	22	38	0.2166	0.7548	3.043	0.01302	0.2756	4.235
5	24	40	0.2165	0.7550	3.009	0.01302	0.2756	4.226
6	26	42	0.2164	0.7553	2.978	0.01302	0.2756	4.218
7	28	44	0.2164	0.7555	2.948	0.01302	0.2756	4.211
	与基准行相比变化/%		0.12	-0.10	2.74	0.03	0.00	0.41
8	30	46	0.2163	0.7558	2.920	0.01302	0.2756	4.204
9	32	48	0.2162	0.7560	2.892	0.01302	0.2756	4.198
10	34	50	0.2161	0.7563	2.866	0.01302	0.2756	4.193
11	36	52	0.2160	0.7565	2.842	0.01302	0.2756	4.187
12	38	54	0.2159	0.7568	2.818	0.01302	0.2756	4.182
13	40	56	0.2158	0.7570	2.795	0.01301	0.2756	4.178
14	42	58	0.2158	0.7573	2.774	0.01301	0.2756	4.174
15	44	60	0.2157	0.7575	2.753	0.01301	0.2756	4.170
	与基准行相比变化/%		-0.16	0.13	-3.13	-0.03	0.00	-0.42

因此，计算线路参数时，高度取值并不需要区分季节、负荷等因素，而且只需考虑两、三种，甚至一种塔形即可。

10.3 大地电阻率变化

通常除了关心导线高度对线路参数计算的影响之外，还关心大地电阻率的影响。同样，可以将大地电阻率作为变量来进行多次循环过程。

以例 10-1 中参数为基本参数，进行手工修改，修改后输入文件如下：

例 10-4

```
BEGIN NEW DATA CASE
POCKET CALCULATOR VARIES PARAMETERS              40  {进行 40 次计算
$PARAMETER
RESITIVI= 50. + KNT*10.                              {电阻率 60～450Ω·m
BLANK card ends  $PARAMETER
LINE CONSTANTS
```

```
$ERASE
BRANCH  IN___AOUT__AIN___BOUT__BIN___COUT__C
METRIC
  1.3552  .07232 4          2.763  -19.1    36.2     18.     40.   0.0        6
  2.3552  .07232 4          2.763    0.0    36.2     18.     40.   0.0        6
  3.3552  .07232 4          2.763   19.1    36.2     18.     40.   0.0        6
  0   .5    .682 4           1.26  -17.1    50.6     38.     0.0   0.0        0
  0   .5    2.13 4           1.15   17.1    50.6     38.     0.0   0.0        0
BLANK CARD ENDING CONDUCTOR CARDS
RESITIVI       50.          000001 000000 1    170.      0
$PUNCH
BLANK CARD ENDING FREQUENCY CARDS
BLANK CARD ENDING LINE CONSTANT
BEGIN NEW DATA CASE
BLANK CARD
```

计算中将大地电阻率设为变量 RESITIVI。不同于例 10－3，本例中没有使用符号补足位数，因为 RESITIVI 包含 8 个字符，长度刚好等于大地电阻率的数据位数。共进行 40 次计算，大地电阻率变化范围为 60~450Ω · m，每次增加 10Ω · m。

部分计算结果见表 10－2。大地电阻率变化不会影响零序、正序电容，原因显而易见，计算电容时认为大地为理想导体。这种变化也不影响正序电抗，对正序电阻的影响也非常小。对零序电抗略有影响，其变化范围为 0.7646~0.8220Ω/km，增加了 7.5%。对零序电阻影响稍大，其变化范围为 0.2212~0.2704Ω/km，增加了 22.6%。尽管大地电阻率增加到接近 8 倍，但零序电阻、电抗的变化并不大，变化趋势如图 10－3 所示。

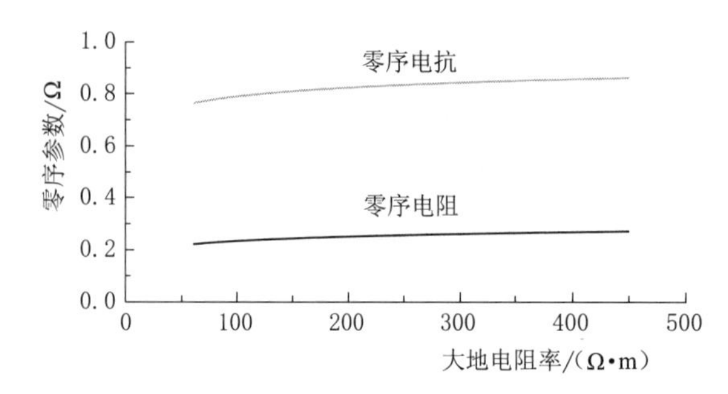

图 10－3　零序阻抗随大地电阻率变化趋势

表 10－2　　大地电阻率变化对序参数的影响

序号	大地电阻率 /(Ω · m)	零序参数			正序参数		
		电阻 /(Ω · km)	电抗 /(Ω · km)	容纳 /(10^{-6}S · km^{-1})	电阻 /(Ω · km)	电抗 /(Ω · km)	容纳 /(×10^{-6}S · km^{-1})
1	60	0.2212	0.7646	2.845	0.01305	0.2756	4.188
2	70	0.2249	0.7724	2.845	0.01304	0.2756	4.188
3	80	0.2281	0.7791	2.845	0.01303	0.2756	4.188
4	90	0.2309	0.7850	2.845	0.01303	0.2756	4.188
5	100	0.2334	0.7903	2.845	0.01302	0.2756	4.188
6	110	0.2357	0.7950	2.845	0.01302	0.2756	4.188
7	120	0.2379	0.7993	2.845	0.01301	0.2756	4.188
8	130	0.2398	0.8032	2.845	0.01301	0.2756	4.188
9	140	0.2416	0.8069	2.845	0.01301	0.2756	4.188
…							

续表

序号	大地电阻率 /(Ω·m)	零序参数			正序参数		
		电阻 /(Ω·km)	电抗 /(Ω·km)	容纳 /(×10^{-6}S·km^{-1})	电阻 /(Ω·km)	电抗 /(Ω·km)	容纳 /(×10^{-6}S·km^{-1})
31	360	0.2653	0.8518	2.845	0.01298	0.2756	4.188
32	370	0.2660	0.8530	2.845	0.01298	0.2756	4.188
33	380	0.2666	0.8542	2.845	0.01298	0.2756	4.188
34	390	0.2673	0.8554	2.845	0.01298	0.2756	4.188
35	400	0.2679	0.8566	2.845	0.01298	0.2756	4.188
36	410	0.2686	0.8577	2.845	0.01298	0.2756	4.188
37	420	0.2692	0.8588	2.845	0.01298	0.2756	4.188
38	430	0.2698	0.8599	2.845	0.01298	0.2756	4.188
39	440	0.2704	0.8610	2.845	0.01298	0.2756	4.188
40	450	0.2710	0.8620	2.845	0.01298	0.2756	4.188

10.4 变换矩阵随频率变化

本书第5章指出，当f不小于50Hz时，不换位架空线路的电流变换矩阵$\boldsymbol{T}_i$中各元素基本与频率f无关，采用不随f变化的$\boldsymbol{T}_i$能够满足一般计算需要。本节以第3.2节中500kV线路为例，计算相应$\boldsymbol{T}_i$中各元素随f变化情况。

使用Bergeron模型计算线路参数时，只计算频率为Freq. ini下的参数，也仅计算该频率下的变换矩阵。因此，计算一个频率范围内的变换矩阵时，将Freq. ini作为变量。本例中变量名称为FREQMATRIX，频率范围为0.05~5×10^{7}Hz，则

```
FREQMATRIX= 0.005*10.**KNT
```

共进行10次计算，即KNT=1、2、…、10。FREQMATRIX的长度为10字符，等于规定的位数，故不需要其他符号来补足位数。

同样，ATPDraw没有直接计算不同频率下变换矩阵的功能，用户需采用间接方式。首先进行常规Bergeron模型参数计算，然后手工修改输入文件为：

例10-5

```
BEGIN NEW DATA CASE
POCKET CALCULATOR VARIES PARAMETERS              10  {新增
$PARAMETER                                           {新增
FREQMATRIX= 0.005*10.**KNT                           {新增
BLANK card ends  $PARAMETER                          {新增
LINE CONSTANTS
$ERASE
BRANCH  IN___AOUT__AIN___BOUT__BIN___COUT__C
METRIC
   1.2173    .108 4            2.37    -13.       24.       15.       45.    0.0        4
```

```
  2.2173     .108 4             2.37      0.0      24.      15.      45.   0.0          4
  3.2173     .108 4             2.37      13.      24.      15.      45.   0.0          4
  0    .5    .374 4            1.484   -11.25      31.     23.5     0.0   0.0          0
  0    .5    .374 4            1.484    11.25      31.     23.5     0.0   0.0          0
BLANK CARD ENDING CONDUCTOR CARDS
    100.FREQMATRIX                                170.                    1  {修改
BLANK CARD ENDING FREQUENCY CARDS
BLANK CARD ENDING LINE CONSTANT
BEGIN NEW DATA CASE
BLANK CARD
```

ATP 输出 $\boldsymbol{T}_{\mathrm{i}}$ 的形式为

$$\boldsymbol{T}_{\mathrm{i}}=\begin{bmatrix} S_{11} & S_{12} & S_{13} \\ S_{21} & S_{22} & S_{23} \\ S_{31} & S_{32} & S_{33} \end{bmatrix}$$

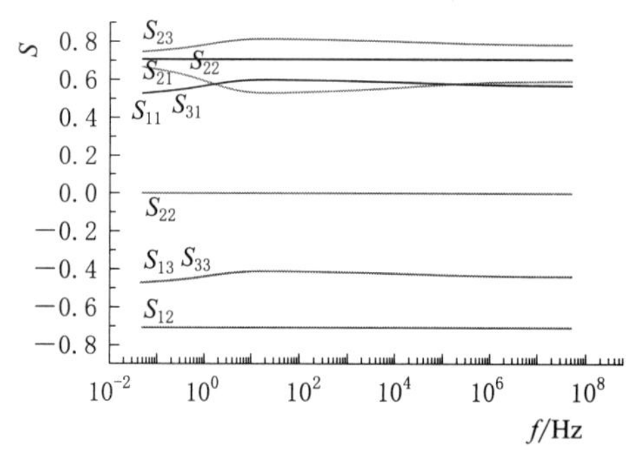

图 10－4　电流变换矩阵各元素随频率变化趋势

计算结果见表 10－3。S_{22}值很小，近似为 0。为了直观观察 $\boldsymbol{T}_{\mathrm{i}}$ 中各元素随频率的变化趋势，将表 10－3 中各元素随频率变化情况绘制为曲线，如图 10－4 所示。注意，当 $f=5\mathrm{Hz}$ 时，$\boldsymbol{T}_{\mathrm{i}}$ 第 2 列中 S_{12}、S_{32} 的符号与其他频率时的情况刚好相反。变换矩阵的每列乘以一个系数，其结果仍然是变换矩阵，故绘图时将该列元素均乘以－1。

表 10－3　　　　电流变换矩阵 $\boldsymbol{T}_{\mathrm{i}}$ 各元素随频率变化

f/Hz	S_{11}	S_{12}	S_{13}	S_{21}	S_{22}	S_{23}	S_{31}	S_{32}	S_{33}
0.05	0.52742	−0.70711	−0.47088	0.66608	0	0.74601	0.52742	0.70711	−0.47088
0.5	0.55085	−0.70711	−0.45358	0.62701	0	0.76716	0.55085	0.70711	−0.45358
5	0.60150	0.70711	−0.40907	0.52574	0	0.81568	0.60150	−0.70711	−0.40907
50	0.59947	−0.70711	−0.41105	0.53035	0	0.81368	0.59947	0.70711	−0.41105
500	0.59494	−0.70711	−0.41547	0.54045	0	0.80918	0.59494	0.70711	−0.41547
5×10^3	0.59010	−0.70711	−0.42008	0.55097	0	0.80441	0.59010	0.70711	−0.42008
5×10^4	0.58166	−0.70711	−0.42781	0.56862	0	0.79622	0.58166	0.70711	−0.42781
5×10^5	0.57361	−0.70711	−0.43488	0.58475	0	0.78852	0.57361	0.70711	−0.43488
5×10^6	0.57040	−0.70711	−0.43762	0.59100	0	0.78548	0.57040	0.70711	−0.43762
5×10^7	0.56940	−0.70711	−0.43846	0.59292	0	0.78454	0.56940	0.70711	−0.43846

从图 10－4 中可以看出，当 $f=0.05\sim5\times10^7\mathrm{Hz}$ 时，$\boldsymbol{T}_{\mathrm{i}}$ 随 f 变化较小，尤其在操作过电压涉及的几千赫兹频率范围内。因此，在不需要十分精确计算时，如在计算操作过电压

时，可以使用某一频率下的 T_i，如 1kHz。

10.5 线路的单位冲击响应

线路的单位冲击响应有助于理解线路频率相关模型，在某些场合还可以将其拟合为函数以便进行数学运算，如 Semlyen 频率相关线路模型。直接仿真计算线路的冲击响应比较困难，因为冲击响应要求冲击源的冲击作用时间为 0、冲击幅值为∞。而数字仿真中，这两点均无法实现。但是，根据线性电路理论，单位阶跃响应的导数为冲击响应，而阶跃响应的源——阶跃电源，很容易建模。常用的电磁暂态仿真软件中都内嵌有阶跃电源，如 ATP 中的 11 型电源。因此，可先求阶跃响应，再对其求导，即得冲击响应。

阶跃响应求导本身不属于暂态仿真的范围，而是仿真数据的后处理。在 ATP 中，利用 TACS 的导数元件可对仿真结果求导。由于 TACS 元件与仿真电路在一起，通常也将 TACS 的这些数值计算功能视为仿真的一部分。

10.5.1 单位冲击响应求解

以第 3.2 节中 500kV 线路为例进行说明。线路末端开路，线路首端为三个幅值、相位相同的零序阶跃电压源。在 ATPDraw 中建立电路，如图 10-5 中区域 a 所示。

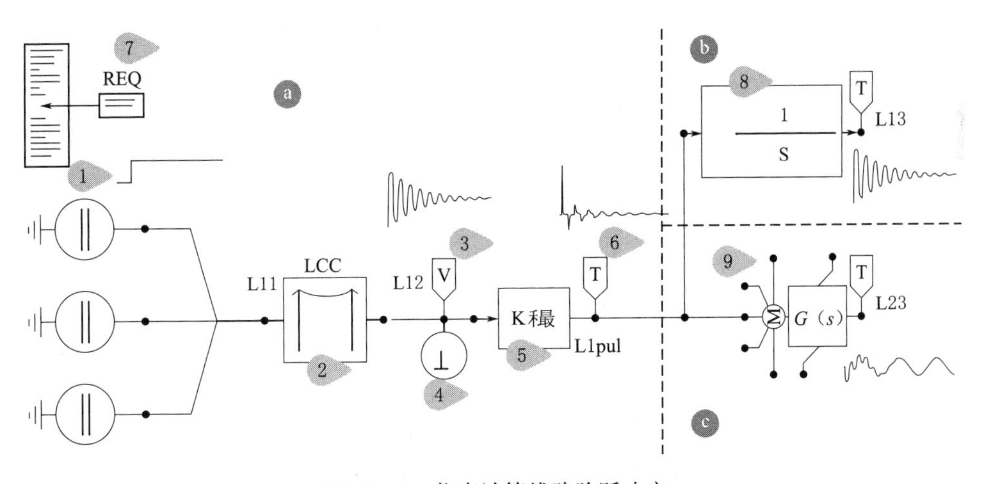

图 10-5 仿真计算线路阶跃响应

各元件简单说明如下：

（1）11 型阶跃电压源，幅值为 1V。

（2）500kV 输电线路。

（3）电压测量仪，输出阶跃响应（L12）。

（4）90 型 TACS 元件，将电路电压信号转换为 TACS 信号。

（5）TACS 一阶求导元件，一阶求导元件为通用传递函数的特殊形式，在输入文件中共有 3 行数据，对应的传递函数为 $G(s)=s$，输出冲击响应（L1pul）。

（6）TACS 测量仪，输出 TACS 信号。

（7）特殊请求命令 AVERAGE OUTPUT，对输出信号进行平均。

ATP 输入文件如下：

例 10－6

```
BEGIN NEW DATA CASE
AVERAGE OUTPUT   {特殊请求命令，对输出信号平均处理
$DUMMY, XYZ000
C  dT  >< Tmax >< Xopt >< Copt ><Epsiln>
   1.E-6     .06
     500       1       0       0       1       0       0       1       0
/TACS
TACS HYBRID
90L12A                                                          1.E3   {90 型 TACS元件。信号类型转换
 1L1PUL   +L12A                                              1.     {TACS 一阶求导元件，共 3 行
                          1.
                 1.
33L1PUL    {TACS 测量仪，输出 TACS 信号
C         1         2         3         4         5         6         7         8
C 345678901234567890123456789012345678901234567890123456789012345678901234567890
/BRANCH
C < n1 >< n2 ><ref1><ref2>< R  >< L  >< C  >
C < n1 >< n2 ><ref1><ref2>< R  >< A  >< B  ><Leng><><>0
$INCLUDE, I:\MyProjects\ATP\500L1.lib, L11A##, L11B##, L11C##, L12A## $$
  , L12B##, L12C##
/SOURCE
C < n 1><>< Ampl.  >< Freq.  ><Phase/T0><   A1   ><   T1   >< TSTART >< TSTOP  >
11L11B   0        1.                                                          1.
11L11C   0        1.                                                          1.
11L11A   0        1.                                                          1.
/OUTPUT
  L12A
BLANK TACS
BLANK BRANCH
BLANK SWITCH
BLANK SOURCE
BLANK OUTPUT
BLANK PLOT
BEGIN NEW DATA CASE
BLANK
```

计算中发现输出信号存在数值振荡，故使用 ATP 的特殊请求命令 AVERAGE OUTPUT 将相邻的两个计算值取平均后再输出，解决了数值振荡问题。但目前在 ATPDraw 中不能直接插入该特殊请求命令，一种方法是使用菜单 User Specified→Additional，如图 10－6（a）所示，弹出窗口如图 10－6（c）所示，在 Attributes 区域，输入 AVERAGE OUTPUT；在窗口下方的卡类型 Card 栏，选择 REQUEST。ATPDraw 在生成 ATP 输入文件时，将 Attributes 区域的内容归类为特殊请求命令。输入、选择结束后，屏幕出现图标如图 10－6（b）所示。当然，用户还可以直接在 ATP 输入文件中加入特殊请求命令。

线路末端阶跃响应、冲击响应电压如图 10－7 所示。

10.5.2 单位冲击响应的校核

设零初始状态线性系统的激励为 $e(t)$、响应为 $r(t)$，对应的拉普拉斯变换分别为

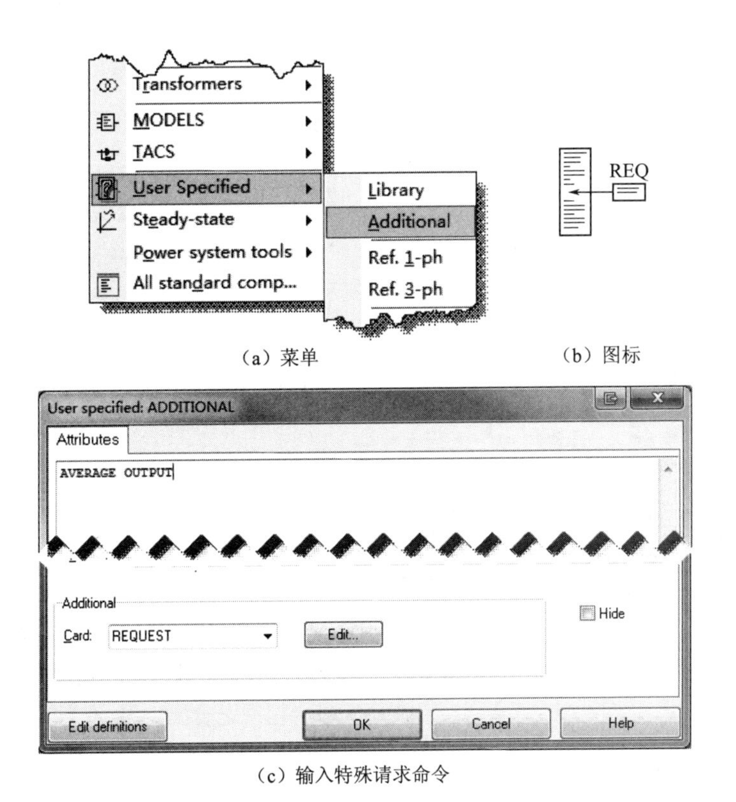

（a）菜单　　（b）图标

（c）输入特殊请求命令

图 10-6　插入特殊请求命令消除数值振荡

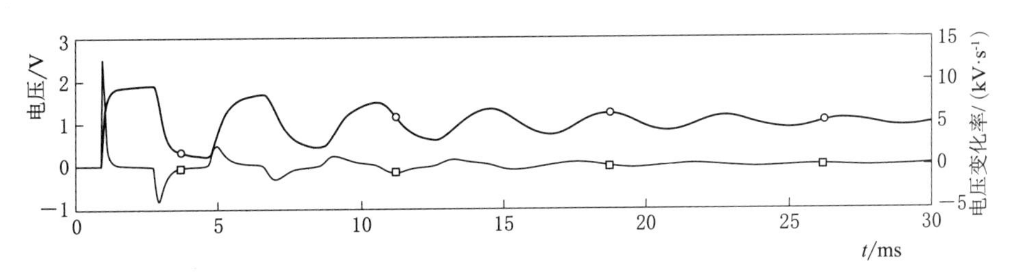

图 10-7　线路末端的阶跃响应和冲击响应

□—阶跃响应；○—冲击响应

$E(s)$、$R(s)$，则有

$$R(s)=G(s)E(s) \tag{10-1}$$

其中 $G(s)$ 为传递函数，在时域为 $g(t)$。

当 $E(s)=1$ 时，即 $e(t)$ 为单位冲击函数 $\delta(t)$，$R(s)=G(s)$，说明传递函数 $G(s)$ 就是单位冲击响应。

从数学角度看，$E(s)$ 或 $G(s)$ 均可视为传递函数。在 ATP 中，对应有两种方法输出式（10-1）中的时域信号 $r(t)$，如图 10-8 所示。

在第 10.5.1 节中已经通过仿真得到了 $g(t)$，下文将 $E(s)$ 当做传递函数，按照图

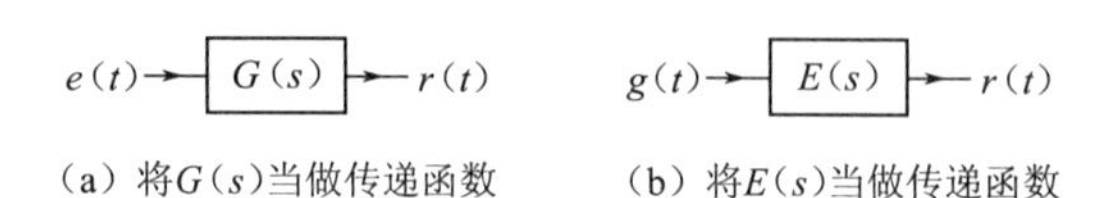

（a）将$G(s)$当做传递函数　（b）将$E(s)$当做传递函数

图 10-8　输出 $r(t)$ 的两种方法

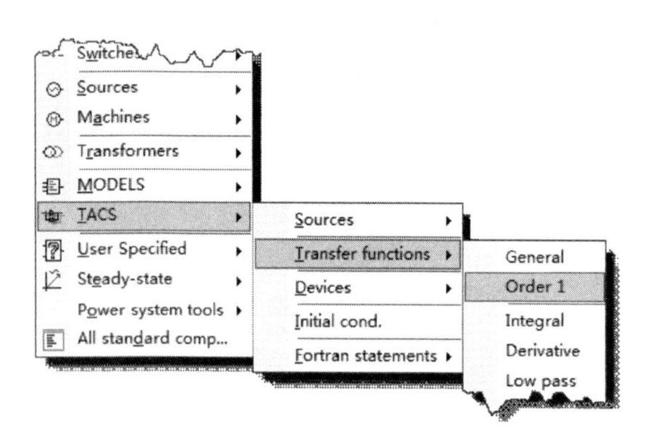

图 10-9　TACS 的传递函数

10-8（b）验证冲击响应是否正确。

1. $e(t)=u(t)$

输入三相电压（激励）为单位阶跃函数。这种情况其实已经在第 10.5.1 节中进行了仿真，现在反过来进行验证。因为 $L[u(t)]=\frac{1}{s}$，在图 10-5 的电路中增加区域 b 中 8 号元件——TACS 的一阶传递函数元件（图 10-9），其实为通用传递函数的特殊形式，在其数据窗口输入相应的系数。例 10-6 的 TACS 增加了一个元件以及输出，具体为

例 10-7

```
90L12A                                                              1.E3
 1L1PUL    +L12A                                         1.
                    1.
          1.
 1L13      +L1PUL                                        1.           {增加的一阶传递函数元件
          1.
                    1.
33L1PUL
33L13
```

仿真得到 TACS 的输出，即节点 L13 处的信号，它与节点 L12 的电压波形完全一致，从而验证了冲击响应函数。

上述过程也可看做是，将节点 L12 的电压信号首先微分，再积分，最后得到的信号与节点 L12 的原始电压信号相同。

2. $e(t)=\sin(\omega t)$

上面使用单位阶跃激励来验证冲击响应函数，下面使用三相电源均为 $e(t)=\cos(\omega t)$ 进行验证，其中 $\omega=100\pi$。需注意的是，ATP 中电源使用余弦函数。

因为

$$L[\cos(\omega t)]=\frac{s}{s^2+\omega^2}$$

这是二阶传递函数。选择图 10-9 中的 TACS 通用传递函数元件（General），在图 10-5 的电路中增加区域 c 中的 9 号元件，输入相应的系数。例 10-6 的 TACS 又增加了一个二阶传递函数元件以及对应的输出，具体为

例 10－8

```
/TACS
TACS HYBRID
90L12A                                                                  1.E3
 1L1PUL    +L12A                                          1.
                     1.
           1.
 1L13      +L1PUL                                         1.
           1.
                     1.
 2L23                            +L1PUL                   1. {增加的二阶传递函数元件
                     1.
98695.8773                     1.                 {ω²=98695.8773
33L1PUL
33L13
33L23
```

TACS 节点 L23 的输出信号如图 10－10 所示。将图 10－5 中的电压源更换为 $\cos(\omega t)$，在线路末端节点 L12 处的电压波形与图 10－10 中的波形完全相同，再次验证了冲击响应。

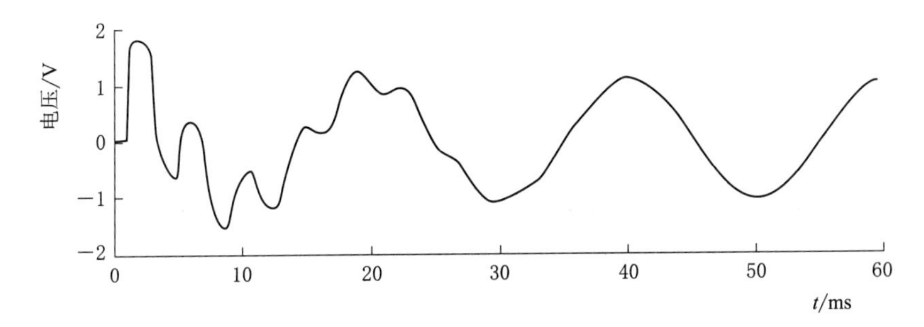

图 10－10　利用冲击响应和 TACS 的传递函数求余弦电源的响应

第11章

输电线路电抗器选择计算

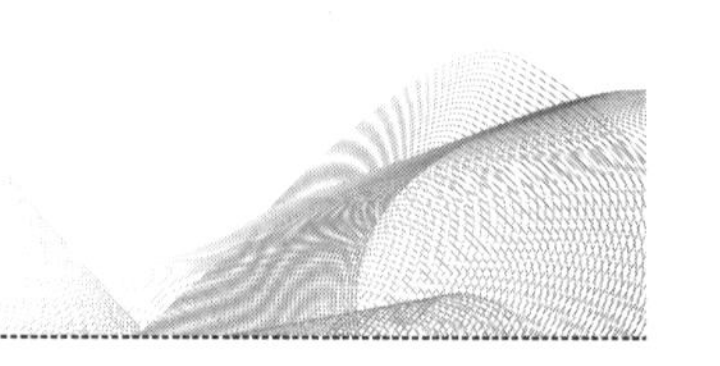

输电线路空载时，由于线路电容的存在，电源仍然向线路提供电流，这个电流称为充电电流，对应的容性无功称为充电功率。充电电流使得线路末端工频电压上升，出现工频过电压，此谓容升效应。输电线路越长，容升效应越明显。标准规定，工频过电压一般不宜超过下列数值：断路器的变电所侧，1.3p.u.；线路断路器的线路侧，1.4p.u.。因此，容升效应必须控制，否则线路末端电压过高，可能损毁高压设备，如避雷器、变压器等。在线路首端、末端或两端装设并联电抗器，能够有效降低充电功率，减小容升效应，较长的超高压、特高压线路通常都装设并联电抗器。

与线路电容关系密切的另一个问题是潜供电流。超高压、特高压交流输电系统的中性点直接接地，当线路上发生单相接地故障时，故障相两侧断路器跳闸，但非故障相仍然继续运行。非故障相与故障相之间存在静电和电磁感应，使故障电弧通道中仍有一定数值的电流通过，此电流称为潜供电流。潜供电流的大小与线路的参数有关，线路电压越高，长度越长，负荷电流越大，潜供电流越大。为了使单相重合闸成功，重合之前潜供电流必须能够自熄，国内通常采用的减少潜供电流的措施是在线路的高压并联电抗器中性点加小电抗。

按标准，中性点小电抗的额定电流 I_f 需满足下列条件：

（1）I_f 不大于20A。

（2）输电线路三相不平衡引起的零序电流，一般取线路最大工作电流的0.2%。

（3）并联电抗器三相电抗不平衡引起的中性点电流，一般取并联电抗器额定电流的5%～8%。

（4）按故障状况校验小电抗的温升，故障电流可取200～300A，时间可取10s。

标准中对有补偿时潜供电弧自熄灭时间 t 推荐为：$I_f=10\sim20A$，$t<0.1s$；$I_f=30A$，$t<0.18\sim0.22s$。根据1974年国际大电网会议，潜供电流 I_f 与熄弧时间 t 的关系为 $t\approx0.25(0.1I_f+1)$。显然这两者不完全一致。

设输电线路的单位长度正序电阻、电感和电容分别为 R'_1、L'_1、C'_1，单位长度零序对应参数为 R'_0、L'_0、C'_0，自感和互感为 L'_s、L'_m，自电阻和互电阻分别为 R'_s、R'_m，单位长度相间电容为 C'_{12}，则有

$$L'_s=\frac{1}{3}(L'_0+2L'_1) \tag{11-1}$$

$$L'_m=\frac{1}{3}(L'_0-L'_1) \tag{11-2}$$

$$R'_m=\frac{1}{3}(R'_0-R'_1) \quad (11-3)$$

$$C'_{12}=\frac{1}{3}(C'_1-C'_0) \quad (11-4)$$

典型 750kV 线路参数见表 11－1。则正序传播系数为

$$\gamma=\sqrt{j\omega C_1(R_1+j\omega L_1)}=2.4859\times10^{-5}+j1.0756\times10^{-3}$$

表 11－1　　750kV 线路典型参数

R'_1 /(Ω·km^{-1})	L'_1 /(mH·km^{-1})	C'_1 /(nF·km^{-1})	R'_0 /(Ω·km^{-1})	L'_0 /(mH·km^{-1})	C'_0 /(nF·km^{-1})	R'_m /(Ω·km^{-1})	L'_m /(mH·km^{-1})	C'_{12} /(nF·km^{-1})
0.01277	0.8789	13.33	0.1935	2.514	9.054	0.06024	0.5451	1.425

11.1　并联电抗器取值

电力系统计算中往往需要考虑参数变化，即需要进行多次计算。为了加快多次计算进程，ATP 使用两种方法。

（1）方法一。联合使用 PCVR 和 $PARAMETER，PCVR 为 POCKET CALCULATOR VARIES PARAMETERS 的缩写，是 ATP 内部的一种计算器；

（2）方法二。Internal Parser，即内部解释器。

11.1.1　无补偿空载线路过电压仿真计算

11.1.1.1　无穷大电源

无穷大电源的内阻抗为 0。使用图 11－1（a）所示电路计算空载输电线路的稳态过电压，需要重点说明的参数如下：

（1）已知线路零序、正序参数，且仅进行稳态仿真计算，故选择分布参数、平衡换位、三相线路模型，如图 11－1（b）所示。

（2）ATP Settings 如图 11－1（c）所示，计算时长 Tmax 为任意负值，表示进行稳态计算。Xopt＝50，表示感抗的单位是 Ω（对应频率为 50Hz）；Copt＝0，表示电容单位为 μF。

（3）电源参数 Component：ACSOURCE 如图 11－1（d）所示，相电压为 $U_S=765/\sqrt{3}$kV，开始时间 StartA 取任意负值均可，表示在稳态计算中电源已经投入。注意，图中显示的电压单位为 V，但可视为 kV，因为这是线性系统。同时注意 Amplitude 区域中的 RMS L－L 选项。

（4）线路参数如图 11－1（e）所示，单位为 m，但均可视为 km，以免单位长度数据后面的小数位数被截断。

（5）线路长度设为变量 *LE*，如图 11－1（e）所示，其值为 50km、100km、150km、200km、250km，如图 11－1（f）所示。在图 11－1（f）中，仿真次数 Number of Simulations 设置为 5 次，对应 *LE* 的 5 个数据。输出量限制参数 Limit output 可选 0、1、2、或 3，选

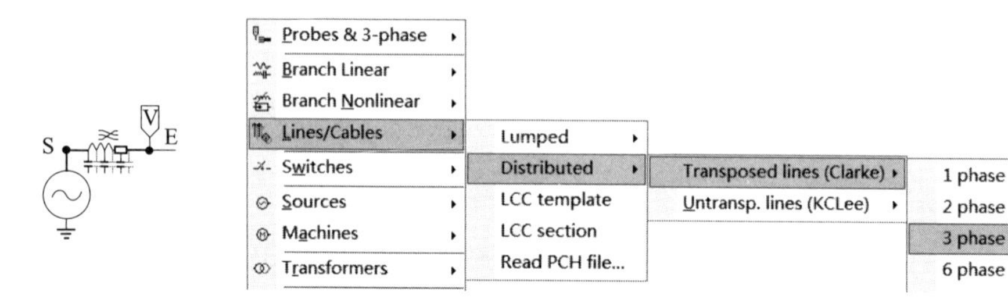

（a）仿真电路　　　　　　　　　　　（b）线路模型

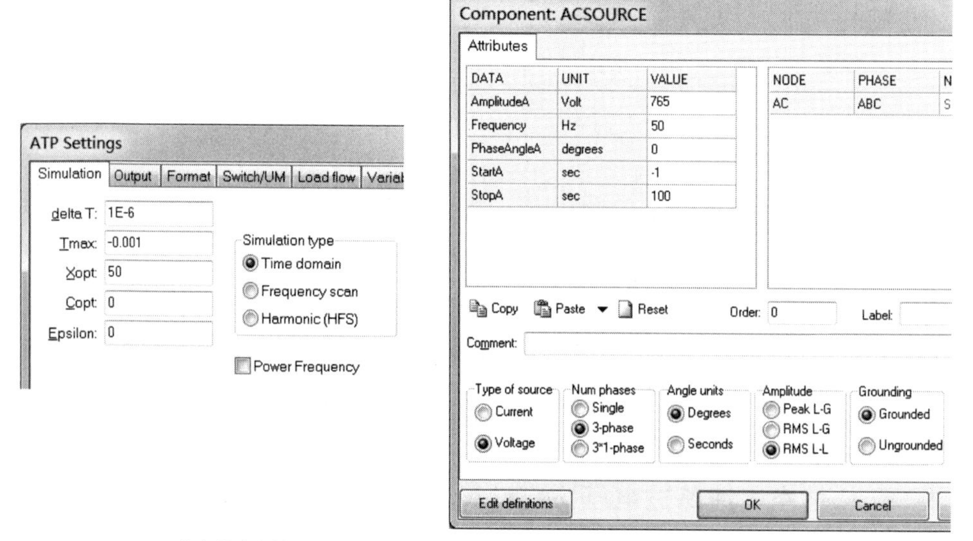

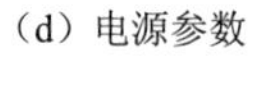

（c）仿真基本参数　　　　　　　　　　　（d）电源参数

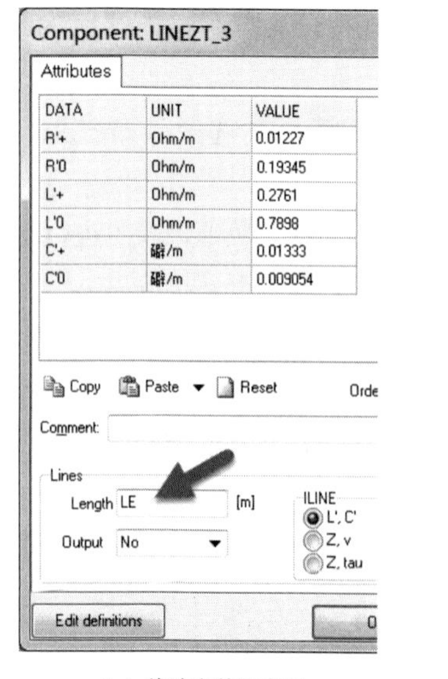

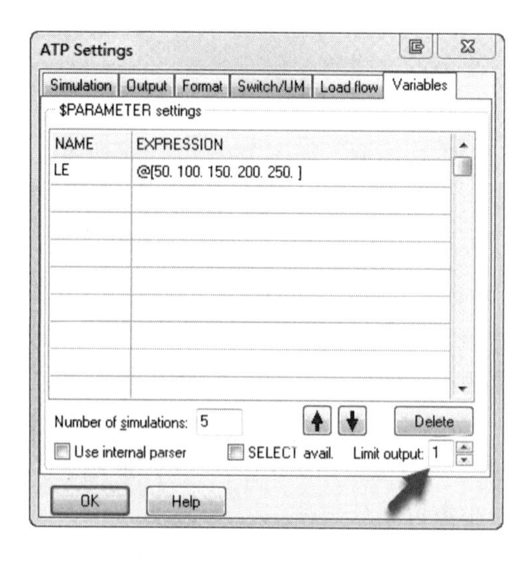

（e）线路参数为变量　　　　　　　　　　　（f）变量赋值

图 11-1　计算线路工频过电压（无穷大电源）

择0时每次仿真输出内容基本相同，输出内容最多，取其他值时输出量则依次递减。

计算输出线路末端a相电压，即节点EA的电压U_{EA}。ATPDraw形成的输入文件如下：

例11-1

```
BEGIN NEW DATA CASE
C  dT   >< Tmax >< Xopt >< Copt ><Epsiln>
   1.E-6    -.001      50.
     500         1        0        0        1        0        0        1        0
/REQUEST
POCKET CALCULATOR VARIES PARAMETERS                50
$PARAMETER
F01001=(KNT.EQ.1.)*50.+(KNT.EQ.2.)*100.  $$   {中间变量
F01002=(KNT.EQ.3.)*150.+(KNT.EQ.4.)*200.  $$ {中间变量
F01003=(KNT.GE.5.)*250.  $$                   {中间变量
P01001=F01001+F01002+F01003 $$                {中间变量
LEI=P01001 $$                                 {中间变量
LE__________=LEI {最终变量
BLANK $PARAMETER
C         1          2          3          4          5          6          7          8
C 345678901234567890123456789012345678901234567890123456789012345678901234567890
/BRANCH
C < n1 >< n2 ><ref1><ref2>< R  >< L  >< C  >
C < n1 >< n2 ><ref1><ref2>< R  >< A  >< B  ><Leng><><>0
$VINTAGE,1
-1SA     EA                        .19345        .7898      .009054LE__________ 0 0 0
-2SB     EB                        .01227        .2761       .01333LE__________ 0 0 0
-3SC     EC                                                                         0
$VINTAGE,0
/SOURCE
C < n 1><>< Ampl.  >< Freq.  ><Phase/T0><   A1   ><   T1   >< TSTART >< TSTOP  >
14SA       624.619884        50.                                      -1.       100.
14SB       624.619884        50.       -120.                          -1.       100.
14SC       624.619884        50.       -240.                          -1.       100.
/OUTPUT
  EA
BLANK BRANCH
BLANK SWITCH
BLANK SOURCE
BLANK OUTPUT
BLANK PLOT
BEGIN NEW DATA CASE
BLANK
```

输入文件中使用了数据分类卡/REQUEST、/BRANCH、/SOURCE、/OUTPUT。输出文件中关于EA电压的输出内容为：

```
  Step    F [Hz]        EA


      1         50.   625.523731
New parameter values follow:  1)         100.
      2         50.   628.248387
New parameter values follow:  1)         150.
      3         50.   632.833655
New parameter values follow:  1)         200.
      4         50.   639.347463
New parameter values follow:  1)         250.
      5         50.   647.888352
```

ATP 的这种输出方式不便于阅读和绘图。它将变量 LE 放在以 New parameter 开头的一行，且不显示第一次仿真使用的 LE 参数；将仿真次序数、系统频率、U_{EA} 幅值放在另一行。但是可以看出，随着线路长度的增加，线路的空载工频过电压也增加。

U_{EA} 理论计算公式为

$$U_{EA}=\frac{U_s}{\cos(\beta\times LE)}$$

代入 U_s、β、LE 的具体数值，得 U_{EA} = 625.5243kV、628.2505kV、632.8386kV、639.3565kV、647.9031kV，可见仿真计算与理论计算完全一致。

11.1.1.2 有限容量电源

实际系统容量都是有限的，即等效系统的内阻抗不为 0。假设 750kV 线路长度为 250km，首端线电压为 765kV，首端电流为 $I=1.5$kA。系统内电抗 $X_i=10\sim50\Omega$，那么系统等效戴维南电源电压幅值为

$$U_s=\sqrt{2}\times\left(\frac{765}{\sqrt{3}}+1.5X_i\right)=624.6+2.121X_i\ (\text{kV})$$

系统内电感为

$$L_i=\frac{X_i}{100\pi}(\text{H})=\frac{10X_i}{\pi}(\text{mH})$$

设系统的时间常数 $\tau=40$ms，则内电阻为

$$R_i=\frac{L_i(\text{mH})}{40}(\Omega)$$

将 U_s、L_i、R_i 设置为变量，共进行 5 次工频过电压计算，具体如图 11-2（a）所示。注意以下情况：

（1）不同于图 11-1（e），X_i 赋值采用线性计算公式。

（2）电感的单位为 mH。

（3）所有的小数点不可忽略。

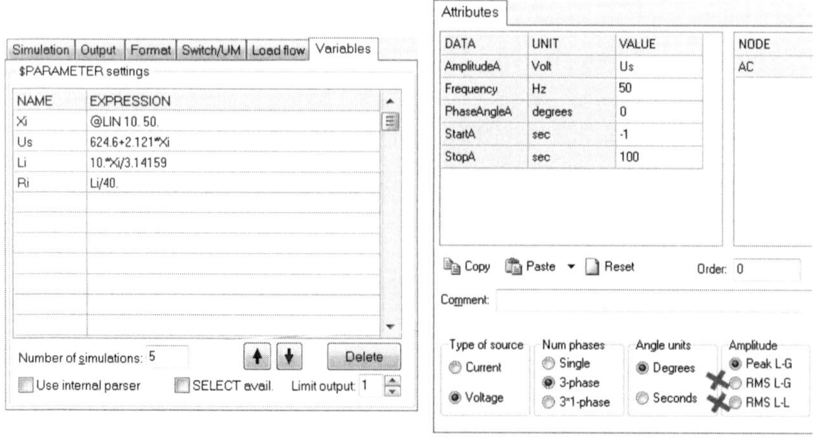

（a）变量表达式　　　（b）电源幅值选项

图 11-2　计算线路工频过电压（有限容量电源）

（4）电源电压必须为相—地幅值，其他两个选项无效，如图 11－2（b）所示。

ATPDraw 形成的输入文件如下：

例 11－2

```
BEGIN NEW DATA CASE
C  dT  >< Tmax >< Xopt >< Copt ><Epsiln>
   1.E-6   -.001     50.
     500       1       0       0       1       0       0       1       0
/REQUEST
POCKET CALCULATOR VARIES PARAMETERS              51
$PARAMETER
XII =10.*(KNT-1.)+10. $$
USI =624.6+2.121*XII $$
LII =10.*XII/3.14159 $$
RII =LII/40. $$
XI____=XII    {计算结果中变量出现顺序与此相同：Xi、Us、Ri
US________=USI
RI____=RII
BLANK $PARAMETER
C        1         2         3         4         5         6         7         8
C 345678901234567890123456789012345678901234567890123456789012345678901234567890
/BRANCH
C < n1 >< n2 ><ref1><ref2>< R  >< L  >< C  >
C < n1 >< n2 ><ref1><ref2>< R  >< A  >< B  ><Leng><><>0
  SA    LINSA             RI____XI____                                         0
  SB    LINSB             RI____XI____                                         0
  SC    LINSC             RI____XI____                                         0
$VINTAGE,1
-1LINSA EA                      .19345      .7898     .009054       250. 0 0 0
-2LINSB EB                      .01227      .2761      .01333       250. 0 0 0
-3LINSC EC                                                                     0
$VINTAGE,0
/SOURCE
C < n 1><>< Ampl.  >< Freq.  ><Phase/T0><   A1   ><   T1   >< TSTART >< TSTOP  >
14SA      US________        50.                                   -1.       100.
14SB      US________        50.     -120.                         -1.       100.
14SC      US________        50.     -240.                         -1.       100.
/OUTPUT
  EA
……
```

部分输出内容如下：

```
   Step   F [Hz]         EA
      1         50.   677.131844
New values:  1)   20.  2)      667.02  3) 1.592      {Xi、Us、Ri
      2         50.   707.037032
New values:  1)   30.  2)      688.23  3) 2.387
      3         50.    737.60452
New values:  1)   40.  2)      709.44  3) 3.183
      4         50.    768.85647
New values:  1)   50.  2)      730.65  3) 3.979
      5         50.    800.81605
```

例 11－2 中三个变量 X_i、U_s、R_i 在“New values”行中依次出现。

与 $X_i=0$ 时比较，$X_i\neq0$ 时线路过电压数值明显增大。而且，随着内电抗的增加，线路工频过电压也增加。

ATP 进行稳态计算时，线路采用准确 π 模型，如果不计计算机精度的影响，ATP 的计算结果与理论计算结果相同。

11.1.2　安装并联电抗器后过电压

为了限制工频过电压，高压长线路在首端、末端、或两端安装并联电抗器，以补偿线路电容。为了避免串联谐振，采用欠补偿方式，补偿度 k_0 为

$$k_0=\frac{Q_p}{Q_c}=\frac{1}{\omega^2 L_p C_1}=\frac{1}{X_p \omega C_1} \tag{11-5}$$

式中　Q_c——线路正序电容的充电无功功率；

Q_p——并联电抗器无功功率（电抗器容量）；

C_1——线路正序电容；

L_p——并联电抗器电感；

X_p——并联电抗器电抗；

ω——系统角频率。

补偿度 k_0 取值范围为 0.75~0.9。为了规模化制造，降低建设成本，工程上电抗器容量有系列标准值。电抗器容量的确定过程是：初步确定 k_0 值后，根据式（11－5）计算电抗器的容量，然后选择容量相近的系列标准值之一作为实际容量。表 11－2 为 750kV 线路并联电抗器的一种配置。当然可以有其他的选择，例如，对于长度为 250km 的线路，可以选择更大电抗器容量，如 200Mvar。

表 11－2　　750kV 线路并联电抗器容量

长度/km	Q_c/Mvar	Q_p/Mvar	k_0
100	89.34	70	0.78
150	134.01	100	0.75
200	178.68	150	0.84
250	223.35	180	0.81

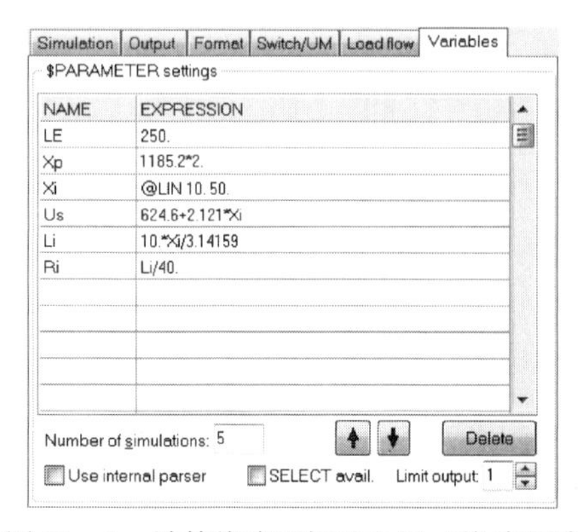

图 11－3　计算线路工频过电压（线路两端有并联电抗器）的变量赋值

仍以例 11－2 进行说明。线路长度为 250km，并联电抗器容量为 180Mvar，其电抗为 $\frac{(800/\sqrt{3})^2}{180}=1185.2\Omega$。因为线路较长，同时在线路首端和末端安装电抗器，相当于并联，因此每台电抗器的感抗为 1185.5×2Ω。由于系统没有故障，三相完全对称，仿真电路中无需加入中性点小电抗。变量赋值如图 11－3 所示，相比例 11－2 使用了更多变量。

以下为输入文件和输出文件的部分内容：

例 11－3

```
C 输入文件部分内容
/REQUEST
POCKET CALCULATOR VARIES PARAMETERS                    51
$PARAMETER
LEI =250. $$
XPI =1185.2*2. $$
XII =10.*(KNT-1.)+10. $$
USI =624.6+2.121*XII $$
LII =10.*XII/3.14159 $$
RII =LII/40. $$
XP____=XPI              {计算结果中变量出现次序与此相同
XI____=XII
US________=USI
RI____=RII
LE__________=LEI
BLANK $PARAMETER
……
$VINTAGE,0
  EA                           3.XP____                                         0
  EB                           3.XP____                                         0
  EC                           3.XP____                                         0
  LINSA                        3.XP____                                         0
  LINSB                        3.XP____                                         0
  LINSC                        3.XP____                                         0
……

C 输出文件部分内容
   Step   F [Hz]        EA
      1        50.   651.822165
New values:  1) 2370.   2)   20.   3)       667.02   4) 1.592   5)          250.
      2        50.   674.649573
New values:  1) 2370.   2)   30.   3)       688.23   4) 2.387   5)          250.
      3        50.   697.573456
New values:  1) 2370.   2)   40.   3)       709.44   4) 3.183   5)          250.
      4        50.   720.594422
New values:  1) 2370.   2)   50.   3)       730.65   4) 3.979   5)          250.
      5        50.   743.713087
```

与例 11－2 结果相比，线路安装并联电抗器后末端电压明显下降。

11.2 中性点小电抗取值

工程中实际中性点小电抗 X_n 的连接如图 11－4（a）所示。为了便于分析，将图 11－4（a）中电路等效为如图 11－4（b）所示，即连接为三角形的三个电抗 X_{12} 和连接为星形的三个电抗 X_d。等效前后电抗器组合的正序、零序阻抗应相等，即

$$X_p=\frac{\frac{1}{3}X_{12}X_d}{\frac{1}{3}X_{12}+X_d} \tag{11-6}$$

$$X_p+3X_n=X_d \tag{11-7}$$

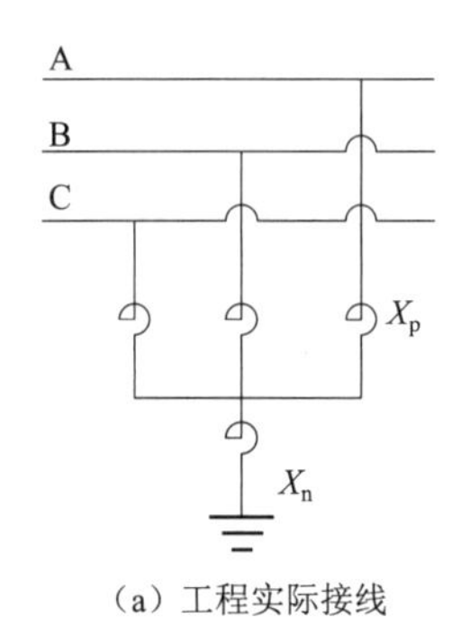

（a）工程实际接线

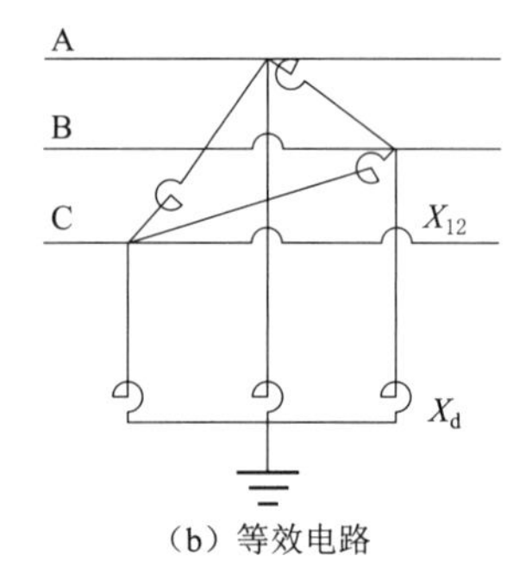

（b）等效电路

图 11－4　输电线路并联电抗器和中性点小电抗

1. 中性点小电抗补偿方式一

假设 X_{12}完全补偿相间电容，即

$$\omega L_{12}=\frac{1}{\omega C_{12}} \tag{11-8}$$

式中　L_{12}——电抗 X_{12}对应的电感值；

C_{12}——输电线路相间电容值。

这种补偿方式下，计算电抗的顺序如下：

（1）确定补偿度 k_0。

（2）利用式（11－5）计算 X_p。

（3）利用式（11－8）计算 X_{12}。

（4）利用式（11－6）计算 X_d。

（5）利用式（11－7）计算 X_n。

步骤（1）和（2）可互换。

对 750kV 线路，当线路长度 $l=100$km、150km、200km、250km 时，按上述方法计算结果见表 11－3，并联电抗器与中性点小电抗的近似关系为 $X_n\approx X_p/4$。

尽管工程上通常中性点小电抗不对相间电容进行全补偿，但研究全补偿方式有重要的理论意义。

2. 中性点小电抗补偿方式二

考虑到中性点小电抗的额定电流、故障电流、工频过电压，工程上 X_n 往往不对相间电容进行全补偿，通常取值范围为

$$X_n=\left(\frac{1}{2}\sim\frac{1}{3}\right)X_p \tag{11-9}$$

X_n 的具体数值通过理论或仿真计算，从一系列数值中优选确定。

此时电抗的计算顺序如下：

（1）确定补偿度 k_0。

（2）利用式（11－5）计算 X_p。

（3）利用式（11－9）计算 X_n。

(4) 利用式 (11－7) 计算 X_d。

(5) 利用式 (11－6) 计算 X_{12}。

当线路长度 $l=100$km、150km、200km、250km 时，取 $X_n=X_p/2.5$，按上述相关公式计算得有关参数，具体见表 11－3。比较两种补偿方式下的 X_{12}，可见工程上对相间电容实际上是过补偿。

表 11－3　　电抗器参数计算

长度 /km	Q_c /Mvar	Q_p /Mvar	k_0	X_p /Ω	中性点小电抗全补偿			中性点小电抗非全补偿($X_n=X_p/2.5$)		
					X_d /Ω	X_n /Ω	X_{12} /Ω	X_d /Ω	X_n /Ω	X_{12} /Ω
100	89.34	70	0.78	3047.6	5157.6	703.3	22348.9	6704.8	1219.0	16761.9
150	134.01	100	0.75	2133.3	3739.8	535.5	14899.2	4693.3	853.3	11733.3
200	178.68	150	0.84	1422.2	2300.7	292.8	11174.4	3128.9	568.9	7822.2
250	223.35	180	0.81	1185.2	1967.9	260.9	8939.5	2607.4	474.1	6518.5

11.3 潜 供 电 流

潜供电流包含静电感应分量和电磁感应分量，这三个量均为相量，分别表示为 $\dot{I}_f$、$\dot{I}_{fc}$、$\dot{I}_{fm}$，则

$$\dot{I}_f=\dot{I}_{fc}+\dot{I}_{fm}$$

11.3.1 潜供电流静电感应分量

11.3.1.1 理论计算

设输电线路长度为 l，c 相发生单相接地，故障相两侧断路器已经跳闸。考虑计算 $\dot{I}_{fc}$ 时，线路的电阻和电感可忽略不计，等效电路如图 11－5 (a) 所示。$\dot{U}_a$、$\dot{U}_b$、$\dot{U}_c$ 为系统等效戴维南电源电压，且假设故障前后保持不变。R_f 为故障电阻（包括电弧电阻和大地电阻），如果单相接地发生在变电站，R_f 近似等于变电站的接地电阻，为零点几欧姆至数欧姆；如发生在线路，R_s 近似等于杆塔接地电阻，为十几欧姆至数十欧姆。图 11－5 中有关参数为

$$C_{12}=lC'_{12}$$

$$C_0=lC'_0$$

$$L_{12}=\frac{X_{12}}{\omega}$$

$$L_d=\frac{X_d}{\omega}$$

式中　L_{12}、L_d——X_{12}、X_d 对应的电感。

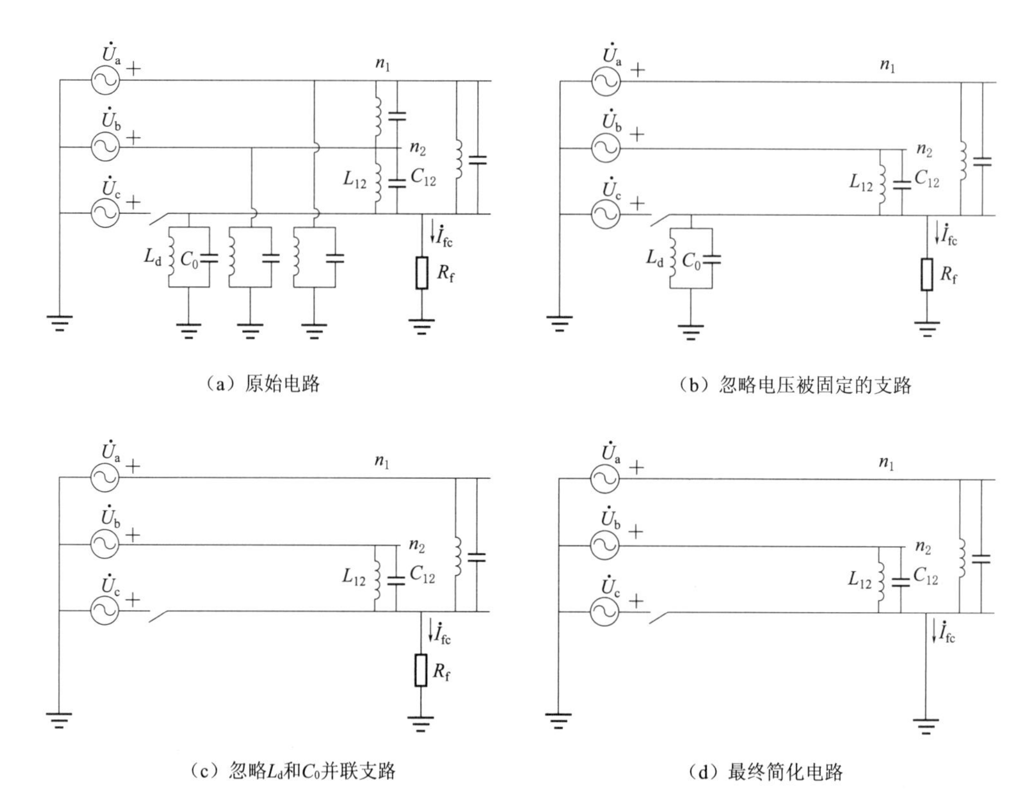

图 11-5　潜供电流静电感应分量计算电路

忽略电压被固定的支路（n_1、n_2 间支路，n_1、n_2 与地之间支路），图 11-5（a）中电路简化为如图 11-5（b）所示。图 11-5（b）中，L_d 和 C_0 并联阻抗支路远大于 R_f，略去该并联支路。简化为图 11-5（c）中电路。将 R_f 看做是外电路，其余部分看做 R_f 的电源，则电源等效戴维南模型的内阻抗为两个 $L_{12}//C_{12}$ 的并联，其值远大于外电路电阻 R_f，略去 R_f，电路如图 11-5（d）所示。则

$$\dot{I}_{fc}=\left(\frac{1}{j\omega L_{12}}+j\omega C_{12}\right)(\dot{U}_a+\dot{U}_b)$$

$$=j\left(\frac{1}{\omega L_{12}}-\omega C_{12}\right)\dot{U}_c \tag{11-10}$$

式（11-10）形式简单，便于工程使用。其物理意义是潜供电流静电感应分量等于两个非故障相对地电流的相量和。可以看出：

（1）如果相间电容没有补偿，即 $L_{12}=\infty$，I_{fc} 与线路长度成正比，其相位滞后故障相电源电压 90°。

（2）如果线路完全补偿，即$\frac{1}{\omega L_{12}}=\omega C_{12}$，$I_{fc}=0$。

（3）通常相间电容为过补偿，$\frac{1}{\omega L_{12}}>\omega C_{12}$，$I_{fc}$超前故障相电源电压 90°。

设 $\dot{U}_c = 800/\sqrt{3}\angle 0°$kV，利用式（11－10）计算得 $\dot{I}_{fc}$理论值见表 11－4。

表 11－4　　潜供电流静电感应分量 $\dot{I}_{fc}$理论计算

长度/km	Q_p/Mvar	电抗器安装位置	中性点小电抗全补偿		中性点小电抗非全补偿($X_n=X_p/2.5$)	
			X_n/Ω	$\dot{I}_{fc}$/A	X_n/Ω	$\dot{I}_{fc}$/A
50	0	—	—	10.3∠－90°	—	10.3∠－90°
100	70	线路首端	703.3	0	1219.0	6.9∠90°
150	100	首末端	535.5	0	853.3	8.3∠90°
200	150	首末端	292.8	0	568.9	17.7∠90°
250	180	首末端	260.9	0	474.1	19.2∠90°

11.3.1.2　仿真计算

在 ATPDraw 中建立仿真电路如图 11－6（a）所示。当线路长度 $l=50$km 时，$I_{fc}<20$A，线路无需安装并联电抗器。当 $l=100$km 时，电抗器仅安装在线路首端即可。当 $l=150$km、200km、250km 时，电抗器安装在线路首端和末端，线路两端的并联电抗器和中性点小电抗相当于各自并联，注意有关电抗值需要乘以 2。所有电抗器的电阻值为 3Ω，这是实际值，其实具体数值不影响仿真结果。因为只需进行稳态计算，开关 a 相、b 相的合闸时间为任意负值，表示在稳态计算时这两相的开关处于合闸状态；开关 c 相的合闸时间为任意正值，表示在稳态计算时该开关处于断开状态。线路 c 相通过小电阻 R_f 接地，其中电流为 $\dot{I}_{fc}$。在 R_f 合理的取值范围，其大小对 $\dot{I}_{fc}$没有影响，仿真中取 0.01Ω。

为了便于进行多次计算，将线路长度 l、并联电抗器的电抗值 X_p、中性点小电抗的电抗值 X_n 设置为变量，分别为 LE、X_p、X_n，如图 11－6（b）所示。

当 $l=50$km 时，将线路两端电抗器隐藏；当 $l=100$km 时，将线路右端电抗器隐藏，且图 11－6（b）中给 X_p、X_n 赋值时不再乘以 2。

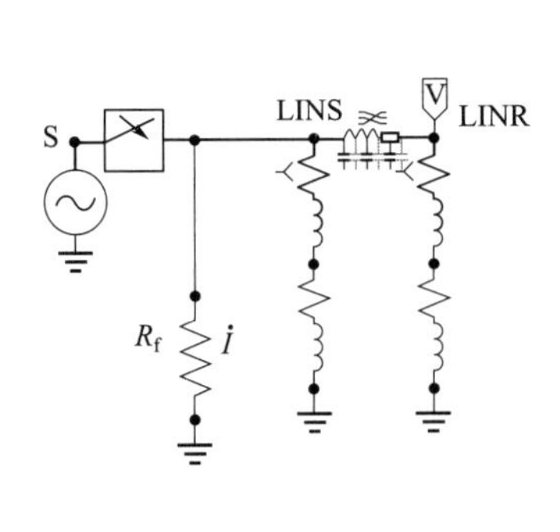

（a）仿真电路

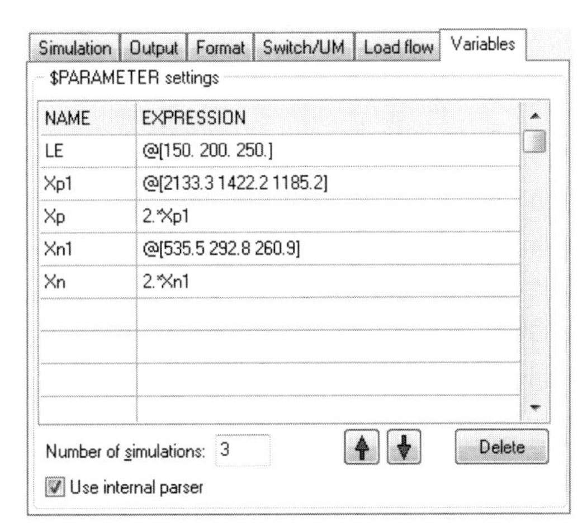

（b）使用Internal parser为变量赋值

图 11－6　潜供电流静电感应分量仿真

选择 Use internal parser 进行 3 次计算分别对应 $l = 150\text{km}$、200km、250km。Use internal parser 和 PCVR 及 $ PARAMETER 组合时有以下不同：

（1）在仿真之前，后者将每次计算的所有变量参数都进行计算，存入 log 文件；而前者不进行此类预处理。

（2）后者有 3 个各自独立的输入文件，每个输入文件中不再有变量，变量已经被赋值；而前者只有一个输入文件，文件中有变量，进行到具体某一次计算时，才给变量进行相应赋值。

（3）后者同时执行 3 个互相独立的线程，分别读入一个输入文件、各自输出相应文件，共有 3 个输出文件；而前者只有 1 个输出文件。

（4）后者输出文件各自独立，能够输出相位；前者在一个文件中进行类似统计输出，不能输出相位信息。

以下为线路电容全补偿时的第 1 个输入文件，其中不包含任何变量，即

例 11 - 4

```
BEGIN NEW DATA CASE
C  dT  >< Tmax >< Xopt >< Copt ><Epsiln>
   1.E-6   -.001     50.
     500       1       0       0       0       0       0       1       0
C        1         2         3         4         5         6         7         8
C 345678901234567890123456789012345678901234567890123456789012345678901234567890
/BRANCH
C < n1 >< n2 ><ref1><ref2>< R  >< L  >< C  >
C < n1 >< n2 ><ref1><ref2>< R  >< A  >< B  ><Leng><><>0
  LINSC                   .01                                                   1
  XX0001                   3.  1071.                                            0
  LINSA XX0001             3.4266.6                                             0
  LINSB XX0001             3.4266.6                                             0
  LINSC XX0001             3.4266.6                                             0
$VINTAGE,1
-1LINSA LINRA                .19345      .7898      .009054         150.  0 0 0
-2LINSB LINRB                .01227      .2761      .01333          150.  0 0 0
-3LINSC LINRC                                                                   0
$VINTAGE,0
  LINRA XX0002             3.4266.6                                             0
  LINRB XX0002             3.4266.6                                             0
  LINRC XX0002             3.4266.6                                             0
  XX0002                   3.  1071.                                            0
/SWITCH
C < n 1>< n 2>< Tclose ><Top/Tde ><   Ie   ><Vf/CLOP ><  type  >
  SA    LINSA         -1.      1.E3                                             0
  SB    LINSB         -1.      1.E3                                             0
  SC    LINSC         10.      1.E3                                             0
/SOURCE
C < n 1><>< Ampl.  >< Freq.  ><Phase/T0><   A1   ><   T1   >< TSTART >< TSTOP  >
14SA       653197.265      50.        240.                            -1.       100.
14SB       653197.265      50.        120.                            -1.       100.
14SC       653197.265      50.                                        -1.       100.
/OUTPUT
BLANK BRANCH
BLANK SWITCH
BLANK SOURCE
BLANK OUTPUT
BLANK PLOT
BEGIN NEW DATA CASE
BLANK
```

线路长度为50km、100km时，仿真电路与图11－6（a）不同，不建议采用变量计算，单独计算反倒更加快捷。

对于线路相间电容不是被全补偿的情况，采用上述类似方法进行计算。

所有潜供电流静电感应分量的仿真计算、理论计算结果见表11－5。无论线路首端还是末端接地，也无论中性点小电抗是否全补偿相间电容，仿真结果与理论计算结果吻合很好。

表11－5　　潜供电流静电感应分量$\dot{I}_{fc}$理论和仿真计算

长度/km	Q_p/Mvar	X_n/Ω	电抗器安装位置	$\dot{I}_{fc}$/A		
				理论计算	仿真，首端接地	仿真，末端接地
中性点小电抗全补偿						
50	0	—	—	10.3∠−90°	10.3∠−89.9°	10.3∠−90.0°
100	70	703.3	线路首端	0	0.12∠33.6°	0.06∠−10.8°
150	100	535.5	首末端	0	0.18∠43.0°	0.15∠−21.4°
200	150	292.8	首末端	0	0.37∠34.3°	0.25∠13.1°
250	180	260.9	首末端	0	0.76∠40.7°	0.42∠9.2°
中性点小电抗非全补偿（$X_n=X_p/2.5$）						
50	0	—	—	10.3∠−90°	10.3∠−89.9°	10.4∠−90.1°
100	70	1219.0	线路首端	6.9∠90°	7.0∠89.4°	6.8∠89.8°
150	100	853.3	首末端	8.3∠90°	8.6∠89.1°	8.4∠89.6°
200	150	568.9	首末端	17.7∠90°	18.2∠89.1°	17.9∠89.4°
250	180	474.1	首末端	19.2∠90°	20.2∠88.3°	19.4∠89.0°

11.3.2　潜供电流的电磁感应分量

11.3.2.1　理论计算

假设线路c相单相接地，该相两端单相跳闸。故障后a相、b相导线中电流为$\dot{I}_a$、$\dot{I}_b$，c相电流$\dot{I}_c=0$。则电路如图11－7（a）所示，图中同样忽略了电压被固定的支路。将线路对地电容平均分布在故障点两侧，均为$C_0/2$根据实际情况，将电抗器放置在线路的一端或两端。如在一端，电抗器等效对地电抗为L_d；如在两端，每端电抗器等效对地电抗为$2L_d$，如图11－7（a）所示。线路相间互电感$L_m=lL'_m$，互电阻$R_m=lR'_m$。

故障c相线路上的总电磁感应电压为非故障a相、b相各自感应电压之和

$$\dot{U}=(j\omega L_m+R_m)(\dot{I}_a+\dot{I}_b) \tag{11-11}$$

图11－7（a）中电路可等效为图11－7（b）中所示电路。设故障点距离线路首端x，且$k=x/l$。则在故障点左、右侧线路上的电磁感应电压分别为$k\dot{U}$和$(1-k)\dot{U}$，它们在R_f中流过的电流方向相反。就图11－7（a）中情况，当故障点在线路中间时，$I_{fm}=0$；当故

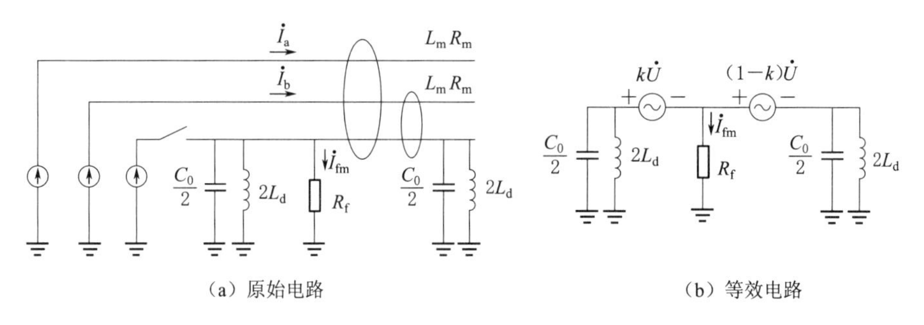

图 11－7　潜供电流电磁感应分量计算电路

障点在线路端部时，I_{fm}最大，且故障在首端、末端时 $\dot{I}_{fm}$的方向刚好相反。

图 11－7（b）中，电容 $C_0/2$ 与电感 $2L_d$ 并联后的等效阻抗远大于 R_f，故忽略 R_f。解电路得

$$\dot{I}_{fm}=j(0.5-k)\left(\omega C_0-\frac{1}{\omega L_d}\right)\dot{U}$$

$$=j\left[(0.5-k)\omega C_0-\frac{0.5-k}{\omega L_d}\right]\dot{U} \tag{11-12}$$

如果并联电抗器仅仅安装在线路左侧，类似可得

$$\dot{I}_{fm}=j\left[(0.5-k)\omega C_0+\frac{k}{\omega L_d}\right]\dot{U} \tag{11-13}$$

如果并联电抗器仅仅安装在线路右侧，同样

$$\dot{I}_{fm}=j\left[(0.5-k)\omega C_0-\frac{1-k}{\omega L_d}\right]\dot{U} \tag{11-14}$$

假设线路 c 相发生单相接地前系统稳态运行，$\dot{U}_c=800/\sqrt{3}\angle 0°\text{kV}$，$\dot{I}_c=1500\angle -25.8°$ A，对应功率因数为 0.9。故障发生后 a 相、b 相电流不变。利用式（11－12）~式（11－14）计算 $\dot{I}_{fm}$，结果见表 11－6。

表 11－6　　　　潜供电流电磁感应分量 $\dot{I}_{fm}$理论计算

线路长度/km	电抗器安装位置	$\dot{I}_{fm}$/A				
		$k=0$	$k=0.25$	$k=0.5$	$k=0.75$	$k=1$
50	—	0.97∠−45.2°	0.48∠−45.2°	0	0.48∠134.8°	0.97∠134.8°
100	线路首端	3.9∠−45.2°	3.3∠−45.2°	2.6∠−45.2°	2.0∠−45.2°	1.4∠−45.2°
150	首末端	3.3∠−45.2°	1.5∠−45.2°	0	1.6∠134.8°	3.3∠134.8°
200	首末端	3.7∠−45.2°	1.8∠−45.2°	0	1.8∠134.8°	3.7∠134.8°
250	首末端	6.9∠−45.2°	3.5∠−45.2°	0	3.5∠134.8°	6.9∠134.8°

11.3.2.2　仿真计算

仿真计算 $\dot{I}_{fm}$需消除静电感应的影响，为此，不论中性点小电抗的实际取值如何，仿

真中取小电抗值刚好完全补偿相间电容，此时 $I_{fc}=0$，则 $\dot{I}_f=\dot{I}_{fm}$，即仿真所得潜供电流值就是其电磁感应分量。

当 $l=150$km、200km、250km 时，线路两端装设并联电抗器，使用图 11－8（a）所示电路。电源采用 3＊1 相，即 3 个单相无穷大电流源，采用单相电源的目的是便于修改 c 相的开始时间。c 相电流源开始时间 StartC 取任意正值，开关 c 相的合闸时间 T－cl_3也取任意正值，表明在稳态计算中 c 相电源没有投入，c 相开关没有合闸，相当于 c 相单相接地后线路两端跳闸。开关一般不能直接接地，故使用一个小电阻 R_e 与其串联后接地。R_e 取很小值的另外一个原因是，尽可能减小静电感应带来的误差。

为了加快计算和方便修改参数，将 l、X_p、X_n、k 分别设置为变量 LE、X_p、X_n、k，如图 11－8（b）所示。当 $k=0.001$、0.25、0.5、0.75、0.999 时，使用两个 LCC，长度分别为 $LE1=k*LE$、$LE2=(1.0-k)*LE$。当 $k=0.001$、0.999 时，近似于 $k=0$、1，分别相当于线路首端、末端单相接地。

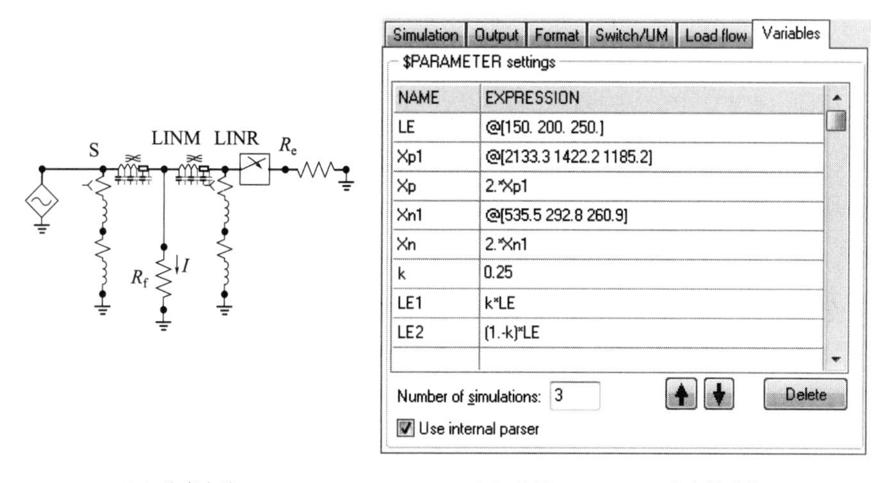

（a）仿真电路　　（b）使用Internal Parser为变量赋值

图 11－8　潜供电流电磁感应分量仿真

当 $l=50$km、100km 时，电路不同于图 11－8（a），采用类似方法另行计算。

为了能够输出相位，选择 Use internal parser。

以下为第一次计算的输入文件，其中 $l=150$km，即

例 11－5

```
BEGIN NEW DATA CASE
C  dT   >< Tmax >< Xopt >< Copt ><Epsiln>
   1.E-6    -.001      50.
      500        1        0        0        0        0        0        1        0
C         1         2         3         4         5         6         7         8
C 345678901234567890123456789012345678901234567890123456789012345678901234567890
/BRANCH
C < n1 >< n2 ><ref1><ref2>< R  >< L  >< C  >
C < n1 >< n2 ><ref1><ref2>< R  >< A  >< B  ><Leng><><>0
```

```
  N1                            3.  1071.                                          0
  SA     N1                     3.4266.6                                           0
  SB     N1                     3.4266.6                                           0
  SC     N1                     3.4266.6                                           0
$VINTAGE,1
-1SA     LINMA                    .19345       .7898      .009054       37.5 0 0 0
-2SB     LINMB                    .01227       .2761       .01333       37.5 0 0 0
-3SC     LINMC                                                                     0
$VINTAGE,0
  LINMC                       .01                                                  1
$VINTAGE,1
-1LINMA LINRA                     .19345       .7898      .009054      112.5 0 0 0
-2LINMB LINRB                     .01227       .2761       .01333      112.5 0 0 0
-3LINMC LINRC                                                                      0
$VINTAGE,0
  LINRA N2                      3.4266.6                                           0
  LINRB N2                      3.4266.6                                           0
  LINRC N2                      3.4266.6                                           0
  N2                            3.  1071.                                          0
  REA                         .01                                                  0
  REB                         .01                                                  0
  REC                         .01                                                  0
/SWITCH
C < n 1>< n 2>< Tclose ><Top/Tde ><    Ie    ><Vf/CLOP ><  type  >
  LINRA REA           -1.       1.E3                                               0
  LINRB REB           -1.       1.E3                                               0
  LINRC REC           10.       1.E3                                               0
/SOURCE
C < n 1><>< Ampl.   >< Freq.   ><Phase/T0><    A1    ><    T1    >< TSTART >< TSTOP  >
14SA     -12121.32034        50.       214.2                        -1.        100.
14SB     -12121.32034        50.        94.2                        -1.        100.
14SC     -12121.32034        50.       -25.8                        10.        100.
/OUTPUT
……
```

在中性点小电抗全补偿方式下，仿真计算结果见表 11－7。可以看出，当电抗器安装在线路两端，$\dot{I}_{fm}$理论计算和仿真计算结果吻合很好。如果电抗器安装在线路一端，理论

表 11－7　潜供电流电磁感应分量 $\dot{I}_{fm}$ 理论和仿真计算（中性点小电抗全补偿）

长度/km	电抗器安装位置		$\dot{I}_{fm}$/A				
			$k=0$	$k=0.25$	$k=0.5$	$k=0.75$	$k=1$
50	—	理论	0.97∠−45.2°	0.48∠−45.2°	0	0.48∠134.8°	0.97∠134.8°
100	线路首端	理论	3.9∠−45.2°	3.3∠−45.2°	2.6∠−45.2°	2.0∠−45.2°	1.4∠−45.2°
		仿真	3.0∠−50.1°	2.4∠−51.4°	1.8∠−53.6°	1.2∠−58.0°	0.6∠−72.0°
150	首末端	理论	3.3∠−45.2°	1.5∠−45.2°	0	1.6∠134.8°	3.3∠134.8°
		仿真	3.3∠−45.1°	1.6∠−45.0°	0	1.6∠134.4°	3.3∠134.5°
200	首末端	理论	3.7∠−45.2°	1.8∠−45.2°	0	1.8∠134.8°	3.7∠134.8°
		仿真	3.7∠−44.8°	1.8∠−44.6°	0.03∠63.3°	1.9∠133.6°	3.8∠133.5°
250	首末端	理论	6.9∠−45.2°	3.5∠−45.2°	0	3.5∠134.8°	6.9∠134.8°
		仿真	7.0∠−44.7°	3.5∠−44.5°	0.05∠57.2°	3.6∠133.5°	7.2∠133.3°

计算值偏大。但这种情况下线路相对较短，I_{fm}数值较小，因此I_{fm}理论计算的误差完全在工程可接受范围之内。

本例中750kV线路的电流为1500A，线路输送的功率为$\sqrt{3}\times800\times1.5=2078$MVA，接近自然功率，线路长度最大为250km，也是比较长的线路。此时理论计算$I_{fm}=6.9$A，对应的静电感应分量$I_{fc}=19.2$A（表11－4）。因此，线路的潜供电流主要静电感应分量决定。

11.3.3 总潜供电流

前文分别对潜供电流的两个分量$\dot{I}_{fc}$、$\dot{I}_{fm}$进行了理论计算和仿真验证，理论和仿真结果吻合很好。本节首先将这两个理论计算结果相加，得到$\dot{I}_f$的理论计算结果，见表11－8。

表11－8　　潜供电流$\dot{I}_f$理论计算

长度/km	电抗器安装位置	$\dot{I}_f$/A				
		$k=0$	$k=0.25$	$k=0.5$	$k=0.75$	$k=1$
50	—	11.0∠−86.5°	10.7∠−88.2°	10.3∠−90.0°	10.0∠−92.0°	9.7∠−94.0°
100	线路首端	5.0∠56.5°	5.1∠63.3°	5.3∠69.6°	5.6∠75.3°	6.0∠80.4°
150	首末端	6.5∠69.2°	7.3∠80.9°	8.3∠90.0°	9.6∠96.9°	10.9∠102.1°
200	首末端	15.3∠80.3°	16.4∠85.5°	17.7∠90.0°	19.0∠93.9°	20.4∠97.2°
250	首末端	15.1∠71.2°	16.9∠81.7°	19.2∠90.0°	21.8∠96.4°	24.6∠101.4°

然后使用ATP仿真计算$\dot{I}_f$。前文仿真计算$\dot{I}_{fc}$、$\dot{I}_{fm}$时，线路c相电压$\dot{U}_c=800/\sqrt{3}\angle0°$kV，故障前$c$相线路电流为$I_c=1500\angle-25.8°$A。因此，仿真计算$I_f$时，电压、电流也应该满足这两个条件，这需要耐心手工试算和调整。

试算电路如图11－9（a）所示，小电抗为非全补偿。由于和潜供电流有关的容抗、感抗远大于系统电源内阻抗，故左端电源的系统阻抗取很小值。*Zload*表示负荷阻抗，试算就是调整*Zload*的值，使线路首末端电流的平均值等于1500A。*Zload*初始值估计为$800/(\sqrt{3}\times1.5)=307.9\Omega$，取功率因数为0.95。为了修改方便，仿真时*Zload*为变量，如图11－9（b），其中*RL*和*XL*分别其电阻和电抗。

图11－9（a）所示工况为$l=150$km，*Zload*=290Ω时的情况。为了便于观察，图11－9（a）中5个测量元件（4个电流测量仪，1个节点电压测量仪）均显示有效值。计算时ATP输入文件如下：

例11－6

```
BEGIN NEW DATA CASE
C  dT  >< Tmax >< Xopt >< Copt ><Epsiln>
   1.E-6   -.001     50.
     500       1       1       1       1       0       0       1       0
```

```
$PARAMETER
XPI =2133.3*2. $$
XNI =853.3*2. $$
ZLOADI =290. $$
RLI =ZLOADI*0.95 $$
XLI =ZLOADI*0.312 $$
XP____=XPI
XN____=XNI
XL____=XLI
RL____=RLI
BLANK $PARAMETER
C        1         2         3         4         5         6         7         8
C 345678901234567890123456789012345678901234567890123456789012345678901234567890
/BRANCH
C < n1 >< n2 ><ref1><ref2>< R  >< L  >< C  >
C < n1 >< n2 ><ref1><ref2>< R  >< A  >< B  ><Leng><><>0
  C6A                     RL____XL____                                         0
  C6B                     RL____XL____                                         0
  C6C                     RL____XL____                                         0
$VINTAGE,1
-1C3A   C4A                     .19345      .7898     .009054         150. 0 0 0
-2C3B   C4B                     .01227      .2761      .01333         150. 0 0 0
-3C3C   C4C                                                                    0
$VINTAGE,0
  SA     C1A                  .01   .01                                        0
  SB     C1B                  .01   .01                                        0
  SC     C1C                  .01   .01                                        0
  C2A    N1                    3.XP____                                        0
  C2B    N1                    3.XP____                                        0
  C2C    N1                    3.XP____                                        0
  N1                           3.XN____                                        0
  C5A    N2                    3.XP____                                        0
  C5B    N2                    3.XP____                                        0
  C5C    N2                    3.XP____                                        0
  N2                           3.XN____                                        0
/SWITCH
C < n 1>< n 2>< Tclose ><Top/Tde ><   Ie   ><Vf/CLOP >< type  >
  C2A    C3A                                           MEASURING               1
  C2B    C3B                                           MEASURING               1
  C2C    C3C                                           MEASURING               1
  C4A    C5A                                           MEASURING               1
  C4B    C5B                                           MEASURING               1
  C4C    C5C                                           MEASURING               1
  C5A    C6A                                           MEASURING               1
  C5B    C6B                                           MEASURING               1
  C5C    C6C                                           MEASURING               1
  C1A    C2A          -1.      100.                                            0
  C1B    C2B          -1.      100.                                            0
  C1C    C2C          -1.       .06                                            0
/SOURCE
C < n 1><>< Ampl.  >< Freq.  ><Phase/T0><   A1   ><   T1   >< TSTART >< TSTOP  >
14SA      653197.265       50.                                     -1.      100.
14SB      653197.265       50.     -120.                           -1.      100.
14SC      653197.265       50.     -240.                           -1.      100.
/OUTPUT
  C6A   C6B   C6C
……
```

图 11－9（a）所示工况中，线路首、末端平均电流近似等于 1500∠25.8°A，线路末端电压为 437.65∠－7.26°kV，这两个条件基本满足分别计算 $\dot{I}_{fc}$、$\dot{I}_{fm}$ 的条件，因此，可

用此工况仿真计算潜供电流。各种线路长度下的试算结果见表 11－9。

表 11－9　　负荷阻抗试算结果

线路长度/km	Zload/Ω	线路首端电流/A	线路末端电流/A	线路首端电压/kV	线路末端电压/kV
50	300	1487∠－17.1°	1516∠－20.6°	461880∠0°	454762∠－2.43°
100	290	1487∠－16.3°	1544∠－23.1°	461880∠0°	447717∠－4.96°
150	290	1455∠－18.9°	1544∠－29.1°	461880∠0°	437650∠－7.26°
200	280	1440∠－20.0°	1580∠－33.1°	461880∠0°	427253∠－9.77°
250	275	1406∠－20.0°	1584∠－36.4°	461880∠0°	417931∠－12.15°

仿真计算潜供电流电路与图 11－9（a）相似，具体见图 11－9（c）。图（c）的特点为：原来图（a）的负荷阻抗被电压源替换，电压源的电压为图（a）中线路末端电压；左、右侧开关故障相的合闸时间取任意正值，表明在计算潜供电流时开关处于断开状态；没有包含图（a）中的测量元件，以简化电路；增加了单相接地支路，故障电阻 R_f 很小，通过测量开关直接在屏幕显示潜供电流的有效值。

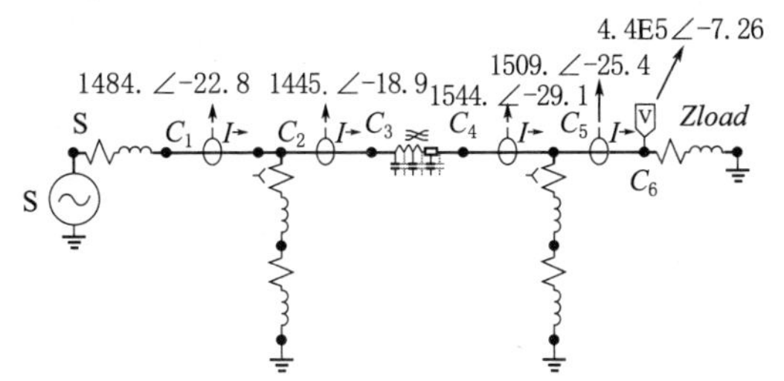

（a）试算电路

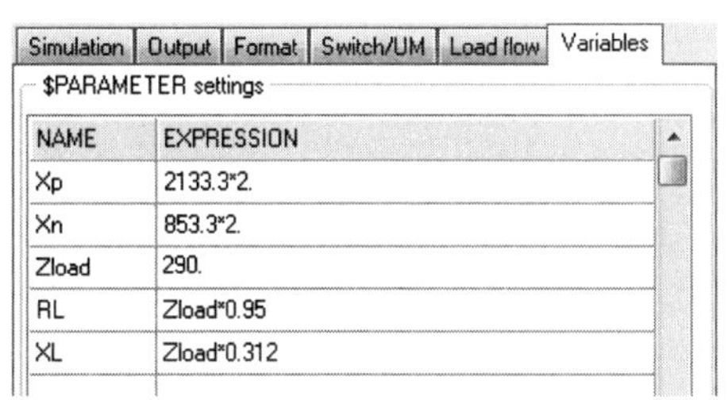

（b）变量赋值

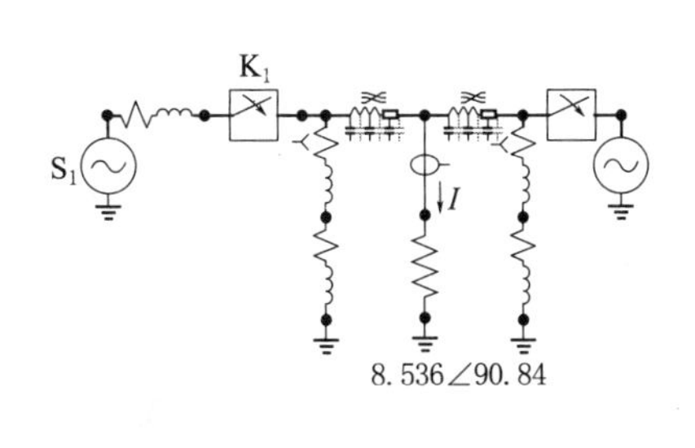

（c）正式计算电路

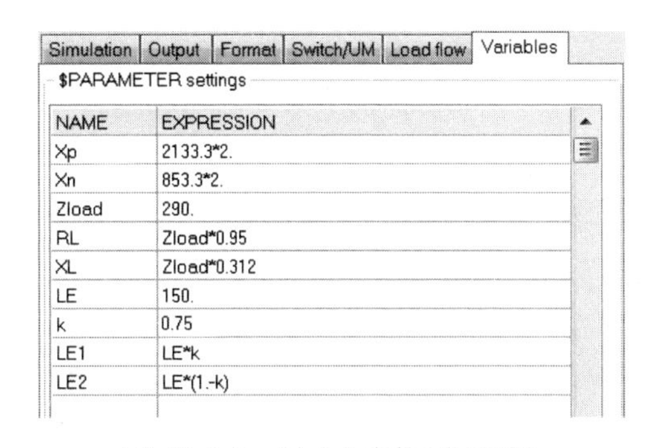

（d）图（a）、图（c）中变量合并赋值

图 11－9　潜供电流计算

这里提供一个简单的仿真技巧。为了减小 ATPDraw 的电路文件（项目文件）数量，可以将图 11－9（a）、（c）中电路放在一个电路文件中，两个电路之间没有任何关联。计算电路图 11－9（a）时，将电路图 11－9（c）全部隐藏，反之亦然。甚至两者互不隐藏也可，此时需注意仔细观察计算结果是否正确，因为 ATP 在设计时本没有考虑这种技巧。将两个电路放在一个电路文件中，计算中部分变量可以共用，如图 11－9（d）所示，如此简化、加快了计算。

潜供电流 $\dot{I}_f$ 的仿真、理论计算结果见表 11-10。回顾对静电感应分量、电磁感应分量的计算，总体而言，无论静电感应分量、电磁感应分量，还是总潜供电流，本文中提出的理论简化计算与仿真计算结果吻合较好。

表 11-10　　潜供电流 $\dot{I}_f$ 理论和仿真计算

长度/km	电抗器安装位置		$\dot{I}_f$/A				
			$k=0$	$k=0.25$	$k=0.5$	$k=0.75$	$k=1$
50		理论	11.0 ∠−86.5°	10.7∠−88.2°	10.3∠−90.0°	10.0∠−92.0°	9.7∠−94.0°
		仿真	10.5∠−88.5°	10.4∠−89.9°	10.3∠−91.2	10.1∠−92.6°	10.0∠−94.0°
100	线路首端	理论	5.0∠56.5°	5.1∠63.3°	5.3∠69.6°	5.6∠75.3°	6.0∠80.4°
		仿真	6.2∠79.7°	6.3∠82.6°	6.4 85.3°	6.5 87.8°	6.7∠90.0
150	首末端	理论	6.5∠69.2°	7.3∠80.9°	8.3∠90.0°	9.6∠96.9°	10.9∠102.1°
		仿真	7.5∠75.4°	7.7∠81.2°	8.1∠86.4°	8.5∠90.8°	9.1∠94.6°
200	首末端	理论	15.3∠80.3°	16.4∠85.5°	17.7∠90.0°	19.0∠93.9°	20.4∠97.2°
		仿真	16.2∠78.3°	16.5∠81.9°	16.9∠85.1°	17.6∠87.9°	18.4∠90.3°
250	首末端	理论	15.1∠71.2°	16.9∠81.7°	19.2∠90.0°	21.8∠96.4°	24.6∠101.4°
		仿真	16.9∠72.3	17.3∠78.5	18.1∠83.9°	19.2∠88.3°	20.8∠91.8°

比较表 11-5 和表 11-10 可以看出，经电抗器合理补偿的输电线路（包括无需补偿的线路），其单相接地时的总潜供电流近似等于其静电感应分量，由式（11-10），得

$$I_f \approx I_{fc} = \left(\frac{1}{X_{12}} - \omega l C'_{12}\right) U_c \tag{11-15}$$

式中　X_{12}——等效相间电抗器的电抗值。

这种简化满足工程需要，将大大简化计算工作量。

工程上虽然安装中性点小电抗的目的是减小 I_f，但是不能以 I_f 的限值（例如 18A）来确定中性点小电抗的值，以下通过举例说明。倘若统一取 $I_f=18$A，由式（11-15）可计算得 X_{12}，再由式（11-6）、式（11-7）计算可得并联电抗器和中性点小电抗的电抗值，结果见表 11-11。这种结果在工程上不合理，如线路长度为 100km 时，$X_p=3047.6\Omega$，$X_n=3318.3\Omega$，这将使小电抗上的过电压值超过其耐压值。

表 11-11　　几种电抗器取值计算结果比较

长度/km	Q_c/Mvar	Q_p/Mvar	k	X_p/Ω	中性点小电抗全补偿（工程不采用）			中性点小电抗非全补偿（工程采用）($X_n=X_p/2.5$)			中性点小电抗非全补偿（工程不采用）($I_f=18$A)		
					X_d/Ω	X_n/Ω	X_{12}/Ω	X_d/Ω	X_n/Ω	X_{12}/Ω	X_d/Ω	X_n/Ω	X_{12}/Ω
100	89.34	70	0.78	3047.6	5157.6	703.3	22348.9	6704.8	1219.0	16761.9	13002.4	3318.3	11941.9
150	134.01	100	0.75	2133.3	3739.8	535.5	14899.2	4693.3	853.3	11733.3	6649.7	1505.5	9423.1
200	178.68	150	0.84	1422.2	2300.7	292.8	11174.4	3128.9	568.9	7822.2	3148.6	575.4	7781.7
250	223.35	180	0.81	1185.2	1967.9	260.9	8939.5	2607.4	474.1	6518.5	2557.0	457.3	6627.3

11.4 参数不平衡对潜供电流的影响

11.4.1 线路有零序电流

《导体和电器选择设计技术规定》(DL/T 5222—2016) 要求：计算潜供电流时，输电线路三相不平衡引起的零序电流，一般取线路最大工作电流的 0.2%。仍以例 11－6 来介绍仿真方法。

总体计算思路是利用叠加原理。对于平衡电流引起的潜供电流，使用图 11－9 (c) 中电路，结果见表 11－10。对于零序电流导致的潜供电流变化量 ΔI_f，使用图 11－10 (a) 电路进行仿真。$CS0$ 为零序电流源，电流为 1500A×0.2%＝3A，参数设置如图 11－10 (b) 所示，其中故障相电流源的开始作用时间 StartA 设为正值。注意，电流源不能与开关串联。

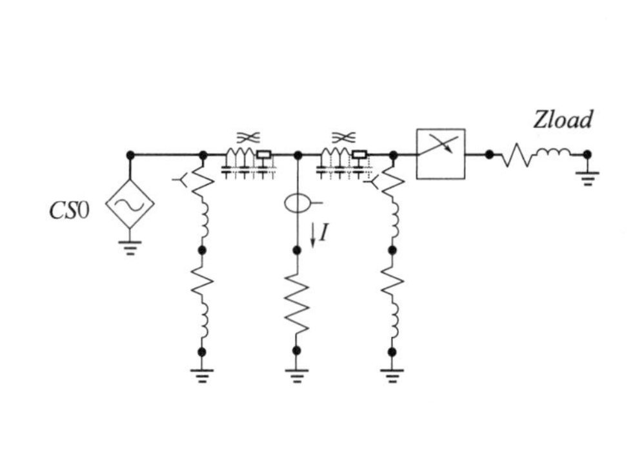

(a) 仿真电路

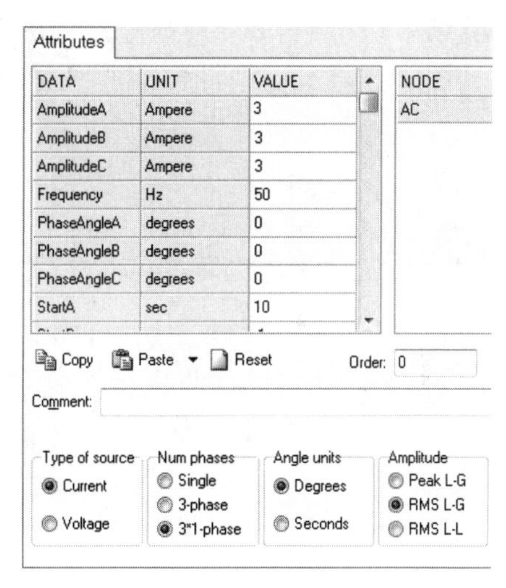

(b) 电流源设置

图 11－10 线路零序电流导致的潜供电流计算

计算结果见表 11－12，当线路有 0.2% 零序电流时，其对潜供电流的影响可以忽略。

表 11－12 零序电流导致的潜供电流变化量 ΔI_f 单位：A

长　度	电抗器安装位置	$k=0$	$k=0.25$	$k=0.5$	$k=0.75$	$k=1$
150km	首末端	0.028	0.030	0.035	0.040	0.047
200km	首末端	0.063	0.068	0.074	0.082	0.090
250km	首末端	0.064	0.071	0.082	0.097	0.113

11.4.2 三相并联电抗器电抗值有偏差

标准 DL/T 5222—2016 要求：计算潜供电流时，并联电抗器三相电抗不平衡引起的中

性点电流 I_n，一般取并联电抗器额定电流的5%～8%。仍采用例11－6来介绍仿真过程，将电抗器的 Q_p、Q_c 等参数拷贝至表11－13。由于线路越长，潜供电流越大，故只讨论 l=200km、250km时的情况。X_p、I_p 分别为并联电抗器的额定电抗、额定电流。

要使并联电抗器三相电抗不平衡引起的小电抗中电流 $I_n=(0.05\sim0.08)I_p$，比较简单的办法仍然是试算，试算电路如图11－9（a）所示。调整末端负荷，使线路电流和末端电压满足或基本满足条件，见表11－9。再行调整并联电抗器的电抗值，试算满足 $I_n=(0.05\sim0.08)I_p$ 的并联电抗的一种组合为

$$\left.\begin{aligned}X_{pa}&=X_p\\X_{pb}&=1.1X_p\\X_{pc}&=0.9X_p\end{aligned}\right\}\qquad(11-16)$$

式中　X_{pa}、X_{pb}、X_{pc}——并联电抗器 a、b、c 的电抗。

此时 I_n 值见表11－13，线路首、末端小电抗中电流略有不同。

试算结束，开始计算 I_f。故障发生在5处，k=0.001、0.25、0.5、0.75、0.999。仿真电路如图11－11（a）所示，其中变量如图11－11（b）所示。

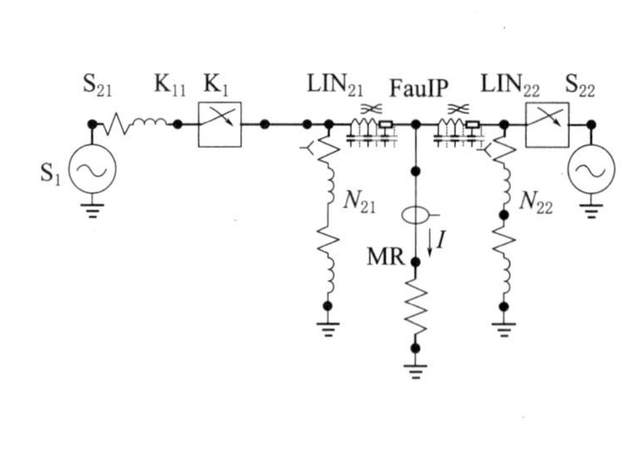

（a）仿真电路

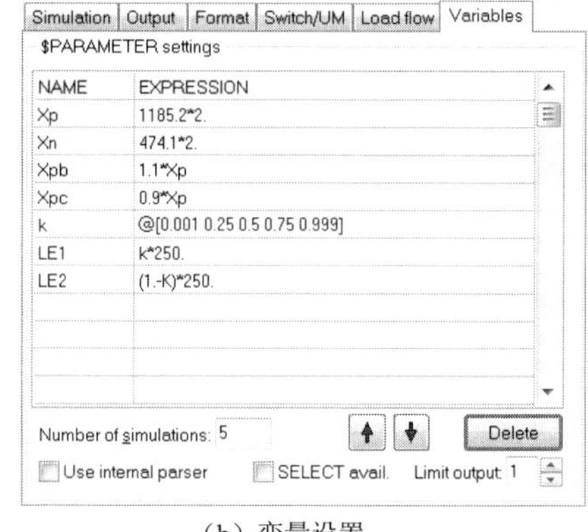

（b）变量设置

图11－11　并联电抗不平衡时潜供电流计算

下面为 l=250km、故障发生在某一相时的ATP输入文件，即

例11－7

```
BEGIN NEW DATA CASE
C  dT   >< Tmax >< Xopt >< Copt ><Epsiln>
   1.E-6    -.001       50.
     500      1        0        1        0        0        0        1        0
/REQUEST
POCKET CALCULATOR VARIES PARAMETERS                 510 {手动加入0
$PARAMETER
XPI =1185.2*2. $$
XNI =474.1*2. $$
XPBI =1.1*XPI $$
XPCI =0.9*XPI $$
F01001=(KNT.EQ.1.)*0.001+(KNT.EQ.2.)*0.25 $$
F01002=(KNT.EQ.3.)*0.5+(KNT.EQ.4.)*0.75 $$
```

```
F01003=(KNT.GE.5.)*0.999 $$
P01001=F01001+F01002+F01003 $$
KI=P01001 $$
LE1I =KI*250. $$
LE2I =(1.-KI)*250. $$
XPC___=XPCI
XPB___=XPBI
XP____=XPI
XN____=XNI
LE2_________=LE2I
LE1_________=LE1I
BLANK $PARAMETER
C        1         2         3         4         5         6         7         8
C 345678901234567890123456789012345678901234567890123456789012345678901234567890
/BRANCH
C < n1 >< n2 ><ref1><ref2>< R  >< L  >< C  >
C < n1 >< n2 ><ref1><ref2>< R  >< A  >< B  ><Leng><><>0
$VINTAGE,1
-1FAULPALIN22A                  .19345       .7898     .009054LE2_________ 0 0 0
-2FAULPBLIN22B                  .01227       .2761      .01333LE2_________ 0 0 0
-3FAULPCLIN22C                                                                 0
$VINTAGE,0
  MR                        .001                                               0
$VINTAGE,1
-1LIN21AFAULPA                  .19345       .7898     .009054LE1_________ 0 0 0
-2LIN21BFAULPB                  .01227       .2761      .01333LE1_________ 0 0 0
-3LIN21CFAULPC                                                                 0
$VINTAGE,0
  S21A  K11A                 .01   .01                                         0
  S21B  K11B                 .01   .01                                         0
  S21C  K11C                 .01   .01                                         0
  LIN21AN21                   3.XP____                                         0
  LIN21BN21                   3.XPB___                                         0
  LIN21CN21                   3.XPC___                                         0
  N21                         3.XN____                                         0
  LIN22AN22                   3.XP____                                         0
  LIN22BN22                   3.XPB___                                         0
  LIN22CN22                   3.XPC___                                         0
  N22                         3.XN____                                         0
/SWITCH
C < n 1>< n 2>< Tclose ><Top/Tde ><   Ie   ><Vf/CLOP ><  type  >
  LIN22AS22A         10.       100.                                            0
  LIN22BS22B         -1.       100.                                            0
  LIN22CS22C         -1.       100.                                            0
  FAULPAMR                                              MEASURING              1
  K11A  LIN21A       10.       100.                                            0
  K11B  LIN21B       -1.       100.                                            0
  K11C  LIN21C       -1.       100.                                            0
/SOURCE
C < n 1><>< Ampl.  >< Freq.  ><Phase/T0><   A1   ><   T1   >< TSTART >< TSTOP  >
14S22A    591043.688       50.    -12.15                               -1.      100.
14S22B    591043.688       50.   -132.15                               -1.      100.
14S22C    591043.688       50.   -252.15                               -1.      100.
14S21A    653197.265       50.                                         -1.      100.
14S21B    653197.265       50.     -120.                               -1.      100.
14S21C    653197.265       50.     -240.                               -1.      100.
/OUTPUT
……
```

由于系统三相已不对称，因此分别在线路 a 相、b 相、c 相设置单相接地故障，I_f 计算结果见表 11－13。

总体情况仍然是：线路越长，I_f 越大。而且还可以看出，在线路不同相发生故障时，I_f 也不同。在 b 相，即并联电抗最大相，发生故障时，I_f 最小；而在其他两相发生故障时 I_f 基本相等。

表 11-13　　并联电抗器电抗不平衡导致 I_f 变化

长度/km	Q_c/MVar	Q_p/MVar	X_p/Ω	I_p/A	X_n/Ω	I_n/A	单相接地相	接地位置				
								$k=0$	$k=0.25$	$k=0.5$	$k=0.75$	$k=1$
200	178.68	150	1422.2	324.8	568.9	12.9 首端 11.7 末端	a	20.3	20.0	19.9	20.1	20.4
							b	13.5	14.3	15.2	16.3	17.5
							c	19.9	20.2	20.7	21.3	22.0
250	223.35	180	1185.2	389.7	474.1	15.5 首端 13.7 末端	a	22.8	22.1	21.9	22.2	22.9
							b	13.3	14.5	16.1	18.1	20.3
							c	21.0	21.7	22.6	23.8	25.2
					400	16.9 首端 14.7 末端	c	15.6	16.3	17.2	18.3	19.7
					550	14.2 首端 12.4 末端	c	25.7	26.3	27.2	28.5	30.0

注：$X_{pa}=X_p$，$X_{pb}=1.1X_p$，$X_{pc}=0.9X_p$。

同时还可以看出，当 $l=250$km、$X_n=474.1\Omega$ 时，I_f 达到 25.1A，大于规定的 20A。减小 X_n，I_f 也减小；当 X_n 减小到 400Ω 时，$I_f=19.6$A。事实上，现代电抗器的不平衡程度不会如式（11-16）那样严重。

11.4.3　线路换位

对于长线路，通常认为线路的电感、电阻、电容参数是均匀分布且全线相同，实际上这是一种平均参数。长线路需平衡换位，在每个换位段内，三相参数很不均衡。文献[7]中有一计算换位线路潜供电流的算例，在不同相单相接地时潜供电流 I_f 相差较大。本书中将继续通过仿真，分析两种情况下的潜供电流，一是全线使用均匀换位后的平均参数，相应模型称为均匀分布参数模型；二是考虑换位段内的不平衡，相应模型称为换位分布参数模型，以下将重点讨论。

将要讨论的是一条 750kV 线路，杆塔及导线参数如图 10-1 所示。线路的一条地线逐基杆塔接地，另外一条连续接地，在 ATPDraw 中输入线路的材料及几何参数如图 11-12（a）所示。在 Data 页面，两根地线编号（Ph. no.）分别为 4、5，表示在 LCC 层面，地线不接地。同时在 Model 页面，线路相数（#ph）为 5，而不是 3。地线的接地在 LCC 外实现，OPGW 在线路两端接地，普通地线在线路一端接地，如图 11-12（b）所示。本例中不讨论地线本身上的电压、电流，否则地线的接地略有不同，具体参见文献[7]。

从前面讨论中已知，线路越长，I_f 越大，故仅仿真线路长度为 250km 的情况。线路进行一个完整的换位循环，各换位段长度依次为 41.7km、83.3km、83.3km、41.7km。将

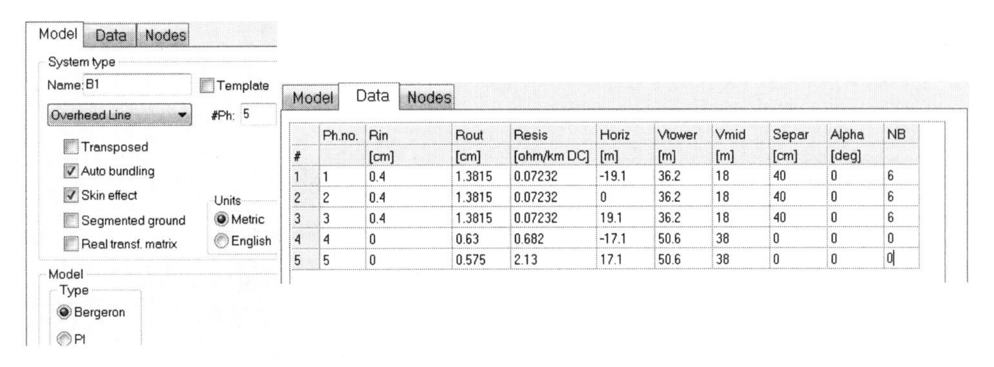

#	Ph.no.	Rin [cm]	Rout [cm]	Resis [ohm/km DC]	Horiz [m]	Vtower [m]	Vmid [m]	Separ [cm]	Alpha [deg]	NB
1	1	0.4	1.3815	0.07232	-19.1	36.2	18	40	0	6
2	2	0.4	1.3815	0.07232	0	36.2	18	40	0	6
3	3	0.4	1.3815	0.07232	19.1	36.2	18	40	0	6
4	4	0	0.63	0.682	-17.1	50.6	38	0	0	0
5	5	0	0.575	2.13	17.1	50.6	38	0	0	0

（a）参数设置

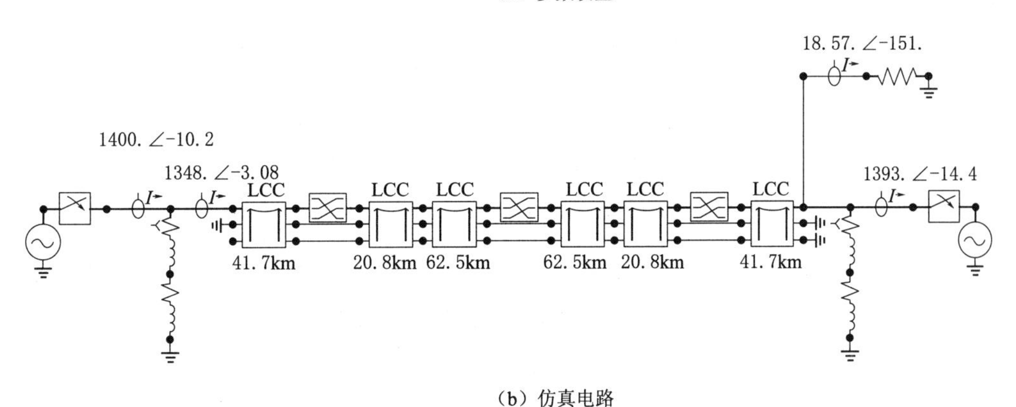

（b）仿真电路

图 11－12　考虑线路换位时计算潜供电流

中间两段又分为 20.8km 和 62.5km 长的两小段，便于在其连接处设置单相接地点。

线路选择 Bergeron 模型，即换位恒定分布参数模型。也可选择 PI 模型，两种模型下 I_f 的计算结果相差很小。

电源参数与第 11.3.3 节中完全相同，故障相左端电源电压 461.88∠0°kV，末端电源电压 417.931∠－12.15°kV。

线路首末端均安装电抗器。每台（共有 6 台）并联电抗器的电抗值为 1185.2×2Ω，每台（共有 2 台）中性点小电抗的电抗值为 474.1×2Ω。

单相接地点距线路首端的距离与线路全长之比为 k，仿真中 $k=0$、0.25、0.5、0.75、1。在 a 相、b 相、c 相各接地一次。

为了方便修改，减小仿真准备时间，仿真中将线路两侧开关的合闸时刻设为变量，同相两台开关的合闸时刻相同。因为进行稳态潜供电流计算，合闸时刻若为负值，表示计算中开关合闸；若为正值，则处于断开状态。具体如下：

例 11－8

```
$PARAMETER
TC1AI =-1. $$  {中间变量
TC1BI =-1. $$  {中间变量
```

```
TC1CI =10. $$ {中间变量
TC1C______=TC1CI
TC1B______=TC1BI
TC1A______=TC1AI
……
BLANK $PARAMETER
```

两种情况下的仿真结果见表 11－14，总体差别不大，从工程实用角度看，可采用简单的均匀换位模型计算。也可以看出，线路不同地点发生单相接地时的潜供电流不相同，越接近末端，潜供电流越大。

表 11－14　　换位线路的潜供电流　　单位：A

长　度	线路模型	I_f					
		故障相	$k=0$	$k=0.25$	$k=0.5$	$k=0.75$	$k=1$
250km	均匀分布参数		16.9	17.3	18.1	19.2	20.8
	换位分布参数	*a* 相故障	15.1	15.2	16.8	18.0	19.1
		b 相故障	19.1	19.0	18.9	20.1	22.4
		c 相故障	15.3	16.0	16.7	20.7	18.7

文献［7］算例中潜供电流与相别有很大关系，是因为线路本身过长，达到 478km，而且中性点小电抗补偿不合理。

11.5　单相接地时中性点小电抗上的工频过电压和过电流

根据经验选择了中性点小电抗值，校验了潜供电流，还需要计算小电抗上的工频过电压、过电流是否满足要求。可以利用教科书、标准中提供的公式进行计算，但不同地点单相接地对应的等效系统不同，计算繁琐，最简单的方法是仿真。

电源参数仍然与第 11.1.1.2 节中相同。750kV 线路长度为 250km，首端线电压为 765kV，首端电流为 $I=1.5$kA。系统正序内电抗 $X_i=10\Omega$、20Ω、30Ω、40Ω、50Ω，零序内电抗为正序的 K 倍。系统等效戴维南电源电压幅值为

$$U_s=\sqrt{2}\times\left(\frac{765}{\sqrt{3}}+1.5X_i\right)=624.6+2.121X_i(\mathrm{kV})$$

系统正序内电感为

$$L_i=\frac{X_i}{100\pi}(\mathrm{H})=\frac{10X_i}{\pi}(\mathrm{mH})$$

假设系统的时间常数为 $\tau=40$ms，则正序内电阻为

$$R_i=\frac{L_i(\mathrm{mH})}{40}(\Omega)$$

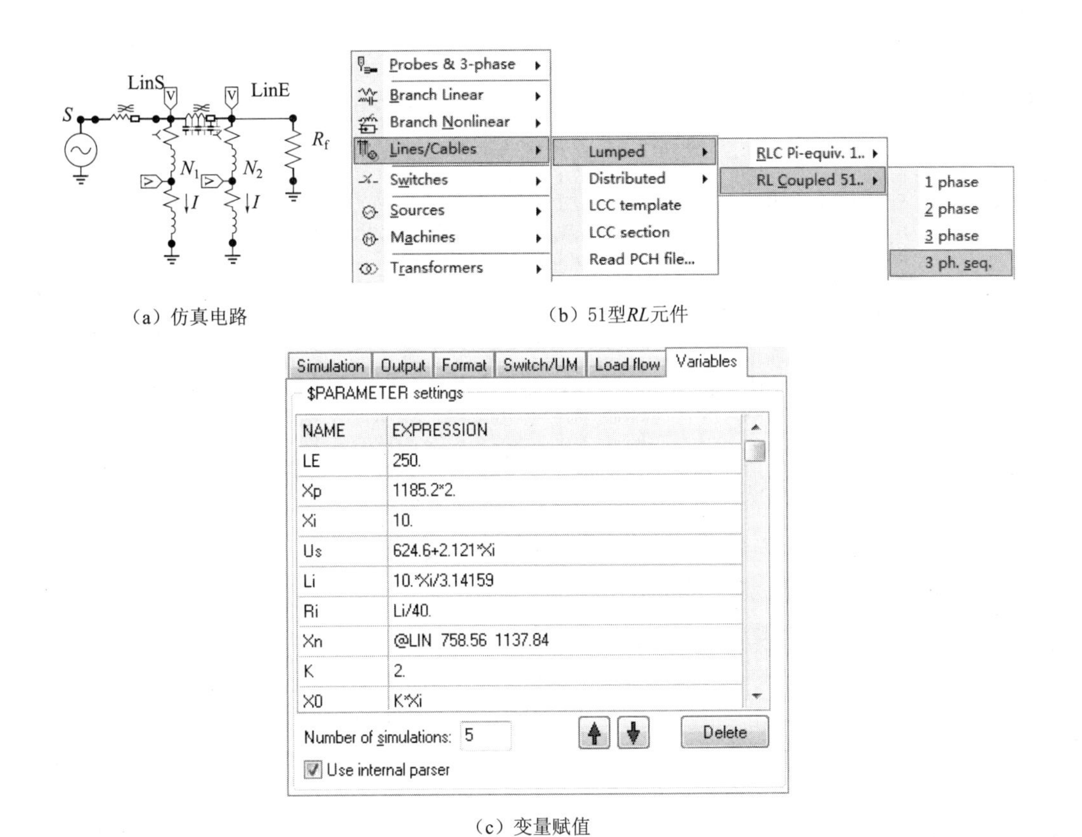

（a）仿真电路　　（b）51型*RL*元件

（c）变量赋值

图 11 - 13　计算中性点小电抗上工频过电压时的电路及变量赋值

并联电抗器取表 11 - 3 中值，即 $X_p = 1185.2\Omega$。中性点小电抗 X_n 以 474.1Ω 为中心，向两侧扩展 20%，取 5 个值，即 $X_n = (0.8、0.9、1、1.1、1.2) \times 474.1\Omega$。

在 ATPDraw 中建立的仿真电路如图 11 - 13（a）所示，线路末端没有负荷。线路 *c* 相接地，R_f 为故障电阻，取很小值，不影响计算结果。电源内阻抗使用 51 型 *RL* 耦合元件，如图 11 - 13（b）所示。

为了说明有关概念，第一次计算中取 $X_i = 10\Omega$，$K = 2$。图 11 - 13（c）表示变量赋值情况。

分别在 *c* 相首端、末端接地，进行仿真计算。为了仅显示统计结果，需手工将包含 POCKET 的行进行简单修改如下（ATP 本具有统计输出功能，但目前 ATPDraw 版本不具备相关选项）：

例 11 - 9

```
POCKET CALCULATOR VARIES PARAMETER                  51  {修改前
POCKET CALCULATOR VARIES PARAMETER                  510 {修改后
```

以下为部分输出内容，即

C c 相首端接地
C
C

Step	F [Hz]	电压 末端 a 相 LINEA	电压 小电抗 N1 N1	电压 小电抗 N2 N2	电压 首端 a 相 LINSA	电流 小电抗 N1 N1 TERRA	电流 小电抗 N2 N2 TERRA
1	50.	750.212908	158.801825	163.341554	742.033794	.20933375	.215318056
2	50.	750.682056	168.384555	173.626315	742.10788	.197309016	.203451186
3	50.	751.101805	176.926287	182.83648	742.174005	.186590805	.19282384
4	50.	751.479566	184.587918	191.132081	742.233386	.176977138	.183251476
5	50.	751.822025	191.512679	198.657974	742.287113	.168288237	.174567033

C c 相末端接地

Step	F [Hz]	LINEA	N1	N2	LINSA	N1 TERRA	N2 TERRA
1	50.	777.247034	17.3610563	188.473172	657.330756	.022885474	.248446742
2	50.	777.652995	18.4294866	200.026895	657.363812	.021595234	.234386758
3	50.	778.015528	19.3838669	210.342987	657.393301	.020442702	.221832878
4	50.	778.341248	20.2415321	219.610197	657.419771	.01940695	.210555406
5	50.	778.636082	21.0180294	227.997553	657.443711	.018469206	.200348647

以上结果从上至下小电抗值逐渐增加。从计算结果看出：

（1）线路首端单相接地时，非故障相线路首末端电压、小电抗上的电压和电流相差较小。

（2）线路末端单相接地时，非故障相线路首末端电压相差很大，末端电压比首端大很多，导致末端小电抗上的电压、电流均远远大于首端小电抗上的电压、电流。

因此在 $K=1$、1.5、2.5 三种情况下，仅仿真 c 相末端接地故障，得线路首、末端小电抗上的工频电压、电流，绘制曲线如图 11－14 所示。可以总结出：①随着系统内阻抗 X_i 增加，小电抗上的电压、电流均有所增加；②随着小电抗值 X_n 增加，首端小电抗电压略有增加，而电流略有减小；③随着小电抗值 X_n 增加，末端小电抗电压明显增加，而电流明显减小；④随着系统电源的零序内阻抗增大（K 增大），小电抗上的电压、电流均增加。

综上所示，对小电抗而言，最严格的工况为 K 最大，且 X_i 最大。因此，在仿真计算时，尽可能使用准确的系统内阻抗，尤其是零序内阻抗。

本例中 K 最大时的小电抗电压、电流曲线如图 11－14（e）、（f）所示。当 $X_n=474.1\Omega$ 时，末端小电抗上最大电压为 169.2kV，小于工频耐压 185～200kV；末端小电抗上的最大电流为 178.5A，小于标准规定的 200～300A。

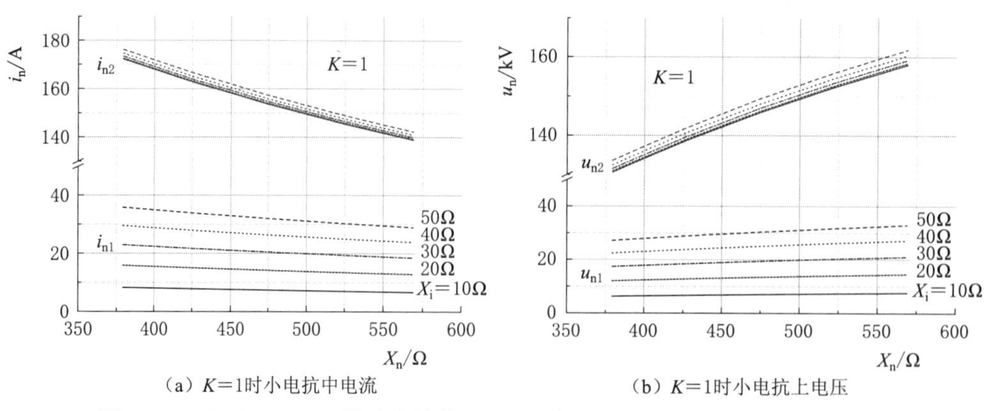

（a）$K=1$时小电抗中电流　　（b）$K=1$时小电抗上电压

图 11－14（一）　750kV 线路末端接地时小电抗上的工频电压、电流（250km）

u_{n1}、i_{n1}—首端小电抗上的电压、电流；u_{n2}、i_{n2}—末端小电抗上的电压、电流

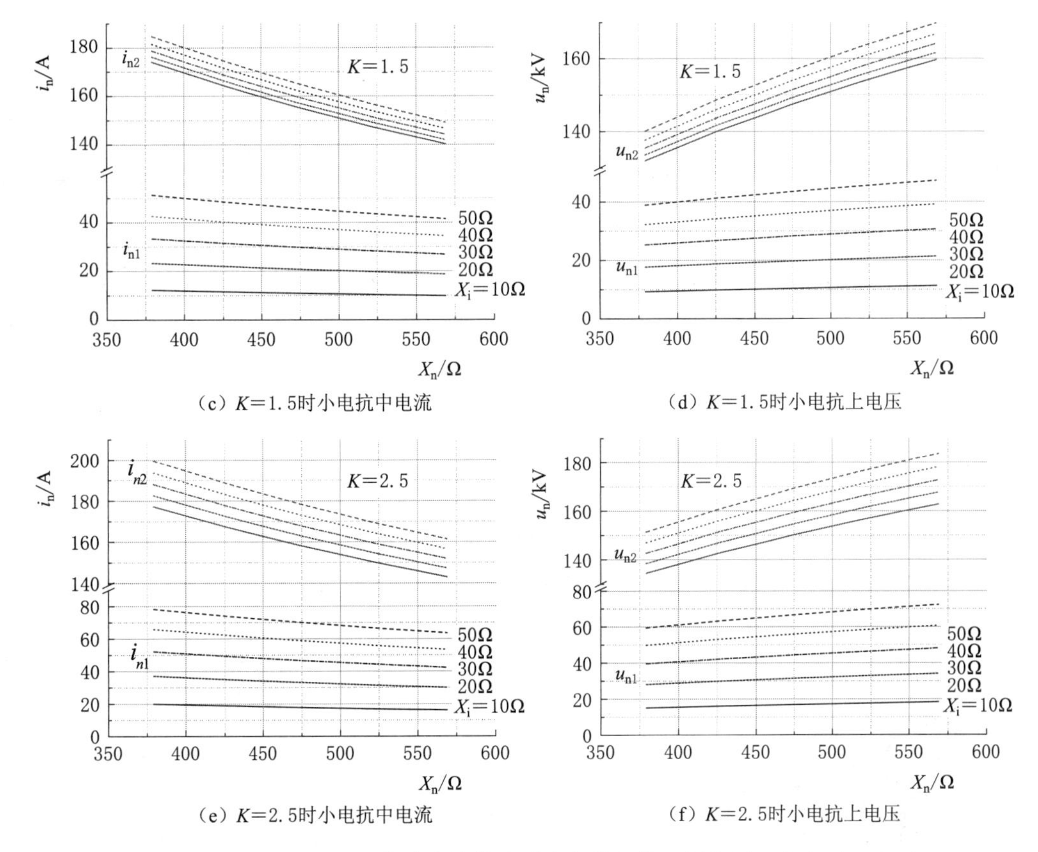

(c) K=1.5时小电抗中电流

(d) K=1.5时小电抗上电压

(e) K=2.5时小电抗中电流

(f) K=2.5时小电抗上电压

图 11-14（二） 750kV 线路末端接地时小电抗上的工频电压、电流（250km）

u_{n1}、i_{n1}—首端小电抗上的电压、电流；u_{n2}、i_{n2}—末端小电抗上的电压、电流

第 12 章

网络的频率相关等效

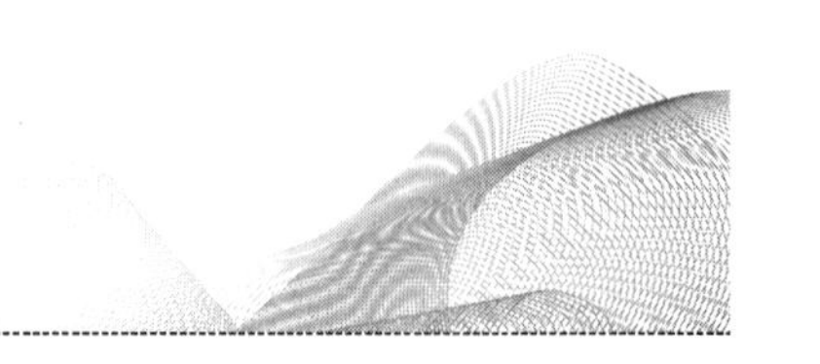

从电网某一端口向系统看入，在不同的频率下网络的等效电阻和电感（或电容）不相同，这就是网络频率特性（动态特性）。随着电网的规模越来越大，为了降低电磁暂态计算的复杂程度和加快计算速度，往往需要对网络进行等效，也称简化。等效的基本原则是等效前后网络的频率特性相同，这种等效称为网络的频率相关等效（frequency dependent network equivalent，FDNE），这也是本章讨论的主题。

网络的频率相关等效方法可分为：利用频率响应零极点的等效方法和利用有理式的等效方法。早期的 FDNE 方法采用梯形 *RLC* 网络，利用被等效系统的零极点来确定 *RLC* 参数值，输电线路的 JMarti 模型属于此类等效，已在前面进行了深入讨论。

基于有理式的 FDNE 方法的关键在于求解导纳有理函数式，相关研究很多，主要有基于自回归滑动平均法（autoregressive moving average，ARMA）、矢量拟合法（vector fitting）和双层等效法（two layer network equivalent）及其衍生方法。1999 年，Gustavsen 和 Semlyen 提出采用矢量拟合法将 FDNE 矩阵的每个元素在一系列频率下的采样值拟合成一个连续的有理函数。2003 年，Abdel - Rahman 和 Adam Semlyen 提出双层等效网络模型。为了克服因有理式系数矩阵数值范围跨度大而造成的方程病态问题，2005 年 Taku Noda 在求解超定方程的过程中引入了权重矩阵，提高了有理式参数辨识的求解速度和精度。2012 年，Ubolli 和 Gustavsen 又提出了一种基于时域响应下共有极点有理模型的时域矢量拟合（TD - VF）算法的多端口网络等效方法。在网络频率相关等效时，网络必须无源，以确保仿真稳定。

本章将要介绍的是有理函数式等效方法。

12.1 电力设备模型

有两类电力设备模型，一类为单一设备模型，如输电线路、变压器、发电机模型等；另一类为综合模型，它是多个单一设备综合体的等效模型。

电网中部分设备，如变压器、电抗器、电容器等设备的频率特性对网络的频率特性贡献小，可使用固定参数模型；而另一部分设备，主要是输电线路，数量大，频率特性复杂，决定了电网的频率特性，必须使用频率相关模型。

本章从大电网角度讨论设备模型，如果仅关心局部电磁暂态过程，如雷电过电压在电压互感器高、低压侧间的传递，应当使用其频率相关模型。

12.1.1 单一设备模型

1. 输电线路

有关输电线路的频率相关模型在 ATP 用户手册、以及本书第 6、第 8、第 9 章中已详细讨论，此处不再赘述。

2. 静止集中参数元件

主要包括电容器、电抗器、变压器，在研究大电网的频率特性时，认为它们是线性、集中参数元件，且参数不随频率变化。变压器的励磁支路通常无需考虑，如要考虑，可认为具有线性特性。

避雷器、电压互感器、电流互感器、断路器、隔离开关等设备对电网的频率特性的影响微不足道，不需考虑。

3. 发电机

发电机是旋转设备。在研究大电网的频率特性时，也认为发电机是线性、集中参数元件，其参数不随频率变化。

发电机内阻抗包括电阻和电感，电阻 R_a 为工频下的等效定子绕组电阻，电感 L 采用直轴和交轴次暂态电感的平均值，即

$$L = \frac{L''_d + L''_q}{2} \tag{12-1}$$

式中 L''_d——直轴次暂态电感；

L''_q——交轴次暂态电感。

发电机的电源为交流稳态电压源。

发电机模型是电压源和内阻抗的串联电路，如图 12－1 所示。

4. 负荷

电力系统中的负荷大多是感性负荷，为了简单起见，本书用电阻、电感串联模型来描述负荷。

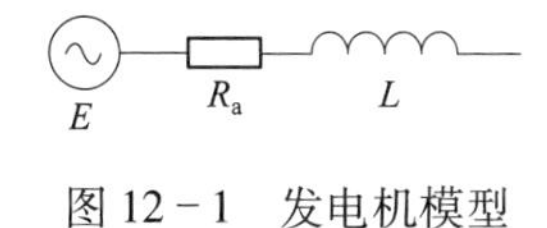

图 12－1 发电机模型

以上设备在 ATP 中有一一对应元件。如电阻、电感、电容的任意串联使用 *RLC* 元件，工频电源使用 14 型交流电源。

12.1.2 综合元件导纳模型——KFD 模型

ATP 中还有一个综合元件——KFD（Kizilcay F－Dependent）元件，也称为 KFD 模型。可用来为多个元件建立一个综合的、单一的导纳模型。一个 KFD 元件可以是几个元件的综合模型，也可以是一个网络的综合模型，因此在大电网的等效中能够发挥重要作用。将多个元件合并为单一的 KFD 元件时，其中的单个元件参数可以是恒定参数，也可以随频率变化。KFD 元件本质上描述的是网络的传递函数，可像一般元件一样串联或并联在电路中。KFD 模型使用导纳的拉普拉斯形式。

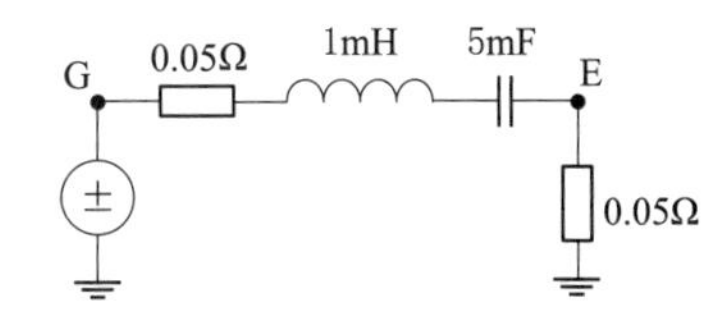

图 12－2 KFD 模型示例电路

以下举例说明 KFD 模型的使用。电路如图 12－2 所示，电压源为 11 型直流电压源，电压为 10V。计算节点

G 与节点 E 之间所有元件的综合导纳，建立 KFD 元件；仿真比较使用原 *RLC* 支路、KFD 元件后的回路电流。

根据电路定律，可得节点 G 与节点 E 之间所有元件的等效导纳为

$$Y=\frac{5\times10^{-3}s}{1+2.5\times10^{-4}s+5\times10^{-6}s^2} \tag{12-2}$$

在 ATPDraw 中建立电路，如图 12－3 所示。其中图 12－3（a）中使用原 *RLC* 支路；图 12－3（b）中将 *RLC* 支路用其等效导纳式（12－2）代替，使用 KFD 元件，参数设置如图 12－4 所示。

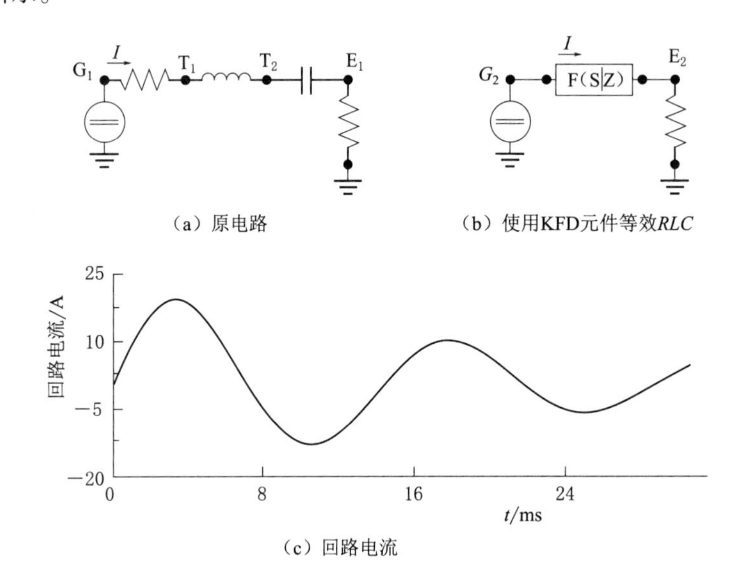

图 12－3　KFD 元件使用示范

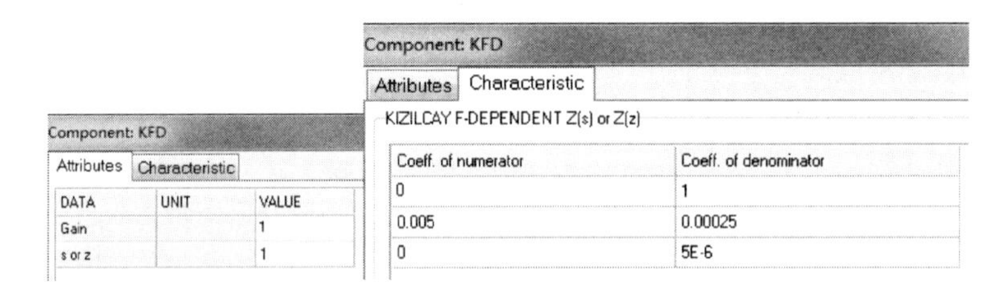

Component: KFD

DATA	UNIT	VALUE
Gain		1
s or z		1

Component: KFD — KIZILCAY F-DEPENDENT Z(s) or Z(z)

Coeff. of numerator	Coeff. of denominator
0	1
0.005	0.00025
0	5E-6

图 12－4　KFD 元件参数设置

ATP 输入文件如下：

例 12－1

```
C 图 12-3 (a)中电路的 ATP 输入文件，使用 RLC 支路
BEGIN NEW DATA CASE
POWER FREQUENCY                         50.
C  dT  >< Tmax >< Xopt >< Copt ><Epsiln>
   1.E-6     .03
       1       1       0       0       1       0       0       1       0
```

```
/SOURCE
11G1      0        10.                                                -1.       1.E3
C         1         2         3         4         5         6         7         8
C 345678901234567890123456789012345678901234567890123456789012345678901234567890
/BRANCH
  G1     T1                 .05                                                 1
/BRANCH
  T2     E1                           5.E3                                      0
/BRANCH
  T1     T2                        1.                                           0
/BRANCH
  E1                        .05                                                 0
/OUTPUT
BLANK BRANCH
BLANK SWITCH
BLANK SOURCE
BLANK OUTPUT
BLANK PLOT
BEGIN NEW DATA CASE
BLANK
```

例 12－2

```
C 图 12-3(b)中电路的 ATP 输入文件，使用 KFD 元件
BEGIN NEW DATA CASE
POWER FREQUENCY                           50.
C  dT  >< Tmax >< Xopt >< Copt ><Epsiln>
   1.E-6     .03
       1       1       0       0       1       0       0       1       0
/SOURCE
11G2      0        10.                                                -1.       1.E3
C         1         2         3         4         5         6         7         8
C 345678901234567890123456789012345678901234567890123456789012345678901234567890
/BRANCH
  G2     E2                 99.                                                 1
KIZILCAY F-DEPENDENT          2                    1.         S
                     0.0                   1.
                   0.005                 2.5E-4
                     0.0                  5.E-6
/BRANCH
  E2                        .05                                                 0
/OUTPUT
BLANK BRANCH
BLANK SWITCH
BLANK SOURCE
BLANK OUTPUT
    BLANK PLOT
```

仿真计算回路电流，结果如图 12－3（c）所示，可见用 KFD 元件完全等效于 *RLC* 支路。这种等效对于简单电路没有优势，但对于大电网，可大大简化电网的结构和仿真计算量。

12.2 网络的频率特性

本节介绍单相、三相网络的等效，然后利用 ATP 的频率扫描功能，以及相应辅助软件示范等效过程。

12.2.1 等效网络

12.2.1.1 单相等效网络

有一单相无源 N 端口网络如图 12-5 所示，在某一频率下的端口电流、电压的一般方程表达式为

$$\begin{bmatrix} Y_{11} & Y_{12} & \cdots & Y_{1n} \\ Y_{21} & Y_{22} & \cdots & Y_{2n} \\ & & \vdots & \\ Y_{n1} & Y_{n2} & \cdots & Y_{nn} \end{bmatrix} \begin{bmatrix} U_1 \\ U_2 \\ \vdots \\ U_n \end{bmatrix} = \begin{bmatrix} I_1 \\ I_2 \\ \vdots \\ I_n \end{bmatrix} \tag{12-3}$$

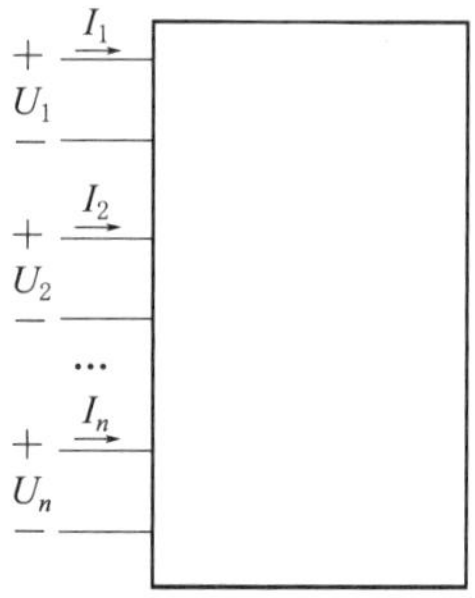

图 12-5 无源 n 端口网络

式中 U_i——端口 i 的端电压；

I_i——流入端口 i 的电流；

Y_{ii}——端口 i 自导纳，也叫策动点导纳；

Y_{ij}——端口 i 与 j 之间的互导纳，也叫转移导纳。

其矩阵形式为

$$\boldsymbol{YU} = \boldsymbol{I} \tag{12-4}$$

其中 $\boldsymbol{Y}$ 被称为网络的导纳矩阵。

将式（12-4）转换为阻抗形式为

$$\boldsymbol{U} = \boldsymbol{Y}^{-1}\boldsymbol{I} = \boldsymbol{ZI} \tag{12-5}$$

其中 $\boldsymbol{Z} = \boldsymbol{Y}^{-1}$，称之为阻抗矩阵。

当考虑网络的频率特性时，$\boldsymbol{Y}$ 的形式为

$$\boldsymbol{Y}(s) = \begin{bmatrix} Y_{11}(s) & Y_{12}(s) & \cdots & Y_{1n}(s) \\ Y_{21}(s) & Y_{22}(s) & \cdots & Y_{2n}(s) \\ & & \vdots & \\ Y_{n1}(s) & Y_{n2}(s) & \cdots & Y_{nn}(s) \end{bmatrix} \tag{12-6}$$

设网络导纳矩阵 $\boldsymbol{Y}$ 中任一元素的有理函数为

$$Y(s) = \frac{a_0 + a_1 s + a_2 s^2 + \cdots + a_m s^m}{1 + b_1 s + b_2 s^2 + \cdots + b_n s^n} \tag{12-7}$$

由于网络中元件众多，上式难以直接通过解析法求得，但是可以通过 ATP 的扫频功能获得离散频率下的导纳或阻抗数据，然后将这些离散参数拟合为如式（12-7）所示有理函数。这种近似处理方法大大降低了导纳函数的阶数，通常能够满足工程需要。

式（12-7）中 s 域中的有理函数必须在时域下进行数值计算，令

$$s = \frac{2}{\Delta t} \cdot \frac{1 - z^{-1}}{1 + z^{-1}} \tag{12-8}$$

对式（12-7）进行双线性变换，得

$$Y(z) = \frac{I(z)}{U(z)} = \frac{A_0 + A_1 z^{-1} + A_2 z^{-2} + \cdots + A_m z^{-m}}{1 + B_1 z^{-1} + B_2 z^{-2} + \cdots + B_n z^{-n}} \tag{12-9}$$

即

$$I(z)=A_0U(z)+(A_1z^{-1}+A_2z^{-2}+\cdots+A_mz^{-m})U(z)$$
$$-(B_1z^{-1}+B_2z^{-2}+\cdots+B_nz^{-n})I(z) \quad (12-10)$$

通过反变换，得到离散的时域点，有

$$i(t)=A_0u(t)+I_h \quad (12-11)$$

其中

$$I_h=A_1u(t-\Delta t)+A_2u(t-2\Delta t)+\cdots+A_mu(t-m\Delta t)$$
$$-B_1i(t-\Delta t)-B_2i(t-2\Delta t)-\cdots-B_ni(t-n\Delta t) \quad (12-12)$$

因此，导纳有理函数可由图 12－6 所示诺顿等效电路来描述。

ATP 中的 KFD 元件对应于网络导纳函数式（12－7）或式（12－9）。

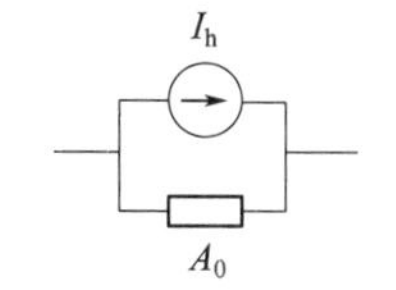

图 12－6　导纳有理函数在时域的等效电路

12.2.1.2　三相等效网络

对于一个单端口三相电路，从该端口向网络看入，可得零序、正序导纳函数 $Y_0(s)$、$Y_1(s)$，三相正序电源电势 E_a、E_b、E_c，而零序电源电势通常为 0。从该端口看入的系统等效电路如图 12－7 所示。图中理想变压器的联结为 Yd，变比可任意设定，只要满足从端口看入的正序导纳和电势即可。

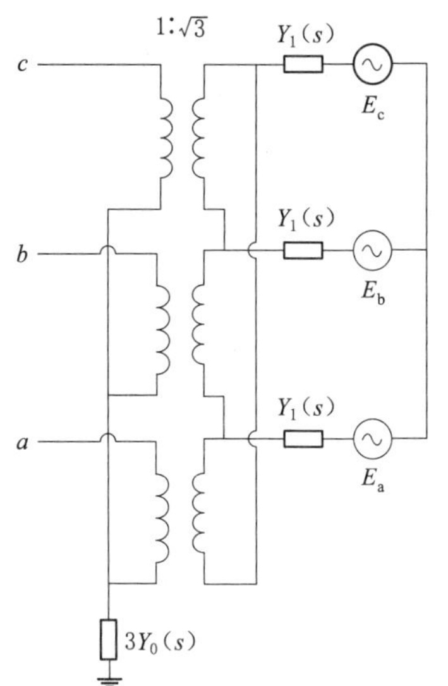

图 12－7　单端口三相系统等效电路

通常取变压器变比为 $1:\sqrt{3}$，即两侧线电压相等，则图 12－7 右边的三相正序电源电动势分别为 E_a、E_b、E_c，每相内导纳为 $Y_1(s)$。注意，电源、内导纳都在 d 绕组外；从端口看入时，电源电动势有 30°相移。

对于零序参数，需保证零序内导纳与等效前相等。在图 12－7 中，将零序导纳连接在 Y 联结变压器绕组的中性点，当零序电流 I_0 流过变压器绕组时，中性点的电流为 $3I_0$，因此连接的导纳应为 $3Y_0(s)$，如此每相的等效零序导纳为 $Y_0(s)$。由于变压器右侧绕组联接为 d，在右侧零序电流无法流通，故右侧的 $Y_1(s)$ 不影响零序导纳。

经过上述等效，当不计算变压器时网络中的元件数（不包括电源电动势）仅为 4 个，包括变压器时也仅为 7 个，网络中的元件数量大大减少。当网络中包含数以千计的元件时，无疑这种等效将大大减少计算工作量和计算时间，提高计算效率，这正是网络简化的目的。当然这种简化需付出一定代价，如忽略了发电机的旋转特性、忽略了元件的非线性特性。

12.2.2　利用 ATP 进行网络的频率相关等效

对于简单的 *RLC* 串联支路，知道每个元件导纳或阻抗的频率特性，可理论计算得到整个支路的频率特性。类似可得简单小系统的频率特性。但对于大系统，难以直接得到这种频率特性，一种解决方法是在离散频率下扫描网络的频率特性，然后进行拟合。

12.2.2.1 ATP的频率扫描功能

频率扫描是ATP的一个重要功能，由两个功能相似的子程序来实现，它们分别是FREQUENCY SCAN和HARMONIC FREQUENCY SCAN。从用户设置的起始频率到终止频率，程序自动在每个频率下进行稳态计算。利用计算所得电压和电流，可计算得导纳矩阵中随频率变化的自导纳和互导纳。通常电力系统为三相，为此需要分别计算正序导纳矩阵$\boldsymbol{Y}_1(s)$、零序导纳矩阵$\boldsymbol{Y}_0(s)$。计算系统正序导纳矩阵中各元素时，在端口施加正序电压或电流；而计算零序导纳矩阵中各元素时，在端口施加零序电压或电流。为了方便，可施加1V电压，则计算所得电流就是自导纳或互导纳。通常情况下，系统的负序导纳近似等于正序导纳。

需要指出的是，在频率扫描分析中，ATP忽略非线性特性元件的非线性特性，将其近似为线性元件。

下面通过示例比较理论计算的频率特性和ATP扫频特性，理论计算工具为MATLAB。首先使用MATLAB中绘制图12-3（a）中*RLC*的导纳有理函数式（12-2）的波特图，如图12-8（a）所示。

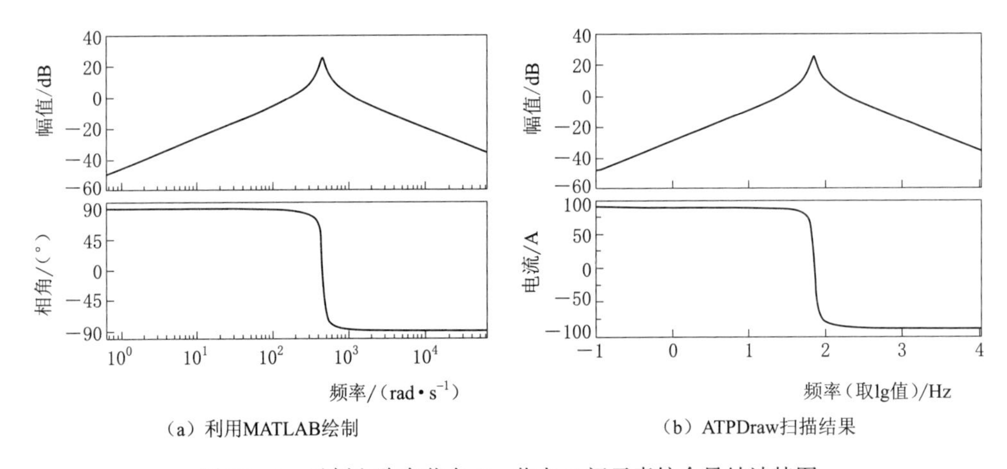

图12-8 示例电路中节点*G*、节点*E*间元素综合导纳波特图

建立电路如图12-9（a）所示，对*RLC*支路在ATPDraw中进行频率扫描。

用FREQUENCY SCAN进行频率扫描，点击ATP→Settings，出现相应窗口，如图12-9（b）所示。仿真类型选择Frequency scan，扫频仅进行稳态计算，所以仿真步长delta T、仿真时长Tmax均无意义，但电感、电容单位控制字Xopt和Copt仍然有效。

在Frequency Scan区域，有关参数含义为：min，扫描最小频率；max，扫描最大频率；df，扫频过程中的频率递增量，df≠0，进行线性扫频；df=0，进行对数扫频；NPD，在线性扫频模式下无意义，在对数扫频模式下为每10倍频区间内的扫描频率点数。示范中有关扫频参数如图12-9（b）所示。

扫描计算中使用电压源，电压幅值为1V，相角为0°，则计算所得回路电流即为所求导纳。

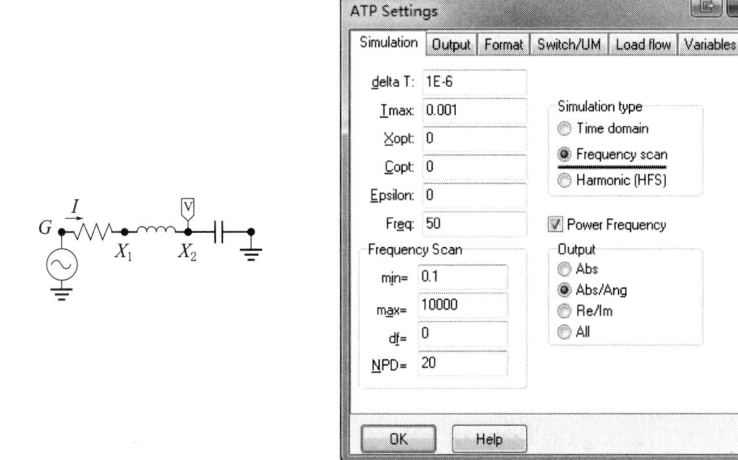

（a）计算电路　　　　（b）扫频基本参数设置

图 12－9　ATP 扫频计算

ATPDraw 生成的 ATP 输入文件如下：

例 12－3

```
BEGIN NEW DATA CASE
POWER FREQUENCY                           50.
FREQUENCY SCAN                  0.1             1.E4      20
C  dT  >< Tmax >< Xopt >< Copt ><Epsiln>
   1.E-6    .001
       1       1       0       0       1       0       0       1       0
C        1         2         3         4         5         6         7         8
C 345678901234567890123456789012345678901234567890123456789012345678901234567890
/BRANCH
C < n1 >< n2 ><ref1><ref2>< R  >< L  >< C  >
C < n1 >< n2 ><ref1><ref2>< R  >< A  >< B  ><Leng><><>0
  G     X1                  .05                                               1
  X2                                  5.E3                                    0
  X1    X2                       1.                                           0
/SOURCE
  POLAR OUTPUT VARIABLES
C < n 1><>< Ampl.  >< Freq.  ><Phase/T0><   A1   ><   T1   >< TSTART >< TSTOP  >
14G              1.        50.                                  -1.        100.
/OUTPUT
  X2
BLANK BRANCH
BLANK SWITCH
BLANK SOURCE
BLANK OUTPUT
BLANK PLOT
BEGIN NEW DATA CASE
BLANK
```

ATP 计算后输出的 lis 文件部分内容如下：

```
Column headings for the  2   output variables follow.  These are divided among the 3 possible
FS variable classes as follows ....
  First 1 output variables are electric-network voltage differences (upper voltage minus lower
voltage);
  Next 1 output variables are branch currents (flowing from the upper node to the lower node);
For each variable, magnitude is followed immediately by angle.  Both halves of the pair are labeled
identically, note.
   Step   F [Hz]        X2          X2          G           G
                                                X1          X1
      1       0.1  1.00000196 -.00900002 .003141599      89.991
      2 .11220185  1.00000247 -.01009819 .003524934 89.9899018
      3 .12589254  1.00000311 -.01133036 .003955043 89.9886696
      4 .14125375  1.00000391 -.01271289 .004437635 89.9872871
      5 .15848932  1.00000493 -.01426411 .004979113 89.9857359
      6 .17782794   1.0000062 -.01600461 .005586664 89.9839954
      7 .19952623  1.00000781   -.0179575  .00626835 89.9820425
      8 .22387211  1.00000983 -.02014869 .007033219 89.9798513
      9 .25118864  1.00001238 -.02260726 .007891422 89.9773927
     10 .28183829  1.00001558 -.02536584 .008854349 89.9746342
     11 .31622777  1.00001962 -.02846106 .009934783 89.9715389
     12 .35481339   1.0000247   -.031934 .011147067  89.968066
……
```

ATP 计算后输出结果至 lis、pl4 文件中。lis 文件中的回路电流是 *RLC* 串联元件的等效导纳，可以直观观察到数值。用 PlotXY 绘制导纳的幅频、相频特性，如图 12-8（b）所示，显然它与图 12-8（a）完全相同。注意，图 12-8（a）、（b）的纵坐标相同，图 12-8（a）横坐标为角频率，而图 12-8（b）的横坐标为频率的对数。

12.2.2.2 利用 GTPPLOT 和 ARMAFIT 拟合频率特性

ATP 软件包中提供了拟合程序 GTPPLOT、ARMAFIT，前者建立数据文件，后者拟合产生导纳有理函数。

GTPPLOT 是 Orlando P. Hevia 开发的一款功能强大的 ATP 输出数据绘图程序，它还能为 ARMAFIT 拟合准备所需的输入文件。GTPPLOT 采用 GNU FORTRAN 语言编写，基于图形软件包 DISLIN 开发。GTPPLOT 可以处理多达 10^6 个点的图形文件和多达 1000 个变量，足以满足通常的应用需求。该程序可以绘制最多 20 条曲线，用颜色、线类或符号区分。GTPPLOT 能够输出多种图形文件，包括 HP-GL（惠普图形格式）、WMF、PNG、PCX、PostScript、PDF、BMP、MATLAB 等。本书不讨论 GTPPLOT 的曲线绘制功能，而是利用该软件建立网络的导纳有理函数，即频率特性。

在某些 ATPDraw 版本中，在其菜单栏中显示 GTPPLOT，点击即可执行；而另外 ATPDraw 版本不具备此功能，但在 ATP 安装子程序下很容易搜寻到相关的执行程序。GTPPLOT 不是 Windows 下的软件，用户必须在键盘输入操作命令，使用<enter>键退出。

如果直接从 ATPDraw 的菜单栏中调用 GTPPLOT，GTPPLOT 会自动链接由当前计算生成的 pl4 文件（ready to connect ***.pl4）提取数据，并在屏幕显示所有频率点数、最小和最大频率。GTPPLOT 的命令提示符为 PLOT。

下面拟合例 12-3 中 ATP 的扫频结果。具体步骤为：①输入命令 choice，屏幕将分类显示所有变量的幅值和相位，并为每个变量顺序编号，例 12-3 中电流变量（Type-9 entries，*branch energy）幅值、相位的编号分别为 3、4。②输入 kizilcay，建立拟合频率特性所需的输入文件。③输入#3#4，对编号为3、4的变量将进行频率特性拟合。④输入go，建立拟合所需要的输入文件，文件名为kizil001.aft。输入上述命令后，在屏幕上显示的内容如图12-10所示。

```
Reading configuration from C:\Users\liyunge\AppData\Roaming\ATPLnch\gtpplot.ini

           === Ok, ready to connect 12_2举例.pl4



  101 Freqpoints, F-min, F-max (Hz)   1.00000E-01   1.00000E+04
 Variables: Mag Angle Mag Angle...

LAST COMMAND:[]
1 PLOT: choice
  Data file [ 12_2举例.pl4]
Type-4 entries (node voltages):
     Mag        Angle
   1 X2       2 X2
Type-8 entries (branch voltages, * branch power):
Type-9 entries (branch currents, * branch energy):
     Mag              Angle
  3  G     -X1      4 G     -X1

LAST COMMAND:[choice]
2 PLOT: kizilcay
   --- Ok, to generate Kizilcay-F Dependent data.
Is your responsibility select Mag-Angle admittance variables.
Take you notice of this...

LAST COMMAND:[kizilcay]
3 PLOT: #3#4

           Request   Type   Curve    Name-1 Name-2
                 1      9       3    G      X1
                 2      9       4    G      X1

LAST COMMAND:[#3#4]
4 PLOT: go
Your Kizilcay-F dependent data is in kizil001.aft
```

图12-10　用GTPPLOT建立拟合所需输入文件

文件kizil001.aft的内容如下：

```
KIZILCAY F-DEPENDENT          {关键词
  S                           { 'S'：有理函数变量为s；  'Z'：有理函数变量为z
 3.14160E-03   1.59163E-02    {f=0和f=∞时的导纳值
  1. 15.                      {最小和最大阶数
  5.   0.                     {允许的拟合百分误差，以及最大迭代次数
 101 1.00000E+00              {频率点的数量和预先设置的增益
C  -- frequency response -----------------------------------------------------
   0.10000E+00   0.31416E-02   0.89991E+02 { frequency [Hz], amplitude [mho], phase angle [deg]
   0.11220E+00   0.35249E-02   0.89990E+02
   0.12589E+00   0.39550E-02   0.89989E+02
   0.14125E+00   0.44376E-02   0.89987E+02
   0.15849E+00   0.49791E-02   0.89986E+02
   0.17783E+00   0.55867E-02   0.89984E+02
   0.19953E+00   0.62684E-02   0.89982E+02
   0.22387E+00   0.70332E-02   0.89980E+02
   0.25119E+00   0.78914E-02   0.89977E+02
   0.28184E+00   0.88543E-02   0.89975E+02
   0.31623E+00   0.99348E-02   0.89972E+02
   0.35481E+00   0.11147E-01   0.89968E+02
   0.39811E+00   0.12507E-01   0.89964E+02
    ……
```

ARMAFIT是由Taku Noda和Akihiro Ametani开发的频率特性拟合软件。要执行ARMAFIT，用户在DOS窗口中输入“ARMAFIT 文件名.aft”，也可选中aft文件，在鼠标

图 12-11　使用 ARMAFIT 进行拟合

右键的菜单栏中选择 Run ARMAFIT，如图 12-11 所示。ARMAFIT 读取此文件后生成默认名为 TEMP. pch 和 TEMP. agf 的两个文件。前者是 KFD 频率相关支路卡的输入数据，格式完全符合要求；后者是一个包含拟合结果的图形文件，可通过 GTPPLOT 的 AGFPLOT 命令绘制图形。

但是，本例对 kizil001. aft 拟合失败了，原因在于$f=0$ 和$f=\infty$ 时的导纳值的选择不合理。在 GTPPLOT 生成的文件 kizil001. aft 中，$f=0$ 和$f=\infty$ 时的导纳值其实对应于扫频最小、最大频率时的导纳值，分别为 0. 00314160S 和 0. 0159163S，而对应这两个频率的实际导纳值均为 0。因此，将这两个值手工修改为 10^{-10}数量级。重新执行 ARMAFIT，拟合顺利进行，TEMP. pch 中的内容为

```
C  PUNCH-OUT FILE GENERATED BY ARMAFIT (NODA SETUP)
C
KIZILCAY F-DEPENDENT                 2              1.00000E+000              S
3.1415999999999999800E-0101.0000000000000000000E+000
5.0000141915668948000E-0032.4992288630903189000E-004
7.9580715612395672000E-0164.9999507179681005000E-006
```

对应的导纳函数为

$$Y=\frac{3.1416\times10^{-10}+5\times10^{-3}s+7.9581\times10^{-16}s^2}{1+2.4992\times10^{-4}s+5\times10^{-6}s^2}\tag{12-13}$$

式（12-13）中分子的常数项、s^2 项系数很小，完全可忽略，可见它与式（12-2）中的原函数几乎相等，证实了 ARMAFIT 的拟合效果。

如果拟合失败，可采取如下措施：①合理估算在频率为 0、∞ 时的导纳值。②设置$f=0$ 和$f=\infty$ 时的导纳值为-1，由 ARMAFIT 自动计算导纳值。③改为拟合阻抗。

可以使用 MATLAB 直接比较拟合前后的频率特性。也可以继续利用 GTPPLOT 的 AGFPLOT 命令绘制 ARMAFIT 生成的 TEMP. agf 图形文件，观察拟合过程和拟合效果，如图 12-12 所示。

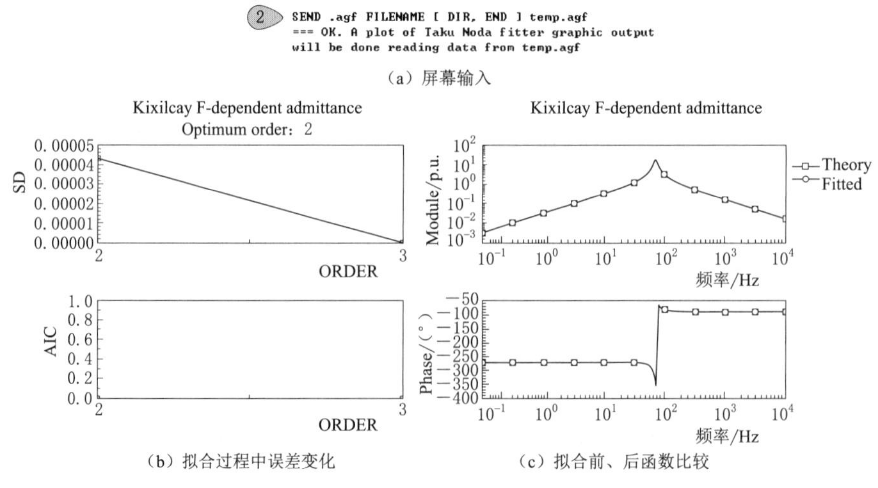

图 12-12　使用 AGFPLOT 观察拟合过程和结果

网络的频率相关等效过程可总结为：①对等效系统进行频率扫描，结果保存在 pl4 文件中。②利用 GTPPLOT 辅助绘图程序，生成 ARMAFIT 拟合所需的输入数据 aft 文件。③利用 ARMAFIT 生成 KFD 元件的 pch 文件。整个过程如图 12－13 所示。

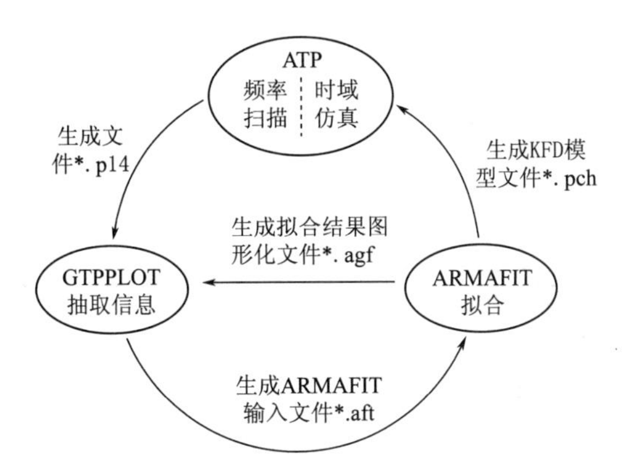

图 12－13　ATP 网络扫频、拟合、时域仿真关系示意图

12.3　等效网络应用举例

某电网结构如图 12－14 所示。图中虚线所包围部分为 220/500kV 变压器、500kV 线路，不进行简化。虚线外为 220kV 系统和发电系统，包括 3 台发电机、4 台变压器、6 条同塔双回线路、3 处集中负荷。本节将对虚线外系统进行等效简化，之后仿真比较简化前后断路器 K 合闸时 500kV 线路上的过电压。

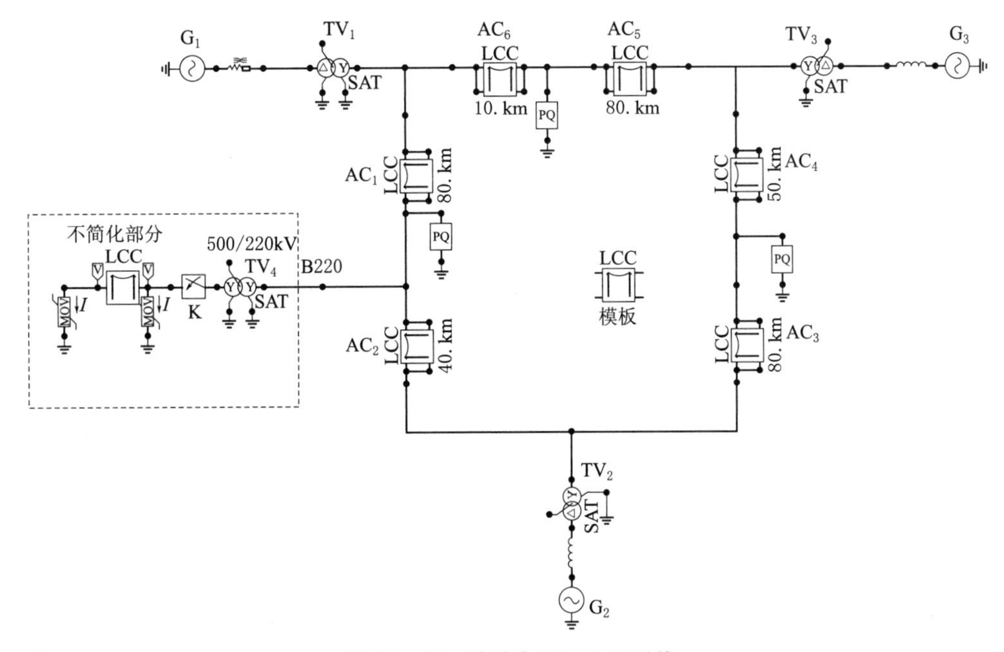

图 12－14　计算合闸过电压系统

12.3.1 被等效电网中的元件

发电机采用 14 型电源元件。发电机 G_1 及其阻抗是一个已被等效的系统。发电机 G_2 和 G_3 内阻为其交、直轴次暂态电抗的平均值。

线路采用 JMarti 频率相关模型。

变压器只考虑漏抗（电阻和漏电抗），不考虑励磁支路。

集中负荷用 ATPDraw 提供的 PQU 元件，ATPDraw 在建立 ATP 的输入文件时将它转换为串联的电阻和电抗。

图 12-14 中虚线外电网将等效为如图 12-7 所示的单端口三相系统。

12.3.1.1 频率相关等效

取发电机 G_1、G_2、G_3 电势为 0，或删去它们，将与它们连接的内阻抗接地。删去虚线内的设备。在 220kV 母线 B220 处先后施加幅值为 1V 的三相正序、零序电压，利用 ATP 的 Frequency Scan 功能对虚线外电网进行频率扫描，频率范围 10~3000Hz，每十倍频范围进行 50 次计算，设置参如图 12-9 所示。计算得到一系列频率、电流（幅值和对应相角）数据，其中电流值就是对应频率下的导纳值。

利用 GTPPLOT 建立待等效网络导纳频率特性所需的输入文件 kizil001.aft，其中的离散数据是真正的待等效网络零序、正序导纳，表示为 $Y_0(s)$、$Y_1(s)$。然后使用 ARMAFIT 拟合 kizil001.aft 中的数据，输出文件 TEMP.pch。TEMP.pch 中为经拟合后的待等效网络的等效零序、正序导纳有理函数的分子和分母的各项系数。拟合所得两个有理函数分别表示为 $Y_{e0}(s)$、$Y_{e1}(s)$，其系数见表 12-1。

表 12-1 拟合所得有理导纳函数 $Y_{e0}(s)$、$Y_{e1}(s)$ 的系数

阶数	$Y_{e0}(s)$		$Y_{e1}(s)$	
	a(分子)	b(分母)	a(分子)	b(分母)
0	1.0890×10^{-1}	1	1.1893×10^{-1}	1
1	4.0208×10^{-5}	1.2376×10^{-2}	5.6120×10^{-5}	1.1656×10^{-2}
2	2.3225×10^{-8}	3.1896×10^{-6}	6.2907×10^{-8}	3.1662×10^{-6}
3	6.8160×10^{-12}	2.0379×10^{-9}	1.8927×10^{-11}	1.7256×10^{-9}
4	1.7448×10^{-15}	3.8225×10^{-13}	3.6598×10^{-15}	3.7891×10^{-13}
5	4.0402×10^{-19}	1.1574×10^{-16}	8.0819×10^{-19}	5.8344×10^{-17}
6	5.7895×10^{-23}	1.5542×10^{-20}	7.3418×10^{-23}	8.2711×10^{-21}
7	1.0495×10^{-26}	2.8416×10^{-24}	1.0380×10^{-26}	7.7911×10^{-25}
8	8.7769×10^{-31}	2.6274×10^{-28}	6.2199×10^{-31}	6.3014×10^{-29}
9	1.2282×10^{-34}	3.1877×10^{-32}	5.5943×10^{-35}	4.6336×10^{-33}
10	5.8190×10^{-39}	1.8245×10^{-36}	2.3488×10^{-39}	2.0580×10^{-37}
11	6.1742×10^{-43}	1.5787×10^{-40}	1.4306×10^{-43}	1.2822×10^{-41}
12	1.3526×10^{-47}	4.2770×10^{-45}	3.8580×10^{-48}	2.9543×10^{-46}
13	1.0577×10^{-51}	2.7520×10^{-49}	1.7205×10^{-52}	1.5970×10^{-50}
14	1.0506×10^{-57}	2.7412×10^{-55}	2.2247×10^{-57}	1.5240×10^{-55}
15	—	—	7.8073×10^{-62}	7.1649×10^{-60}

利用 MATLAB 的函数 tf2zp 求 $Y_{e0}(s)$、$Y_{e1}(s)$ 的所有零点和极点，均为负值，表明对应的网络为稳定网络，符合实际情况。

在 MATLAB 中绘制 $Y_{e0}(s)$、$Y_{e1}(s)$ 的波特图（频率特性），并在图中叠加 $Y_0(s)$、$Y_1(s)$，如图 12－15 所示。可以看出，ARMAFIT 拟合结果与原始数据吻合较好。

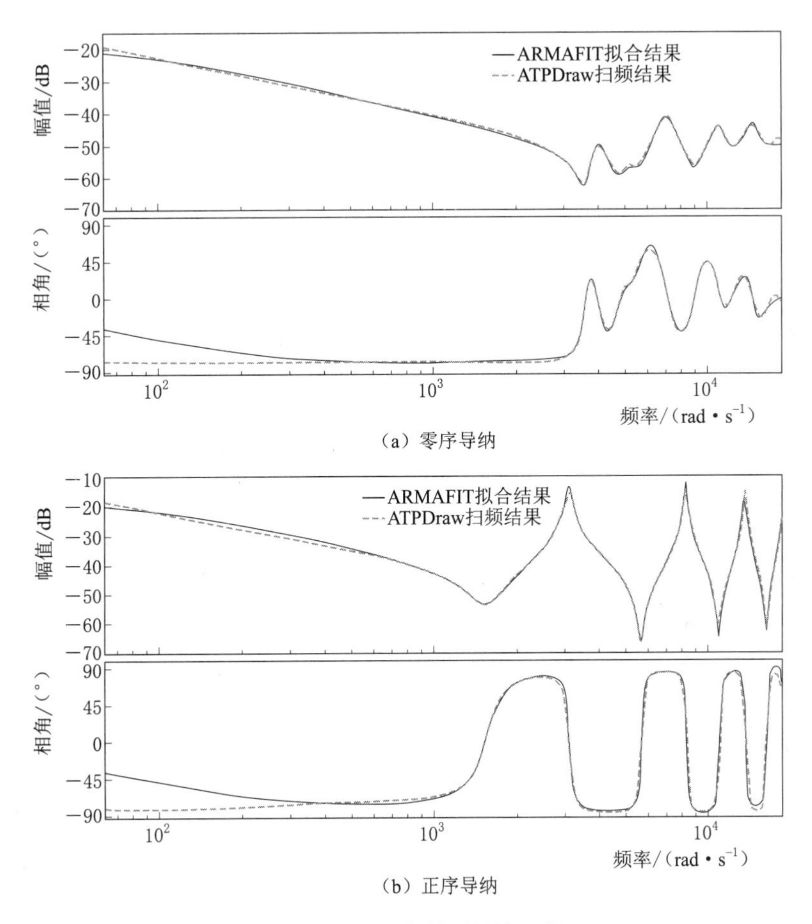

（a）零序导纳

（b）正序导纳

图 12－15　拟合前后导纳比较

求得 $Y_{e0}(s)$、$Y_{e1}(s)$ 后，在母线 B220 处测得待等效网络开路电压幅值为 201458V，三相互差 120°，这就是图 12－7 中的等效工频正序电源的电动势 E_a、E_b、E_c。

12.3.1.2　工频等效

通常计算过电压时，仅在单一频率——工频下等效电网其他部分（即不包含所讨论的电网）。从前述 ATP 扫频结果中提取 50Hz 下的零序导纳、正序导纳，它们的倒数为零序阻抗和正序阻抗，分别是 8.29+j38.22Ω、10.34+j36.82Ω。

工频正序电源电动势 E_a、E_b、E_c 在频率相关等效时已经得到。

12.3.2　500kV 有关参数

500kV 输电线路长为 100km，详细参数见第 3.2 节，计算时使用 JMarti 模型。

图 12－14 变压器 TV_4 并没有包含在待简化的网络中，而是保留在被研究网络中，其变比为 220/500kV，采用 Yn/yn 联结方式。

500kV 线路两端装设避雷器，额定电压为 420kV，其伏安特性见表 12－2。

表 12－2　500kV 避雷器参数伏安特性

电流/A	0.001	1000	10000
电压/kV	565	852	960

12.3.3　合闸过电压计算

在采用原始系统、频率相关等效系统、工频等效系统三种情况下，分别进行一次 500kV 线路合闸，断路器三相合闸时刻分别为：0.03s、0.024s、0.027s，仿真步长为 50μs。

在 ATPDraw 中搭建过电压计算电路，采用原始系统时的电路如图 12－14 所示，采用频率相关等效系统、工频等效系统时的电路如图 12－16 所示。需要注意的是，图 12－16（a）中接在理想变压器中性点的导纳为 $3Y_0(s)$，而不是 $Y_0(s)$，在 KFD 模型中增益 Gain 设置为 3。

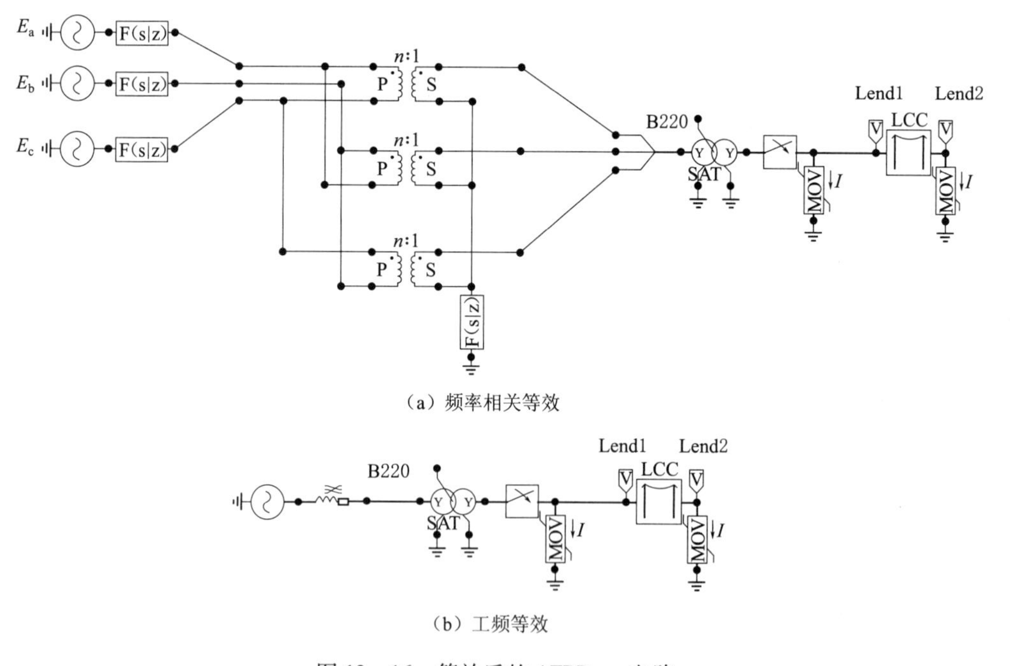

（a）频率相关等效

（b）工频等效

图 12－16　等效后的 ATPDraw 电路

仿真计算得线路末端三相电压、*a* 相避雷器电流波形如图 12－17 所示，其中右图是左图的局部放大。

将采用原始网络、频率相关等效、工频等效计算所得波形分别称为原始波形、频率相关等效波形、工频等效波形。显然，在暂态过程较为明显的几个周波，线路末端电压的频率相关等效波形与原始波形吻合较好。工频等效波形与原始波形的一致程度要低很多，而

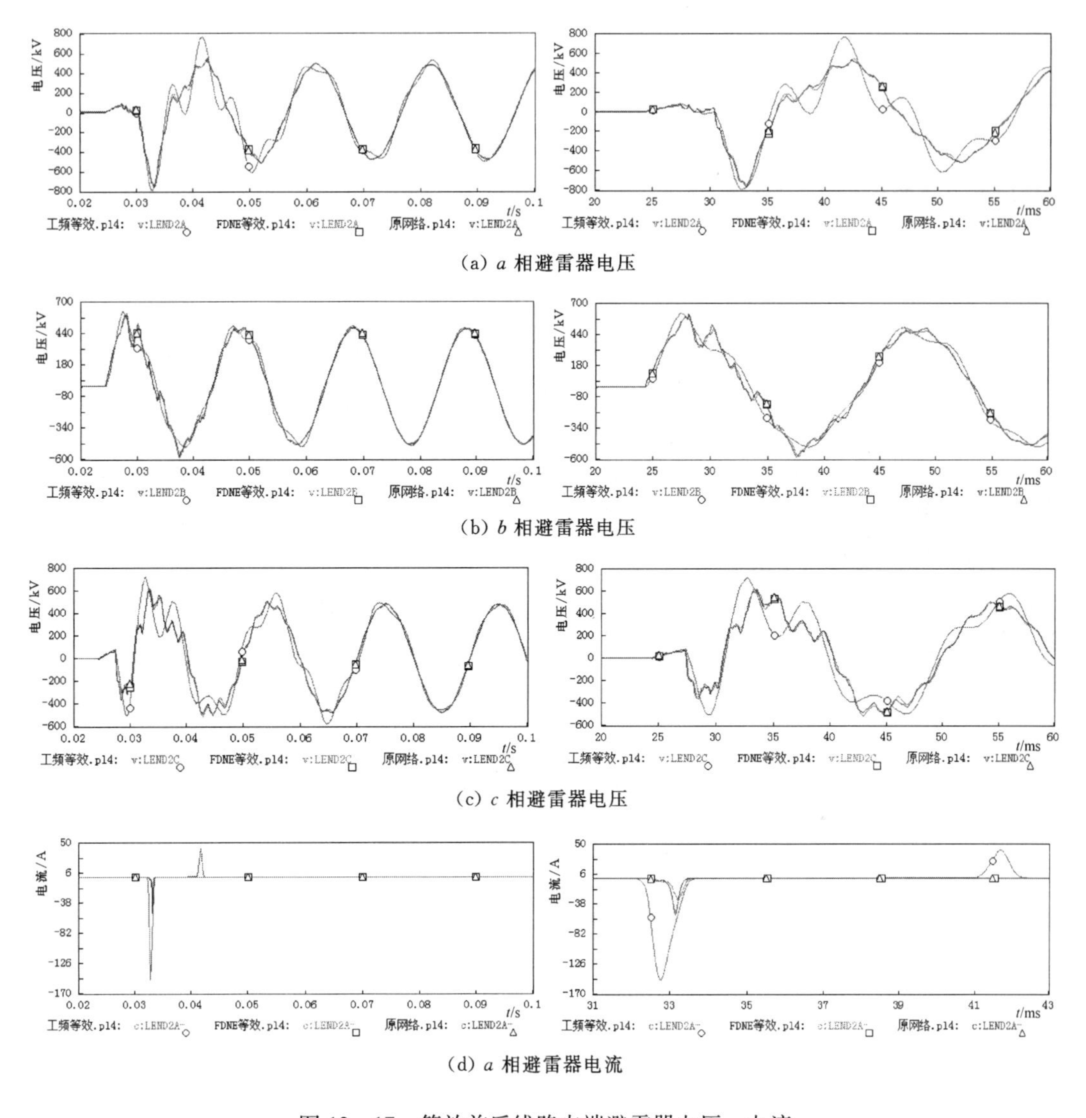

(a) a 相避雷器电压

(b) b 相避雷器电压

(c) c 相避雷器电压

(d) a 相避雷器电流

图 12－17 等效前后线路末端避雷器电压、电流

且工频等效时的电压、电流幅值更高，导致避雷器吸收的能量也大。因此，要准确进行网络的电磁暂态仿真，利用原始网络或原始网络的频率相关等效网络方可得到准确结果，对电网仅进行工频下的等效会导致暂态电压、电流结果偏大。

本例计算所用的计算机的主频为2.3GHz，Intel i5－6300HQ 处理器，4GB RAM，三种情况下的 CPU 计算时长如下：

（1）原始网络为0.38s。

（2）频率相关等效为0.21s。

（3）工频等效为0.09s。

本例由于电网较小，频率相关等效并未明显节省计算时间。如果进行大规模电力系统的电磁暂态仿真，网络等值可以大大减少计算机计算时间，节省时间的多少取决于被等值网络的规模，系统规模越大，节省效果越显著。

第 13 章

直击雷过电压计算

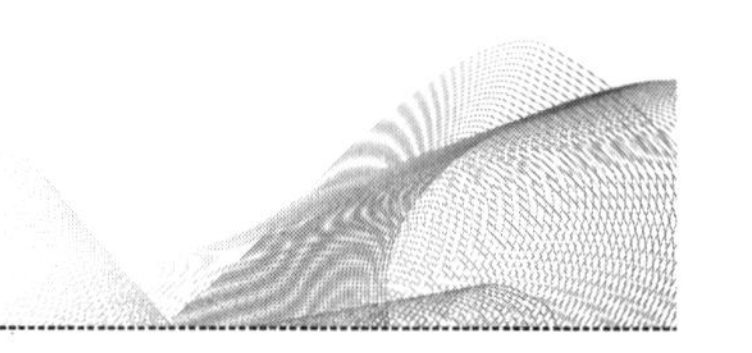

雷电过电压包括感应雷过电压和直击雷过电压。感应雷距输电线路比较远，感应过电压较低。距离线路比较近的雷会被吸引至线路成直击雷，直击雷过电压峰值高，危害大于感应雷过电压。本章讨论直击雷过电压的计算。

本章算例来源于 ATPDraw 安装包中的电路文件 Exa_ 9n. acp，并做了适当修改。研究对象是一 220kV 变电站，该站采用 3/2 方式主接线，如图 13 - 1 所示，只有上面一条母线带电运行。变电站有 2 条 220kV 出线，线路挡距（相邻杆塔之间的距离）为 300m，每条线路有电容式电压互感器（TV）、避雷器（MOA）各一组。变电站有 1 台自耦 220/500kV 变压器运行，变压器两侧均有 MOA，但 500kV 侧 MOA 在雷击时不动作，故图中省略。断路器的状态如图中所示。

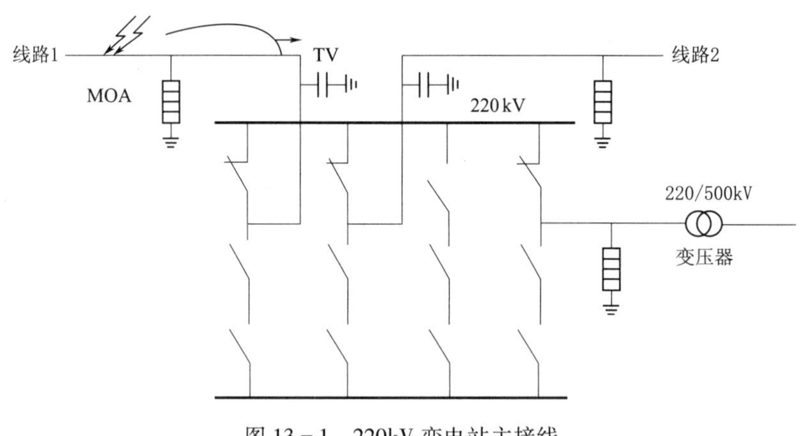

图 13 - 1　220kV 变电站主接线

雷击发生在左侧 220kV 架空输电线路 1 上，雷击点在第 4 基塔顶，距变电站 900m。

13.1　电 气 元 件 模 型

需要建立电磁暂态仿真模型的电气元件有：雷电通道、杆塔、输电线路、绝缘子空气间隙、变压器、避雷器、断路器、电容式电压互感器。除了考虑雷电作用下的模型，还要考虑工频下的模型，因为工频稳态值是雷电过电压计算的初始值。

13.1.1　雷电通道

雷电流通常使用双指数函数来描述，后来又出现了 HEIDLER 函数、STANDLER 函数，ATPDraw 中还有 CIGRE 模型。本例中使用 HEIDLER 函数，其参数如图 13－2 所示。主要参数含义为：

Component: HEIDLER

Attributes

DATA	UNIT	VALUE
Amplitude	Volts/Amps	120000
T_f	s	4E-6
tau	s	5E-5
n		5
Tsta	s	0
Tsto	s	1

图 13－2　用 HEIDLER 函数表示雷电流

Amplitude 为雷电流峰值或接近峰值的一个值。

T_ f 为波前时间，从时间 $t=0$ 到峰值时间。

tau 为波持续时间，从 $t=0$ 到 37% 峰值时间。

n 为波陡度指数，n 增大则波的最大陡度增加。

雷电通道波阻抗与雷电电流源并联，使用固定值 400Ω。

13.1.2　杆塔

在计算工频、操作过电压时，如不考虑地线上的电压、电流等参数，通常不考虑杆塔的影响。但在计算雷电过电压时，杆塔对过电压幅值有很大影响。然而，杆塔的电磁暂态模型至今仍然在研究之中，尚无公认、易用模型。早期使用集中电感表示杆塔，这仅适用于较低杆塔。随着杆塔高度增加，在雷电波作用下杆塔中有明显波过程，需考虑使用传输线模型来代表杆塔。杆塔的传输线模型分为两类，即单波阻抗模型和多波阻抗模型。单波阻抗模型将杆塔看做是一个圆台，IEEE 有相应的推荐公式，Jordan、Sargent、Darveniza、Menemenlis、Chun、Hara 等人提出自己的公式。而多波阻抗模型考虑杆塔参数随杆塔高度的变化，Ishii、Hara、Wagner、Ametani、Gutierez 等人对此都有比较深入的研究，发表了研究成果。理论上讲，杆塔的多波阻抗模型比单波阻抗模型更加精确。

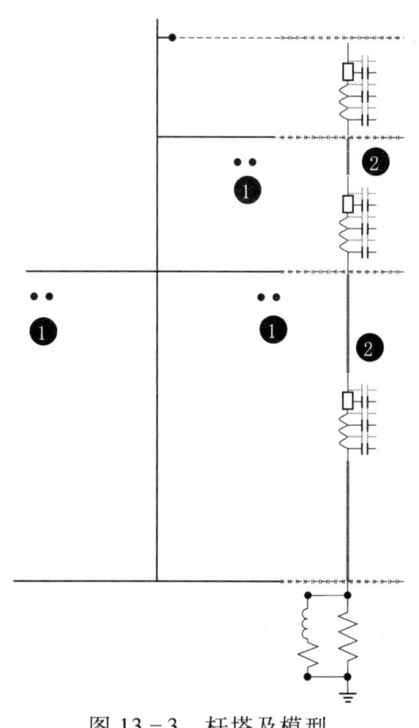

图 13－3　杆塔及模型

本例中杆塔结构如图 13－3 所示，使用单阻抗恒定分布参数模型，分别为：塔总高 33m，电阻 10Ω/km，波阻抗 200Ω，波速 250000km/s。

对于非直击杆塔，其模型不分段。对于直击杆塔，横担将其分为 3 段，从上到下依次为 8m、7m、15m。仿真中也分为对应 3 段，以便求绝缘子串上的电压。绝缘子串上的电压等于导线上点❶的电压减去杆塔上点❷的电压。

对于杆塔的接地电阻，同样有多种模型可供选择。本例中使用集中参数模型，由两条并联支路组成，如图 13－3 所示。其中一条为纯电阻支路，电阻值为 40Ω；另一条为电阻、电感串联支路，其值分别为 13Ω、0.005mH。

13.1.3 架空输电线路

图 13-1 中 220kV 线路有一根地线、导线为双分裂。

雷击发生在 220kV 线路 1、距变电站 900m 的第 4 基塔顶。雷击点右侧 3 档线路（编号为①、②、③）和左侧 4 档线路（编号为④、⑤、⑥、⑦）长度均为 300m，使用 JMarti 频率相关模型，如图 13-4 所示。注意，此时地线与其他三相导线一样，应视为一根导线，整个线路为 4 相。地线连接塔顶，塔顶不再是地电位。

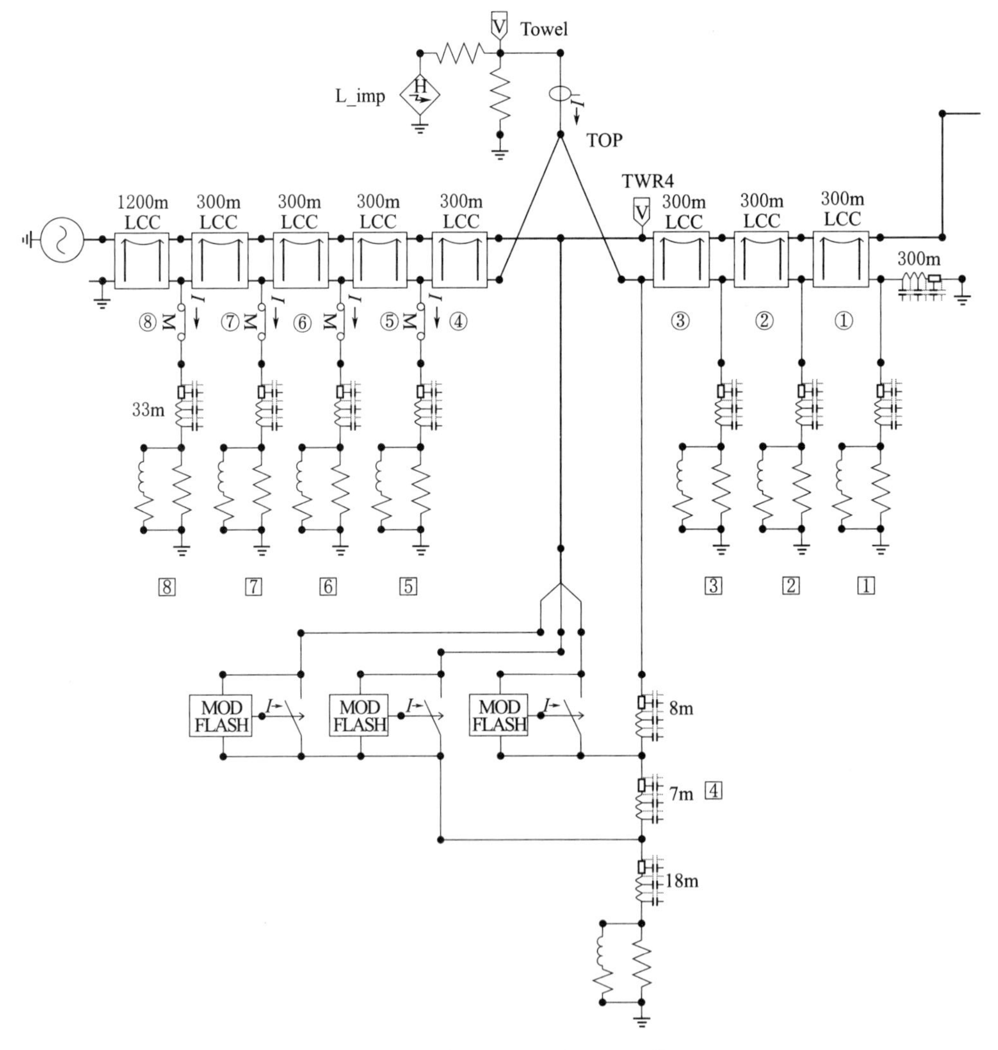

图 13-4 雷击点附近线路和杆塔模型

架空线基本数据如图 13-5 所示，利用 LCC 计算架空线电气参数，计算的频率范围为 0.05～5×10^6Hz。雷电流频率很高，故取电流变换矩阵的频率为Freq. matrix＝5×10^5Hz。

雷击点左侧8号杆塔中流过的电流已经很小，故其左侧不再增加新的杆塔。第8档线

Model	Data	Nodes								
	Ph.no.	Rin	Rout	Resis	Horiz	Vtower	Vmid	Separ	Alpha	NB
#		[cm]	[cm]	[ohm/km DC]	[m]	[m]	[m]	[cm]	[deg]	
1	1	0	1.125	0.114	4.8	28.6	18.6	40	0	2
2	2	0	1.125	0.114	6.1	21.5	11.5	40	0	2
3	3	0	1.125	0.114	-6.1	21.5	11.5	40	0	2
4	4	0.5	0.8	0.304	0.8	35.1	25.1	0	0	0

（a）基本参数

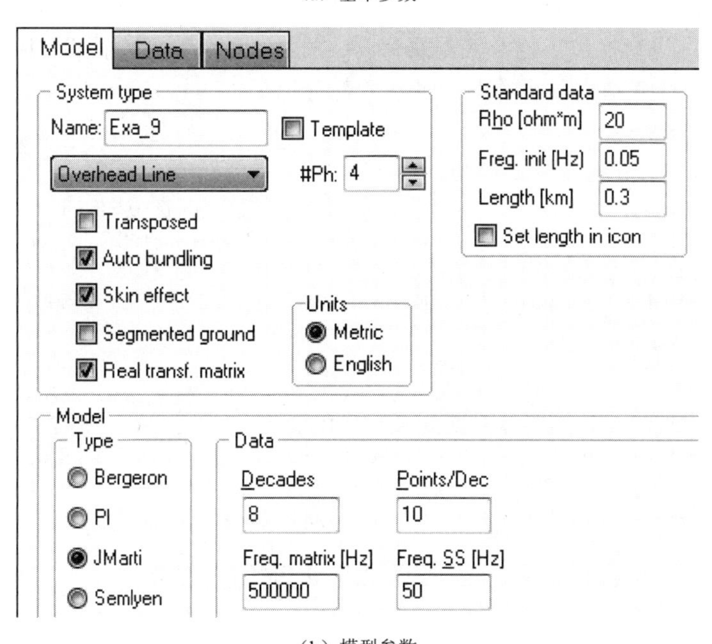

（b）模型参数

图 13－5　220kV 架空线路计算参数

路长度为 1200m，其左侧为无穷大工频电源，线电压取 230kV。雷电波频率高，其零序、正序波速均接近光速 300m/μs。雷电波到达左侧无穷大电源被反射，反射波到达变电站的时间约为

$$t=\frac{2\times(1200+900)+900}{300}=\frac{5100}{300}=17(\mu s)$$

到达主变的时间更长。反射波到达变电站时，站内各处的雷电过电压早已过峰值，因此反射波不会影响峰值计算。

架空输电线路 2 仿真长度为 3000m，使用 JMarti 模型，参数与线路 1 完全相同。线路模型后接无穷大工频电源，线电压取 230kV。在这个长度下，在电源处的反射波不会影响雷电过电压峰值计算。在线路的入口，仿真 300m 长的站内地线。地线采用恒定参数模型，电阻为 20Ω/km，波阻抗为 600Ω，波速为 290000km/s。

在变压器 500kV 侧，连接长度为 3000m 的 500kV 线路，使用 JMarti 模型。线路模型后接无穷大工频电源，线电压取 500kV。

13.1.4 站内架空线

站内架空线连接不同的设备、母线等，相当于被分为很多段短线路。在进行雷电过电压分析时，这些短线路使用分布参数模型。为了减小计算量，仿真中使用恒定参数模型。本例中使用标准雷电波，雷电压波头为 1.2μs，雷电压频率约为 0.2MHz，因此可使用此频率下的参数。

站内架空线较多，分布在距地面不同的平面上，在站内不同位置导线的相间距离也不同，而且不进行换位。为了简化计算，统一取三相水平布置，距地面高度为 10m，相间距离为 3m，且假设相间进行换位。相导线采用铝材，直径 5cm，直流电阻 0.01451Ω/km。利用 LCC 的 JMarti 模型计算站内导线的电气参数，部分结果如下：

```
C 零序参数
    Freq          R            L            G            C            Zc           PHZC         Freq
 2.0000E+02 5.7233E-01 3.4817E+00 1.8641E-08 5.5416E-03 7.9601E+02-3.6496E+00 2.0000E+02
 2.0000E+03 4.6337E+00 2.8696E+00 1.8641E-08 5.5416E-03 7.2255E+02-3.6535E+00 2.0000E+03
 2.0000E+04 3.0681E+01 2.4087E+00 1.8641E-08 5.5416E-03 6.6097E+02-2.8931E+00 2.0000E+04
 2.0000E+05 1.4681E+02 2.1559E+00 1.8641E-08 5.5416E-03 6.2419E+02-1.5508E+00 2.0000E+05

C 正序参数
    Freq          R            L            G            C            Zc           PHZC         Freq
 2.0000E+02 3.4215E-02 1.0274E+00 1.8641E-08 1.1234E-02 3.0247E+02-7.2121E-01 2.0000E+02
 2.0000E+03 1.0282E-01 1.0111E+00 1.8641E-08 1.1234E-02 3.0001E+02-2.2804E-01 2.0000E+03
 2.0000E+04 4.0708E-01 1.0052E+00 1.8641E-08 1.1234E-02 2.9913E+02-9.1947E-02 2.0000E+04
 2.0000E+05 2.1806E+00 1.0020E+00 1.8641E-08 1.1234E-02 2.9865E+02-4.9576E-02 2.0000E+05
```

上面零序、正序参数的最后一行数据为频率 0.2MHz 时的参数。

13.1.5 绝缘子串空气间隙

在进行粗略计算时，绝缘子串空气间隙可用简单的压控开关表示其闪络特性。但在雷电波作用下，波的陡度明显影响闪络电压，因此，使用空气间隙的伏秒特性计算闪络电压更为准确。220kV 绝缘子串的伏秒特性如图 13-6 所示，表达式为

$$U_b = U_\infty + (U_0 - U_\infty)e^{-t/\tau} \tag{13-1}$$

式中 U_b——闪络电压，V；

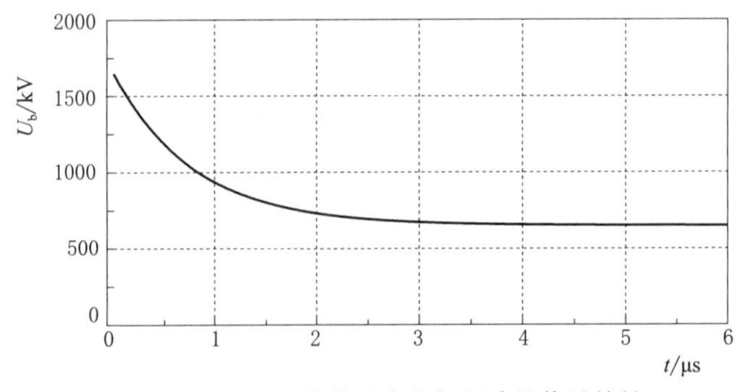

图 13-6 220kV 绝缘子串空气间隙的伏秒特性

t——时间，s；

U_∞——波头时间足够长时的闪络电压，取 6.5×10^5V；

U_0——波头时间很短时的闪络电压，取 1.65×10^6V；

τ——将伏秒特性拟合为曲线时的时间常数，取 8×10^{-7}s。

ATP 中没有对应伏秒特性的元件，仿真中用 MODELS 实现，将在后文中详细介绍。

13.1.6 变压器

变压器是变电站内价值最高的设备，是避雷器的重点保护对象。

在雷电过电压计算中，如果考虑变压器内部的电磁暂态过程，变压器使用类似于输电线路的分布参数模型，计算较为复杂。变压器的电感非常大，在雷电波的波头时间内，电感相当于开路，起作用的仅仅是变压器绕组的杂散电容，故最简单的变压器模型是将绕组视为一个集中电容。考虑波在绕组间的传递，在绕组间跨接适当电容。这种模型既适用于非自耦变压器，也适用于自耦变压器。但是，对于电容的取值，目前仍有争议。《绝缘配合　第 4 部分：电网绝缘配合及其模拟的计算导则》（GB/T 311.4—2010）和《Insulation co - ordination—Part 4：Computational guide to insulation co - ordination and modelling of electrical networks》（IEC 60071 - 4：2004）中提供了算法和参考数据，但两者往往不一致。本仿真中，变压器 220kV、500kV 侧的对地电容分别取 3000pF、5000pF，跨接两个绕组的电容为 1400pF。

系统的稳态电压是雷电过电压计算的初始条件，为此变压器使用工频基本模型。

综合考虑上述情况，变压器使用 BCTRAN 模型，参数如图 13 - 7 所示，图中变压器为 3 台单相变压器组成的变压器组（Triplex），原边、副边绕组额定线电压为 230kV、500kV。空载、短路数据取程序的缺省值，不影响雷电过电压计算结果。

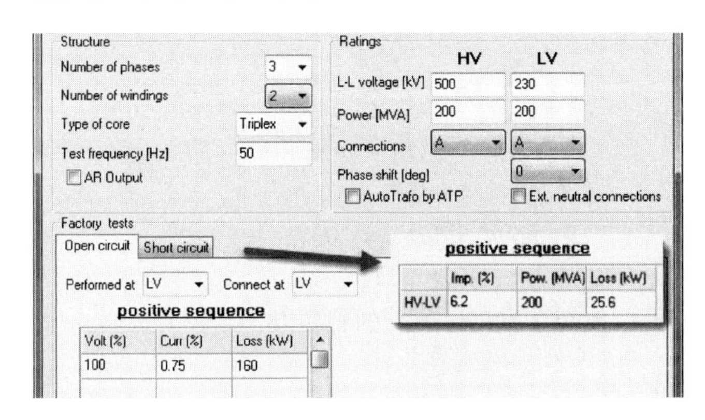

图 13 - 7　变压器模型及参数

在 ATPDraw 中建立电路文件时，首先建立变压器的 BCTRAN 模型，然后在变压器两侧的绕组对地、绕组之间连接上述所讨论的电容。

13.1.7 避雷器

最早使用较多的避雷器模型为简单的非线性电阻模型，在 ATP 中有相应的 92 或 99

型元件。但是，在雷电波作用下非线性电阻模型不够准确。为此，IEEE 3.4.11 工作组建立了较为准确的模型，但确定相关参数比较困难。后来，P. Pinceti，M. Giannettoni 对 IEEE 的模型进行了简化，更为准确的模型仍在探索之中。

Pinceti 模型如图 13－8 所示。图 13－8 中电感 L_0、L_1 的计算公式为

$$L_0 = \frac{(U_{r1/t2} - U_{r8/20})U_n}{4U_{r8/20}}(\mu H) \qquad (13-2)$$

$$L_1 = \frac{(U_{r1/t2} - U_{r8/20})U_n}{12U_{r8/20}}(\mu H) \qquad (13-3)$$

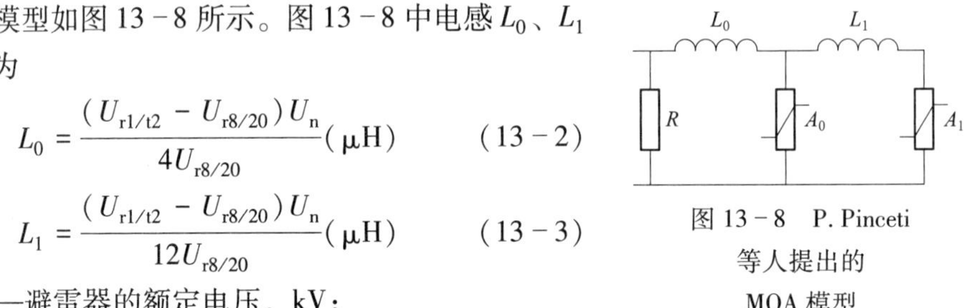

图 13－8　P. Pinceti 等人提出的 MOA 模型

式中　U_n——避雷器的额定电压，kV；

$U_{r8/20}$——波形为 8/20μs，幅值为 10kA 的冲击电流下 MOA 的残压，kV；

$U_{r1/t2}$——波头为 1μs、半波长为 t_2、幅值为 10kA 的冲击电流下 MOA 的残压，kV。

不同厂家避雷器的 t_2 不同，一般为 2~20μs，t_2 值对结果影响不大。

电阻 R 的作用是避免数值振荡，可取 1MΩ，不影响计算准确度。非线性电阻 A_0、A_1 的推荐标幺值见表 13－1。

表 13－1　　避雷器模型 A_0、A_1 推荐值

	标幺值/pu*		220kV MOA 有名值/kV	
I/kA	A_0	A_1	A_0	A_1
2×10^{-6}	0.81	0.623	430.92	331.436
0.1	0.974	0.788	518.168	419.216
1	1.052	0.866	559.664	460.712
3	1.108	0.922	589.456	490.504
10	1.195	1.009	635.74	536.788
20	1.277	1.091	679.364	580.412

*　$1pu = U_{r8/20}$

避雷器参数为：$U_n = 203kV, U_{r8/20} = 532kV, U_{r1/t2} = 594kV$。由式(13－2)、式(13－3)得

$$L_0 = \frac{(594 - 532)\times 203}{4\times 532} = 5.9125(\mu H)$$

$$L_1 = \frac{(594 - 532)\times 203}{12\times 532} = 1.9715(\mu H)$$

将避雷器的 A_0、A_1 值转换为 220kV 下的有名值，见表 13－1。

13.1.8　其他设备

1. 断路器

仿真中不考虑处于合闸状态的断路器。对于处于断开状态的断路器，其带电侧对地电容取 100pF。

2. 电容式电压互感器

电容式电压互感器用其主电容表示，为 5000pF。

在 ATPDraw 中建立仿真电路，如图 13－9 所示。

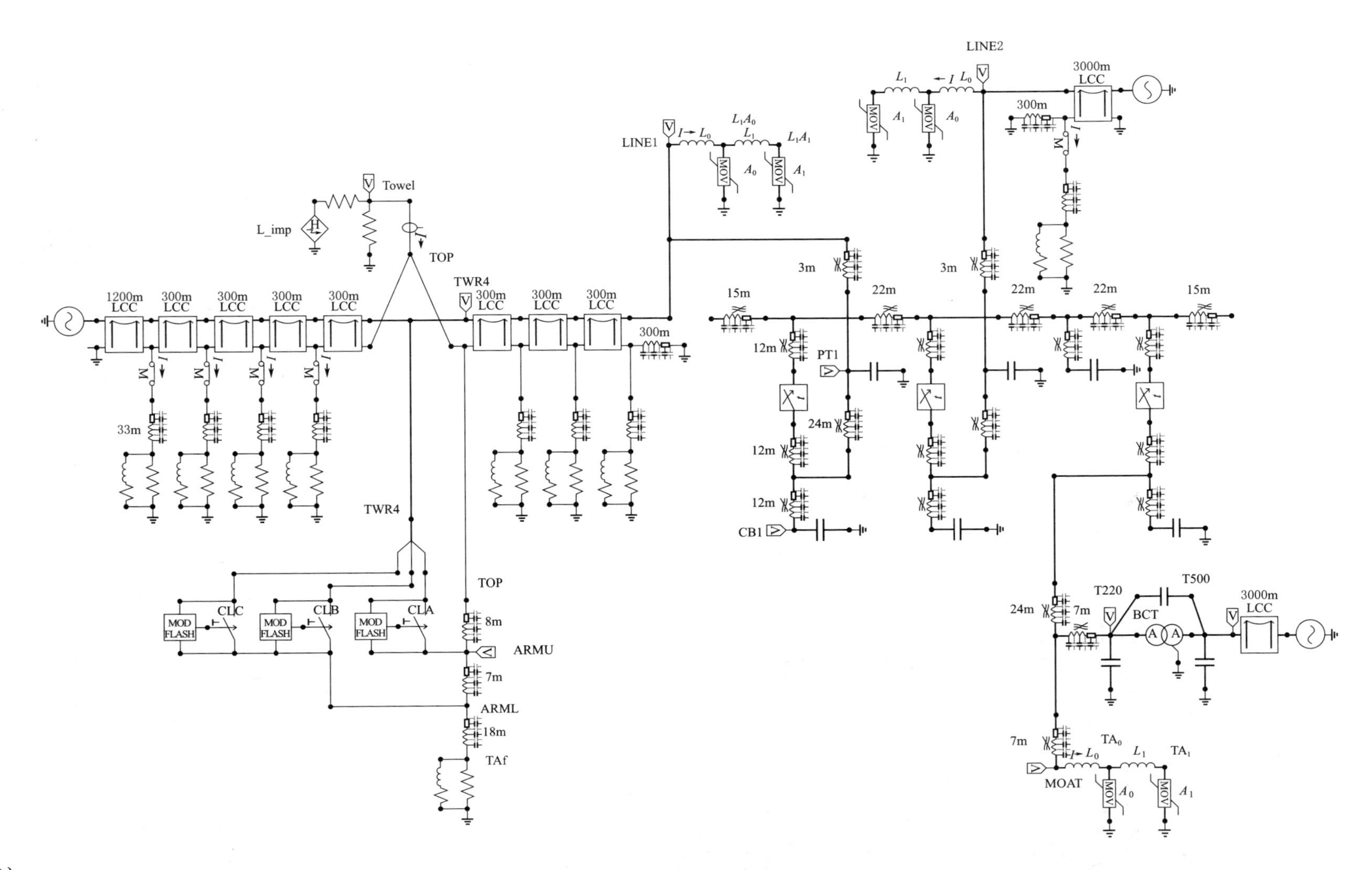

图 13-9 在ATPDraw中建立的雷电过电压计算电路

13.2 MODELS

13.2.1 通用部分

在第 13.1.5 节中介绍了间隙的伏秒特性，ATP 中没有对应的电气元件，故用 MODELS 实现该特性，具体内容如下：

```
MODEL Flash  --MODELS元件的名称为Flash
comment-------------------------------------------
| Front of wave flashover characteristic       |
| of the HV insulator.                          |
| Input: Voltage accross the insulator.         |
| Output: Close command for the.TACS switch    |
----------------------------------------endcomment
INPUT UP, UN        --输入为绝缘子串两端电压
OUTPUT CLOSE        --将CLOSE变量的值输出，用以控制TACS开关合闸
DATA UINF {DFLT:650e3}, U0 {DFLT: 1650e3}, TAU {DFLT:8.e-7}      --定义常数
VAR CLOSE, TT, U, FLASH       --定义变量
INIT
  CLOSE:=0           --变量初值
  TT:=-0.9e-6        --后文解释
  FLASH:=INF
ENDINIT
EXEC
  U:= ABS(UP-UN)   --绝缘子串两端电压
  TT:=TT+timestep
  FLASH:=(UINF+(U0-UINF)*(EXP(-TT/TAU)))  --绝缘子串空气间隙伏秒特性
  IF (U>FLASH) THEN CLOSE:=1 ENDIF          --满足条件时(U>FLASH)，TACS开关合闸(CLOSE=1)，空气间隙闪络
ENDEXEC
ENDMODEL
```

当绝缘子两端电压 *U* 上升，大于伏秒特性 *FLASH* 时，MODELS 输出 1（即 *CLOSE* = 1），TACS 开关合闸，绝缘子串闪络，如图 13 - 9 所示。

13.2.2 输出

在 MODELS 元件的输出端子用 MODELS 测量仪输出信号波形或者将该端子直接连接在电路上用于控制（图 13 - 9 中控制 TACS 开关合闸，即空气间隙闪络）。对应于这类输出的 MODELS 语句为 OUTPUT。

对于 MODELS 的中间变量，比如本仿真中绝缘子上的电压 *U*、绝缘子空气间隙的伏秒特性 *FLASH*，在 ATPDraw 中 MODELS 的元件上没有对应的输出端子。如果需观察它们的变化情况，使用输出语句 RECORD。对于已经有输出端子的变量，如 *CLOSE*，也可以使用 RECORD 输出。

本次仿真中计划输出 *a* 相绝缘子串的 *U*、*FLASH*、*CLOSE*，点击 *a* 相绝缘子串的 MODELS 元件，在出现的 MODELS：Flash 窗口点击按钮 Record，屏幕出现 Model Record 窗口，其中显示 MODELS 的 4 个变量，选择其中 3 个进行输出，并在 Record 区域分别为输出的变量命名为 *CLOSEA*、*UA*、*VSecA*，如图 13 - 10 所示。用 RECORD 语句输出中间变

量，在符合规则的前提下输出变量可任意命名，名称可以与中间变量相同，也可以不同。如需输出 b 相、c 相绝缘子串 MODELS 的中间变量，可进行类似操作。

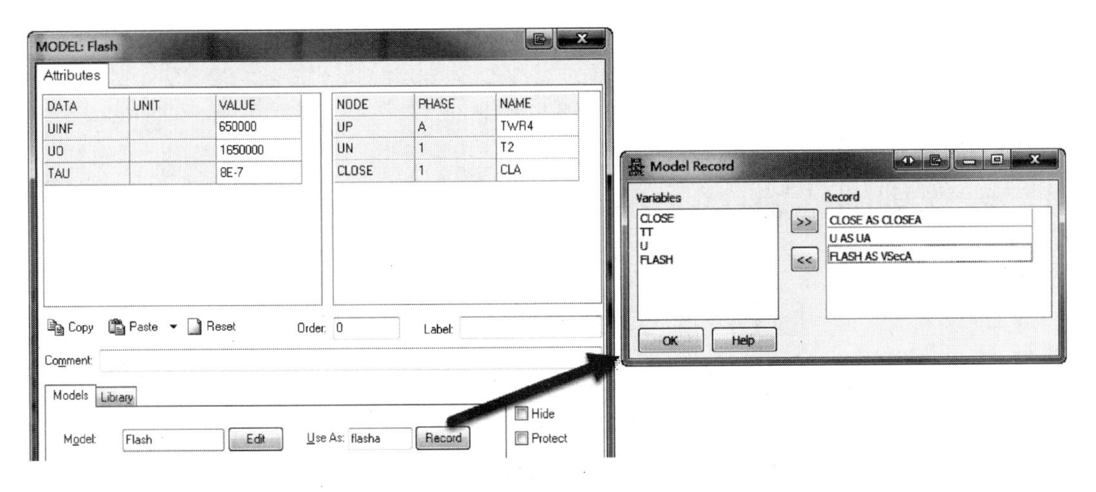

图 13-10　用 Record 输出中间变量

13.2.3　调用

本仿真中，为了观察被雷电直击杆塔的 3 相绝缘子串空气间隙是否闪络，MODELS 元件被调用 3 次。每次调用时必须给 MODELS 一个名称，不同次调用的名称不能相同。本例中 MODLES 的通用名称为 Flash，a 相调用时的名称为 Flasha，紧跟图 13-10 中 Use as。

下面是 ATPDraw 对图 13-9 中仿真电路生成的输入文件中有关 MODELS 部分。

```
/MODELS
MODELS
INPUT
M0001A {v(TWR4A)}   --所有 3 次调用的输入
M0001B {v(TWR4B)}
M0001C {v(TWR4C)}
MM0002 {v(T1)}
MM0003 {v(T2)}
OUTPUT
  CLA  --所有 3 次调用的输出
  CLB
  CLC


MODEL Flash  --以下与前述通用部分完全相同
comment-------------------------------------
| Front of wave flashover characteristic   |
| of the HV insulator.                     |
| Input: Voltage accross the insulator.    |
| Output: Close command for the TACS switch |
----------------------------------endcomment
INPUT UP, UN
OUTPUT CLOSE
```

```
DATA UINF {DFLT:650e3}, UO {DFLT: 1650e3}, TAU {DFLT:8.e-7}
VAR CLOSE, TT, U, FLASH
INIT
  CLOSE:=0
  TT:=-0.9e-6
  FLASH:=INF
ENDINIT
EXEC
    TT:=TT+timestep
    FLASH:=(UINF + (UO-UINF)*(EXP(-TT/TAU)))
    U:= ABS(UP-UN)
    IF (U>FLASH) THEN CLOSE:=1 ENDIF
ENDEXEC
ENDMODEL

USE Flash AS flasha      --第 1 次调用，a 相绝缘子串
INPUT
  UP:= M0001A
  UN:= MM0003
DATA
  UINF:=      6.5E5
  UO:=     1.65E6
  TAU:=      8.E-7
OUTPUT
  CLA:=CLOSE     --将变量 CLOSE 的值赋给变量 CLA，CLA 是 a 相 TACS 控制开关的控制端，如图 13-9 所示
ENDUSE

USE Flash AS flashb      --第 2 次调用，b 相绝缘子串
INPUT
  UP:= M0001B
  UN:= MM0002
DATA
  UINF:=    6.5E5
  UO:=   1.65E6
  TAU:=    8.E-7
OUTPUT
  CLB:=CLOSE     --将变量 CLOSE 的值赋给变量 CLB，CLB 是 b 相 TACS 控制开关的控制端，如图 13-9 所示
ENDUSE

USE Flash AS flashc      --第 3 次调用，c 相绝缘子串
INPUT
  UP:= M0001C
  UN:= MM0002
DATA
  UINF:=    6.5E5
  UO:=   1.65E6
  TAU:=    8.E-7
OUTPUT
  CLC:=CLOSE     --将变量 CLOSE 的值赋给变量 CLC，CLC 是 c 相 TACS 控制开关的控制端，如图 13-9 所示
ENDUSE

RECORD
  flasha.CLOSE AS CLOSEA     --所有需输出的中间变量
  flasha.FLASH AS VSecA
  flasha.U AS UA
  flashb.CLOSE AS CLOSEB
  flashb.FLASH AS VSecB
  flashb.U AS UB
  flashc.CLOSE AS CLOSEC
```

13.2.4 绝缘子串空气间隙的伏秒特性

在 13.1.5 节中已经说明，绝缘子串空气间隙伏秒特性的经验公式为式（13－1）。其使用条件是：在绝缘子串上施加的雷电波电压（不是通常所说的1.2/50μs标准雷电波）从 0 时刻开始快速上升。在本仿真中，绝缘子串上的电压是导线与杆塔上绝缘子悬挂点之间的电压差值，电压快速上升不在 0 时刻。观察 a 相绝缘子串上的仿真电压波形，在 0.9μs 时，该电压值接近 0，然后快速上升，故将时间变量 TT［式（13－1）中的 t］的初始时间设置为-0.9×10^{-6}s。

13.3 仿 真 计 算

在使用 JMarti 模型计算线路参数时，已知架空输电线路的零序电压传播速度为 280m/μs，而仿真中最短线路为 3m，因此仿真步长

$$\Delta t<\frac{3}{280}=0.0107(\mu s)$$

13.3.1 *a* 相工频电压为正峰值

计算中取雷电流、雷电压为正极性。首先仿真当雷击时，a 相工频电压为正峰值的情况，此时 a 相的工频电压与雷电压相互叠加。

图 13－11 为仿真计算得到的不同位置的电压和电流波形。图 13－11（a）为被雷击中杆塔顶部的电压（v：TOWE1）、杆塔下部横担处的电压（v：ARMU）、流入杆塔和避雷线的总电流（c：TOWE1－TOP），最大值分别为 2656kV、2176kV、118kA。两个电压波形相似，幅值不同。

图 13－11（b）为绝缘子串的伏秒特性（m：VSECA）、绝缘子串上的电压以及放电时刻（图中箭头所指）。因为 $TT=-0.9\times10^{-6}$s，所以绝缘子串的伏秒特性不同于图 13－6，但这更符合实际情况。绝缘子串上电压与伏秒特性相交时绝缘子串闪络。三相绝缘子串均闪络，导致系统三相短路。三相绝缘子串闪络时刻不同，依次为 c 相、b 相、a 相。闪络后，绝缘子串保持短路直至计算结束。

图 13－11（c）为线路 1 在变电站入口处的三相电压，图 13－11（d）为图 13－11（c）的局部放大。每相电压的第一个尖峰对应于图 13－11（b）中绝缘子串的放电时刻，但滞后约$\frac{900\text{m}}{280\text{m}/\mu\text{s}}=3.2\mu\text{s}$，滞后时间为波从雷击杆塔处传播到线路 1 在变电站入口处的时间。

图 13－12 为雷击点左侧第 4～第 7 基杆塔的入地电流，其频率与图 13－11（a）中杆塔电压的频率相同。随时间增大，电流总体有增加趋势，而杆塔电压总体有降低趋势。越向左侧杆塔入地电流越小，在前 10μs 内，其峰值依次为 13957A、2644A、870A、333A。在如此大雷电流下，第 7 基杆塔的入地电流仅为 333A，因此没有仿真其左侧杆塔。

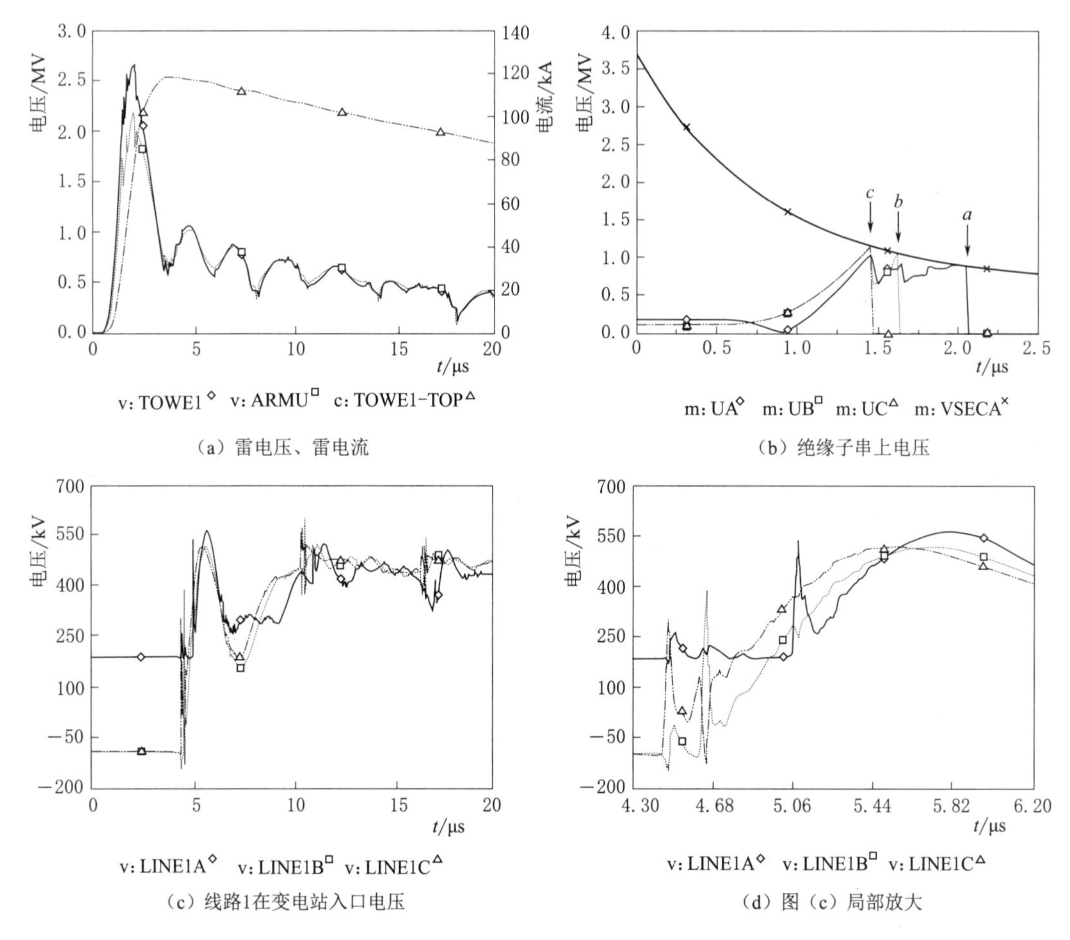

（a）雷电压、雷电流

（b）绝缘子串上电压

（c）线路1在变电站入口电压

（d）图（c）局部放大

图 13－11　雷击后不同位置的电压、电流波形（a 相为工频正峰值时）

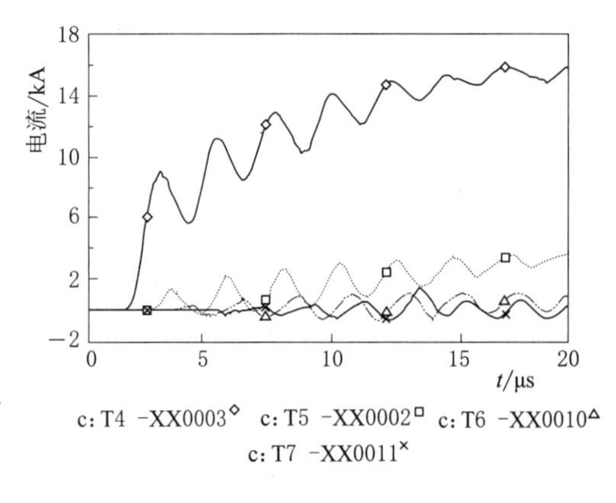

图 13－12　雷击点左侧 4 基杆塔中电流

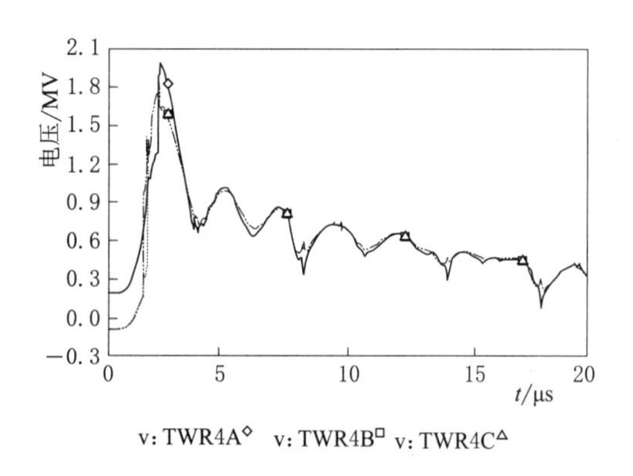

图 13－13　雷击处线路三相电压

图 13－13 为雷击点三相导线上的电压。其初值为系统稳态电压的瞬时值。雷击后一段时间三相电压数值不同，但随着时间增大三相电压基本相等。

图 13－14 为线路 1、线路 2 和变压器的 MOA 电压、电流波形，MOA 的最大电压、电

流见表 13-2。线路 1 的 MOA 上最大电压和最大电流并非出现在同一相，最大电压在 b 相，而最大电流在 a 相，其原因是 MOA 模型中存在电感。从图 13-14 中还明显看出，在线路 1 每相电压的第一个尖峰时刻 MOA 均没有动作，这同样是因为电感的缘故。

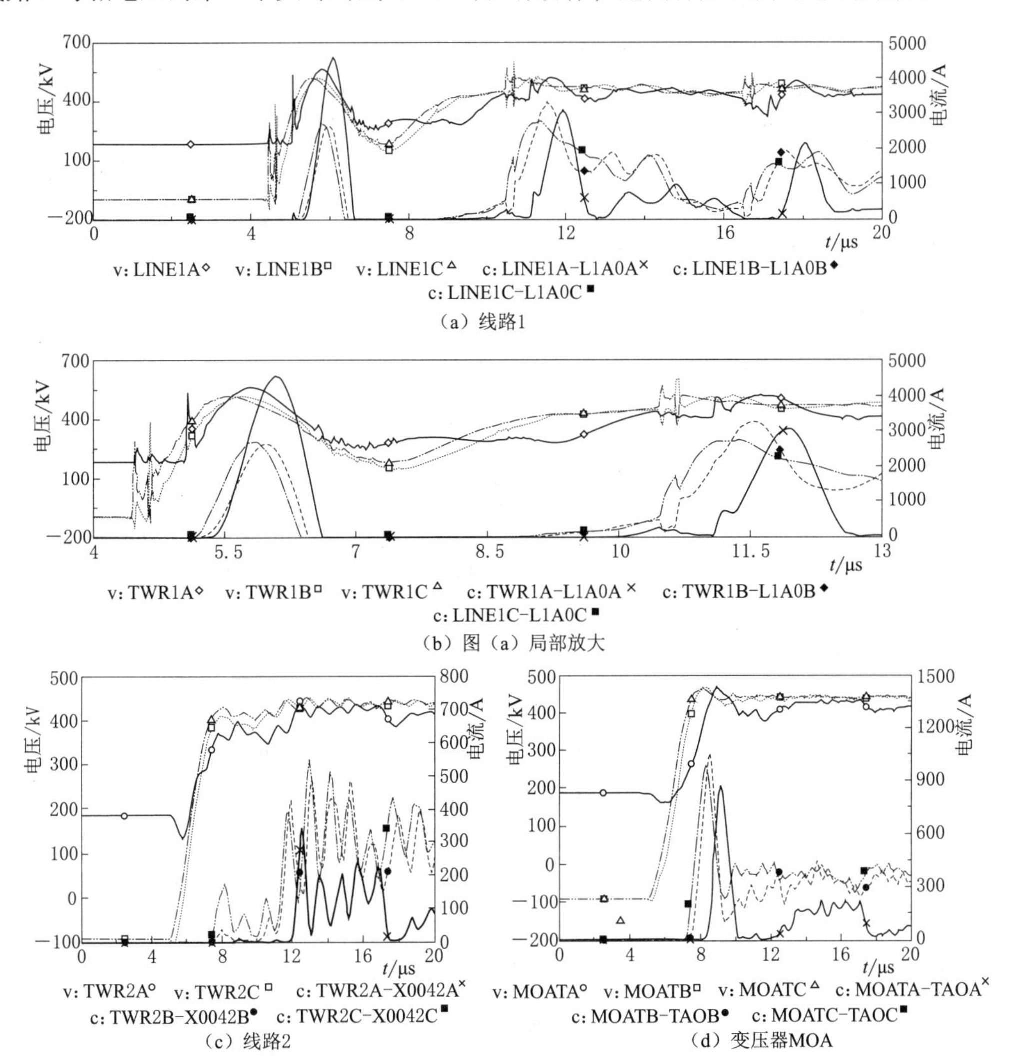

图 13-14 MOA 电压和电流（a 相为工频正峰值时）

表 13-2 MOA 最大电压、电流（雷击时 a 相为工频正峰值）

参数	线路 1			线路 2			变压器		
	a 相	b 相	c 相	a 相	b 相	c 相	a 相	b 相	c 相
电压/kV	562.2	618.5	573.2	443.1	451.8	453.1	465.7	467.5	465.9
电流/A	4555.1	3280.9	2758.2	338.0	491.8	544.8	870.4	1052.3	986.6

变压器上的电压如图 13-15 所示。220kV 侧三相电压峰值分别为 496kV、508.4kV、504.2kV，接近 MOA 的 $U_{r8/20}$，与变压器的雷电耐受电压 $1.4U_{r8/20}=744.8$kV 相比（1.4

为绝缘配合系数)，有足够的裕度。尽管三相电压初始值（稳态瞬时值）不同，但雷电压峰值几乎相同。

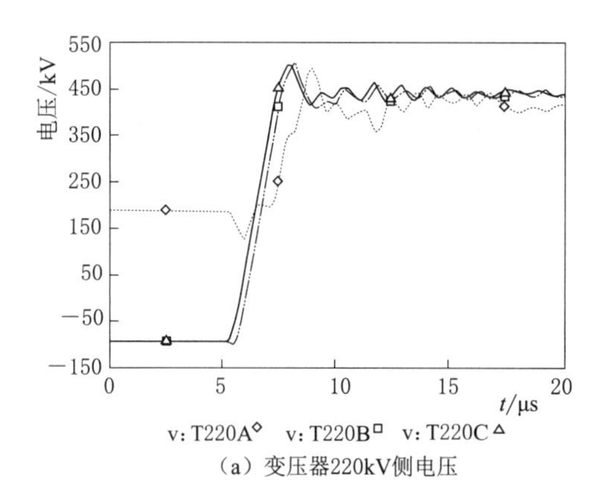

（a）变压器220kV侧电压

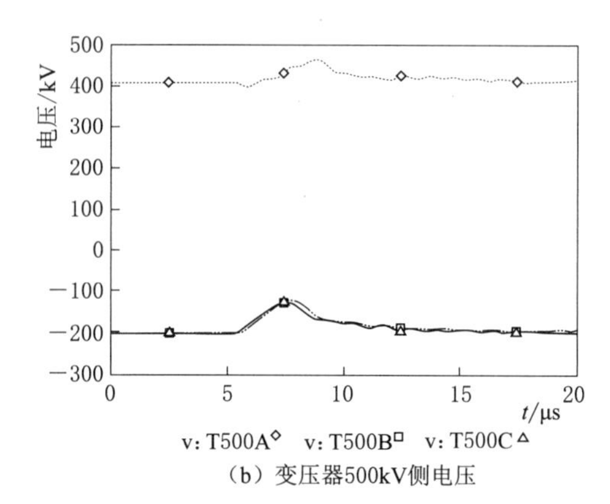

（b）变压器500kV侧电压

图 13－15　变压器上的电压

对于变压器的 500kV 侧，从 220kV 侧通过静电感应耦合了大约+100kV 电压，感应电压与 a 相工频电压瞬时值同方向，两者叠加后峰值仍远低于 500kV 变压器的雷电冲击耐受电压；而感应电压与 b 相、c 相工频电压瞬时值反向，使得这两相电压的绝对值反而下降。

13.3.2　a 相工频电压为负峰值

设线路 a 相工频电压为 $u(t) = U_m\cos(100\pi t)$，其中 U_m 为幅值。在已经分析了当雷击时 $u(0) = U_m$ 时的情况下，通过仿真分析 $u(0) = -U_m$ 时的情况。与 $u(0) = U_m$ 时相比，$u(0) = -U_m$ 时被雷击中杆塔顶部的电压（v：TOWE1）、杆塔下部横担处的电压（v：ARMU）、流入杆塔和避雷线的总电流（c：TOWE1－TOP）的最大值、波形基本相同，如图 13－16（a）所示。但是，$u(0) = -U_m$ 时首先闪络的是 a 相绝缘子串，之后为 c 相，而 b 相不闪络，如图 13－16（b）所示。

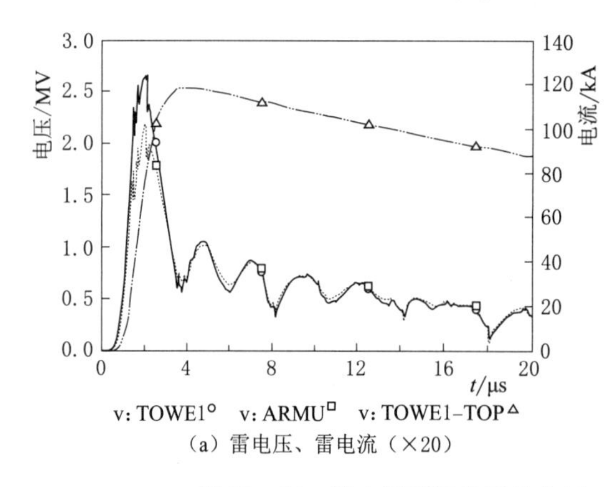

（a）雷电压、雷电流（×20）

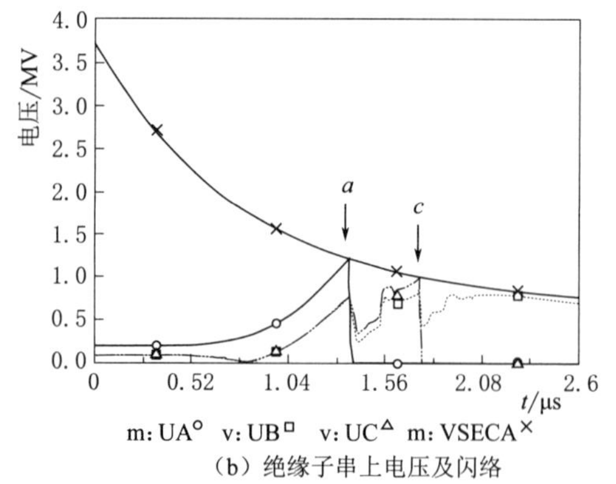

（b）绝缘子串上电压及闪络

图 13－16　雷击后不同位置的电压、电流波形（a 相为工频负峰值时）

图 13-17 为雷击点三相导线上的电压波形，a 相、c 相峰值、波形与图 13-13 中 $u(0)=U_m$时的情况类似，但 b 相峰值却低很多，其结果是 b 相的所有 MOA 均没有动作。在表 13-3 中对上述两种情况下雷击处线路最大电压进行了比较，$u(0)=-U_m$ 时 b 相电压约为 $u(0)=U_m$ 时的一半。

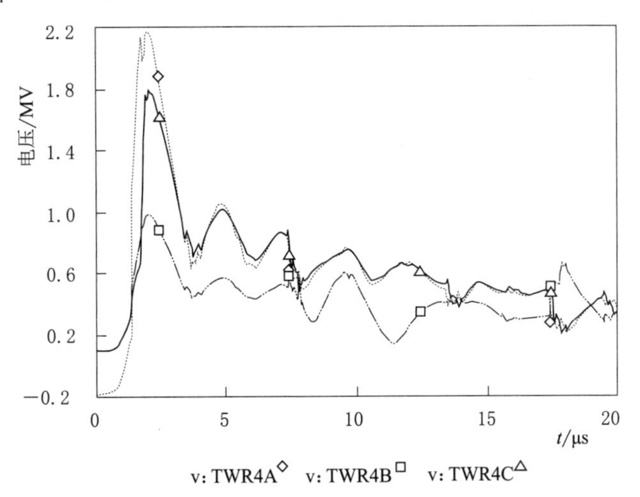

图 13-17 雷击处线路三相电压（a 相为工频负峰值时）

表 13-3 **雷击处线路三相最大电压** 单位：kV

电压情况	a 相	b 相	c 相
$u(0)=U_m$	1986.7	1833.2	1833.2
$u(0)=-U_m$	2170.4	986.8	1783.8

图 13-18 为线路 1、线路 2 和变压器的 MOA 电压、电流波形，与雷击处 b 相绝缘子串没有闪络的情况相对应，这 3 处 b 相 MOA 均没有动作。

在雷击时 $u(0)=\pm U_m$ 两种情况下，MOA 的最大电压、电流汇总在表 13-4 中。总体而言，各点 MOA 电压、电流大小顺序为：线路 1、变压器、线路 2。在两种情况下，线路 1 的 MOA 最大电压、最大电流出现在不同相上。此外还发现，当 $u(0)=-U_m$ 时发生雷击，线路 1 的 MOA 中流过的最大电流比 $u(0)=U_m$ 时雷击大为增加，从 4555.1A 增加到 5469.5A，约增加 20%。

表 13-4 **MOA 最大电压、电流**

电压情况	参数	线路 1 的 MOA			线路 2 的 MOA			变压器 MOA		
		a 相	b 相	c 相	a 相	b 相	c 相	a 相	b 相	c 相
$u(0)=U_m$	电压/kV	562.2	618.5	573.2	443.1	451.8	453.1	465.7	467.5	465.9
	电流/A	4555.1	3280.9	2758.2	338.0	491.8	544.8	870.4	1052.3	986.6
$u(0)=-U_m$	电压/kV	592.2	361.2	582.7	467.0	298.1	462.2	467.7	364.9	466.1
	电流/A	4775.2	—	5469.5	819.2	—	765.7	988.8	—	984.4

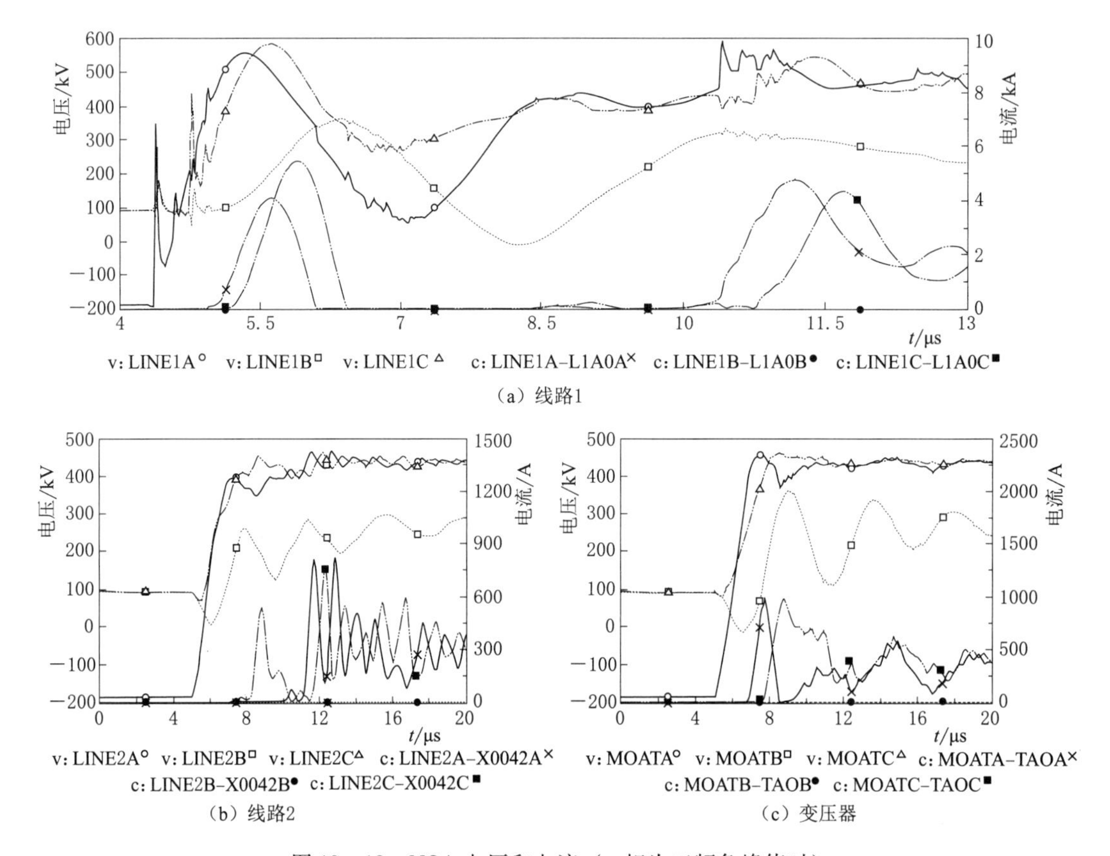

（a）线路1

（b）线路2

（c）变压器

图 13-18 MOA 电压和电流（a 相为工频负峰值时）

第 14 章

电力电缆参数

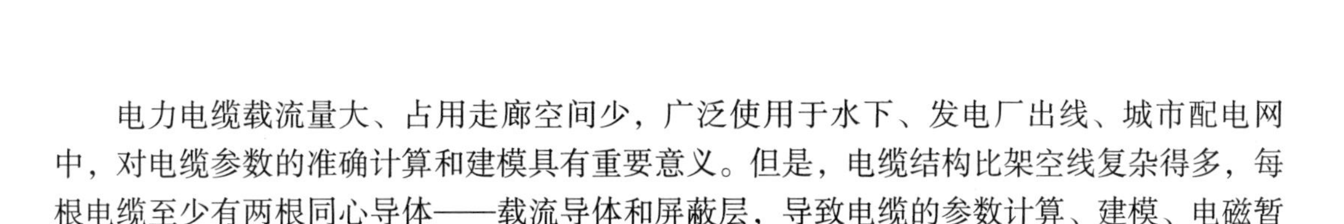

电力电缆载流量大、占用走廊空间少，广泛使用于水下、发电厂出线、城市配电网中，对电缆参数的准确计算和建模具有重要意义。但是，电缆结构比架空线复杂得多，每根电缆至少有两根同心导体——载流导体和屏蔽层，导致电缆的参数计算、建模、电磁暂态过程也比架空线复杂。

ATP 的子程序 CABLE CONSTANTS 和 CABLE PARAMETERS 不仅能够计算电缆参数，也能够计算架空线路参数，因此本章中“电缆”有时既包括架空线路也包括通常意义的电缆，有时仅指后者。由于存在上下文，不会引起歧义。

14.1 电 缆 结 构

ATP 将电缆分为 3 类，分别为单芯电缆（Class A，SC）、多芯电缆（Class B，PT）、架空线路（Class C，OH）。

1. 单芯电缆

单芯电缆的一般结构如图 14－1 所示。它有 3 根同心圆柱导体：缆芯（core）、屏蔽（sheath）和铠甲（armor）。导体之间是绝缘层，最外层也有一层绝缘。缆芯可能是中空心的（一般充油），也可能是实心的。铠甲也称为金属护层或金属护套。有电缆没有铠甲，这种电缆只有两根导体。有的电缆甚至只有缆芯。

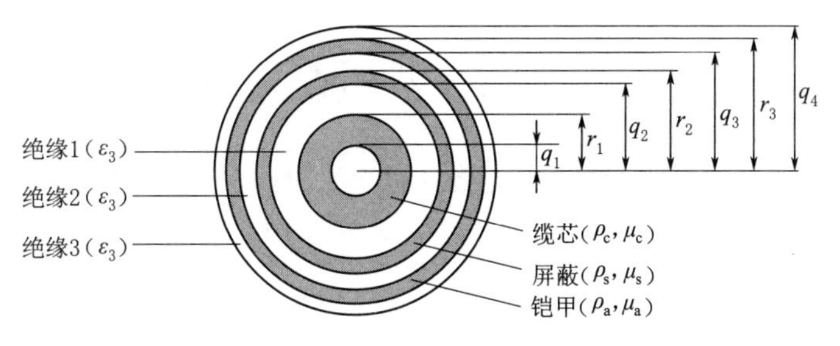

图 14－1　单芯电缆

计算单芯电缆电气参数时，需要的导体数据为内外半径 r 和 q、电阻率 ρ、磁导率 μ；需要的绝缘层数据为内外半径 r 和 q、介电常数 ε。在电力系统中，通常使用由 3 根单芯电缆构成的三相单芯电缆系统。计算三相单芯电缆系统的电气参数时，还需要有关电缆之间、电缆与大地之间相对位置的几何参数。

2. 三芯电缆

工程上大量使用三芯电缆，它是将3根单芯电缆装入同一金属铠甲而成，其结构如图14－2所示。金属铠甲称为金属管道、金属护层、金属护套、或外护套。各单芯电缆之间充以绝缘材料。金属铠甲外敷一层橡胶，起保护作用。

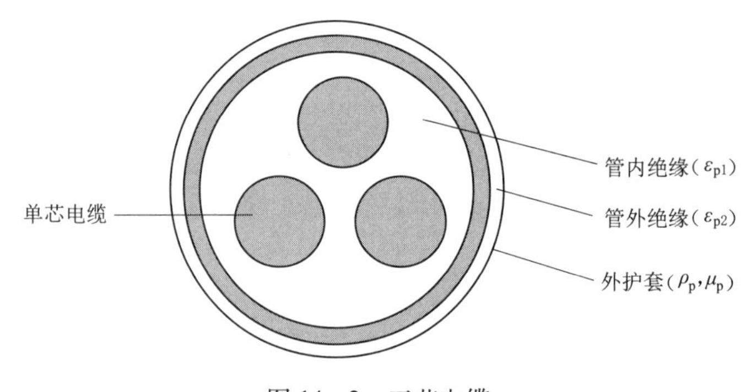

图14－2　三芯电缆

三芯电缆与单芯电缆的最大不同之处在于，三芯电缆中的每根电缆与外护套不是同心圆，因此不能使用常规公式计算其电气参数。计算时除需要单芯电缆的相关参数外，还需要金属铠甲的内外半径、电阻率和磁导率，也需要铠甲外绝缘的内外半径及其介电常数。

三芯电缆中的单芯电缆没有铠甲，通常所有单芯电缆屏蔽外没有绝缘层，这种情况下3根单芯电缆的屏蔽层互相连接在一起。

无论单芯还是三芯电缆，其金属导体都使用非导磁材料，其相对磁导率均为1。

3. 架空线路

对架空线路结构的描述，如图2－1所示。

ATP的子程序CABLE CONSTANTS和CABLE PARAMETERS可计算形状不规则导体的参数，其计算架空线路参数的功能与前面已经介绍的LINE CONSTANTS相似。为了节省篇幅，本章不详细介绍，感兴趣的读者可参阅ATP的用户手册。

14.2　参数理论计算

单根架空输电线路的电气参数只有阻抗和电容，但单芯电力电缆至少有两根导体，其电气参数为矩阵形式，类似于多导线架空线路。对于单芯电缆系统和多芯电缆（系统），电气参数当然也是矩阵形式。

14.2.1　单芯电缆

14.2.1.1　阻抗矩阵

为了方便计算单芯电缆的阻抗，将其电气回路视为图14－3所示的等值电路。在dx长度内，有3个回路，分别为：缆芯—屏蔽（回路1）、屏蔽—铠甲（回路2）、铠甲—大地（回路 3）。回路电流分别为$\dot{I}_1$、$\dot{I}_2$、$\dot{I}_3$。在长度位置 x 处，回路电压为$\dot{U}_1$、$\dot{U}_2$、$\dot{U}_3$；在 x+dx 处，电压增量为 d$\dot{U}_1$、d$\dot{U}_2$、d$\dot{U}_3$。

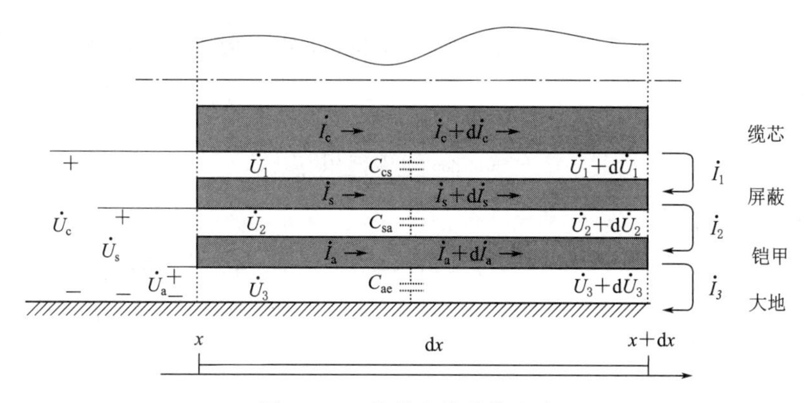

图 14－3　单芯电缆等值电路

在频域内，有

$$-\frac{\mathrm{d}}{\mathrm{d}x}\begin{bmatrix}\dot{U}_1\\ \dot{U}_2\\ \dot{U}_3\end{bmatrix}=\begin{bmatrix}Z_{11} & Z_{12} & 0\\ Z_{21} & Z_{22} & Z_{23}\\ 0 & Z_{32} & Z_{33}\end{bmatrix}\begin{bmatrix}\dot{I}_1\\ \dot{I}_2\\ \dot{I}_3\end{bmatrix} \tag{14-1}$$

式中　Z_{ii}——回路 i 的自阻抗（单位长度，下同）；

Z_{ij}——回路 i、j 之间的互阻抗，i、j=1、2、3。

回路 1、回路 3 之间没有电气耦合，故 $Z_{13}=Z_{31}=0$。

将式（14－1）写成矩阵形式

$$-\frac{\mathrm{d}}{\mathrm{d}x}\boldsymbol{U}_1=\boldsymbol{Z}_1\boldsymbol{I}_1 \tag{14-2}$$

下标 l 表示回路（loop），$\boldsymbol{U}_1$、$\boldsymbol{I}_1$、$\boldsymbol{Z}_1$ 分别为回路电压、电流、阻抗矩阵。

Z_{11}包含 3 项

$$Z_{11}=Z_{\text{core-out}}+Z_{\text{core/sheath-insulation}}+Z_{\text{sheath-in}} \tag{14-3}$$

式中　$Z_{\text{core-out}}$——缆芯靠外侧阻抗；

$Z_{\text{core/sheath-insulation}}$——变化磁场在缆芯、屏蔽之间绝缘内的阻抗；

$Z_{\text{sheath-in}}$——屏蔽靠内侧阻抗。

同理，Z_{22}、Z_{33}各包含 3 项

$$Z_{22}=Z_{\text{sheath-out}}+Z_{\text{sheath/armor-insulation}}+Z_{\text{armor-in}} \tag{14-4}$$

$$Z_{33}=Z_{\text{armor-out}}+Z_{\text{armor/earth-insulation}}+Z_{\text{earth}} \tag{14-5}$$

各项含义可参照式（14－3）。

互阻抗 Z_{12}、Z_{21}反映回路 1、回路 2 之间由于共用屏蔽产生的耦合，而 Z_{23}、Z_{32}则反映回路 2、回路 3 之间由于共用铠甲产生的耦合，且有

$$Z_{12}=Z_{21}=-Z_{\text{sheath-mutual}} \tag{14-6}$$

$$Z_{23} = Z_{32} = -Z_{armor-mutual} \tag{14-7}$$

其中负号是因为屏蔽中电流 $\dot{I}_1$、$\dot{I}_2$ 的方向相反，铠甲中 $\dot{I}_2$、$\dot{I}_3$ 的方向相反。

1. 绝缘层阻抗 $Z_{-insulation}$

式（14-3）~式（14-5）中下标包含 insulation 的项为两个同心圆柱之间绝缘对交变磁场的阻抗，计算公式为

$$Z_{-insulation} = j\omega \frac{\mu_0}{2\pi} \ln \frac{r}{q} \tag{14-8}$$

式中 ω——电流角频率；

μ_0——绝缘介质的磁导率，等于空气的磁导率，取 $4\pi \times 10^{-7}$ H/m；

q——绝缘层内径；

r——绝缘层外径。

2. 导体靠内、外侧阻抗 Z_{-in} 和 Z_{-out}

式（14-3）~式（14-5）中下标包含 in、out 的项为对应导体的靠外、内侧阻抗，计算公式为

$$Z_{-in} = \frac{\rho m}{2\pi q D}[B_0(mq)K_1(mr) + K_0(mq)B_1(mr)] \tag{14-9}$$

$$Z_{-out} = \frac{\rho m}{2\pi q D}[B_0(mr)K_1(mq) + K_0(mr)B_1(mq)] \tag{14-10}$$

式中 ρ——导体电阻率；

q——导体内径；

r——导体外径；

μ——导体磁导率。

$$m = \sqrt{\frac{j\omega\mu}{\rho}} \tag{14-11}$$

$$D = B_1(mr)K_1(mq) - B_1(mq)K_1(mr) \tag{14-12}$$

B_0、B_1、K_0、K_1 由贝塞尔函数计算，具体为

$$ber(x) + jbei(x) = B_0(x\sqrt{j}) \tag{14-13}$$

$$ber'(x) + jbei'(x) = \sqrt{j}B_1(x\sqrt{j}) \tag{14-14}$$

$$ker(x) + jkei(x) = K_0(x\sqrt{j}) \tag{14-15}$$

$$ker'(x) + jkei'(x) = -\sqrt{j}K_1(x\sqrt{j}) \tag{14-16}$$

3. 导体内、外侧互阻抗 $Z_{-mutual}$

计算公式为

$$Z_{-mutual} = \frac{\rho}{2\pi q r D} \tag{14-17}$$

4. 大地回路内阻抗 Z_{earth}

详见第 14.2.2.1 节。

式（14-1）中的电压没有共同的参考点，屏蔽、铠甲中的电流被分为两个分量，使

用不方便。ATP 以大地为电压共同参考点（地），且使用导体中的实际电流，因此式（14－1）需要变形。

设缆芯、屏蔽、铠甲的对地电压为$\dot{U}_c$、$\dot{U}_s$、$\dot{U}_a$，其中的电流为$\dot{I}_c$、$\dot{I}_s$、$\dot{I}_a$。前者与$\dot{U}_1$、$\dot{U}_2$、$\dot{U}_3$，后者与$\dot{I}_1$、$\dot{I}_2$、$\dot{I}_3$的关系分别为

$$\dot{U}_1=\dot{U}_c-\dot{U}_s,\ \dot{I}_1=\dot{I}_c$$

$$\dot{U}_2=\dot{U}_s-\dot{U}_a,\ \dot{I}_2=\dot{I}_s+\dot{I}_c$$

$$\dot{U}_3=\dot{U}_a,\ \ \dot{I}_3=\dot{I}_a+\dot{I}_s+\dot{I}_c$$

将其变换为矩阵形式

$$\begin{bmatrix}\dot{U}_1\\\dot{U}_2\\\dot{U}_3\end{bmatrix}=\begin{bmatrix}1&-1&0\\0&1&-1\\0&0&1\end{bmatrix}\begin{bmatrix}\dot{U}_c\\\dot{U}_s\\\dot{U}_a\end{bmatrix}\tag{14-18}$$

$$\begin{bmatrix}\dot{I}_1\\\dot{I}_2\\\dot{I}_3\end{bmatrix}=\begin{bmatrix}1&0&0\\1&1&0\\1&1&1\end{bmatrix}\begin{bmatrix}\dot{I}_c\\\dot{I}_s\\\dot{I}_a\end{bmatrix}\tag{14-19}$$

将式（14－18）和式（14－19）代入式（14－1），并整理得

$$-\frac{\mathrm{d}}{\mathrm{d}x}\begin{bmatrix}\dot{U}_c\\\dot{U}_s\\\dot{U}_a\end{bmatrix}=\begin{bmatrix}Z_{cc}&Z_{cs}&Z_{ca}\\Z_{sc}&Z_{ss}&Z_{sa}\\Z_{ac}&Z_{as}&Z_{aa}\end{bmatrix}\begin{bmatrix}\dot{I}_c\\\dot{I}_s\\\dot{I}_a\end{bmatrix}\tag{14-20}$$

其中

$$Z_{cc}=Z_{11}+2Z_{12}+Z_{22}+2Z_{23}+Z_{33}\tag{14-21}$$

$$Z_{ss}=Z_{22}+2Z_{23}+Z_{33}\tag{14-22}$$

$$Z_{aa}=Z_{33}\tag{14-23}$$

$$Z_{cs}=Z_{sc}=Z_{12}+Z_{22}+2Z_{23}+Z_{33}\tag{14-24}$$

$$Z_{ca}=Z_{ac}=Z_{cs}=Z_{sc}=Z_{23}+Z_{33}\tag{14-25}$$

式（14－21）~式（14－25）就是单芯电缆阻抗矩阵中的各元素。

将式（14－20）写为

$$-\frac{\mathrm{d}}{\mathrm{d}x}\boldsymbol{U}=\boldsymbol{ZI}\tag{14-26}$$

其中 $\boldsymbol{U}$、$\boldsymbol{I}$、$\boldsymbol{Z}$ 为相量电压、电流、阻抗矩阵。

14.2.1.2 导纳矩阵

电缆的导体为一组同心导体，各层导体之间充满绝缘材料，通常可认为绝缘材料的电

导为0，不相邻同心导体间的电容为0。设缆芯—屏蔽、屏蔽—铠甲、铠甲—大地之间的电容分别为C_{cs}、C_{sa}、C_{ae}，其通用计算公式为

$$C=\frac{2\pi\varepsilon}{\ln\frac{r}{q}} \tag{14-27}$$

式中 q——绝缘层内径；

r——绝缘层外径；

ε——绝缘材料介电常数。

电容C对应的导纳为

$$Y=\mathrm{j}\omega C \tag{14-28}$$

由图14-3可知

$$-\frac{\mathrm{d}\dot{I}_c}{\mathrm{d}x}=Y_{cs}(\dot{U}_c-\dot{U}_s) \tag{14-29}$$

$$-\frac{\mathrm{d}\dot{I}_s}{\mathrm{d}x}=Y_{cs}(\dot{U}_s-\dot{U}_c)+Y_{sa}(\dot{U}_s-\dot{U}_a) \tag{14-30}$$

$$-\frac{\mathrm{d}\dot{I}_a}{\mathrm{d}x}=Y_{sa}(\dot{U}_a-\dot{U}_s)+Y_{ae}\dot{U}_a \tag{14-31}$$

将式（14-29）~式（14-31）整理为矩阵形式为

$$-\frac{\mathrm{d}}{\mathrm{d}x}\begin{bmatrix}\dot{I}_c\\ \dot{I}_s\\ \dot{I}_a\end{bmatrix}=\begin{bmatrix}Y_{cs} & -Y_{cs} & 0\\ -Y_{cs} & Y_{cs}+Y_{sa} & -Y_{sa}\\ 0 & -Y_{sa} & Y_{sa}+Y_{ae}\end{bmatrix}\begin{bmatrix}\dot{U}_c\\ \dot{U}_s\\ \dot{U}_a\end{bmatrix} \tag{14-32}$$

即

$$-\frac{\mathrm{d}}{\mathrm{d}x}\boldsymbol{I}=\boldsymbol{YU} \tag{14-33}$$

在电力工程的电磁暂态频率范围内，可认为电缆的导纳参数与频率无关。

14.2.2 三相单芯电缆系统

工程上，很少单独使用一根单芯电缆，常见的是三相单芯电缆系统。三相单芯电缆系统可放置在空气中，也可埋入地下，图14-4为埋入地下的情形。

14.2.2.1 阻抗矩阵

利用图14-4（b）讨论类似于式（14-2）中的回路阻抗矩阵$\boldsymbol{Z}_1$。图中每相的回路1、回路2不与其他两相的任何回路共用导体；而所有三相的回路3的电流I_{3a}、I_{3b}、I_{3c}都通过大地返回，因此三相的回路3之间有大地互阻抗，所以，电缆系统的回路阻抗矩阵为

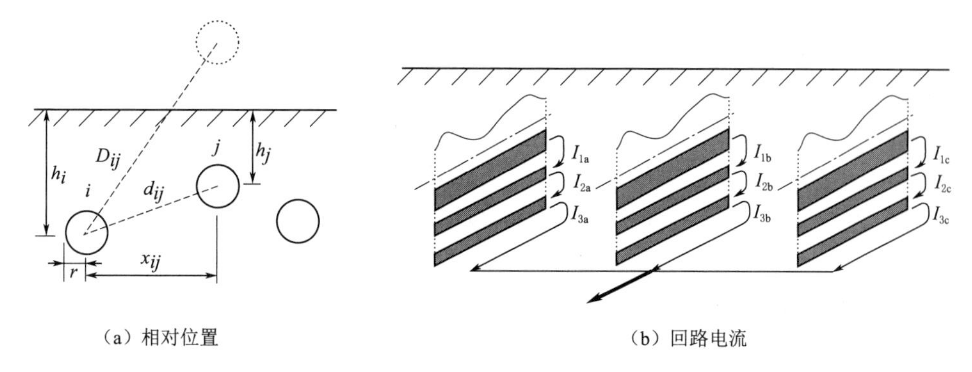

(a) 相对位置　　(b) 回路电流

图 14－4　地下三相单芯电缆系统

$$\boldsymbol{Z}_1=\begin{bmatrix}\boldsymbol{Z}_{aa} & \boldsymbol{Z}_{ab} & \boldsymbol{Z}_{ac}\\ \boldsymbol{Z}_{ba} & \boldsymbol{Z}_{bb} & \boldsymbol{Z}_{bc}\\ \boldsymbol{Z}_{ca} & \boldsymbol{Z}_{cb} & \boldsymbol{Z}_{cc}\end{bmatrix}=\left[\begin{array}{ccc:ccc:ccc} Z_{11a} & Z_{12a} & 0 & 0 & 0 & 0 & 0 & 0 & 0\\ Z_{21a} & Z_{22a} & Z_{23a} & 0 & 0 & 0 & 0 & 0 & 0\\ 0 & Z_{32a} & Z_{33a} & 0 & 0 & Z_{ab} & 0 & 0 & Z_{ac}\\ \hdashline 0 & 0 & 0 & Z_{11b} & Z_{12b} & 0 & 0 & 0 & 0\\ 0 & 0 & 0 & Z_{21b} & Z_{22b} & Z_{23b} & 0 & 0 & 0\\ 0 & 0 & 0 & 0 & Z_{32b} & Z_{33b} & 0 & 0 & Z_{bc}\\ \hdashline 0 & 0 & 0 & 0 & 0 & 0 & Z_{11c} & Z_{12c} & 0\\ 0 & 0 & 0 & 0 & 0 & 0 & Z_{21c} & Z_{22c} & Z_{23c}\\ 0 & 0 & Z_{ac} & 0 & 0 & Z_{bc} & 0 & Z_{32c} & Z_{33c}\end{array}\right] \tag{14-34}$$

其中下标 a、b、c 为相别。$\boldsymbol{Z}_1$ 对角元素矩阵为每根电缆的自阻抗矩阵；非对角元素矩阵中，只有反映回路 3 之间耦合的互阻抗 Z_{ab}、Z_{bc}、Z_{ca}，其他元素均为 0。

按照单芯电缆回路阻抗矩阵变换为相量阻抗矩阵的方法，得到三相单芯电缆系统的相量阻抗矩阵为

$$\boldsymbol{Z}_s=\begin{bmatrix}\boldsymbol{Z}_{aa} & \boldsymbol{Z}'_{ab} & \boldsymbol{Z}'_{ac}\\ \boldsymbol{Z}'_{ba} & \boldsymbol{Z}_{bb} & \boldsymbol{Z}'_{bc}\\ \boldsymbol{Z}'_{ca} & \boldsymbol{Z}'_{cb} & \boldsymbol{Z}_{cc}\end{bmatrix}=\left[\begin{array}{ccc:ccc:ccc} Z_{cc,a} & Z_{cs,a} & Z_{ca,a} & Z_{ab} & Z_{ab} & Z_{ab} & Z_{ac} & Z_{ac} & Z_{ac}\\ Z_{sc,a} & Z_{ss,a} & Z_{sa,a} & Z_{ab} & Z_{ab} & Z_{ab} & Z_{ac} & Z_{ac} & Z_{ac}\\ Z_{ac,a} & Z_{as,a} & Z_{aa,a} & Z_{ab} & Z_{ab} & Z_{ab} & Z_{ac} & Z_{ac} & Z_{ac}\\ \hdashline Z_{ab} & Z_{ab} & Z_{ab} & Z_{cc,b} & Z_{cs,b} & Z_{ca,b} & Z_{bc} & Z_{bc} & Z_{bc}\\ Z_{ab} & Z_{ab} & Z_{ab} & Z_{sc,b} & Z_{ss,b} & Z_{sa,b} & Z_{bc} & Z_{bc} & Z_{bc}\\ Z_{ab} & Z_{ab} & Z_{ab} & Z_{ac,b} & Z_{as,b} & Z_{aa,b} & Z_{bc} & Z_{bc} & Z_{bc}\\ \hdashline Z_{ac} & Z_{ac} & Z_{ac} & Z_{bc} & Z_{bc} & Z_{bc} & Z_{cc,c} & Z_{cs,c} & Z_{ca,c}\\ Z_{ac} & Z_{ac} & Z_{ac} & Z_{bc} & Z_{bc} & Z_{bc} & Z_{sc,c} & Z_{ss,c} & Z_{sa,c}\\ Z_{ac} & Z_{ac} & Z_{ac} & Z_{bc} & Z_{bc} & Z_{bc} & Z_{ac,c} & Z_{as,c} & Z_{aa,c}\end{array}\right] \tag{14-35}$$

$\boldsymbol{Z}_s$ 的对角子矩阵与回路阻抗矩阵 $\boldsymbol{Z}_1$ 的对角子矩阵相同，用下标 a、b 或 c 表示相别。考虑矩阵的对称性，$\boldsymbol{Z}_s$ 有 3 个不同的非对角子矩阵，每个包含 9 个相同的元素，分别为

$\boldsymbol{Z}_{ab}$、$\boldsymbol{Z}_{bc}$、$\boldsymbol{Z}_{ca}$，统一用$\boldsymbol{Z}_{ij}$表示。

1. 埋入地下的电缆

如果电缆埋入地下，Pallaczek 最早给出了 Z_{ij}的计算公式为

$$Z_{ij}=\mathrm{j}\omega\frac{\mu_0}{2\pi}[K_0(md_{ij})-K_0(mD_{ij})]+Z_g \tag{14-36}$$

其中

$$m=\sqrt{\frac{j\omega\mu_0}{\rho}}$$

式中 μ_0——空气磁导率；

ρ——大地电阻率；

d_{ij}、D_{ij}——与电缆系统的几何尺寸有关［图 14－4（a）］；

Z_g——利用 Carson 公式计算的大地内阻抗。

日本同志社大学的 Akihiro Ametani 教授简化了式（14－36），并使用在 ATP 计算电缆参数的子程序 CABLE CONSTANTS 中，具体为

$$Z_{ij}=\mathrm{j}\omega\frac{\mu_0}{2\pi}\left[-\ln\frac{\gamma md_{ij}}{2}-\frac{2m(h_i+h_j)}{3}+0.5\right] \tag{14-37}$$

式中 γ——欧拉常数，取 0.577216；

h_i、h_j——电缆埋深［图 14－4（a）］。

单根单芯电缆的大地回路内阻抗为

$$Z_{earth}=\mathrm{j}\omega\frac{\mu_0}{2\pi}\left[-\ln\frac{\gamma mr}{2}-\frac{4mh}{3}+0.5\right] \tag{14-38}$$

式中 r——电缆最外层导体半径；

h——电缆埋深。

2. 暴露在空气中的电缆

对于架空电缆，情况类似于架空线路，有

$$Z_{ij}=\mathrm{j}\omega\frac{\mu_0}{2\pi}\ln\frac{D_{ij}}{d_{ij}}+Z_g \tag{14-39}$$

对于敷设在地面上的电缆，近似认为 $D_{ij}=d_{ij}$，则

$$Z_{ij}=Z_g \tag{14-40}$$

14.2.2.2 导纳矩阵

对于埋入地下的三相单芯电缆系统，由于大地的屏蔽作用，任意两相的任意两根导体之间没有静电耦合，因此导纳矩阵为

$$\boldsymbol{Y}_s=\begin{bmatrix}\boldsymbol{Y}_{aa} & 0 & 0\\ 0 & \boldsymbol{Y}_{bb} & 0\\ 0 & 0 & \boldsymbol{Y}_{cc}\end{bmatrix} \tag{14-41}$$

其中对角子矩阵为每相电缆的导纳矩阵，见式（14－32）；非对角子矩阵中的所有元素为 0。

对于暴露在空气中的三相单芯电缆系统，其电容分布如图 14－5 所示。除了缆芯—屏蔽间电容 C_{cs}、屏蔽—铠甲间电容 C_{sa}、铠甲—大地之间电容 C_{ae}，还有任意两个铠甲之间

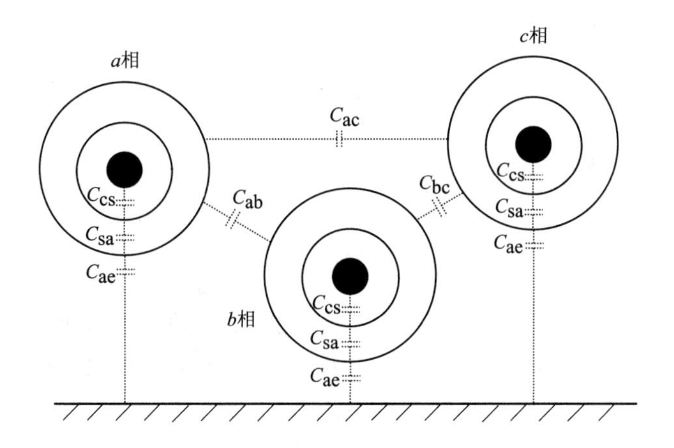

图 14－5　三相单芯电缆系统的电容

的电容 C_{ab}、C_{bc}、C_{ac}。

通过观察直接写出相量导纳矩阵为

$$
\boldsymbol{Y}_{\mathrm{s}}=\left[\begin{array}{ccc:ccc:ccc}
Y_{\mathrm{cs,a}} & -Y_{\mathrm{cs,a}} & 0 & 0 & 0 & 0 & 0 & 0 & 0\\
-Y_{\mathrm{cs,a}} & Y_{\mathrm{cs,a}}+Y_{\mathrm{sa,a}} & -Y_{\mathrm{sa,a}} & 0 & 0 & 0 & 0 & 0 & 0\\
0 & -Y_{\mathrm{sa,a}} & Y_{\mathrm{sa,a}}+Y_{\mathrm{ae,a}}+Y_{\mathrm{ab}}+Y_{\mathrm{ac}} & 0 & 0 & -Y_{\mathrm{ab}} & 0 & 0 & -Y_{\mathrm{ac}}\\
\hdashline
0 & 0 & 0 & Y_{\mathrm{cs,b}} & -Y_{\mathrm{cs,b}} & 0 & 0 & 0 & 0\\
0 & 0 & 0 & -Y_{\mathrm{cs,b}} & Y_{\mathrm{cs,b}}+Y_{\mathrm{sa,b}} & -Y_{\mathrm{sa,a}} & 0 & 0 & 0\\
0 & 0 & -Y_{\mathrm{ab}} & 0 & -Y_{\mathrm{sa,b}} & Y_{\mathrm{sa,b}}+Y_{\mathrm{ae,b}}+Y_{\mathrm{ab}}+Y_{\mathrm{bc}} & 0 & 0 & -Y_{\mathrm{ac}}\\
\hdashline
0 & 0 & 0 & 0 & 0 & 0 & Y_{\mathrm{cs,c}} & -Y_{\mathrm{cs,c}} & 0\\
0 & 0 & 0 & 0 & 0 & 0 & -Y_{\mathrm{cs,c}} & Y_{\mathrm{cs,c}}+Y_{\mathrm{sa,c}} & -Y_{\mathrm{sa,c}}\\
0 & 0 & -Y_{\mathrm{ac}} & 0 & 0 & -Y_{\mathrm{ac}} & 0 & -Y_{\mathrm{sa,c}} & Y_{\mathrm{sa,c}}+Y_{\mathrm{ae,c}}+Y_{\mathrm{bc}}+Y_{\mathrm{ac}}
\end{array}\right]
\tag{14-42}
$$

式中　Y_{ab}、Y_{bc}、Y_{ac}——C_{ab}、C_{bc}、C_{ac}对应的导纳。

可见对于架设在空气中的三相单芯电缆系统，最外层导体铠甲之间的互电容仅影响铠甲的自导纳和铠甲之间的互导纳，这与式（14－35）的相量阻抗矩阵形成明显对比。

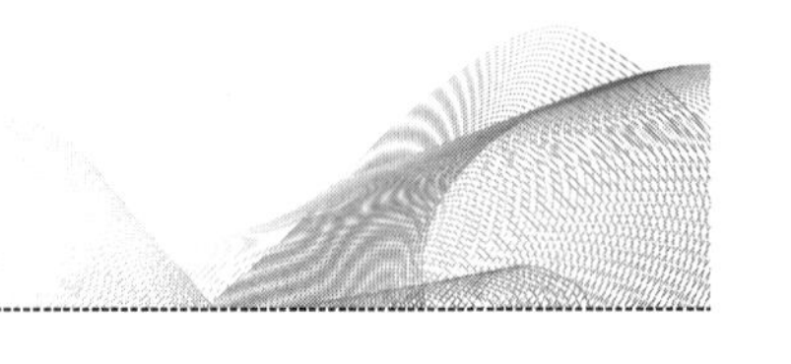

第15章 电力电缆模型及应用

大多情况下电力电缆中的导体为圆形，互相嵌套，形状各不相同，有实心的，有空心的，且空心导体半径各不相同（如屏蔽和铠甲），不能像架空线路一样进行导体之间的均匀换位，这些均导致电缆参数具有不同于架空线路参数的特征。如同架空线路一样，ATP提供电缆的Bergeron模型、PI模型、JMarti等模型。本章首先将介绍ATP中电缆不同模型的参数计算，之后举例说明模型的应用。

15.1 ATP中单芯电缆模型

1976年，日本同志社大学的Akihiro Ametani教授为BPA（Bonneville Power Administration，美国邦纳维尔电力管理局）开发了计算电缆参数的独立程序，后Tsu-Hui Liu博士将其修改为ATP的子程序CABLE CONSTANTS。后来，很多学者对该子程序进行了修改，导致有些计算结果不正确。1993年10月，Akihiro Ametani开始对子程序CABLE CONSTANTS进行修改，修改后的程序名称为CABLE PARAMETERS，两个子程序使用的输入文件结构基本相同。但在CABLE PARAMETERS中不能使用分层大地，取消了交叉互联，增加了以下内容：① 导体的截面可为任意形状；②可以增加分布导纳；③考虑换位。

CABLE PARAMETERS和之前已经介绍的LINE CONSTANTS均可计算架空线路参数，但这是两个完全不同的子程序，它们之间没有任何关联。

将要示范计算的10kV单芯电缆的结构、参数如图15-1。电缆在空气中，距地面0.1m。3根该型号电缆组成三相单芯电缆系统，电缆间水平中心距离为0.2m。取大地电阻率为50Ω·m。

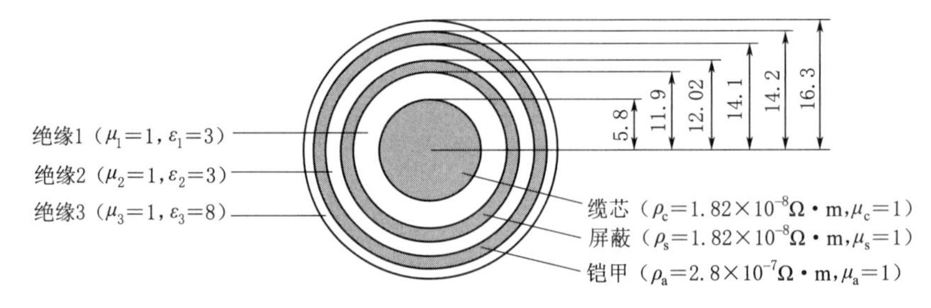

图15-1 10kV单芯电缆的结构及参数（单位：mm）

15.1.1 固定频率下的模型

如同架空输电线路，电缆的电气参数也随频率变化。但在某一固定频率下，参数值是固定的，这即为通常所言的恒定参数。计算电缆恒定参数时，在 ATPDraw 中 LCC 元件的 Model 页面中选择 Bergeron 模型或 PI 模型，为 Freq. ini 输入需要计算参数的频率。输入图 15－1 中参数，如图 15－2 所示。计算工频下参数，Freq. ini＝50Hz。为了节省篇幅，图中同时显示了输入 1、3 根电缆时的情况。图 15－2（b）为电缆的几何和电气参数，对于 1 根电缆，其水平位置参数没有意义；对于 3 根电缆，必须输入每根电缆的水平位置参数。电缆长度 Length＝100m。

在图 15－2（a）选择 Cable Constants，表示选择子程序 CABLE CONSTANTS 进行计算，否则表示选择 CABLE PARAMETERS，两者形成的输入文件、计算后的输出文件略有差异。

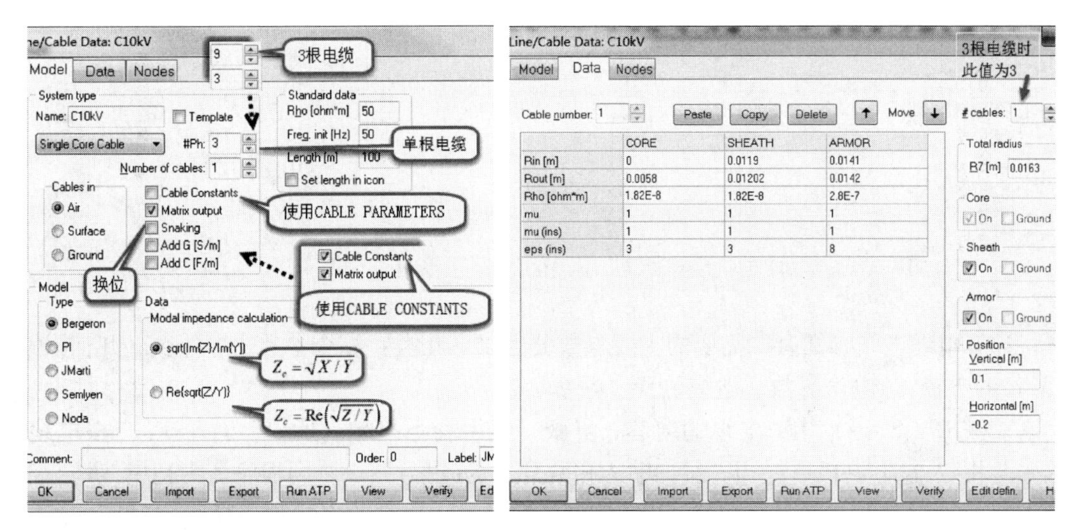

（a）Model页面参数　　（b）Data页面参数（几何、电气参数）

图 15－2　在 ATPDraw 中输入 10kV 单芯电缆的参数

本例中选择 CABLE PARAMETERS，按照图 15－2 输入参数，点击下端的 Run ATP，ATP 计算电缆参数。ATP 自动产生的输入文件如下

例 15－1

```
C 计算单根 10kV 电缆参数
BEGIN NEW DATA CASE
CABLE CONSTANTS         {选择 CABLE PARAMETERS 计算电缆参数时，也需要该行
CABLE PARAMETERS        {选择 CABLE CONSTANTS 计算时，无此行
BRANCH  IN___AOUT__AIN___BOUT__BIN___COUT__C
C        1         2         3         4         5         6         7         8
C 345678901234567890123456789012345678901234567890123456789012345678901234567890
    2    1    1         1    1              0    0    0                  {综合参数
    3                                                                    {导体数
       0.0      .0058     .0119    .01202     .0141     .0142     .0163  {几何尺寸
   1.82E-8        1.        1.        3.   1.82E-8        1.        1.        3.
    2.8E-7        1.        1.        8.                                 {电气参数
        .1       -.2                                                     {电缆位置
            50.                50.              100.        2            {频率数据行
```

```
BLANK CARD ENDING FREQUENCY CARDS
$PUNCH
BLANK CARD ENDING CABLE CONSTANTS
BEGIN NEW DATA CASE
BLANK CARD
```

例 15－2

```
C 计算3根10kV电缆参数
……
C        1         2         3         4         5         6         7         8
C 345678901234567890123456789012345678901234567890123456789012345678901234567890
    2    1    3         1    1                   0    0    0              {综合参数
    3    3    3                                                           {导体数
       0.0     .0058     .0119    .01202     .0141     .0142     .0163    {几何尺寸
   1.82E-8        1.        1.        3.   1.82E-8        1.        1.        3.
    2.8E-7        1.        1.        8.                                  {电气参数
       0.0     .0058     .0119    .01202     .0141     .0142     .0163    {几何尺寸
   1.82E-8        1.        1.        3.   1.82E-8        1.        1.        3.
    2.8E-7        1.        1.        8.                                  {电气参数
       0.0     .0058     .0119    .01202     .0141     .0143     .0163    {几何尺寸
   1.82E-8        1.        1.        3.   1.82E-8        1.        1.        3.
    2.8E-7        1.        1.        8.                                  {电气参数
        .1       -.2        .1       0.0        .1        .2              {电缆位置
              50.            50.             100.          2              {频率数据行
……
```

计算电缆电气参数时，需要的主要参数分为以下几类：综合参数、导体数、几何尺寸（导体的半径）、电气参数、电缆位置、频率参数。

在图 15－2（a）中，电缆的缆芯、屏蔽、铠甲均不接地。所以，对于 1、3 根电缆，输入总相数分别为#Ph＝3、9。假如输入相数分别为#Ph＝2、6，则程序认为铠甲接地。注意，此处的相数不同于通常所言 a 相、b 相、c 相，而是总的不接地导体数。对应的综合参数为

```
C        1         2         3         4         5         6         7         8
C 345678901234567890123456789012345678901234567890123456789012345678901234567890
    2    1    1         1    1                   0    0    0     {1根电缆综合参数，导体不接地
    2    1    1         1    1                   1    0    0     {1根电缆综合参数，铠甲接地
    2    1    3         1    1                   0    0    0     {3根电缆综合参数，导体不接地
    2    1    3         1    1                   3    0    0     {3根电缆综合参数，铠甲接地
```

15.1.1.1　综合参数

对照 ATP 输入数据中的参数名称及所在的位置（列编号），以下主要对使用 CABLE PARAMETERS 时的综合参数进行简单介绍，具体说明见表 15－1。

（1）ITYPE：电缆类型。

1）ITYPE＝1，架空线路（C 类，OH）。

2）ITYPE＝2，单芯电缆（A 类，SC）。

3）ITYPE＝3，多芯电缆（B 类，PT）。

（2）ISYST。

1）对于单相电缆和多芯电缆：①ISYST＝1，电缆架空；②ISYST＝0，电缆在地表面；③ISYST＝-1，电缆埋入地下。

表 15-1　　　　电缆参数计算子程序的综合参数

列位置 1		1		2		3		4		5		
列位置 2	12345	67890	12345	67890	12345	67890	12345	67890	12345	67890	12345	
参数	ITYPE	ISYST	NPC		KMODE	IZFLA	IYFLA	NPP	NGRND	IDATA	IYG	
C 类,OH	1	0,2	回路数		1	0,1			接地导体数	0,1	0,1,2,3	C 类,OH
A 类,SC	2	1,0,-1	电缆数		1	0,1		-99	接地导体数	0,1	0,1,2,3	A 类,SC
B 类,PT	3	1,0,-1	电缆数		1	0,1		-1,0,1 -99	接地导体数	0,1	0,1,2,3	B 类,PT

2）对于架空线路：①ISYST=0，不换位；②ISYST=2，连续换位。

（3）NPC：对于单相电缆和多芯电缆，表示单芯电缆的根数；对于架空线路，表示线路的总回路数。

（4）KMODE：KMODE=1，输出模量参数。

（5）IZFLA：控制中间参数输出。

1）如选择 CABLE PARAMETERS：①IZFLA=0，无中间参数输出；②IZFLA=1，有中间参数输出，固定输出形式为 $\boldsymbol{R}$、$\omega\boldsymbol{L}$、$\boldsymbol{G}$、$\omega\boldsymbol{C}$。

2）如选择 CABLE CONSTANTS：①IZFLA=0，输出 $\boldsymbol{R}$、$\boldsymbol{L}$；②IZFLA=1，输出 $\boldsymbol{R}$、$\omega\boldsymbol{L}$；③IZFLA=2，输出 $\boldsymbol{R}$、$\boldsymbol{L}$、$\omega\boldsymbol{L}$。

（6）IYFLA：控制导纳矩阵参数输出，仅 CABLE CONSTANTS 适用。

1）IYFLA=0，输出 $\boldsymbol{C}$；

2）IYFLA=1，输出 $\omega\boldsymbol{C}$；

3）IYFLA=2，输出 $\boldsymbol{C}$、$\omega\boldsymbol{C}$。

（7）NPP。

1）对于单相电缆：NPP=-99，换位。

2）对于多芯电缆：①NPP=1，电缆管为有限厚度；②NPP=0，电缆管的厚度为无穷大，ISYST 被自动置 0；③NPP=-1，电缆管为有限厚度，电缆换位；④NPP=-99，电缆管的厚度为无穷大，电缆换位。

（8）NGNRD：接地导体数。接地从最外层导体开始，即从编号最大的导体开始。系统中至少有一根导体不能接地。图 15-3 为几种电缆导体接地情况举例。

（9）IDATA：导体横截面形状。

1）IDATA=0，导体横截面为圆。

2）IDATA=1，导体横截面为任意形状，还需要其他参数详细描述导线，请参阅用户手册。

（10）IYG：导纳模型。

1）IYG=0，传统导纳 $\omega\boldsymbol{C}$；

2）IYG=1，增加额外电容 $\boldsymbol{C}'$，输出 $\omega(\boldsymbol{C}+\boldsymbol{C}')$；

3）IYG=2，增加额外电导 $\boldsymbol{G}$，输出 $\boldsymbol{G}+\omega\boldsymbol{C}$；

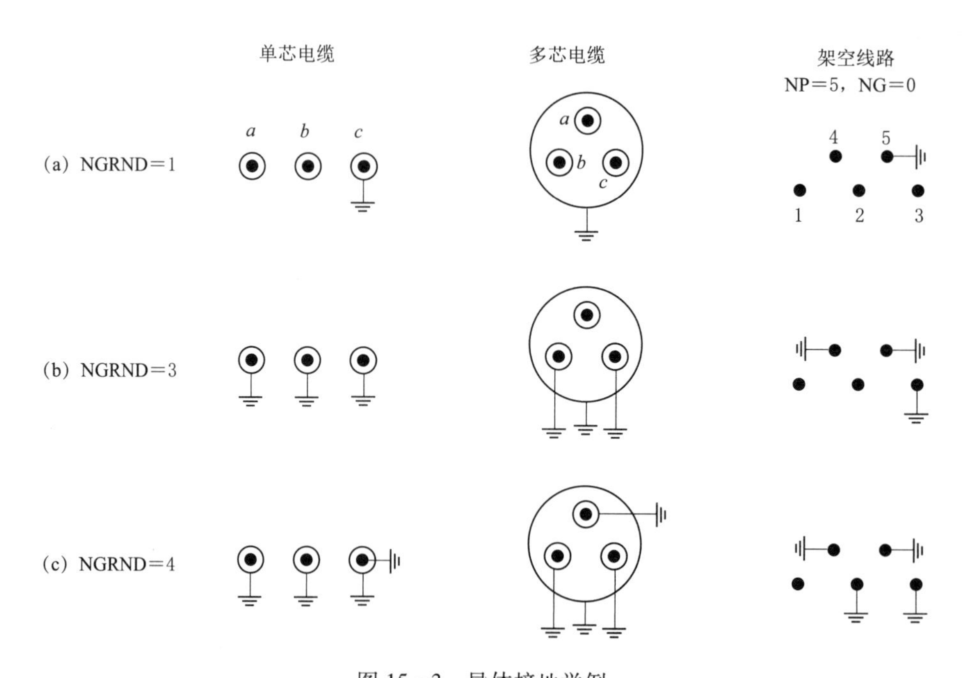

图 15-3　导体接地举例

4）IYG=3，增加额外电容和电导，输出 $\boldsymbol{G}+\omega(\boldsymbol{C}+\boldsymbol{C}')$。

15.1.1.2　其他参数

1. 导体数

在包含导体数的数据行，按照顺序写明 A 类、B 类每根电缆的导体数，顺序为：从导体数最多的电缆开始，电缆的导体数逐渐递减或不增加。

2. 几何、电气参数

每根 A 类、B 类电缆的几何、电气参数有 1~3 行数据。

对于包含缆芯、屏蔽、铠甲的电缆，导体和绝缘共有 6 层（不包括中间的空心，如图 15-1 所示），7 个半径数据（几何参数）。描述每个导体层的电气参数为电阻率、磁导率，描述每个绝缘层的电气参数为磁导率、介电常数。第 1 行数据为 7 个半径，从内层到外层依次说明。第 2~第 3 行数据为所有 6 层的电气参数，从内层到外层依次说明，导体层数据顺序为电阻率、磁导率，绝缘层数据顺序为磁导率、介电常数。

对于包含缆芯、屏蔽但没有铠甲的电缆，导体和绝缘共有 4 层，5 个半径数据。按照上述输入，共需 2 行数据，其中 1 行为几何参数，另 1 行为电气参数。

而对于仅有缆芯的电缆，导体和绝缘仅有 2 层，3 个半径数据，但也需要 2 行数据。

3. 电缆位置

对于每根单芯电缆，其横截面的中心位置用距地面的距离、距水平面上任意参考线的距离逐根表示。无论电缆在地下、地上，其距地面的距离总取正值，参数 ISYST 用于区别电缆在地下还是地上。

4. 频率数据行

与计算架空线路子程序 LINE CONSTANTS 的频率数据行相似，CABLE CONSTANTS 和 CABLE PARAMETERS 也有频率数据行，但数据的行数不同，参数个数少，参数名称也不尽相同，因为程序代码来自不同的开发人员，具体见表 15－2。

表 15－2　　电缆参数计算子程序的频率参数

列位置 1	1	2　　3		4		5
列位置 2	123456789012345	67890134567890	12345	67890	12345678	9012345678
频率参数	ROE	FREQ	IDEC	IPNT	DIST	IPUNCH

（1）ROE：大地电阻率。

（2）FREQ：如果进行单一频率下的参数计算，程序计算该频率下参数。如果进行频率扫描，该数据为下限频率 f_a。

（3）IDEC：进行频率扫描时以 10 倍为单位的频率范围。设上限频率为 f_b，则 $IDEC=\lg f_b-\lg f_a$。例如，$f_a=10^{-2}Hz$，$f_b=10^7Hz$，则 IDEC＝9。

（4）IPNT：在频率对数差为 1 的范围内（1 个 10 倍频范围），在 IPNT 个频率值下计算线路参数。例如，当 IPNT＝10，则在 1 个 10 倍频范围，取 10 个频率计算点。

（5）DIST：长度。电缆参数本身是单位长度参数，但长度数据用于 PI（π）模型、JMarti 模型计算。

（6）IPUNCH：pch 文件输出控制。

1）IPUNCH＝0 或空白，不形成 pch 文件。

2）IPUNCH＝1，输出 PI 型电路模型到 pch 文件。

3）IPUNCH＝2，输出 Bergeron 恒定分布参数模型的模量参数到 pch 文件，采用式（4－2）计算模量波阻抗 Z_c。

4）IPUNCH＝3，输出 Bergeron 恒定分布参数模型的模量参数到 pch 文件，模量波阻抗 Z_c 为式（4－2）的实部，即 $Z_c=\mathrm{Re}\sqrt{\dfrac{R+j\omega L}{G+j\omega L}}$，Re 表示实部。选择模量波阻抗计算公式的界面如图 15－4 所示。

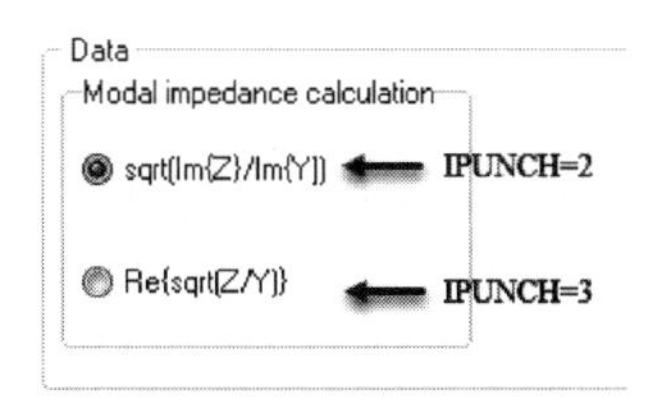

图 15－4　选择 pch 文件中模量波阻抗的计算公式

在目前的 ATPDraw 版本中，频率扫描功能被集成在频率相关 JMarti 模型中。当选择 Bergeron 模型或 PI 模型时，ATPDraw 界面没有 IDEC 和 IPNT 参数。如果用户需要在这两种模型下进行扫频计算，需手动修改相关参数。后文多次提到电缆在 50Hz、500Hz、5000Hz 下的参数，可在每个频率下分别计算，也可进行扫频计算。单一频率、扫频计算时的频率行区别如下：

```
C          1         2         3         4         5         6         7         8
C 345678901234567890123456789012345678901234567890123456789012345678901234567890
            50.            50.                 100.           2    {仅计算 50Hz 下参数
```

例 15－3

```
            50.            0.005    7    2     100.           2    {扫频计算，0.005～50000Hz
```

15.1.1.3 阻抗和导纳矩阵

计算例 15-1 和例 15-2 中 10kV 电缆参数。单根、3 根电缆在 50Hz 下的导纳矩阵 $\boldsymbol{Y}$ 分别见表 15-3 和表 15-4。原计算结果中还有电纳数据，全部为 0，故在表中未列出。原数据单位为 m，改为我国用户习惯使用的 km。

表 15-3　　单根 10kV 电缆在 50Hz 下的导纳矩阵

类　型	导纳矩阵/$(\mathrm{S\cdot km^{-1}})$			电容矩阵/$(\mu\mathrm{F\cdot km^{-1}})$		
	Core 1	Sheath 1	Armor 1	Core 1	Sheath 1	Armor 1
Core 1	7.29565×10^{-5}	-7.29565×10^{-5}	0	0.23223	-0.23223	0
Sheath 1	-7.29565×10^{-5}	4.01474×10^{-4}	-3.28518×10^{-4}	-0.23223	1.27793	-1.04571
Armor 1	0	-3.28518×10^{-4}	3.35441×10^{-4}	0	-1.04571	1.06774

表 15-4　　3 根 10kV 电缆在 50Hz 下的导纳矩阵　　单位：S/km

类 型	Core 1	Sheath 1	Armor 1	Core 2	Sheath 2	Armor 2	Core 3	Sheath 3	Armor 3
Core 1	7.29565×10^{-5}	-7.29565×10^{-5}	0	0	0	0	0	0	0
Sheath 1	-7.29565×10^{-5}	4.01474×10^{-4}	-3.28518×10^{-4}	0	0	0	0	0	0
Armor 1	0	-3.28518×10^{-4}	3.35579×10^{-4}	0	0	-9.44370×10^{-7}	0	0	-1.82496×10^{-7}
Core 2	0	0	0	7.29565×10^{-5}	-7.29565×10^{-8}	0	0	0	0
Sheath 2	0	0	0	-7.29565×10^{-5}	4.01474×10^{-7}	-3.28518×10^{-4}	0	0	0
Armor 2	0	0	-9.44370×10^{-7}	0	-3.28518×10^{-7}	3.35701×10^{-4}	0	0	-9.44713×10^{-7}
Core 3	0	0	0	0	0	0	7.29565×10^{-5}	-7.29565×10^{-5}	0
Sheath 3	0	0	0	0	0	0	-7.29565×10^{-5}	4.01474×10^{-4}	-3.28518×10^{-4}
Armor 3	0	0	-1.82496×10^{-7}	0	0	-9.44713×10^{-7}	0	-3.28518×10^{-4}	3.35581×10^{-4}

表 15-3 中同时列出了单根电缆的电容矩阵 $\boldsymbol{C}$（可由 CABLE CONSTANTS 的 $\omega\boldsymbol{C}$ 计算，也可使用 CABLE PARAMETERS 直接计算），以使读者对电缆电容的数量级有所了解。

对于 3 根电缆的情况，原计算结果的排列顺序为 Core1、Core2、Core3，Sheath1、Sheath2、Sheath3，Armor1、Armor2、Armor3，为了与单根情况对照，表 15-4 中对顺序进行了修改。

表 15-5 和表 15-6 分别为单根、3 根 10kV 电缆的阻抗矩阵 $\boldsymbol{Z}$，3 根电缆阻抗矩阵的排列顺序也做了类似于表 15-4 的修改。表中奇数行数据为电阻 $\boldsymbol{R}$，偶数行数据为电抗 $\boldsymbol{X}$。

为了比较 50Hz、500Hz、5000Hz 下的阻抗参数，修改计算频率后进行多次计算，或进行扫频计算，计算结果见表 15-5。

3 根 10kV 电缆在 50Hz 下的阻抗矩阵见表 15-6。

表 15-5　　单根 10kV 电缆在 50Hz、500Hz、5000Hz 下的阻抗矩阵　　单位：Ω/km

类型		50Hz			500Hz			5000Hz		
		Core 1	Sheath 1	Armor 1	Core 1	Sheath 1	Armor 1	Core 1	Sheath 1	Armor 1
Core 1	电阻	0.22201	0.04933	0.04933	0.70424	0.49296	0.49296	5.48418	4.91832	4.91832
	电抗	0.74711	0.68594	0.67537	6.73069	6.13649	6.03076	59.20460	54.14050	53.08420
Sheath 1	电阻	0.04933	2.06758	0.04933	0.49296	2.51114	0.49296	4.91832	6.93655	4.91832
	电抗	0.68594	0.68584	0.67537	6.13649	6.13556	6.03076	54.14050	54.13000	53.08420
Armor 1	电阻	0.04933	0.04933	31.54290	0.49296	0.49296	31.98620	4.91832	4.91832	36.41280
	电抗	0.67537	0.67537	0.67529	6.03076	6.03076	6.03003	53.08420	53.08420	53.07980

表 15-6　　3 根 10kV 电缆在 50Hz 下的阻抗矩阵　　单位：Ω/km

类型	Core 1	Sheath 1	Armor 1	Core 2	Sheath 2	Armor 2	Core 3	Armor 3	Sheath 3
Core 1	0.22201	0.04933	0.04933	0.04933	0.04933	0.04933	0.04933	0.04933	0.04933
	0.74711	0.68594	0.67537	0.50895	0.50895	0.50895	0.46540	0.46540	0.46540
Sheath 1	0.04933	2.06758	0.04933	0.04933	0.04933	0.04933	0.04933	0.04933	0.04933
	0.68594	0.68584	0.67537	0.50895	0.50895	0.50895	0.46540	0.46540	0.46540
Armor 1	0.04933	0.04933	31.54290	0.04933	0.04933	0.04933	0.04933	0.04933	0.04933
	0.67537	0.67537	0.67529	0.50895	0.50895	0.50895	0.46540	0.46540	0.46540
Core 2	0.04933	0.04933	0.04933	0.22201	0.04933	0.04933	0.04933	0.04933	0.04933
	0.50895	0.50895	0.50895	0.74711	0.68594	0.67537	0.50895	0.50895	0.50895
Sheath 2	0.04933	0.04933	0.04933	0.04933	2.06758	0.04933	0.04933	0.04933	0.04933
	0.50895	0.50895	0.50895	0.68594	0.68584	0.67537	0.50895	0.50895	0.50895
Armor 2	0.04933	0.04933	0.04933	0.04933	0.04933	31.54290	0.04933	0.04933	0.04933
	0.50895	0.50895	0.50895	0.67537	0.67537	0.67529	0.50895	0.50895	0.50895
Core 3	0.04933	0.04933	0.04933	0.04933	0.04933	0.04933	0.22201	0.04933	0.04933
	0.46540	0.46540	0.46540	0.50895	0.50895	0.50895	0.74711	0.68594	0.67515
Sheath 3	0.04933	0.04933	0.04933	0.04933	0.04933	0.04933	0.04933	2.06758	0.04933
	0.46540	0.46540	0.46540	0.50895	0.50895	0.50895	0.68594	0.68584	0.67515
Armor 3	0.04933	0.04933	0.04933	0.04933	0.04933	0.04933	0.04933	0.04933	15.74070
	0.46540	0.46540	0.46540	0.50895	0.50895	0.50895	0.67515	0.67515	0.67500

显而易见，电缆的电容参数不随频率变化，而阻抗参数随频率变化。为了观察阻抗参数随频率变化的趋势，通过扫频计算，将不同频率下的阻抗参数从 lis 文件中提取出来。ATP 输出的阻抗矩阵形式如下：

```
C ATP 输出的 lis 文件中的阻抗矩阵，50Hz
1.72262E-04 4.93475E-08 4.93475E-08 4.93475E-08 4.93475E-08 4.93475E-08 4.93475E-08 4.93475E-08 4.93475E-08         W(1,1)
9.64108E-07 7.25950E-07 6.82398E-07 9.02928E-07 7.25950E-07 6.82398E-07 8.92365E-07 7.25950E-07 6.82398E-07 Core 1  W(2,1)

4.93475E-08 1.72262E-04 4.93475E-08 4.93475E-08 4.93475E-08 4.93475E-08 4.93475E-08 4.93475E-08 4.93475E-08         W(3,1)
7.25950E-07 9.64108E-07 7.25950E-07 7.25950E-07 9.02928E-07 7.25950E-07 7.25950E-07 8.92365E-07 7.25950E-07 Core 2  W(4,1)

4.93475E-08 4.93475E-08 1.72262E-04 4.93475E-08 4.93475E-08 4.93475E-08 4.93475E-08 4.93475E-08 4.93475E-08
6.82398E-07 7.25950E-07 9.64108E-07 6.82398E-07 7.25950E-07 9.02928E-07 6.82398E-07 7.25950E-07 8.92365E-07 Core 3

4.93475E-08 4.93475E-08 4.93475E-08 2.01832E-03 4.93475E-08 4.93475E-08 4.93475E-08 4.93475E-08 4.93475E-08
9.02928E-07 7.25950E-07 6.82398E-07 9.02824E-07 7.25950E-07 6.82398E-07 8.92365E-07 7.25950E-07 6.82398E-07 Sheath 1 W(8,1)

4.93475E-08 4.93475E-08 4.93475E-08 4.93475E-08 2.01832E-03 4.93475E-08 4.93475E-08 4.93475E-08 4.93475E-08         W(9,5)
7.25950E-07 9.02928E-07 7.25950E-07 7.25950E-07 9.02824E-07 7.25950E-07 7.25950E-07 8.92365E-07 7.25950E-07 Sheath 2

4.93475E-08 4.93475E-08 4.93475E-08 4.93475E-08 4.93475E-08 2.01832E-03 4.93475E-08 4.93475E-08 4.93475E-08
6.82398E-07 7.25950E-07 9.02928E-07 6.82398E-07 7.25950E-07 9.02824E-07 6.82398E-07 7.25950E-07 8.92365E-07 Sheath 3

4.93475E-08 4.93475E-08 4.93475E-08 4.93475E-08 4.93475E-08 4.93475E-08 3.14936E-02 4.93475E-08 4.93475E-08         W(13,7)
8.92365E-07 7.25950E-07 6.82398E-07 8.92365E-07 7.25950E-07 6.82398E-07 8.92292E-07 7.25950E-07 6.82398E-07 Armor 1  W(14,7)

4.93475E-08 4.93475E-08 4.93475E-08 4.93475E-08 4.93475E-08 4.93475E-08 4.93475E-08 3.14936E-02 4.93475E-08
7.25950E-07 8.92365E-07 7.25950E-07 7.25950E-07 8.92365E-07 7.25950E-07 7.25950E-07 8.92292E-07 7.25950E-07 Armor 2

4.93475E-08 4.93475E-08 4.93475E-08 4.93475E-08 4.93475E-08 4.93475E-08 4.93475E-08 4.93475E-08 3.14936E-02
6.82398E-07 7.25950E-07 8.92365E-07 6.82398E-07 7.25950E-07 8.92365E-07 6.82398E-07 7.25950E-07 8.92292E-07 Armor 3
```

阻抗矩阵中相当数量的元素值相等，因此仅绘制上面有阴影的 8 个元素随频率变化的曲线。这 8 个元素中有 4 个电阻，4 个感抗，详细说明见表 15-7。

表 15－7　　8 个 元 素 说 明

元　　素	电　　阻	元　　素	感　　抗
W(1,1)	缆芯自电阻	W(2,1)	缆芯自感抗
W(3,1)	缆芯互电阻	W(4,1)	缆芯互感抗
W(9,5)	屏蔽自电阻	W(8,1)	缆芯、屏蔽互感抗
W(13,7)	铠甲自电阻	W(14,7)	铠甲自感抗

电缆阻抗参数随频率变化趋势如图 15－5 所示，图中 f 为频率，R、X、L 分别为电阻、电抗和电感。当频率较低时，导体（缆芯、屏蔽、铠甲）的自电阻基本不随频率变化；当频率增加到一定值时，导体的自电阻随频率增加。而导体的互电阻一直随着频率的增加而增加。当频率增加到一定程度时，导体的自电阻和互电阻趋于相等。对于电抗，自

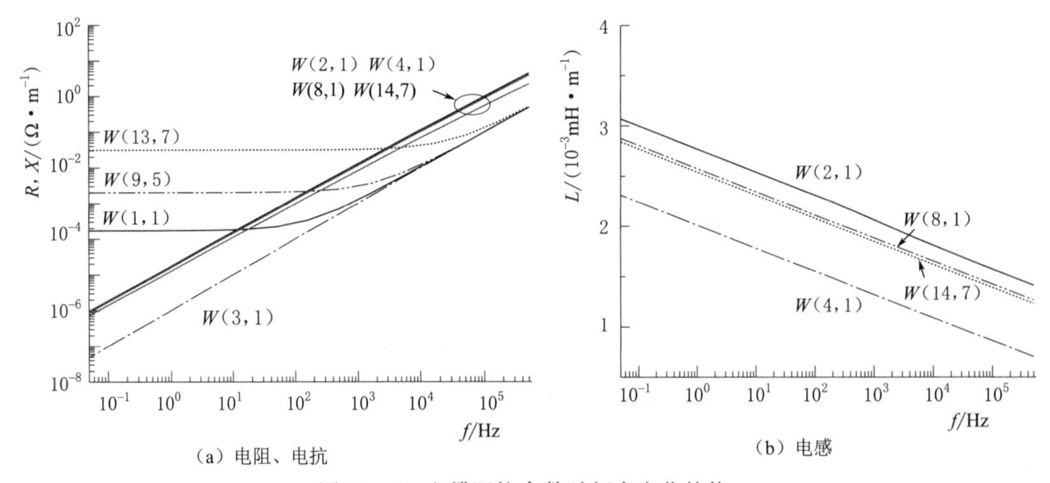

(a) 电阻、电抗　　(b) 电感

图 15－5　电缆阻抗参数随频率变化趋势

电抗和互电抗均随着频率的增加而增加，但自电感和互电感均随着频率的增加反而降低。

15.1.1.4 模量变换

与架空线路类似，进行电缆系统的电磁暂态仿真时，多数算法也需要进行相模变换，在模域计算结束后，再变回相域。但是电缆系统的模量变换要比架空线路复杂得多，3 根电缆系统为 6 相（无铠甲）或 9 相系统。同时，虽然有换位选项 Snaking，但无论是否换位，电缆的导纳矩阵和阻抗矩阵都是对称、但不平衡矩阵。

设 3 根 9 相电缆系统的导纳矩阵为 $\boldsymbol{Y}$，阻抗矩阵为 $\boldsymbol{Z}$，相模电流变换矩阵为 $\boldsymbol{T}_{\mathrm{i}}$。则根据第 5.2.3.2 节的理论，有

$$\boldsymbol{\Lambda}=\boldsymbol{T}_{\mathrm{i}}^{-1}\boldsymbol{YZT}_{\mathrm{i}} \tag{15-1}$$

$$\boldsymbol{Y}_{\mathrm{m}}=\boldsymbol{T}_{\mathrm{i}}^{-1}\boldsymbol{YT}_{\mathrm{i}}^{\mathrm{T}} \tag{15-2}$$

$$\boldsymbol{Z}_{\mathrm{m}}=\boldsymbol{T}_{\mathrm{i}}^{\mathrm{T}}\boldsymbol{ZT}_{\mathrm{i}} \tag{15-3}$$

式中 $\boldsymbol{\Lambda}$——$\boldsymbol{YZ}$ 变换后的对角矩阵；

$\boldsymbol{Y}_{\mathrm{m}}$——$\boldsymbol{Y}$ 变换后的对角矩阵，其对角元素为模量导纳；

$\boldsymbol{Z}_{\mathrm{m}}$——$\boldsymbol{Z}$ 变换后的对角矩阵，其对角元素为模量阻抗。

ATP 计算后得到 lis 文件，部分内容如下：

```
C 电流变换矩阵 Ti，50Hz
Modal transformation matrices follow. These are complex, with the real part displayed above the imaginary part.
The current transformation matrix [Ti] follows. The transpose of this is the inverse of the voltage transformation matrix.
By definition, [Ti] gives the mapping from modal to phase variables: i-phase = [Ti] * i-mode
   -.00428   .006127  .0043396  .2961357  -.425837  -.305189  .3169564  -.321487  -.464372  {实部
  -.135E-5  .3088E-6  -.798E-6  .0058668  -.586E-3  .0051257  .0076152  .0030579  .0077218  {虚部

    .00678  .804E-13  .0054785  -.469566  .492E-13  -.384972  .2924649  .6333854    -.1E-13
  -.108E-5  .101E-13  .1611E-5  .0060383   .22E-14  -.006479  .0121408  -.013591    -.1E-13

   -.00428  -.006127  .0043396  .2961357  .4258365  -.305189  .3169564  -.321487  .4643721
  -.135E-5  -.309E-6  -.798E-6  .0058668  .5863E-3  .0051257  .0076152  .0030579  -.007722

  .3270833  -.466874  -.329318  -.307715  .4367909  .3075121   .023857  -.024988  -.036589
  .8785E-4   -.18E-5  .7226E-4  -.005556  -.536E-4  -.004527  -.009418  -.006034  -.007842

  -.518174  .799E-13  -.415746  .4878991  -.53E-13  .3878753  .0221746  .0493782  -.64E-15
  .1066E-3  .274E-14  -.107E-3  -.007131   -.4E-14   .007332  -.008309  .0113006   -.1E-14

  .3270833  .4668736  -.329318  -.307715  -.436791  .3075121   .023857  -.024988  .0365892
  .8785E-4  .1799E-5  .7226E-4  -.005556   .536E-4  -.004527  -.009418  -.006034  .0078424

  -.330542  .4702981   .330266  -.019534  .0278182  .0196706  .0014743  -.001561  -.002294
  -.872E-4  -.114E-6  -.698E-4  -.359E-3  .4551E-5  -.301E-3  -.789E-3  -.449E-3  -.584E-3

  .5236537  -.73E-13   .416943  .0309732  -.34E-14  .0248117  .0013736  .0030869  -.39E-16
   -.11E-3  .163E-15  .1111E-3  -.442E-3  -.25E-15   .455E-3  -.704E-3  .8485E-3  -.69E-16

  -.330542  -.470298   .330266  -.019534  -.027818  .0196706  .0014743  -.001561  .0022944
  -.872E-4  .1145E-6  -.698E-4  -.359E-3  -.455E-5  -.301E-3  -.789E-3  -.449E-3  .5842E-3

C 模量参数
            Modal components
Mode  Attenuation  Velocity     Impedance (Ohm/m)           Admittance (S/m)        Charact. imp. (Ohm)      Charact. Admit. (S)
No.       (db/km) (m/mic.s)      Real        Imag.          Real        Imag.        Real       Imag.          Real        Imag.
  1  6.51809E-01      4.19  1.64916E-02  4.93403E-06  0.00000E+00  6.83140E-07   109.882   -109.849  4.55170E-03  4.55034E-03
  2  6.50838E-01      4.19  1.48114E-02  4.45573E-06  0.00000E+00  7.58372E-07    98.834    -98.804  5.06051E-03  5.05898E-03
  3  6.49497E-01      4.20  1.31319E-02  4.11491E-06  0.00000E+00  8.51853E-07    87.808    -87.780  5.69603E-03  5.69424E-03
  4  7.80428E-02     34.09  9.84926E-04  2.48990E-05  0.00000E+00  1.68128E-07    54.809    -53.441  9.35306E-03  9.11961E-03
  5  7.75566E-02     34.29  8.81434E-04  2.27782E-05  0.00000E+00  1.85640E-07    49.358    -48.099  1.03918E-02  1.01267E-02
  6  7.67769E-02     34.51  7.86819E-04  2.32814E-05  0.00000E+00  2.04567E-07    44.507    -43.210  1.15664E-02  1.12293E-02
  7  2.33227E-03    103.72  1.02917E-04  5.75889E-04  0.00000E+00  1.58046E-08   191.642    -16.990  5.17736E-03  4.58985E-04
  8  3.83540E-03    235.07  1.13329E-04  1.52777E-04  0.00000E+00  1.04144E-08   128.326    -42.400  7.02570E-03  2.32133E-03
  9  3.25683E-03    226.44  8.04941E-05  1.38044E-04  0.00000E+00  1.29256E-08   107.338    -29.009  8.68223E-03  2.34644E-03
```

```
C pch 文件中的模量参数，全部引入 lis 文件中，用于后续计算。IPUNCH=2。
$VINTAGE, 1
C   Branch cards for constant-parameter distributed:
C                               电阻(Ω/m)  波阻抗(Ω)   波速(m/s)    长度(m)
-1IN___AOUT__A                  1.64916E-02 2.68749E+00 4.18518E+06-1.00000E+02 1  9
-2IN___BOUT__B                  1.48114E-02 2.42392E+00 4.19142E+06-1.00000E+02 1  9
-3IN___COUT__C                  1.31319E-02 2.19785E+00 4.20002E+06-1.00000E+02 1  9
-4IN___DOUT__D                  9.84926E-04 1.21694E+01 3.40921E+07-1.00000E+02 1  9
-5IN___EOUT__E                  8.81434E-04 1.10771E+01 3.42865E+07-1.00000E+02 1  9
-6IN___FOUT__F                  7.86819E-04 1.06681E+01 3.45052E+07-1.00000E+02 1  9
-7IN___GOUT__G                  1.02917E-04 1.90888E+02 1.03723E+08-1.00000E+02 1  9
-8IN___HOUT__H                  1.13329E-04 1.21119E+02 2.35073E+08-1.00000E+02 1  9
-9IN___IOUT__I                  8.04941E-05 1.03344E+02 2.26437E+08-1.00000E+02 1  9
```

计算结果同时存放在 lis、pch、lib 文件中，但目的不同。通常 lis 文件中包含了大量的注释内容，便于理解；而 pch、lib 文件有严格的格式，其中内容用于后续计算。pch 文件的内容被全部拷贝在 lis 文件的最后。

1. 波阻抗计算方法

前文指出，当 IPUNCH=2、3 时，pch 文件中使用不同公式计算模量波阻抗 Z_c。对于不同于架空线路，两种计算结果差异不明显；但对于电缆，计算结果显著不同。

以下为 IPUNCH=3 时 pch 文件中有关模量部分的数据，即

例 15-4

```
C pch 文件中的模量参数全部引入 lis 文件中，用于后续计算。IPUNCH=3。
$VINTAGE, 1
C   Branch cards for constant-parameter distributed:
C                               电阻(Ω/m)  波阻抗(Ω)   波速(m/s)    长度(m)
-1IN___AOUT__A                  1.64916E-02 1.09882E+02 4.18518E+06-1.00000E+02 1  9
-2IN___BOUT__B                  1.48114E-02 9.88341E+01 4.19142E+06-1.00000E+02 1  9
-3IN___COUT__C                  1.31319E-02 8.78080E+01 4.20002E+06-1.00000E+02 1  9
-4IN___DOUT__D                  9.84926E-04 5.48094E+01 3.40921E+07-1.00000E+02 1  9
-5IN___EOUT__E                  8.81434E-04 4.93578E+01 3.42865E+07-1.00000E+02 1  9
-6IN___FOUT__F                  7.86819E-04 4.45070E+01 3.45052E+07-1.00000E+02 1  9
-7IN___GOUT__G                  1.02917E-04 1.91642E+02 1.03723E+08-1.00000E+02 1  9
-8IN___HOUT__H                  1.13329E-04 1.28326E+02 2.35073E+08-1.00000E+02 1  9
-9IN___IOUT__I                  8.04941E-05 1.07338E+02 2.26437E+08-1.00000E+02 1  9
```

显然，IPUNCH=2、3 时，Z_c 明显不同，且均不等于实际值，其原因为线路的电阻远大于电抗。如对于模 1，Z_c 分别为 2.68749Ω、109.882Ω，而前文中计算得实际值为 109.882-j109.849Ω。

2. 变换矩阵随频率变化

在第 10 章中通过举例说明，架空输电线路的电流变换矩阵 $\boldsymbol{T}_i$ 在一个很大的频率范围内变化很小，故可视为不随频率变化。但对于电缆，$\boldsymbol{T}_i$ 中元素随频率变化比较明显，表 15-8为前述 10kV 三相电缆系统的 $\boldsymbol{T}_i$ 中第 7 列、第 8 列、第 9 列数据在 50Hz、5000Hz 下的值。为了直观，表中将绝对值小于 10^{-10}的数据置 0。

表 15-8　　$\boldsymbol{T}_i$ 数据在不同频率下的比较

第 7 列		第 8 列		第 9 列	
50Hz	5000Hz	50Hz	5000Hz	50Hz	5000Hz
0.3169564	-0.39877	-0.321487	0.1629536	-0.464372	-0.098728
0.0076152	-0.005049	0.0030579	-0.202066	0.0077218	0.1380469

续表

第 7 列		第 8 列		第 9 列	
50Hz	5000Hz	50Hz	5000Hz	50Hz	5000Hz
0.2924649 0.0121408	0 0	0.6333854 -0.013591	0 0	0 0	0.1914063 -0.270434
0.3169564 0.0076152	0.39877 0.0050486	-0.321487 0.0030579	-0.162954 0.2020656	0.4643721 -0.007722	-0.098728 0.1380469
0.023857 -0.009418	0.3868644 -0.010065	-0.024988 -0.006034	0.3199874 0.1882172	-0.036589 -0.007842	-0.236938 -0.128899
0.0221746 -0.008309	0 0	0.0493782 0.0113006	0 0	0 0	0.4637716 0.2493567
0.023857 -0.009418	-0.386864 0.010065	-0.024988 -0.006034	-0.319987 -0.188217	0.0365892 0.0078424	-0.236938 -0.128899
0.0014743 -0.789×10^{-3}	0.0249759 -0.483×10^{-3}	-0.001561 -0.449×10^{-3}	0.0203767 0.0206368	-0.002294 -0.584×10^{-3}	-0.015038 -0.014994
0.0013736 -0.704×10^{-3}	0 0	0.0030869 0.8485×10^{-3}	0 0	0 0	0.0295001 0.0291271
0.0014743 -0.789×10^{-3}	-0.024976 0.483×10^{-3}	-0.001561 -0.449×10^{-3}	-0.020377 -0.020637	0.0022944 0.5842×10^{-3}	-0.015038 -0.014994

3. 模量参数随频率变化

电缆的相参数随频率变化，电缆的模量参数也随频率变化。可以使用前文介绍的扫频法计算不同频率下的模量参数，然后借助其他软件从中提取模量参数，这种方法费时费力。更简单的方法是使用 LCC 元件的 JMarti 模型，此处仅利用该模型输出模量参数，至于输出的频率相关模型，即 JMarti 模型，将在后文解释。

假定电缆的缆芯、屏蔽、铠甲都不接地，以下仅显示模 1 参数随频率变化情况，即

例 15－5

```
C 计算电缆模量参数随频率变化情况
=====   =====   Begin  Zc  fitting for mode  IMODE = 1    =====    =====
Units : Freq in Hz; R, L, G, and C per kilometer; R in Ohms, L in Millihenries,  G in mhos, and C in microfarads;
Zc  in Ohms  and  PHZC  in degrees.
      Freq         R          L          G          C          Zc        PHZC       Freq
C     频率        电阻        电感        电导        电容        波阻抗幅值、相角
  5.0000E-01 1.6493E+01 1.5690E-02 3.0000E-08 2.1744E+00 1.5538E+03 -4.4874E+01 5.0000E-01
  5.0000E+00 1.6493E+01 1.5687E-02 3.0000E-08 2.1744E+00 4.9136E+02 -4.4987E+01 5.0000E+00
  5.0000E+01 1.6492E+01 1.5706E-02 3.0000E-08 2.1745E+00 1.5537E+02 -4.4990E+01 5.0000E+01
  5.0000E+02 1.6483E+01 1.5706E-02 3.0000E-08 2.1756E+00 4.9109E+01 -4.4914E+01 5.0000E+02
  5.0000E+03 1.6484E+01 1.5713E-02 3.0000E-08 2.1755E+00 1.5534E+01 -4.4142E+01 5.0000E+03
  5.0000E+04 1.8789E+01 1.7876E-02 3.0000E-08 1.9073E+00 5.7208E+00 -3.6679E+01 5.0000E+04
  5.0000E+05 4.7684E+02 8.3216E-01 3.0000E-08 5.5520E-02 1.2343E+02 -5.1685E+00 5.0000E+05
  5.0000E+06 4.8288E+03 6.8507E-01 3.0000E-08 5.0237E-02 1.1822E+02 -6.3229E+00 5.0000E+06
  5.0000E+07 1.0932E+02 3.2458E-02 3.0000E-08 1.0397E+00 5.5876E+00 -3.0711E-01 5.0000E+07
  5.0000E+08 3.4463E+02 3.2030E-02 3.0000E-08 1.0457E+00 5.5345E+00 -9.8113E-02 5.0000E+08
  5.0000E+09 1.0900E+03 3.1955E-02 3.0000E-08 1.0457E+00 5.5280E+00 -3.1105E-02 5.0000E+09

......
   @@@@@  @@@@@   Begin  A1  fitting for mode  IMODE = 1    @@@@@  @@@@@

C 注意，下面 Freq 不是频率，而是角频率，程序输出说明 Freq in Hz 不正确
Units: Freq in Hz; R, L, G, and C per kilometer; R in ohms, L in Millihenries, G in mhos, and C in microfarads;
Velocity in kilometers/sec; travel time in msec; A1 is dimensionless; PHA1 in degrees.
```

```
      Freq          R           L           G           C         Velocity    Trav.time      A1         PHA1         Freq
C     频率          电阻        电感        电导        电容      波速        传播时间       权函数幅值、相角
   3.1416E+00 1.6493E+01 1.5690E-02 3.0000E-08 2.1744E+00 4.1950E+02 2.3838E-01 9.9925E-01 -4.2908E-02 3.1416E+00
   3.1416E+01 1.6493E+01 1.5687E-02 3.0000E-08 2.1744E+00 1.3239E+03 7.5532E-02 9.9763E-01 -1.3596E-01 3.1416E+01
   3.1416E+02 1.6492E+01 1.5706E-02 3.0000E-08 2.1745E+00 4.1853E+03 2.3893E-02 9.9252E-01 -4.3008E-01 3.1416E+02
   3.1416E+03 1.6483E+01 1.5706E-02 3.0000E-08 2.1756E+00 1.3217E+04 7.5660E-03 9.7658E-01 -1.3619E+00 3.1416E+03
   3.1416E+04 1.6484E+01 1.5713E-02 3.0000E-08 2.1755E+00 4.1236E+04 2.4251E-03 9.2873E-01 -4.3652E+00 3.1416E+04
   3.1416E+05 1.8789E+01 1.7876E-02 3.0000E-08 1.9073E+00 1.1428E+05 8.7508E-04 8.1484E-01 -1.5751E+01 3.1416E+05
   3.1416E+06 4.7684E+02 8.3216E-01 3.0000E-08 5.5520E-02 1.4652E+05 6.8252E-04 8.2370E-01 -1.2285E+02 3.1416E+06
   3.1416E+07 4.8288E+03 6.8507E-01 3.0000E-08 5.0237E-02 1.6941E+05 5.9029E-04 1.2812E-01 -1.0625E+03 3.1416E+07
   3.1416E+08 1.0932E+02 3.2458E-02 3.0000E-08 1.0397E+00 1.7214E+05 5.8092E-04 3.7598E-01 -1.0457E+04 3.1416E+08
```

在图 15－5 中，频率增加时电缆相参数单调变化，或者在一段频率内基本保持不变。但是，电缆的模量电阻、电感、波阻抗随频率非单调变化，多个模量发生跃变，尤以电感为甚，甚至模量电容也随频率变化。如图 15－6 所示，之所以出现这种情况，不是因为电缆的相参数发生了突变，而是因为电缆的模量变换矩阵 $\boldsymbol{T}_i$ 中的元素随频率变化，这一点不同于架空线路。以电阻、电感、阻抗发生跳变的模 7 为例，在频率 f= 100Hz 和 10000Hz 时 $\boldsymbol{T}_i$ 不同，表示模 7 电流的各个相电流分量不同。从另一角度来理解，可视为模 7 电流的路径发生了变化，从而相应的电阻、电感发生了比较大的变化。

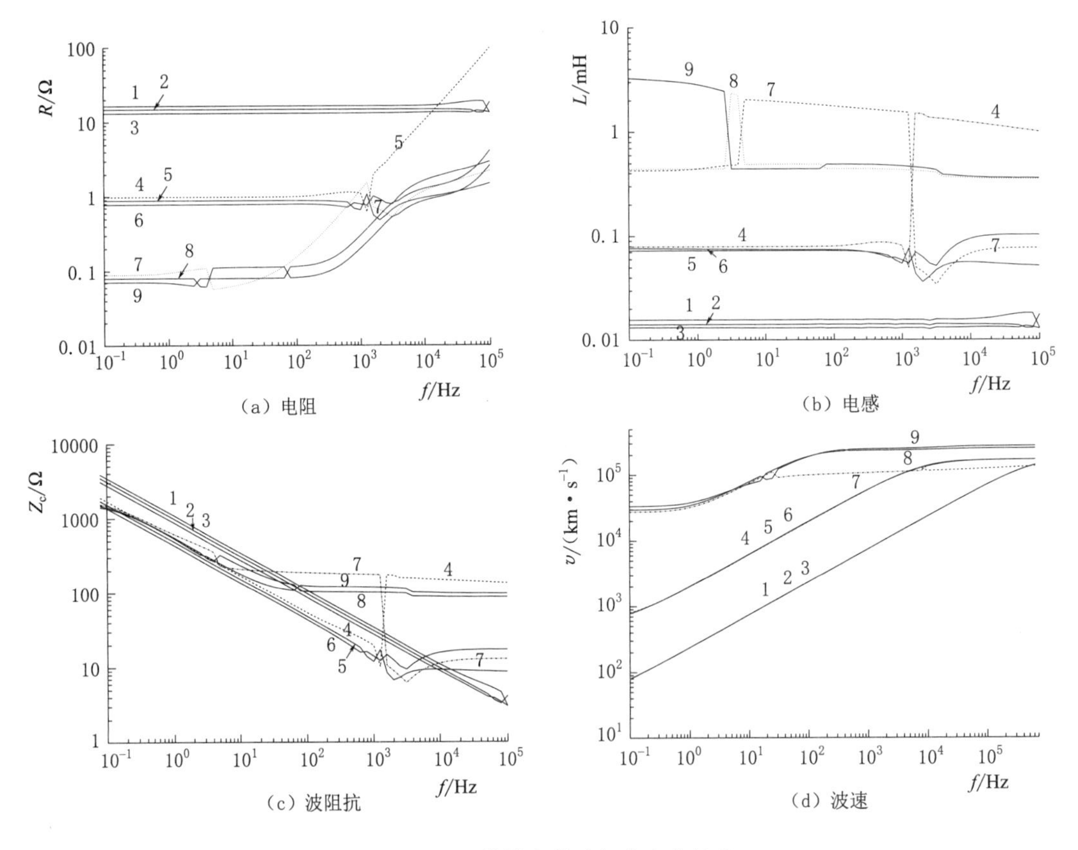

图 15－6　电缆模参数随频率变化趋势

图 15－6（c）中，由于纵坐标为对数坐标，波阻抗的突变尤显剧烈。但如果纵坐标采用线性刻度，突变没有如此明显。

在电磁暂态计算中使用相模变换时，只能选择某个频率下的变换矩阵 $\boldsymbol{T}_i$，而且 $\boldsymbol{T}_i$ 中

元素应为实数。对电缆而言，$\boldsymbol{T}_{\mathrm{i}}$ 随频率变化很大，无论选哪个频率下的 $\boldsymbol{T}_{\mathrm{i}}$，计算结果都是一种近似。具体选用什么频率的 $\boldsymbol{T}_{\mathrm{i}}$，取决于计算目的。如果关心计算的工频稳态结果，取工频 50Hz 下的 $\boldsymbol{T}_{\mathrm{i}}$；如果关心暂态过程中的最大值，取出现最大值对应频率下的 $\boldsymbol{T}_{\mathrm{i}}$。

15.1.2 Bergeron 模型与 PI 模型稳态计算结果比较

当 IPUNCH=1，输出 PI 模型到 pch 文件。当 IPUNCH=2、3 时，输出 Bergeron 恒定分布参数模型的模量参数到 pch 文件。下面通过图 15-7 所示系统比较以上模型。电缆长度为 100m，在电缆的一端缆芯的 a 相、c 相施加一幅值为 100V、频率为 50Hz 的交流电压源，计算另一端缆芯、屏蔽和铠甲的电压。施加两种组合电压，①$U_a = U_c = 100\angle 0°$ V；②$U_a = 100\angle 0°$ V，$U_c = 100\angle 240°$ V。电源频率为 50Hz，在 50Hz 下计算电缆参数，即 Freq. ini=50Hz。末端电压计算结果见表 15-9。

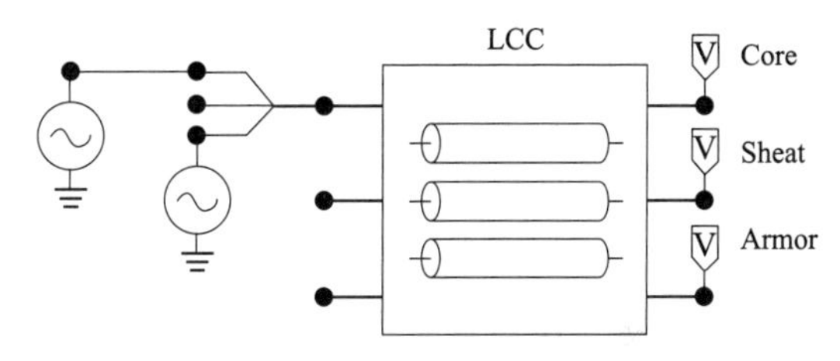

图 15-7　比较电缆模型电路

表 15-9　不同电缆模型稳态电压幅值比较　单位：V

类　型	$U_a=U_c=100\angle 0°$V			$U_a=100\angle 0°$V, $U_c=100\angle 240°$V		
	PI 模型	Bergeron 模型		PI 模型	Bergeron 模型	
	IPUNCH=1	IPUNCH=3	IPUNCH=2	IPUNCH=1	IPUNCH=3	IPUNCH=2
CORE_A	100.0	100.0	100.0	100.0	100.0	100.0
CORE_B	23.7	23.7	26.8	11.8	11.8	13.4
CORE_C	100.0	100.0	100.0	100.0	100.0	100.0
SHEAT_A	91.8	91.8	92.3	91.3	91.3	91.7
SHEAT_B	23.7	23.7	26.5	11.8	11.8	13.3
SHEAT_C	91.8	91.8	92.3	91.3	91.3	91.9
ARMOR_A	90.0	90.0	90.5	89.4	89.4	89.8
ARMOR_B	23.7	23.7	26.5	11.8	11.8	13.2
ARMOR_C	90.0	90.0	90.5	89.4	89.4	89.9

当 IPUNCH 取 1 或 3 时，在两种组合电压下计算结果完全相同。例如 b 相的缆芯、屏蔽和铠甲的感应电压幅值分别为 23.7V、11.8V。但当 IPUNCH=2 时，相应值为 26.8V、13.4V，高于前者约 20%。

在使用 PI 模型电路时，参数不经过相模转换。从理论上讲，对于短电缆，PI 模型精度足够。如果电缆使用 Bergeron 模型，模量数据是近似值，尤其是波阻抗，误差比较大。基于以上考虑，对于短电缆，优先使用 PI 模型，但必须在关心的主要频率下计算相关参数。

从计算可以看出，如果电缆的屏蔽、铠甲两端均不接地，运行时缆芯在屏蔽、铠甲上的感应电压很高，本例中感应电压约为缆芯电压的 90%。所以，正常运行时电缆的屏蔽、铠甲均应接地，接地方式随电缆长度等的变化而不同。

15.1.3 随频率变化参数模型

电缆的电气参数随频率变化，要准确进行电磁暂态计算，必须建立、使用频率相关模型。ATP 提供的电缆的频率相关模型有 JMarti 模型、Semlyen 模型、Noda 模型，由于 JMarti 模型计算稳定、结果准确，故书中仅介绍该模型。

对于前文的 10kV 电缆，在 ATP 中建立 JMarti 模型，其中模 1、模 4、模 7、模 8 波阻抗拟合情况如图 15－8 所示，其中编号为 1 的曲线表示拟合前，编号为 2 的曲线表示拟合后。不同于图 15－6，图 15－8 纵坐标为线性刻度。图中拟合前后模 1 波阻抗完全重合；拟合前模 4、模 7、模 8 波阻抗曲线有不光滑之处，但拟合后曲线整体光滑。

需注意的是，图 15－8 对应的频率范围为 0.001～10^5Hz。如果选择其他值，可能出现死机、计算终止等问题。

计算输出的 pch 文件（也包含在 lis 文件尾部）如下：

```
C 拟合波阻抗和权函数
-1IN___AOUT__A                  2.   0.00                 -2 9
      17          1.1082755753841749000E+01   {特征阻抗为 17 阶，第 2 个数字为频率无穷大时的波阻抗
   4.88736662867583450E+02  -2.43195958510112860E+02   1.94200155832899410E+02 {17 个零点
   3.19950325875298970E+02   4.94099777281817690E+02   7.82442712950554210E+02
   1.25154935001363130E+03   2.00919606819125420E+03   3.22946316944794030E+03
   5.19098475088517810E+03   8.32036877861678290E+03   1.42261100561608600E+04
   2.01391320283067180E+04   3.31687607347019220E+04   5.42593640018726360E+04
   4.11081541534492400E+05  -2.81231851964378440E+05
   2.22857169716794670E-02   2.45197409227634020E-02   4.85334468313959810E-02 {17 个极点
   1.28429832760131260E-01   3.33519856549221230E-01   8.63862264678847970E-01
   2.23663995296754910E+00   5.79057476724598000E+00   1.49913957483460670E+01
   3.88113481314124370E+01   1.00477150536523410E+02   2.65148042931839090E+02
   6.60471517499478300E+02   1.70913748407381010E+03   4.50544604716405870E+03
   1.55226904575798980E+04   1.77216450830870670E+04
       6         -4.4231155623041310000E-06 {权函数为 6 阶，第 2 个数字为式(6-47)中的τ1，接近频率
                                              {无穷大时波的传播时间
   3.43433720189282750E-01   1.03536959410474450E+01   7.65940884171326620E+00 {6 个零点
   1.89970703500525990E+01   1.97738777013818120E+02   1.46922422998975120E+05
   5.34890858624120750E+01   1.62181274358266550E+03   1.16999483175404680E+03 {6 个极点
   2.93642065875080290E+03   7.64512035017265410E+03   1.54941810489485910E+05
-2IN___BOUT__B                  2.   0.00                 -2 9
……
-9IN___IOUT__I                  2.   0.00                 -2 9
……
C 选定频率(5000Hz)下的电流变换矩阵，9×9 阶
 -0.00429212 -0.00614199  0.00438101  0.03385756  0.33575919 -0.27729478{实部 1~6 列
 -0.39876995  0.16295360 -0.09872765                                    {实部 7~9 列
 -0.00006999  0.00001306 -0.00008076  0.13823916 -0.00405239 -0.00859562{虚部 1~6 列
 -0.00504855 -0.20206563  0.13804695                                    {虚部 7~9 列
  0.00679439  0.00000000  0.00553544  0.03042558  0.33274324  0.55888894{…
  0.00000000  0.00000000  0.19140625
 -0.00011247  0.00000000  0.00008117  0.12874206  0.00510072  0.00177322
  0.00000000  0.00000000 -0.27043386
 -0.00429212  0.00614199  0.00438101  0.03385756  0.33575919 -0.27729478
  0.39876995 -0.16295360 -0.09872765
 -0.00006999 -0.00001306 -0.00008076  0.13823916 -0.00405239 -0.00859562
  0.00504855  0.20206563  0.13804695
  0.32719110  0.46683097 -0.33166420  0.29272400 -0.31801072  0.26922698
  0.38686439  0.31998743 -0.23693759
……
```

以上结果中，$f \to \infty$ 时，模 1（还有其他模量，已省略）波的传播时间 $\tau = -4.42 \times 10^{-6}$s，这是不正确的；模 1 的波阻抗 $Z_c = 11.08\Omega$，也比前面 $f = 5 \times 10^9$Hz 时所计算的 $Z_c = 5.53\Omega$，

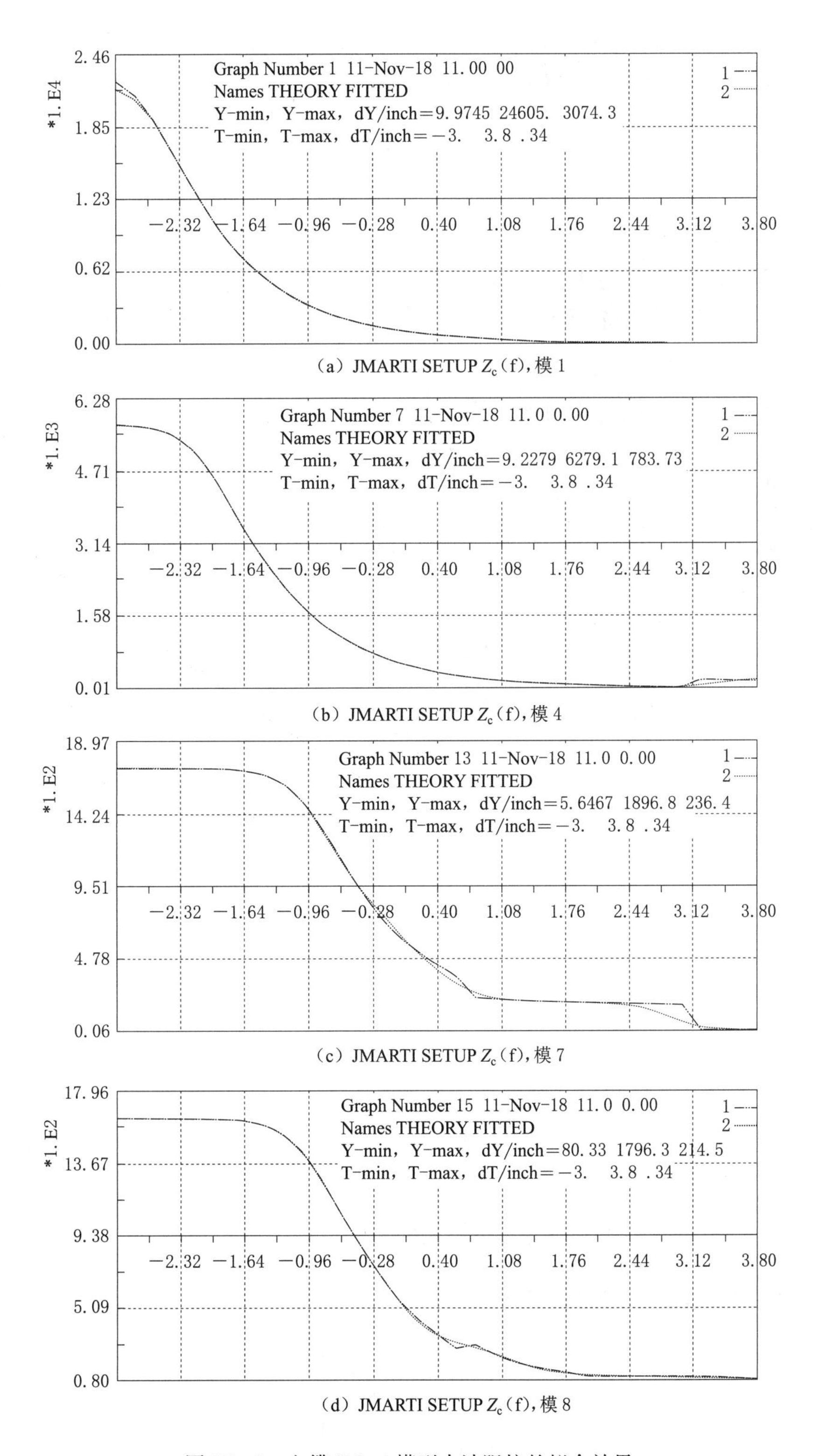

图 15－8　电缆 JMarti 模型中波阻抗的拟合效果

而合理值应当更小。不仅如此，选择不同的频率范围，有时 τ 值过小，有时 τ 不等于电缆长度/频率无穷大时的波速。显然这些都是程序本身缺陷导致的问题。

还有一个与程序本身无关的问题，即变换矩阵元素的虚部不为 0，这是数学问题。由于电缆相参数导纳矩阵 $\boldsymbol{Y}$、阻抗矩阵 $\boldsymbol{Z}$ 的乘积 $\boldsymbol{YZ}$ 为复数矩阵，因此电流变换矩阵 $\boldsymbol{T}_{\mathrm{i}}$ 也是复数矩阵。而且，不同于架空线路，电缆的 $\boldsymbol{T}_{\mathrm{i}}$ 难以通过旋转等方法变为实数矩阵。但是，电磁暂态计算在时域进行，要求 $\boldsymbol{T}_{\mathrm{i}}$ 为实数矩阵。因此，如利用 JMarti 频率相关模型进行电磁暂态过程仿真，结果会有误差；而且需要通过试算观察模型结果，选择合适的参数，否则计算无法进行。例如 τ 为负值，当模型建立之后（其实模型是错误的），计算就中止。

15.1.4 ATP 中不同模型暂态过程比较

本小节利用图 15－9（a）中的系统比较电缆的 PI 模型、Bergeron 模型、JMarti 模型对电磁暂态计算的影响，电缆长度为 100m。电源电压为 $U_{\mathrm{a}}=100\angle 0°\ \mathrm{V}$，$U_{\mathrm{c}}=100\angle 240°\mathrm{V}$，频率为 50Hz。$b$ 相电缆首端悬空。a 相、c 相电源的 TSTART = 0（空格），相当于这两相在 0 时刻合闸。

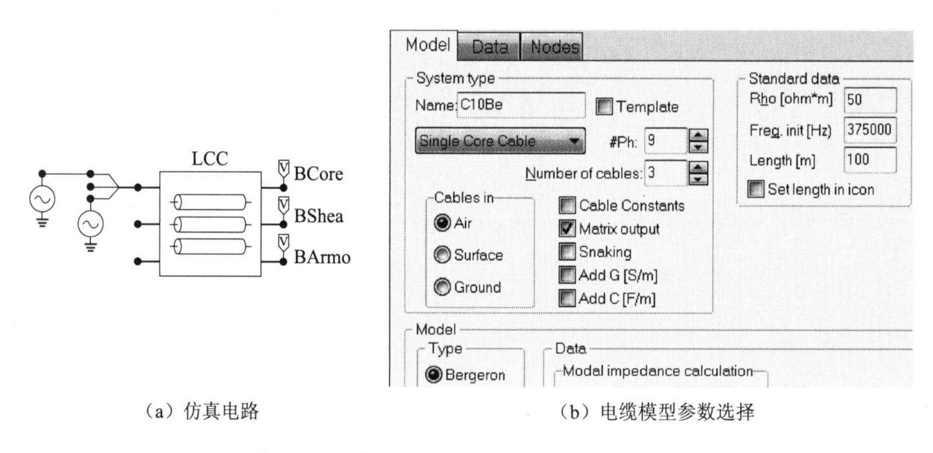

（a）仿真电路　　　（b）电缆模型参数选择

图 15－9　比较不同电缆模型电磁暂态计算结果电路及模型参数初选

15.1.4.1 暂态分量主导频率选择

电缆模型初选为 Bergeron，电缆中最快波速估计为 $v=1.5\times10^{8}\mathrm{m/s}$，因此波在长度为 100m 的电缆中的传播时间为

$$\tau=\frac{100}{v}=6.67\times10^{-7}(\mathrm{s})$$

则电磁暂态过程中主导分量的周期为

$$T=4\tau=2.67\times10^{-6}(\mathrm{s})$$

频率为

$$f=\frac{1}{4\tau}=3.75\times10^{5}(\mathrm{Hz})$$

故将电缆模型中的频率 Freq. ini 初步选为 $3.75\times10^{5}\mathrm{Hz}$，表示将在该频率下计算电缆的参

数、建立电缆的 Bergeron 模型。

暂态时间步长 Δt 初选：在此频率下 1 周波内计算 100 次，即

$$\Delta t=\frac{T}{100}=2.67\times10^{-8}(\mathrm{s})$$

计算中取 $\Delta t=2.5\times10^{-8}$（s）。

电缆模型有关参数的初步选择如图 15－9（b）所示。

ATPDraw 自动建立的电磁暂态计算输入文件如下：

例 15－6

```
BEGIN NEW DATA CASE
$DUMMY, XYZ000
C  dT  >< Tmax >< Xopt >< Copt ><Epsiln>
  2.5E-8     .02     50.
     500       1       0        0        0        0        0        1        0
C        1         2         3         4         5         6         7         8
C 345678901234567890123456789012345678901234567890123456789012345678901234567890
/BRANCH
C < n1 >< n2 ><ref1><ref2>< R  >< L  >< C  >
C < n1 >< n2 ><ref1><ref2>< R  >< A  >< B  ><Leng><><>0
$INCLUDE, I:\MyATP\Atp\C10Be.lib, X0001A, X0001B, X0001C, X0002A, X0002B $$
  , X0002C, X0003A, X0003B, X0003C, BCOREA, BCOREB, BCOREC, BSHEAA, BSHEAB $$
  , BSHEAC, BARMOA, BARMOB, BARMOC
/SOURCE
C < n 1><>< Ampl.  >< Freq.  ><Phase/T0><   A1   ><   T1   >< TSTART >< TSTOP  >
14X0001C        100.        50.       240.                                  100.
14X0001A        100.        50.                                             100.
/OUTPUT
  BARMOABARMOBBARMOCBSHEAABSHEABBSHEACBCOREABCOREBBCOREC
BLANK BRANCH
BLANK SWITCH
BLANK SOURCE
BLANK OUTPUT
BLANK PLOT
BEGIN NEW DATA CASE
BLANK
```

上面电缆的电气参数存放在模块化文件 C10Be. lib 中。

计算结束，根据未加压端电压波形，计算得暂态过程中主导分量的周期约为 1.84×10^{-6}s，对应频率为 5.4×10^{5}Hz。为了精确，调整 Freq. ini = 5.4×10^{5}Hz，并重新计算。结果表明，电压波形没有明显变化，如图 15－10 所示。为了比较，图中也有 Freq. ini = 50Hz 时的波形。峰值往往是电磁暂态计算最关心的量，在 3 个频率下暂态过程的峰值差别不显著，但是暂态过程的主导频率不同。当 Freq. ini = 50Hz 时，电缆的电感大，因此暂态分量的周期长。而且，Freq. ini = 50Hz 时电缆的电阻小，暂态过程衰减要慢得多，如图15－11所示。无论 Freq. ini 取何值，本例中电缆末端开路，电压稳态值取决于电容参数，而电缆的相电容参数不随频率变化，因此稳态结果相同。

15.1.4.2 不同模型对电磁暂态计算的影响

本小节比较电缆 PI 模型、Bergeron 模型、JMarti 模型对电磁暂态计算结果的影响。前面已经计算得到电磁暂态过程的主导频率为 5.4×10^{5}Hz，因此，Bergeron 模型的 Freq. ini =

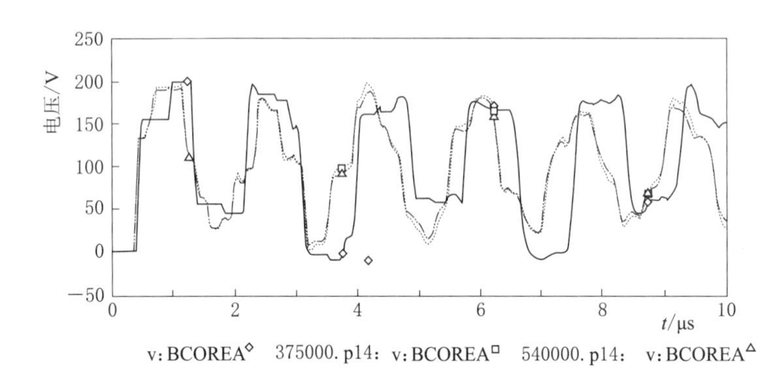

图 15－10　不同 Freq. ini 对 Bergeron 模型暂态初始过程的影响（屏蔽、铠甲未接地）

Freq. ini：○—50Hz；□—3.75×10^5Hz；△—5.4×10^5Hz

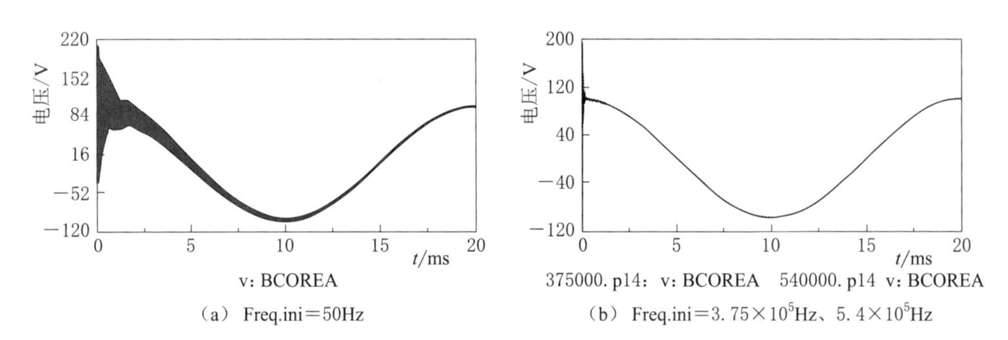

（a）Freq.ini＝50Hz　　（b）Freq.ini＝3.75×10^5Hz、5.4×10^5Hz

图 15－11　不同 Freq. ini 对 Bergeron 模型暂态过程衰减的影响（屏蔽、铠甲未接地）

5.4×10^5Hz。ATP 中 JMarti 模型对频率范围比较敏感，经多次计算比较，最终确定为 0.1～10^7Hz，即 Freq. ini＝0.1Hz，Decades＝8。取电流变换矩阵的计算频率等于主导频率，即 Freq. matrix＝5.4×10^5Hz。

计算表明，使用 PI 模型、Bergeron 模型，a 相电缆未加压端缆芯电压的暂态过程略有不同，如图 15－12（a）所示。最大值均出现在第一峰值，分别为 174.6V、193.4V，使用 PI 模型时的峰值比使用 Bergeron 模型时的峰值小 10%。但使用两种模型的稳态计算结果相同。a 相电缆未加压端屏蔽电压的暂态过程与缆芯电压类似，如图 15－12（b）所示。使用 PI 模型、Bergeron 模型时屏蔽上的最高电压分别为 158.4V、170.2V。同样，两种模型下 V_{BShea} 的稳态值相同。

但是，JMarti 模型计算失败，计算结果在绝对值很大的正负值之间振荡。

上述计算中，首端相电压幅值仅为 100V。10kV 电缆运行相电压幅值为 9800V，屏蔽如没有接地，其上电压峰值将高达 98×170.2＝ 16679.6V，屏蔽绝缘不能承受如此高的电压而击穿，因此运行中电缆的屏蔽、铠甲必须接地。

将加压侧的电缆屏蔽、铠甲接地，未加压侧的仍然悬空。这种情况下，使用 JMarti 模型时计算顺利进行，未加压侧缆芯 a 相电压如图 15－13（a）所示，使用不同模型的稳态计算结果完全相同。暂态过程最大值出现在第一峰值，数值均为 197V，仅在第一位小数

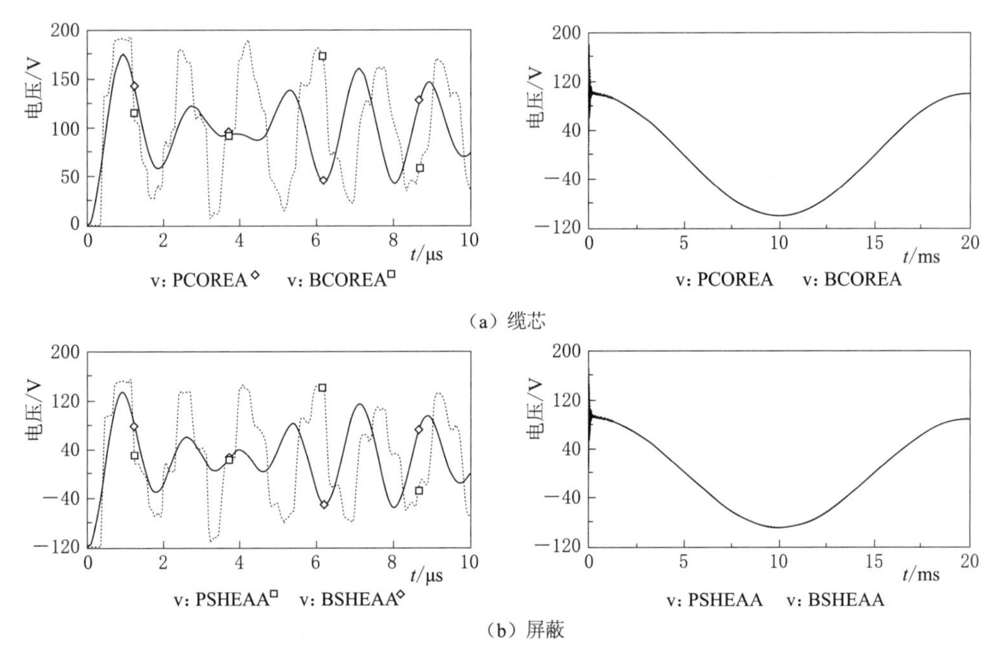

图 15-12 使用 PI 模型、Bergeron 模型计算结果比较（屏蔽、铠甲未接地）

◇—PI模型 □—Bergeron模型

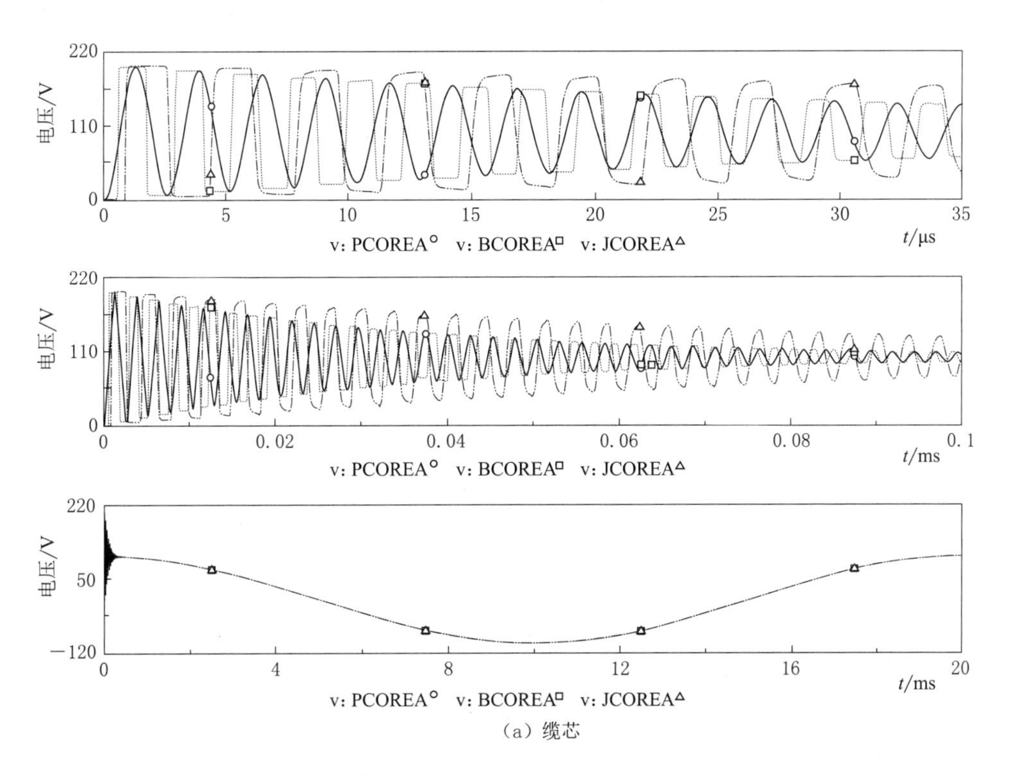

图 15-13（一） PI 模型、Bergeron 模型、JMarti 模型对未加压端电压的影响（加压端屏蔽、铠甲接地）

○—PI 模型；□—Bergerom 模型；△—JMarti 模型

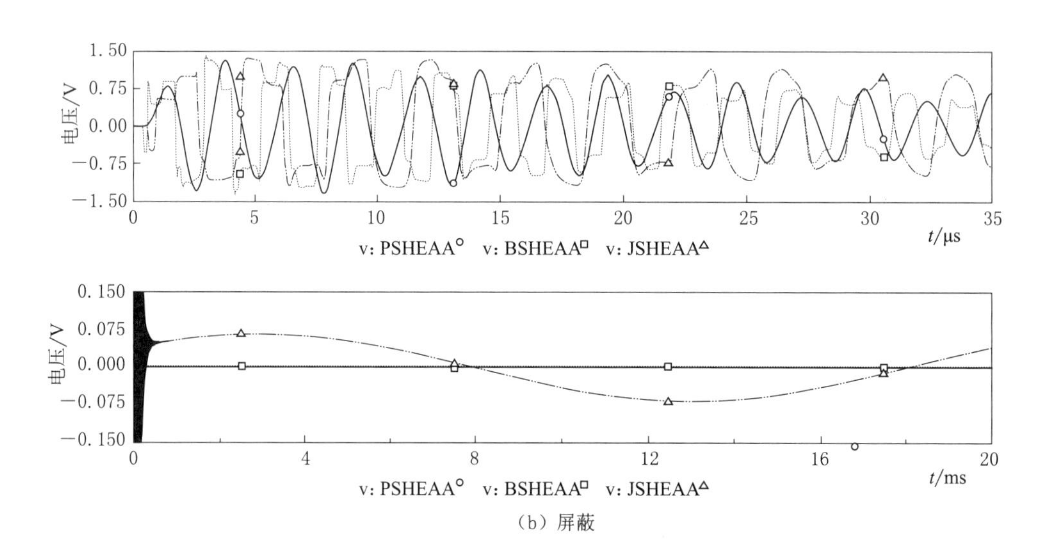

（b）屏蔽

图 15－13（二） PI 模型、Bergeron 模型、JMarti 模型对未加压端电压的影响（加压端屏蔽、铠甲接地）
○—PI 模型；□—Bergerom 模型；△—JMarti 模型

有区别。观察对暂态过程的衰减作用，PI 模型、Bergeron 模型基本相同，而 JMarti 模型要弱。其原因为，暂态过程中不仅存在主导频率，也存在其他低次频率分量。PI 模型、Bergeron 模型对所有频率分量的电阻相同；而 JMarti 模型在低次频率分量下的电阻小，因而总体衰减慢。

未加压侧 a 相电缆的屏蔽电压如图 15－13（b）所示。使用 PI 模型、Bergeron 模型时的暂态过程基本相同；但使用 JMarti 模型时，暂态峰值比使用前两种模型时的峰值小。对于稳态结果，使用 PI 模型、Bergeron 模型时的稳态幅值很小，几乎为 0；而使用 JMarti 模型时，稳态值幅值为 0.128V，折算到正常运行时为 $0.128\times98=12.5$V，这一数据比较合理。

综上所述，电缆的 PI 模型、Bergeron 模型可以用于暂态、稳态计算。谨慎使用 JMarti 模型，并与 PI 模型、Bergeron 模型对照，在很多场合也可得到比较满意的结果。

15.2 ATP 中三芯电缆模型

将 3 根单相电缆放入同一金属护套中，就组成了三芯电缆。工程中的电力三芯电缆与此有所不同，金属护套中的单相电缆仅有缆芯、屏蔽以及它们之间的绝缘层，而单相电缆的屏蔽层从头到尾直接连接。以下介绍利用 ATP 计算该三芯电缆的相关电气参数。

15.2.1 参数设置

该三芯电缆共有 7 根导体：每相单芯电缆的 2 根导体（缆芯、屏蔽）+金属护套。金属护套直接接地，所以在线路参数 LCC 的 Model 页面，总相数为 6，如图 15－14（a）所示。同时，在 Model 页面还需设置金属护套的参数，包括内径、外径、外保护层（橡胶）半径以及相关的电阻率、磁导率、介电常数。

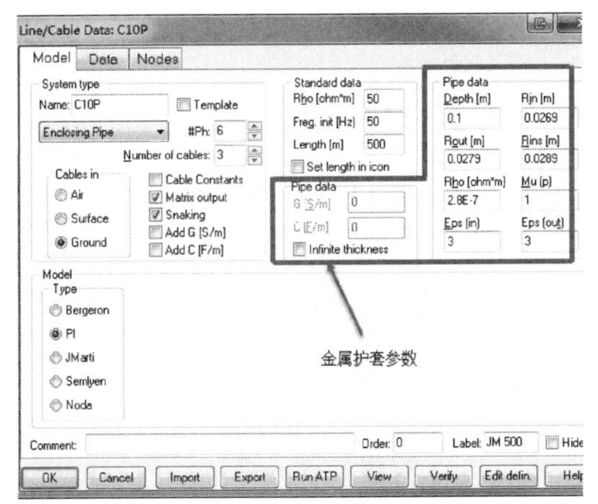

（a）基本参数和电缆护套参数

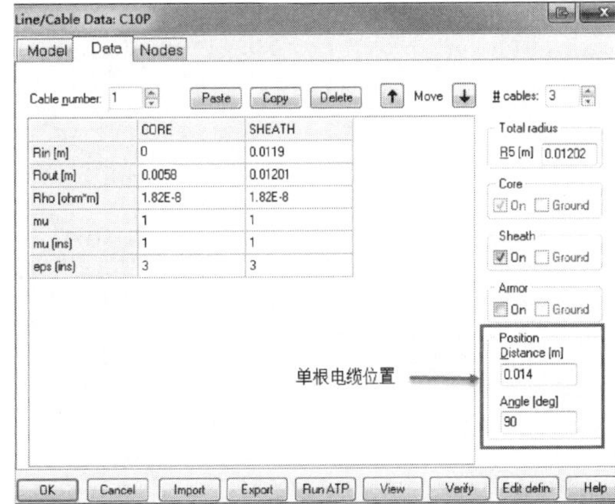

（b）相电缆参数

图 15-14　计算三芯电缆参数时的设置

Data 页为每相电缆参数，与前述单芯电缆类似，但参数更少。在该页输入每相电缆中心的极坐标，极坐标中心是护套的中心，如图 15-14（b）所示。需注意，本例中每相电缆屏蔽之外没有绝缘或保护材料，三相电缆的圆柱屏蔽两两相切，连接为一个整体。但在 ATP 中，必须要输入这层材料的外半径 R_5 以及相应的介电常数。图 15-14（b）中 $R_5=0.01202\text{mm}$，屏蔽的外半径为 $R_4=0.01201\text{mm}$，即这层材料的厚度为 $R_5-R_4=0.00001\text{mm}$，因此两相电缆之间的材料厚度为 0.00002mm。如此薄的材料，导致每两相屏蔽之间有很大的电容 C_2，实际并不存在这一电容。解决方法为，如果选择总相数为 6，仿真时在外电路中将电缆屏蔽短接；如果选择总相数为 3，计算参数时屏蔽都已接地。

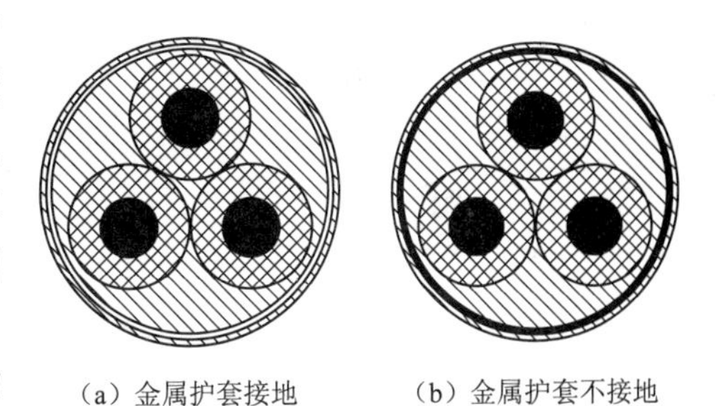

（a）金属护套接地　　（b）金属护套不接地

图 15-15　三芯电缆剖面

输入参数后，可按图 15-14（b）中下方的 View 按钮，观察电缆剖面，如图 15-15（a）所示。3 个黑色实心圆圈为缆芯，属于导体系列；因金属护套已接地，所以不显示为实心。倘若#Ph=7，则金属护套不接地，电缆剖面如图 15-15（b）所示。

15.2.2　计算结果

ATPDraw 生成的输入文件如下：

例 15-7

```
BEGIN NEW DATA CASE
CABLE CONSTANTS
CABLE PARAMETERS
BRANCH  IN___AOUT__AIN___BOUT__BIN___COUT__CIN___DOUT__DIN___EOUT__EIN___FOUT__F
```

```
  3   -1    3          1    1          -1     1     0     0
   .0269     .0279     .0289    2.8E-7        1.        3.        3.
     .014       90.      .014      210.      .014      330.
  2    2    2
     0.0     .0058     .0119    .01201    .01202
  1.82E-8        1.        1.        3.   1.82E-8        1.        1.        3.
     0.0     .0058     .0119    .01201    .01202
  1.82E-8        1.        1.        3.   1.82E-8        1.        1.        3.
     0.0     .0058     .0119    .01201    .01202
  1.82E-8        1.        1.        3.   1.82E-8        1.        1.        3.
      .1
           50.            50.              100.       3
BLANK CARD ENDING FREQUENCY CARDS
$PUNCH
BLANK CARD ENDING CABLE CONSTANTS
BEGIN NEW DATA CASE
BLANK CARD
```

ATP 的计算结果存放在 lib、pch、lis 文件中。lis 文件中有大量中间结果，如导纳、阻抗矩阵等。下面仅介绍已经消去护套的电容导纳矩阵，为了节省空间，删去了实部数据行（均为 0）。

```
          Total admittance [Yt] in mho/m
      Core 1         Core 2          Core 3        Sheath 1       Sheath 2      Sheath 3
 7.29565E-08 -5.99031E-25 -5.99031E-25 -7.29565E-08 -1.59432E-24 -1.59432E-24  Core 1
-5.99031E-25  7.29565E-08 -5.99031E-25 -1.59432E-24 -7.29565E-08 -1.59432E-24  Core 2
-5.99031E-25 -5.99031E-25  7.29565E-08 -1.59432E-24 -1.59432E-24 -7.29565E-08  Core 3
-7.29565E-08 -1.59432E-24 -1.59432E-24  2.36909E-07 -5.55976E-08 -5.55976E-08  Sheath 1
-1.59432E-24 -7.29565E-08 -1.59432E-24 -5.55976E-08  2.36909E-07 -5.55976E-08  Sheath 2
-1.59432E-24 -1.59432E-24 -7.29565E-08 -5.55976E-08 -5.55976E-08  2.36909E-07  Sheath 3
```

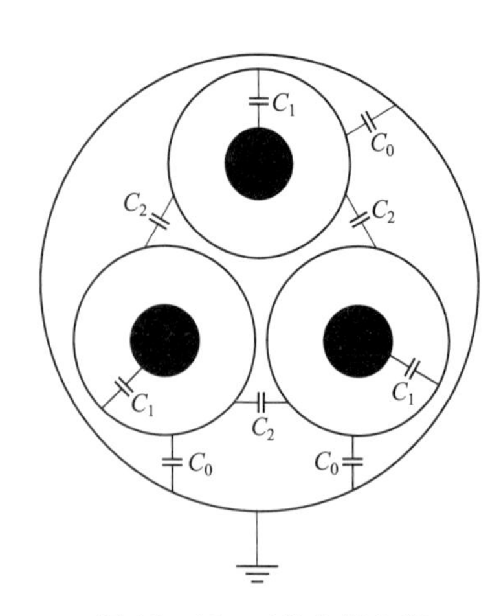

图 15－16　三芯电缆电容

三芯电缆的电容系统如图 15－16 所示。其中 C_0 为屏蔽对护套（地）电容，C_1 为缆芯与屏蔽之间电容，C_2 为两根单相电缆屏蔽之间电容（本例中 C_2 应等于 0）。根据 ATP 计算结果，有

$$\omega C_1 = 7.29565 \times 10^{-8}\text{S/m}$$

$$\omega C_2 = 5.55976 \times 10^{-8}\text{S/m}$$

因为 $\omega = 100\pi$，所以

$$C_1 = 0.23223 \times 10^{-9}\text{F/m}$$

$$C_2 = 0.17697 \times 10^{-9}\text{F/m}$$

可见 C_2 数值较大，而实际 $C_2 = 0$，故在仿真计算时必须将电缆屏蔽短接。

使用同心圆柱电容式（14－27）校核 ATP 计算的 C_1。单相电缆的缆芯半径 $q = 5.8\text{mm}$，屏蔽内径 $r = 11.9\text{mm}$，它们之间绝缘材料的介电常数 $\varepsilon = 3\varepsilon_0 = 3 \times \dfrac{1}{36\pi \times 10^9}\text{F/m}$，则

$$C_1 = \frac{2\pi\varepsilon}{\ln \dfrac{r}{q}} = 0.23191 \times 10^{-9}\text{F/m}$$

与 ATP 计算结果一致。

当选择 Bergeron 模型时，lib、pch、lis 文件中的电缆模型参数如下：

```
$VINTAGE, 1
C   Branch cards for constant-parameter distributed:
C                                电阻(Ω/m)    波阻抗(Ω)    波速(m/s)       长度(m)
C 波阻抗计算选择 ◉ Re{sqrt(Z/Y)}
-1IN___AOUT__A             1.46446E-03 4.09028E+01 1.73487E+07-5.00000E+02 1   6 {模量参数
-2IN___BOUT__B             1.09834E-03 3.06771E+01 1.73487E+07-5.00000E+02 1   6
-3IN___COUT__C             9.08473E-04 4.01848E+01 2.40771E+07-5.00000E+02 1   6
-4IN___DOUT__D             3.72569E-04 8.12919E+01 4.29898E+07-5.00000E+02 1   6
-5IN___EOUT__E             1.18267E-04 3.51366E+01 1.08846E+08-5.00000E+02 1   6
-6IN___FOUT__F             8.87003E-05 2.63525E+01 1.08846E+08-5.00000E+02 1   6
C 波阻抗计算选择 ◉ sqrt(Im{Z}/Im{Y})
-1IN___AOUT__A             1.46446E-03 6.16384E+00 1.73487E+07-5.00000E+02 1   6
-2IN___BOUT__B             1.09834E-03 4.62288E+00 1.73487E+07-5.00000E+02 1   6
-3IN___COUT__C             9.08473E-04 2.00725E+01 2.40771E+07-5.00000E+02 1   6
-4IN___DOUT__D             3.72569E-04 7.71918E+01 4.29898E+07-5.00000E+02 1   6
-5IN___EOUT__E             1.18267E-04 2.85452E+01 1.08846E+08-5.00000E+02 1   6
-6IN___FOUT__F             8.87003E-05 2.14089E+01 1.08846E+08-5.00000E+02 1   6
C
  -.16774950   .00000000  -.20277751   .35835971  -.33183033   .49774549 {电流变换矩阵，虚部
   .00079128   .00000000   .02870572   .05867012  -.00053898   .00080846 {实部
   .08387475  -.12581213  -.20277751   .35835971   .66366066   .00000000 {…
  -.00039564   .00059346   .02870572   .05867012   .00107795   .00000000
   .08387475   .12581213  -.20277751   .35835971  -.33183033  -.49774549
  -.00039564  -.00059346   .02870572   .05867012  -.00053898  -.00080846
   .66366153   .00000000   .36312235  -.03063927  -.00595639   .00893458
   .00001420   .00000000  -.00245430  -.10506308   .00213233  -.00319850
  -.33183077   .49774615   .36312235  -.03063927   .01191278   .00000000
  -.00000710   .00001065  -.00245430  -.10506308  -.00426466   .00000000
  -.33183077  -.49774615   .36312235  -.03063927  -.00595639  -.00893458
  -.00000710  -.00001065  -.00245430  -.10506308   .00213233   .00319850
$VINTAGE, -1,
```

共有 6 根导体，因此有 6 个模量，模量之后是电流变换矩阵。因为电缆的单位长度电阻大于电抗，当采用不同公式计算波阻抗时，结果有较大差异。

当选择 PI 模型时，lib、pch、lis 文件中的模型参数如下：

```
$UNITS, 0.0, 0.0 {XOPT=0, COPT=0
$VINTAGE, 1
C  Pi-equivalent model with length =  5.0000E+02 (meter)    {PI 模型参数与长度成正比例关系
    C                               电阻(Ω)         电感(mH)        电容(μF)
 1IN___AOUT__A              2.11243627E-01  1.00506743E+00  1.16113813E-01
 2IN___BOUT__B              1.22233997E-01  8.46059713E-01 -9.53386838E-19
                            2.11243627E-01  1.00506743E+00  1.16113813E-01
 3IN___COUT__C              1.22233997E-01  8.46059713E-01 -9.53386838E-19
                            1.22233997E-01  8.46059713E-01 -9.53386838E-19
                            2.11243627E-01  1.00506743E+00  1.16113813E-01
 4IN___DOUT__D              1.24906309E-01  9.07756789E-01 -1.16113813E-01
                            1.22233997E-01  8.46059713E-01 -2.53743769E-18
                            1.22233997E-01  8.46059713E-01 -2.53743769E-18
                            1.22622791E+00  9.07610488E-01  3.77052375E-01
 5IN___EOUT__E              1.22233997E-01  8.46059713E-01 -2.53743769E-18
                            1.24906309E-01  9.07756789E-01 -1.16113813E-01
                            1.22233997E-01  8.46059713E-01 -2.53743769E-18
                            1.22233997E-01  8.46059713E-01 -8.84862824E-02
                            1.22622791E+00  9.07610488E-01  3.77052375E-01
```

```
 6IN___FOUT__F                 1.22233997E-01  8.46059713E-01 -2.53743769E-18
                               1.22233997E-01  8.46059713E-01 -2.53743769E-18
                               1.24906309E-01  9.07756789E-01 -1.16113813E-01
                               1.22233997E-01  8.46059713E-01 -8.84862824E-02
                               1.22233997E-01  8.46059713E-01 -8.84862824E-02
                               1.22622791E+00  9.07610488E-01  3.77052375E-01
$VINTAGE, -1,
$UNITS, -1., -1.,
```

注意，模型数据前的特殊请求命令

```
$UNITS, 0.0, 0.0
```

表示 XOPT=0，COPT=0，即电感单位为 mH，电容单位为 μF。

模型数据之后的特殊请求命令

```
$UNITS, -1., -1.,
```

表示电感、电容恢复为原来的单位。

15.3 零序和正序参数计算

工程上习惯使用零序和正序参数进行潮流、稳定、短路计算，但是 ATP 计算的电缆参数并没有提供零序和正序参数。本节介绍如何获得这些参数。注意，使用子程序 CABLE PARAMETERS 计算（图 15-17）。使用 CABLE CONSTANTS 时部分计算结果出错，如互导纳可能为正值。

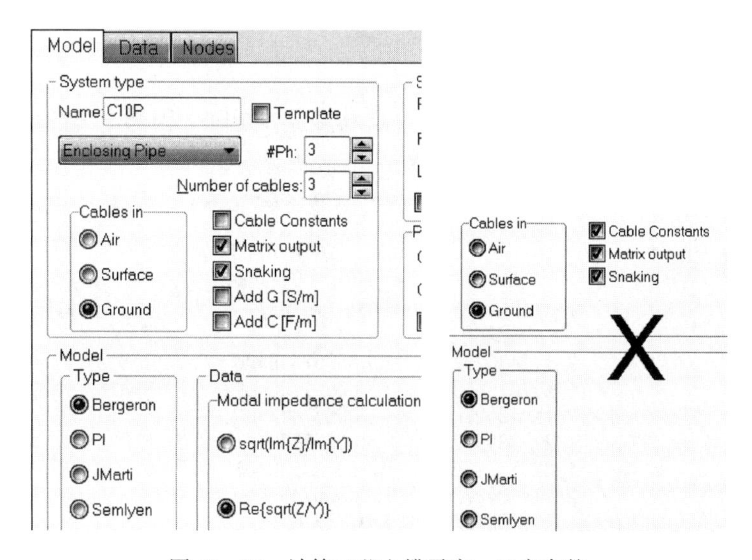

图 15-17　计算三芯电缆零序、正序参数

15.3.1 三芯电缆

以第 15.2 节中的电缆为例，讨论三芯电缆的零序、正序参数计算方法，计算中电缆

换位（☑Snaking），选择在 lis 文件中输出中间结果（☑Matrix output）。将护套、所有屏蔽接地，则总相数为 3。

计算输出的 lis 文件中部分内容如下：

例 15－8

```
           Total impedance [Zt] in Ohm/m
  4.90696E-04  3.12013E-04  3.12013E-04
  3.20219E-04  2.20511E-04  2.20511E-04  Core 1

  3.12013E-04  4.90696E-04  3.12013E-04
  2.20511E-04  3.20219E-04  2.20511E-04  Core 2

  3.12013E-04  3.12013E-04  4.90696E-04
  2.20511E-04  2.20511E-04  3.20219E-04  Core 3

           Total admittance [Yt] in mho/m
  0.00000E+00  0.00000E+00  0.00000E+00
  7.29565E-08 -5.99031E-25 -5.99031E-25  Core 1

  0.00000E+00  0.00000E+00  0.00000E+00
 -5.99031E-25  7.29565E-08 -5.99031E-25  Core 2

  0.00000E+00  0.00000E+00  0.00000E+00
 -5.99031E-25 -5.99031E-25  7.29565E-08  Core 3

Modal transformation matrices follow. These are complex, with the real part displayed above the imaginary part.
The current transformation matrix [Ti] follows. The transpose of this is the inverse of the voltage transformation matrix.
By definition, [Ti] gives the mapping from modal to phase variables: i-phase = [Ti] * i-mode
 .3333333  -.333333       0.5
 .592E-17   .36E-17  -.18E-16

 .3333333  .6666667  -.11E-15
  .91E-17  -.15E-16  -.39E-17

 .3333333  -.333333       -.5
 -.25E-16  .528E-17  .144E-16

           Modal components
 Mode  Attenuation  Velocity       Impedance (Ohm/m)          Admittance (S/m)      Charact. imp. (Ohm)     Charact. Admit. (S)
 No.      (db/km)  (m/mic.s)      Real         Imag.         Real         Imag.       Real       Imag.        Real         Imag.
   1  4.02480E-02      35.80  3.71574E-04  2.53747E-04  0.00000E+00  2.18869E-07    40.095    -21.171  1.95032E-02  1.02983E-02
   2  1.69920E-02      94.29  1.19122E-04  6.64721E-05  0.00000E+00  1.09435E-07    30.446    -17.876  2.44248E-02  1.43408E-02
   3  1.69920E-02      94.29  8.93417E-05  4.98541E-05  0.00000E+00  1.45913E-07    22.835    -13.407  3.25664E-02  1.91210E-02
```

计算中选择电缆换位（☑Snaking），ATP 计算得到了三相平衡的阻抗和导纳矩阵，但是在计算序参数时，却没有使用对平衡矩阵通常所采用的变换矩阵（详见第 5.2.2 节），使用的变换矩阵为（忽略数值很小的虚部）

$$\boldsymbol{T}_{\mathrm{i}}=\begin{bmatrix} .3333333 & -.3333333 & 0.5 \\ .3333333 & .6666667 & 0 \\ .3333333 & -.3333333 & -0.5 \end{bmatrix}$$

根据式（15－3）、式（15－2），用 MATLAB 计算得变换后的模量阻抗矩阵为（忽略很小的非对角元素）

$$\boldsymbol{T}_{\mathrm{i}}^{\mathrm{T}}\boldsymbol{Z}\boldsymbol{T}_{\mathrm{i}}=\begin{bmatrix} 3.7167+2.54\mathrm{i} & 0 & 0 \\ 0 & 1.1933+0.66\mathrm{i} & 0 \\ 0 & 0 & 0.895+0.495\mathrm{i} \end{bmatrix}\times 10^{-4}(\Omega/\mathrm{m})$$

模量导纳矩阵为（忽略很小的非对角元素）

$$\boldsymbol{T}_{\mathrm{i}}^{-1}\boldsymbol{Y}\boldsymbol{T}_{\mathrm{i}}^{-\mathrm{T}}=\begin{bmatrix} 2.1887 & 0 & 0 \\ 0 & 1.0943 & 0 \\ 0 & 0 & 1.4591 \end{bmatrix}\times 10^{-7}(\mathrm{S/m})$$

这就是前面 ATP 计算所得模量阻抗、导纳。ATP 虽然计算得到了三相电缆的模阻抗、模导纳参数，但并非通常所言零序、正序参数。

1. 零序、正序电容

三相电缆有屏蔽，缆芯之间的互导纳、互电容为 0（ATP 计算结果为 -5.99031×10^{-25}S/m，可忽略），所以电缆的零序、正序电容相等。电缆的自导纳为 7.29565×10^{-8}S/m，对应电容为 0.23223×10^{-9}F/m，这就是电缆的零序、正序电容。

2. 零序、正序阻抗

对于电缆的零序、正序阻抗，可通过矩阵变换得到，也可直接使用公式计算

$$Z_0 = Z_s + 2Z_m \tag{15-4}$$

$$Z_1 = Z_s - Z_m \tag{15-5}$$

式中 Z_0——电缆零序阻抗；

Z_1——电缆正序阻抗；

Z_s——电缆阻抗矩阵的对角元素；

Z_m——电缆阻抗矩阵的非对角元素。

ATP 已经计算得每相的自阻抗、互阻抗分别为

$$Z_s = 4.90696\times10^{-4} + 3.20219\times10^{-4}i\ (\Omega/m)$$

$$Z_m = 3.12013\times10^{-4} + 2.20511\times10^{-4}i\ (\Omega/m)$$

所以

$$Z_0 = 11.147\times10^{-4} + 7.6124\times10^{-4}i\ (\Omega/m)$$

$$Z_1 = 1.7868\times10^{-4} + 0.99708\times10^{-4}i\ (\Omega/m)$$

15.3.2 单芯电缆组成的三相电缆

以第 15.1 节中单芯电缆组成的三芯电缆（系统）为例进行讨论。将所有屏蔽、铠甲接地，则总相数#Ph（导体总数）应设为 3。LCC 的 Model 页面设置如图 15-18 所示。

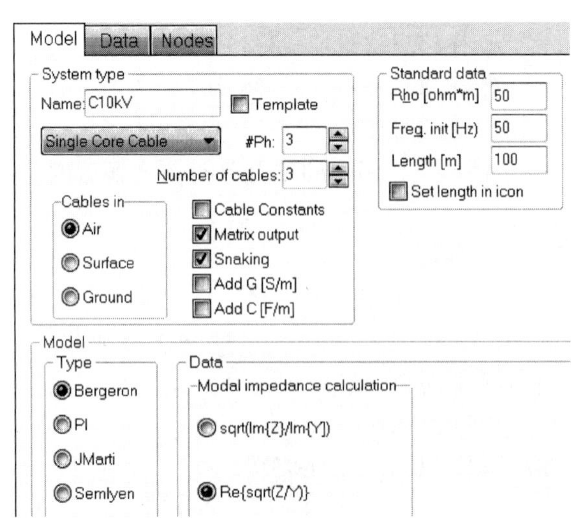

图 15-18 计算单芯电缆组成的三芯电缆的零序、正序参数

ATPDraw 生成的输入文件为：

例 15－9

```
BEGIN NEW DATA CASE
CABLE CONSTANTS
CABLE PARAMETERS
BRANCH  IN___AOUT__AIN___BOUT__BIN___COUT__C
    2     1     3         1     1        -99     6     0     0
    3     3     3
       0.0     .0058     .0119    .01202      .0141     .0142     .0163
   1.82E-8        1.        1.        3.   1.82E-8        1.        1.        3.
    2.8E-7        1.        1.        8.
       0.0     .0058     .0119    .01202      .0141     .0142     .0163
   1.82E-8        1.        1.        3.   1.82E-8        1.        1.        3.
    2.8E-7        1.        1.        8.
       0.0     .0058     .0119    .01202      .0141     .0142     .0163
   1.82E-8        1.        1.        3.   1.82E-8        1.        1.        3.
    2.8E-7        1.        1.        8.
        .1       -.2        .1       0.0         .1        .2
             50.            50.                 100.         3
BLANK CARD ENDING FREQUENCY CARDS
$PUNCH
BLANK CARD ENDING CABLE CONSTANTS
BEGIN NEW DATA CASE
BLANK CARD
```

ATP 计算结束，生成 lis 文件，其中部分内容如下：

```
          Grounding reduces matrix order from  9  to  3.

           Total impedance [Zt] in Ohm/m
  4.66906E-04  2.74741E-04  2.74741E-04
  4.75088E-04  2.24511E-04  2.24511E-04  Core 1

  2.74741E-04  4.66906E-04  2.74741E-04
  2.24511E-04  4.75088E-04  2.24511E-04  Core 2

  2.74741E-04  2.74741E-04  4.66906E-04
  2.24511E-04  2.24511E-04  4.75088E-04  Core 3

           Total admittance [Yt] in mho/m
  0.00000E+00  0.00000E+00  0.00000E+00
  7.29565E-08 -3.93131E-25 -3.93131E-25  Core 1

  0.00000E+00  0.00000E+00  0.00000E+00
 -3.93131E-25  7.29565E-08 -3.93131E-25  Core 2

  0.00000E+00  0.00000E+00  0.00000E+00
 -3.93131E-25 -3.93131E-25  7.29565E-08  Core 3

Modal transformation matrices follow.   These are complex, with the real part displayed above the imaginary part.
The current transformation matrix [Ti] follows.  The transpose of this is the inverse of the voltage transformation matrix.
By definition, [Ti] gives the mapping from modal to phase variables: i-phase = [Ti] * i-mode
   .3333333  .6666667  -.11E-15
  .368E-16  -.33E-16  .145E-16

  .3333333  -.333333       0.5
  .139E-15  -.23E-16   -.2E-16

  .3333333  -.333333        -.5
  -.18E-15  .506E-16  .363E-17

            Modal components
 Mode  Attenuation  Velocity       Impedance (Ohm/m)          Admittance (S/m)       Charact. imp. (Ohm)      Charact. Admit. (S)
 No.      (db/km)  (m/mic.s)        Real        Imag.         Real        Imag.         Real       Imag.         Real        Imag.
   1  3.51750E-02      34.31  3.38796E-04  3.08037E-04  0.00000E+00  2.18869E-07      41.830    -18.503  1.99943E-02  8.84408E-03
   2  1.33956E-02      69.12  1.28110E-04  1.67051E-04  0.00000E+00  1.09435E-07      41.534    -14.093  2.15909E-02  7.32580E-03
   3  1.33956E-02      69.12  9.60826E-05  1.25289E-04  0.00000E+00  1.45913E-07      31.151    -10.569  2.87878E-02  9.76773E-03
```

显然，ATP 使用的电流变换矩阵与计算三芯电缆时的相同，只是列相量中元素的顺序有所变化。变换的结果也不是通常工程需要的零序、正序参数。

1. 零序、正序电容

所讨论的三相电缆由 3 根单芯电缆组成，单芯电缆的屏蔽接地，所以三相电缆的零序、正序电容相等，且等于单芯电缆缆芯与屏蔽之间的电容，即为 0.23223×10^{-9}F/m。

2. 零序、正序阻抗

ATP 已经计算得每相的自阻抗、互阻抗分别为

$$Z_s = 4.66906\times10^{-4} + 4.75088\times10^{-4}i\ (\Omega/m)$$

$$Z_m = 2.74741\times10^{-4} + 2.24511\times10^{-4}i\ (\Omega/m)$$

它们不等于三芯电缆对应参数。

利用式（15-6）、式（15-7）得零序、正序阻抗为

$$Z_0 = 10.1064\times10^{-4} + 9.2411\times10^{-4}i\ (\Omega/m)$$

$$Z_1 = 1.9217\times10^{-4} + 2.5058\times10^{-4}i\ (\Omega/m)$$

15.4 单相接地电弧转移计算

在中性点不接地系统中，虽然发生单相接地后系统可继续运行一段时间，但应尽快消除故障，以防事故扩大。消除故障的一种方法是进行电弧转移，具体做法为在变电站的母线处将故障相再次接地，此时故障通道有残余电流，残余电流过零后故障点的恢复电压将大大低于不进行电弧转移时的恢复电压，电弧重燃的可能性也大为降低，故障得以快速消除。

15.4.1 计算设置

将要仿真的 10kV 系统如图 15-19 所示，共有 6 回 10kV 出线，包括 4 回电缆和 2 回架空线路。

每回电缆长 2km，其参数与第 15.2 节中的三芯电缆相同。电缆采用 6 相导体模型，包含 3 根缆芯和 3 根屏蔽。

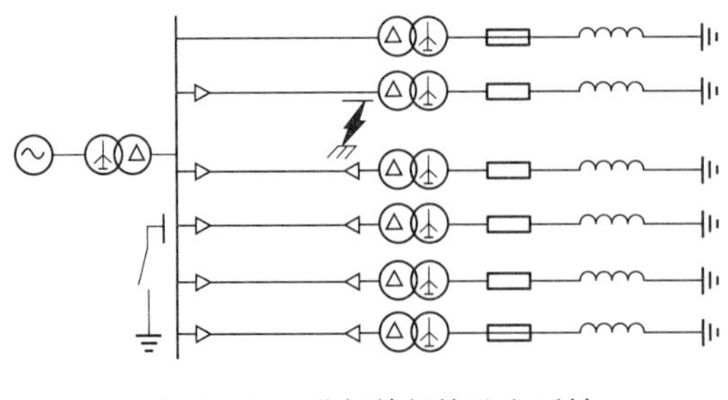

图 15-19 进行单相接地电弧转移的 10kV 系统

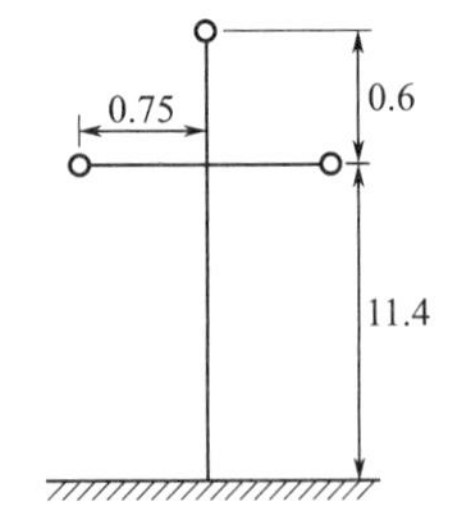

图 15-20 10kV 架空线路杆塔几何参数（单位：m）

每回 10kV 架空线路长 8km，杆塔几何参数如图 15-20 所示。导线型号为 LGJ-95/15，导线铝材部分内半径 2.1851mm，外半径 6.805mm。导线直流电阻 0.3058Ω/km，大地电阻率为 100Ω·m。利用 PI 模型计算线路参数，LCC 有关设置如图 15-21 所示。虽然没有换位，

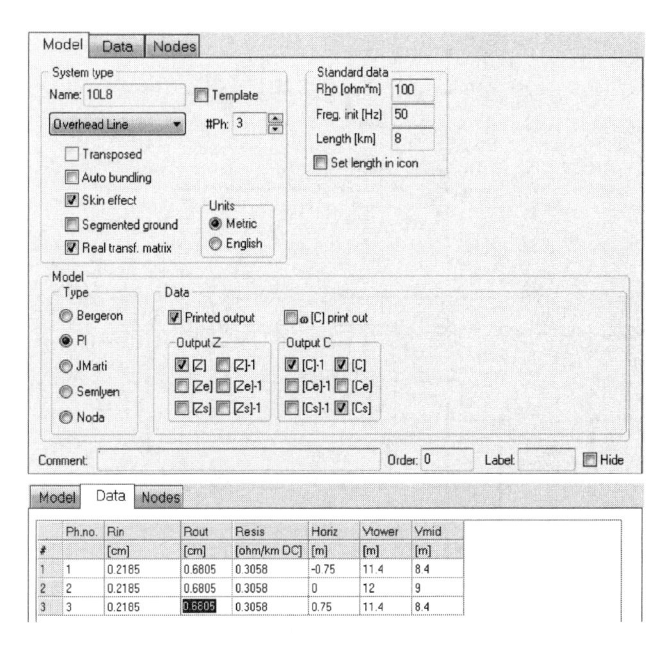

图 15－21　计算架空线路参数时 LCC 设置

但 PI 模型会给出假设换位后的零序和正序参数，可认为是三相平均值，具体如下：

例 15－10

```
Sequence        Surge impedance        Attenuation   velocity     Wavelength   Resistance    Reactance    Susceptance
          magnitude(Ohm) angle(degr.)     db/km        km/sec        km          Ohm/km        Ohm/km        mho/km
   Zero :  1.14015E+03 -7.84344E+00  1.73327E-03  2.16873E+05  4.33746E+03  4.50777E-01  1.60510E+00  1.28252E-06
Positive:  3.62542E+02 -2.12723E+01  3.93316E-03  2.70108E+05  5.40217E+03  3.05963E-01  3.33378E-01  3.44270E-06
```

仿真时将其中 1 回电缆、1 回架空线路分为 2 段，以便在两段之间设置故障、改变故障位置（通过设置每段的长度）。

负载用串联阻抗表示，其值为 19+j9. 196Ω，对应功率因数 0. 9。

电源电动势为 13kV，内阻为 0. 1+j1Ω。

所有变压器 10kV 侧采用△连接，因此 10kV 系统为中性点不接地系统。变压器阻抗为 0. 1+j1Ω。

单相接地故障电阻 R_f 取值范围为 1～500Ω。当在变电站内将故障相再次接地时，实际通过变电站地网接地，地网接地电阻 R_s＝0. 5Ω。

15. 4. 2　稳态计算

稳态计算有两个目的，一是初步判断所创建 ATPDraw 电路是否正确，二是计算稳态单相接地电流。稳态计算中电缆和架空线路均使用 PI 模型。

15. 4. 2. 1　基本计算

1. 系统无故障稳态电流和电压

计算结果有效值显示在图 15－22 中，其中电压测量仪旁数值为 *a* 相电压，电流测量仪旁数值为 *a* 相电流。

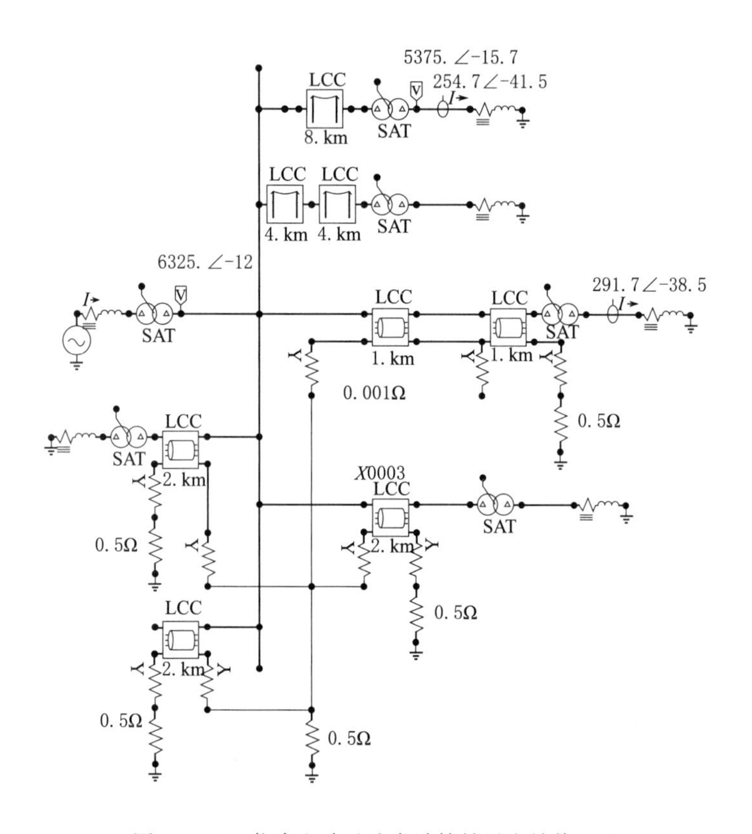

图 15-22　仿真电路及稳态计算结果有效值显示

2. 单相接地电流

在系统中任意一点进行单相金属接地，仿真计算得接地电流有效值为 11.38A。

前文已经计算得，10kV 架空输电线路平均单相对地容纳（零序）为 1.28252×10^{-6}S/km。不论三芯电缆还是单芯电缆组成的三相电缆，因为屏蔽已经接地，故其平均单相对地容纳（零序）相同，都是缆芯与屏蔽之间电容的容纳，具体数值为 7.29565×10^{-5}S/km。根据图15-22，发生单相接地前线路稳态相电压为 6325V，因此，理论计算单相接地电流为

$$3\times(1.28252\times10^{-6}\times16+7.29565\times10^{-5}\times8)\times6325=11.51(\text{A})$$

理论计算与仿真结果吻合。

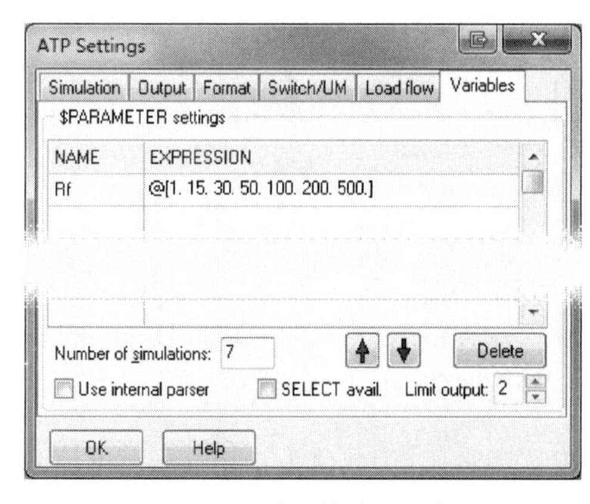

图 15-23　设置故障电阻变量

15.4.2.2　电弧转移后的单相接地电流

仿真电弧转移后故障点的残余电流 I_f 以及变电站内的接地电流 I_s。为了提高计算效率，仿真中故障电阻 R_f 可用变量，具体数值及设置如图 15-23 所示。ATP 输入文件相关部分的内容如下：

例 15 - 11

```
/REQUEST
POCKET CALCULATOR VARIES PARAMETERS              72
$PARAMETER
F01001=(KNT.EQ.1.)*1.+(KNT.EQ.2.)*15.  $$
F01002=(KNT.EQ.3.)*30.+(KNT.EQ.4.)*50.  $$
F01003=(KNT.EQ.5.)*100.+(KNT.EQ.6.)*200.  $$
F01004=(KNT.GE.7.)*500.  $$
P01001=F01001+F01002+F01003+F01004 $$
RFI=P01001 $$
RF____=RFI
BLANK $PARAMETER
……
  XX0004                  RF____                                        0
```

首先讨论电缆故障。设置故障点距电缆首端距离分别为 l=0.2km、0.4km、0.6km、...、2km，两次故障点之间相距 0.2km。计算结果见表 15 - 10 。为了直观，将表中数据绘制为曲线，如图 15 - 24 所示。

表 15 - 10　　电缆单相接地故障转移后电流　　单位：A

电　流	故障位置 l	故障电阻 R_f						
		1Ω	15Ω	30Ω	50Ω	100Ω	200Ω	500Ω
变电站内单相接地电流 I_s /A	0.2km	13.180	11.458	11.463	11.468	11.472	11.475	11.476
	0.4km	18.220	11.551	11.495	11.483	11.479	11.478	11.477
	0.6km	23.570	11.686	11.539	11.503	11.486	11.481	11.479
	0.8km	28.660	11.860	11.593	11.527	11.495	11.484	11.480
	1km	33.350	12.072	11.659	11.555	11.504	11.488	11.481
	1.2km	37.650	12.320	11.735	11.588	11.515	11.492	11.482
	1.4km	41.600	12.600	11.822	11.624	11.527	11.496	11.483
	1.6km	45.240	12.911	11.920	11.665	11.540	11.501	11.485
	1.8km	48.600	13.250	12.029	11.711	11.554	11.506	11.486
	2km	51.730	13.614	12.148	11.760	11.570	11.511	11.488
故障残余电流 I_f /A	0.2km	8.564	0.767	0.388	0.234	0.117	0.059	0.024
	0.4km	16.240	1.538	0.780	0.471	0.236	0.119	0.047
	0.6km	23.010	2.302	1.171	0.707	0.355	0.178	0.071
	0.8km	28.910	3.058	1.559	0.943	0.474	0.238	0.095
	1km	34.350	3.805	1.945	1.178	0.593	0.297	0.119
	1.2km	38.950	4.544	2.330	1.412	0.711	0.357	0.143
	1.4km	43.160	5.274	2.711	1.645	0.830	0.417	0.167
	1.6km	46.960	5.995	3.091	1.877	0.948	0.476	0.191
	1.8km	50.400	6.706	3.467	2.109	1.065	0.535	0.215
	2km	53.540	7.408	3.841	2.339	1.183	0.595	0.239

可以发现以下趋势：

(1) 故障距离 l 越大，I_f、I_s 越大。其原因为：l 越大，负载电流在导线等效阻抗 Z_1

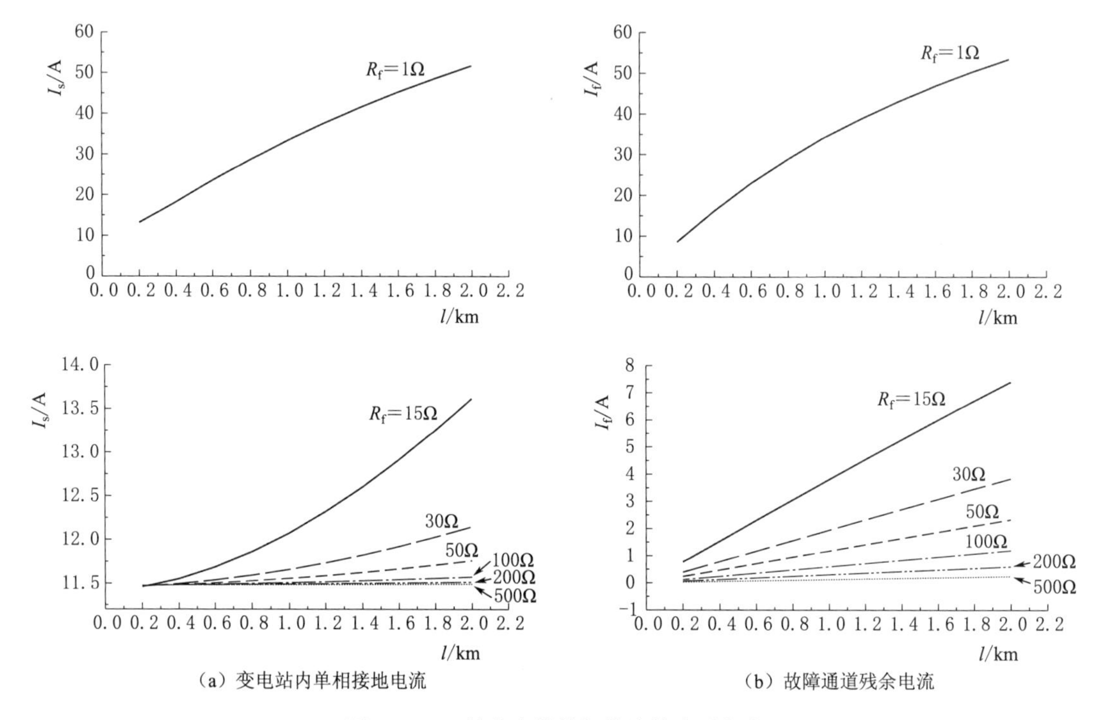

图 15－24　转移电缆单相接地故障后电流

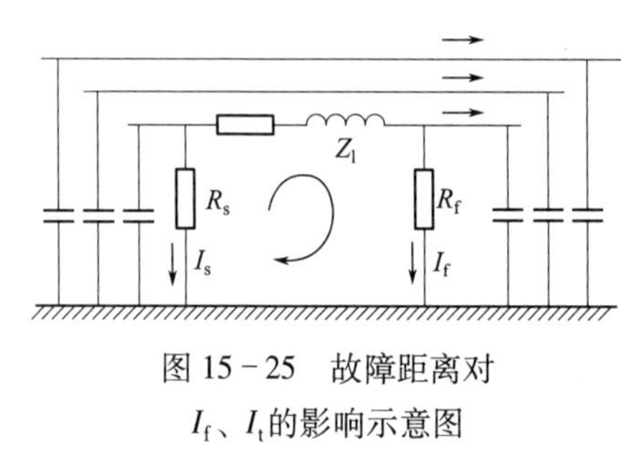

图 15－25　故障距离对 I_f、I_t的影响示意图

上的压降越大，故 I_f、I_s 越大，如图 15－25 所示。

（2）如果故障电阻 R_f 与变电站接地电阻 R_s 为同一数量级，即约为 0.5Ω 则负荷较大时，I_f、I_s 可能超过系统的单相接地电流。本例中 R_s = 0.5Ω，当 R_f = 1Ω 时，在不同故障距离下 I_f = 13.18~51.73A，I_s = 8.564~53.54A，而系统的单相接地电流仅为 11.38A。但实际上 R_f 比 R_s 大很多。

（3）如果 R_f 比 R_s 大得多，本例中当 $R_f \geqslant 100R_s = 50\Omega$ 时，则 I_f 接近于 0，而 I_s 近似等于系统的单相接地电流。这是比较理想的情况，I_f 越小，故障电弧越容易自行熄灭。

类似可计算转移架空线路单相接地故障后的电流 I_f、I_s，见表 15－11，如图 15－26 所示。显然，当 R_f 比较小时，在同样的 l 和 R_f 下，架空线路的 I_f、I_s 大于电缆的对应电流，R_f 越小相差越大，这是因为架空线路的单位长度阻抗比电缆的大，在同样的负载电流下阻抗上的压降也大。例如，当 l = 1.6km、R_f = 1Ω 时，对于架空线路，I_s = 83.04A，I_f = 85.88A；但对于电缆，I_s = 45.24A，I_f = 46.96A，而且这些数据是在架空线路的负载电流（254.7A）小于电缆负载电流（291.7A）时计算而得。

表 15－11　　架空线路单相接地故障转移后电流　　单位：A

电　流	故障位置 l	故障电阻 R_f						
		1Ω	15Ω	30Ω	50Ω	100Ω	200Ω	500Ω
变电站内单相接地电流 I_s /A	0.8km	55.90	14.20	12.62	12.10	11.76	11.61	11.53
	1.6km	83.04	18.24	14.28	12.95	12.12	11.77	11.59
	2.4km	98.22	22.69	16.24	13.95	12.52	11.94	11.65
	3.2km	107.64	27.24	18.38	15.08	12.97	12.12	11.71
	4km	114.06	31.72	20.61	16.29	13.46	12.32	11.77
	4.8km	118.77	36.08	22.90	17.56	13.98	12.53	11.84
	5.6km	122.43	40.30	25.22	18.89	14.53	12.75	11.91
	6.4km	125.40	44.35	27.53	20.24	15.11	12.98	11.98
	7.2km	127.92	48.23	29.83	21.62	15.71	13.22	12.05
	8km	130.11	51.96	32.11	23.02	16.33	13.47	12.13
故障残余电流 I_f /A	0.8km	56.12	6.16	3.14	1.90	0.95	0.48	0.19
	1.6km	85.88	12.10	6.23	3.78	1.91	0.96	0.38
	2.4km	102.48	17.79	9.26	5.65	2.86	1.44	0.58
	3.2km	112.77	23.23	12.23	7.49	3.80	1.91	0.77
	4km	119.76	28.43	15.14	9.31	4.74	2.39	0.96
	4.8km	124.87	33.39	17.99	11.11	5.67	2.86	1.15
	5.6km	128.83	38.12	20.78	12.88	6.60	3.34	1.34
	6.4km	132.04	42.63	23.51	14.64	7.52	3.81	1.53
	7.2km	134.73	46.93	26.18	16.37	8.43	4.28	1.73
	8km	137.07	51.02	28.79	18.09	9.35	4.75	1.92

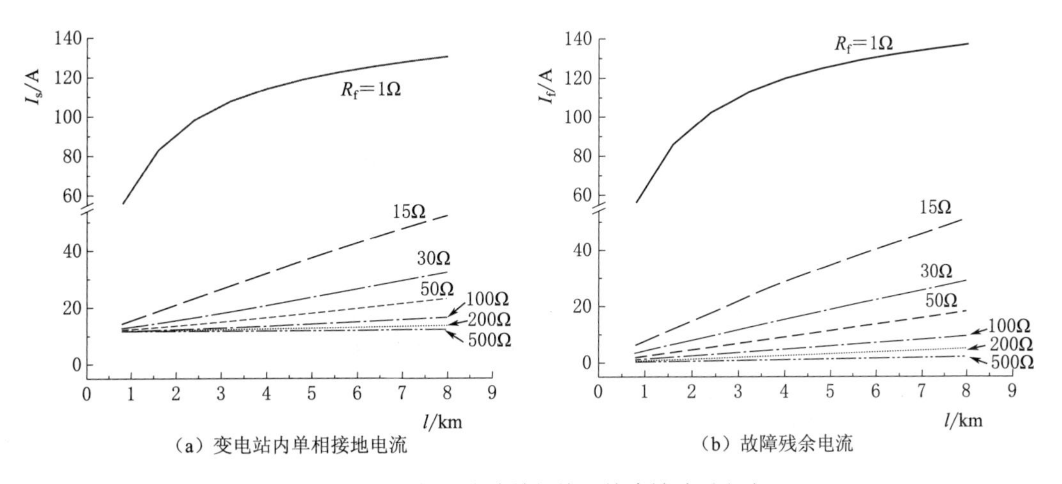

（a）变电站内单相接地电流　　（b）故障残余电流

图 15－26　架空线路单相接地故障转移后电流

15.4.3 恢复电压

当故障点的残余电流 I_f 过 0 时，故障电弧自然熄灭。对于瞬时性故障，理想情况是故障电弧不再重燃，之后将变电站内的单相接地开关打开，故障将完全消除，线路恢复正常运行。但故障电弧能否不再重燃，取决于故障点恢复电压 U_r。U_r 是三个电压的累加，如图 15－27 所示，具体为

$$U_r = U_{r1} + U_{r2} + U_{r3} \tag{15-6}$$

式中　U_r——故障点恢复电压；

U_{r1}——线路负荷电流在线路首端到故障点之间的压降；

U_{r2}——变电站接地电阻 R_s 上的压降；

U_{r3}——地中电流在大地上的压降。

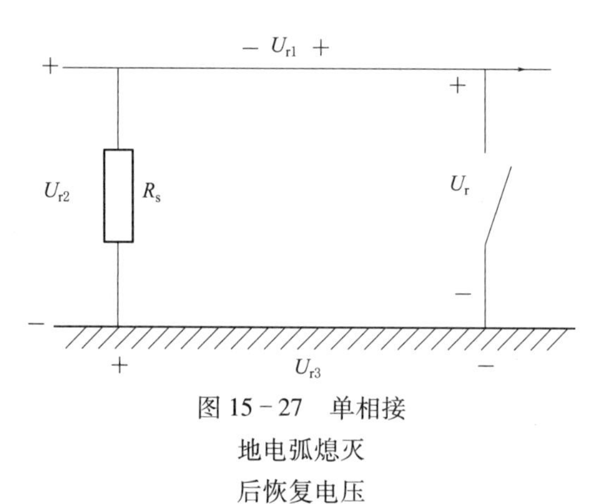

图 15－27　单相接地电弧熄灭后恢复电压

当单相接地故障位于线路末端时，转移电弧后的故障残余电流最大。而且，在此情况下电弧熄灭后 U_r 的稳态值也最大，因此仅仿真单相接地故障位于线路末端的情况。

图 15－28 为架空线路末端单相接地后的故障恢复电压波形，仿真中架空输电线路采用 JMarti 模型。假如当 $R_f = 1\Omega$（实际上不可能这么小），故障残余电流 I_f 大，电弧熄灭前后故障点的稳态电压差别（幅值和相角）也大，因此 U_r 有比较明显的暂态过程。但当 $R_f = 50\Omega$ 时，I_f 小，电弧熄灭前后故障点的稳态电压差别小，U_r 的暂态过程不明显。

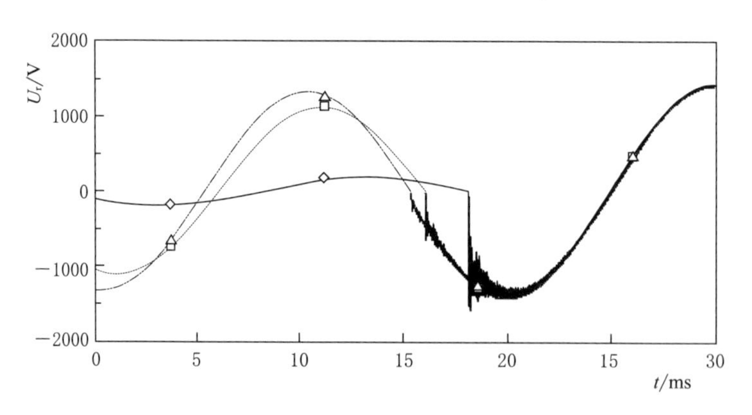

图 15－28　架空线路末端单相接地故障恢复电压

○—$R_f = 1\Omega$；□—$R_f = 15\Omega$；△—$R_f = 50\Omega$

理论估算 U_r 稳态值为

$$\begin{aligned} U_r &= |Z_1 lI| \\ &= |(0.305963+0.333378\text{i}) \times 8 \times 254.7| \\ &= 922\ (\text{V}) \end{aligned}$$

式中　Z_1——线路单位长度正序阻抗，前面已经有计算结果；

　　　I——线路 a 相负载电流，I=254.7A。

估算中忽略了 U_{r2} 和 U_{r3}，而且线路 a 相中的故障电流也没有计入。

仿真得 a 相 U_r 稳态值为 994.8V。仿真计算、理论估算的稳态值 U_r 有差异，从恢复电压角度看，这种近似可以接受。

图 15-29 中比较了当 $R_f=1\Omega$ 时，不同模型对 U_r 的暂态过程影响。在暂态过程中，U_r 存在高频分量，频率约为 6200Hz。经扫频计算可知，线路零序电阻在 50Hz、6200Hz 时分别为 0.45078Ω/km、577.33Ω/km，后者为前者的 1280 倍。JMarti 模型能够保证在两个频率下的电阻都正确，因此使用该模型时，高频分量衰减快，之后的工频稳态结果也正确。但在使用 Bergeron 模型或 PI 模型时，都固定使用工频参数，电阻小，因此仿真波形衰减缓慢，这不符合实际情况。

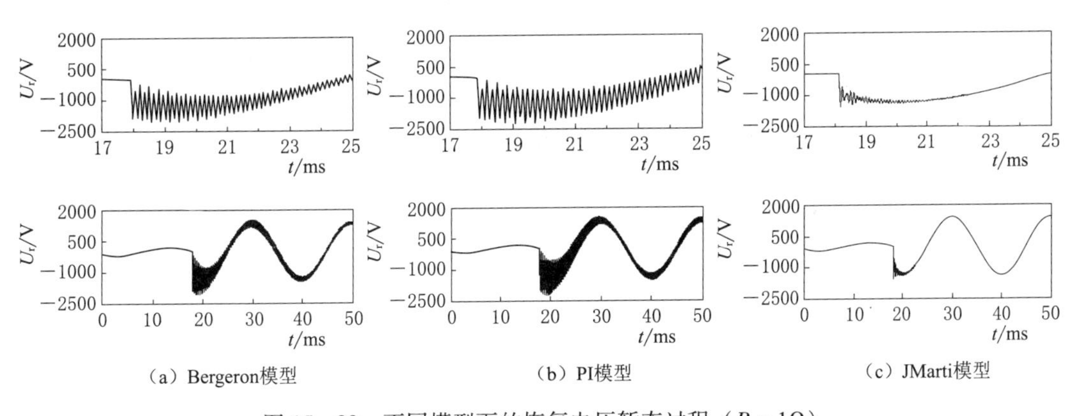

（a）Bergeron模型　（b）PI模型　（c）JMarti模型

图 15-29　不同模型下的恢复电压暂态过程（$R_f=1\Omega$）

实际上，R_f 不可能低至 1Ω。当 R_f 在正常范围，即 $R_f\geq 15\Omega$ 时，恢复电压的暂态过程不显著，采用不同模型的计算结果差别甚微。

对于电缆，用 JMarti 模型时可能导致仿真发散，对此前文已经有所介绍，因此使用 PI 模型计算恢复电压 U_r。$R_f=1\Omega$ 时，U_r 仅有微弱高频分量，如图 15-30 所示；当 $R_f=15\Omega$ 及更大时，高频分量几乎不可见，因此电缆使用 PI 模型时仿真结果是可靠的。

仿真得 a 相 U_r 稳态值为 119.6V。理论估算 U_r 稳态值为

$$
\begin{aligned}
U_r &= |Z_1 lI| \\
&= |(0.17868+0.099708i)\times 2\times 291.7| \\
&= 119.4\ (\mathrm{V})
\end{aligned}
$$

与仿真结果吻合很好，这是因为电缆比线路短。

观察图 15-28 和图 15-30，可以发现以下特点：

（1）对于架空线路，若 R_f 小，当单相接地故障已经转移时，电弧熄灭前、后故障点稳态电压（熄灭后的电压即为恢复电压 U_r）的相角 ϕ_1、ϕ_2 有较大变化，所以电弧熄灭后 U_r 有较强的暂态振荡过程，如图 15-28 所示。随着 R_f 增大，ϕ_1、ϕ_2 值接近，电弧熄灭后 U_r 振荡逐渐减弱，如 $R_f=50\Omega$ 时没有明显振荡过程。

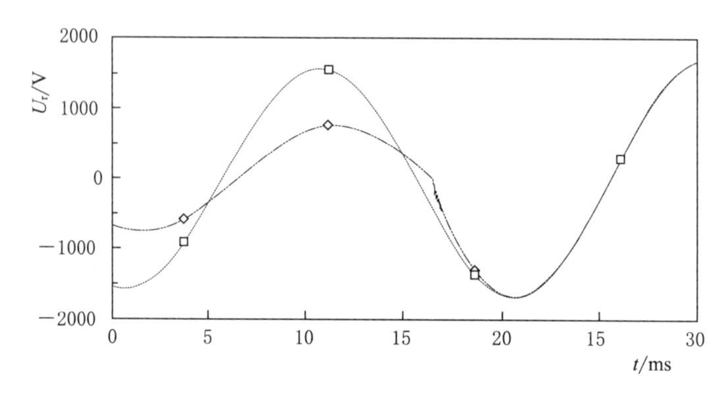

图 15－30　电缆末端单相接地故障恢复电压

◦—$R_f=1\Omega$；▫—$R_f=15\Omega$

（2）对于电缆，若 R_f 小，ϕ_1、ϕ_2 值已经非常接近，电弧熄灭后 U_r 有微弱振荡，如图 15－30 所示。随着 R_f 增大，ϕ_1、ϕ_2 值更加接近；当 $R_f=15\Omega$ 时，$\phi_1=\phi_2$，U_r 没有振荡。将电缆长度延长至 4km，该结论亦然正确。

（3）在基本相同条件下，架空线路的 U_r 比电缆大得多。

因此，在考虑恢复电压时，应着重讨论架空线路的单相接地故障。

参 考 文 献

[1] ATP Rule Book [EB/OL]. http: //www. eeug. org.

[2] László Prikler, Hans Kristian Høidalen. ATPDRAW Users' Manual [EB/OL]. http: //www. atpdraw. net.

[3] Program Developers [EB/OL]. http: //www. atp. org.

[4] CAN/AM EMTP NEWS [EB/OL]. http: //www. eeug. org.

[5] 中国南方电网公司 . 交直流电力系统仿真技术 [M]. 北京：中国电力出版社，2007.

[6] H. W. Dommel. Digital computer solution of electromagnetic transients in single and multiphase networks [J]. IEEE Transactions on Power Apparatus and Systems, PAS - 88 (4): 388 - 399, 1969.

[7] 李云阁，刘青，王倩，等 . ATP - EMTP 及其在电力系统中的应用 [M]. 北京：中国电力出版社，2016.

[8] H. W. Dommel. EMTP Theory Book [M]. Second Edition. MicroTran Power Sytem Analysis Corporation. Vancouver, Canada, April 1996.

[9] Overview: Simulation of power system transients has never been so easy [EB/OL]. http: //www. emtp - software. com.

[10] MicroTran Products and Pricing Information [EB/OL]. http: //www. microtran. com.

[11] 吴维韩，张芳榴 . 电力系统过电压数值计算 [M]. 北京：科学出版社，1989.

[12] 施围 . 电力系统过电压计算 [M]. 2 版 . 北京：高等教育出版社，2006.

[13] 李福寿 . 电力系统过电压计算 [M]. 北京：水利电力出版社，1988.

[14] 解广润 . 电力系统过电压 [M]. 北京：水利电力出版社，1985.

[15] 邱关源 . 电路 [M]. 5 版 . 北京：高等教育出版社，2011.

[16] 张元林 . 积分变换 [M]. 北京：高等教育出版社，2012.

[17] 吴文辉，曹祥麟 . 电力系统电磁暂态计算与 EMTP 应用 [M]. 北京：中国水利水电出版社，2012.

[18] 何金良 . 时频电磁暂态分理论与方法 [M]. 北京：清华大学出版社，2015.

[19] J. R. Carson. Wave propagation in overhead wires with ground return [J]. Bell Syst. Techn. J., 1926 (5): 539 - 554.

[20] 吴命利，范瑜 . 圆导线内阻抗的数值计算 [J]. 电工技术学报，2004 (3): 52 - 58.

[21] L. M. Wedepohl. Application of matrix methods to the solution of travelling - wave phenomena in polyphase systems [J]. Proceedings of the IEE, 1963, 110 (12): 2200 - 2212.

[22] D. E. Hedman. Propagation on overhead transmission lines i - theory of modal analysis [J]. IEEE Transactions on Power Apparatus and Systems, 1965, 84 (3): 200 - 205.

[23] A. Budner. Introduction of frequency - dependent line parameters into an electromagnetic transients program [J]. IEEE Transactions on Power Apparatus and Systems, PAS - 89 (1): 88 - 97.

[24] W. S. Meyer, H. W. Dommel. Numerical modelling of frequency - dependent transmission - line parameters in an electromagnetic transients program [J]. IEEE Transactions on Power Apparatus and Systems, 1974, PAS - 93 (5): 1401 - 1409.

[25] A. Semlyen, A. Dabuleanu. Fast and accurate switching transient calculations on transmission lines with ground return using recursive convolutions [J]. IEEE Transactions on Power Apparatus and Systems, 1975, PAS -94 (2): 561 - 571.

[26] J. R. Marti. Accurate modelling of frequency - dependent transmission lines in electromagnetic transient

simulations [J] . IEEE Transactions on Power Apparatus and Systems, 1982, PAS - 101 (1): 147 - 157.

[27] L. Marti. Simulation of transients in underground cables with frequency - dependent modal transformation matrices [J]. IEEE Transactions on Power Delivery, 1988, 3 (3): 1099 - 1110.

[28] L. M. Wedepohl. Frequency domain analysis of wave propagation in multiconductor transmission systems. Lecture Notes [D]. The University of British Columbia, Department of Electrical and Computer Engineering, Vancouver, BC, Canada, 1993.

[29] F. Castellanos, J. R. Marti. Phase - domain multi - phase transmission line models [C]. Proceedings of the IPST Conference, Lisbon, Portugal, 3 - 7: 17 - 22, 1995.

[30] F. J. Marcano, J. R. Marti. Idempotent line model: Case studies [C] . Proceedings of the IPST Conference, Seattle, WA, 22 - 26 : 67 - 72, 1997.

[31] B. Gustavsen, A. Semlyen. Rational approximation of frequency domain responses by vector fitting [J]. IEEE Transactions on Power Delivery, 14 (3): 1052 - 1061, 1999.

[32] J. R. Marti, A. Tavighi. Frequency dependent multiconductor transmission line model with collocated voltage and current propagation [J]. IEEE Transactions on Power Delivery, 33 (1): 71 - 81, 2018.

[33] 中华人民共和国住房和城乡建设部，中华人民共和国国家质量监督检验检疫总局 . GB/T 50064—2014 交流电气装置的过电压保护和绝缘配合设计规范 [S]. 北京：中国计划出版社，2014.

[34] 中华人民共和国国家发展和改革委员会 . DL/T 5222—2016 导体和电器选择设计技术规定 [S]. 北京：中国电力出版社，2005.

[35] 国家能源局. DL/T 615—2013 高压交流断路器参数选用导则 [S]. 北京：中国电力出版社，2013.

[36] 杜林，糜翔，杨勇，等 . 雷击输电线路杆塔时的杆塔等效模型 [J]. 高电压技术，2011，37 (1)：28 - 33.

[37] 赵媛，李雨，邓春，等 . 输电线路杆塔雷击冲击阻抗及等效二端口电路模型分析 [J]. 高电压技术，2014，40 (9)：2911 - 2916.

[38] 中华人民共和国国家质量监督检验检疫总局，中国国家标准化管理委员会 . GB/T 311. 4—2010 绝缘配合　第 4 部分：电网绝缘配合及其模拟的计算导则 [S]. 北京：中国标准出版社，2011.

[39] IEC TR 60071 - 4: 2004 Insulation co - ordination —Part 4: Computational guide to insulation co - ordination and modelling of electrical networks [S] .

[40] 秦家远 . 雷击下金属氧化物避雷器 ATP 仿真模型分析 [J]. 电磁避雷器，2007，220 (6)：41 - 44.

[41] 陈洁，郭洁，王磊 . 金属氧化物避雷器模型的陡波特性分析 [J]. 电磁避雷器，2013，254 (4)：68 - 74.

[42] IEEE Working Group 3. 4. 11. Modeling of metal oxide surge arresters [J]. IEEE Transactions on Power Delivery, 7 (1): 302 - 309, 1992.

[43] P. Pinceti and M. Giannettoni. A simplified model for zinc oxide suge arresters [J]. IEEE Transactions on Power Delivery, 14 (2): 393 - 398, 1999.

[44] 何雨微，司文荣，魏本刚，等 . 考虑吸收能量估算的金属氧化物避雷器模型准确性分析 [J]. 中国电力工程学报，2017，37 (10)：3019 - 3027.

[45] T. Noda, N. Nagaoka. Development of ARMA models for a transient calculation using linearized least - squares method [J]. The Transactions of IEE of Japan, 1992, 114 - B (4): 396 - 402.

[46] T. Noda, N. Nagaoka, A. Ametani. Phase domain modeling of frequency dependent transmission lines by means of an ARMA model [J]. IEEE Transactions on Power Delivery, 1996, 11 (1): 401 - 411.

[47] M. A. Rahman, A. Semlyen, M. R. Iravani. Two - layer network equivalent for electromagnetic transients [J]. IEEE Transactions on Power Delivery, 2003, 18 (4): 1328 - 1335.

[48] T. Noda. Identification of a multiphase network equivalent for electromagnetic transient calculations using partitioned frequency response [J]. IEEE Transactions on Power Delivery, 2005, 20 (2): 1134 - 1142.
[49] A. Ubolli, B. Gustavsen. Multiport frequency - dependent network equivalencing based on simulated time - domain responses [J]. IEEE Transactions on Power Delivery, 2012, 27 (2): 648 - 657.
[50] S. G. Talocia, A. Ubolli. A comparative study of passivity enforcement schemes for linear lumped macro-models [J]. IEEE Transactions on Advanced Packaging, 2008, 31 (4): 673 - 683.

责任编辑：李莉　丁琪

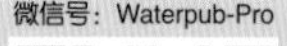

唯一官方微信服务平台

销售分类：电工技术

ISBN 978-7-5170-7829-6

定价: 72.00 元